“十二五”普通高等教育本科国家级规划教材

普通高等教育电工电子基础课程系列教材

电工技术

第4版

主　编　高有华　袁　宏

参　编　申永山　綦艳丽　徐卜一　韩　颖

夏　斌　金　石　龚淑秋　李忠波

机械工业出版社

本书为“十二五”普通高等教育本科国家级规划教材。书中内容符合教育部高等学校电子电气基础课程教学指导分委员会制定的电工学课程教学基本要求。本书注重教学方法和对学生能力的培养，内容分为基础和应用两篇。第1篇为基础部分，共7章，主要内容包括电路的基本概念与定律、电路分析方法、正弦交流电路、三相交流电路、电路的时域分析、电工测量与安全用电和非正弦周期信号电路，供相关专业30～40学时的教学使用；在内容安排上以元件伏安特性、功率和能量关系为基础，以基本定律和基本分析方法为手段，按认识规律使内容逐步深化。第2篇为应用部分，共4章，主要内容包括铁心线圈与变压器、异步电动机、电动机的继电器-接触器控制和常用控制电动机，供相关专业20～30学时的教学使用；该部分内容反映科学技术发展的新成果，力求满足不同专业的需要。书中带“*”的章节内容可根据专业和学时情况取舍。

本书可作为普通高等理工科院校本科、专科机械类、材料类、化工类、建筑类、经济管理类、计算机类等相关专业的教材，也可作为相关专业技术人员的培训教材和自修教材。

本书配有电子课件、习题答案等教学资源，欢迎选用本书作教材的教师登录 www.cmpedu.com 注册后下载，或发邮件至 jinacmp@163.com 索取。

图书在版编目（CIP）数据

电工技术 / 高有华，袁宏主编. -- 4版. -- 北京：机械工业出版社，2025. 5. --（“十二五”普通高等教育本科国家级规划教材）. -- ISBN 978-7-111-78364-0

Ⅰ. TM

中国国家版本馆 CIP 数据核字第 2025LW4872 号

机械工业出版社（北京市百万庄大街22号　邮政编码100037）
策划编辑：吉　玲　　责任编辑：吉　玲　章承林
责任校对：郑　婕　李　婷　　封面设计：张　静
责任印制：邓　博
北京中科印刷有限公司印刷
2025年8月第4版第1次印刷
184mm×260mm · 17.5印张 · 434千字
标准书号：ISBN 978-7-111-78364-0
定价：58.00元

电话服务　　网络服务
客服电话：010-88361066　　机　工　官　网：www.cmpbook.com
010-88379833　　机　工　官　博：weibo.com/cmp1952
010-68326294　　金　书　网：www.golden-book.com
封底无防伪标均为盗版　　机工教育服务网：www.cmpedu.com

前　言

本书的第 3 版于 2016 年 8 月出版，此次出版为第 4 版，书中内容符合教育部高等学校电子电气基础课程教学指导分委员会制定的电工学课程教学基本要求。此次修订的主要目标是适应新工科建设和高等教育改革的大背景，满足培养创新型人才的需要。本书自 2002 年 11 月初版发行以来，得到了广大读者的支持与喜爱，先后于 2007 年和 2014 年被评为辽宁省普通高等学校精品教材、“十二五”省级规划教材和“十二五”普通高等教育本科国家级规划教材。

本书继续着重对电工技术的基本概念和基本定律的介绍，并兼顾非电类理工科不同专业的教学要求和人才培养需要。本书注重教学方法和对读者能力的培养，具有基础性、应用性和先进性等特点。本书基础部分力求提高起点、加大跨度并做到通俗易懂；应用部分反映科学技术发展的新成果，力求满足不同专业的需要。与第 3 版相比，修订后的教材在内容上进行了一定的调整，兼顾基础理论与新技术，以解决传统教学模式与现代教学方法、课程内容多与讲授学时少等矛盾。具体修改内容为：

1）将原教材第 3 章正弦交流电路中 3.3～3.5 节整合为一节，修订为 3.3 节电路定律的相量形式；增加正弦稳态电路的功率一节。

2）第 4 章三相交流电路中增加工程实际中故障分析部分，将原教材 4.2 节修订为对称三相电路的分析，增加 4.3 节不对称三相电路的分析。

3）整合第 5 章电路的时域分析部分内容，将原教材 5.2 节修订为一阶电路零输入、零状态和全响应。

4）整合第 8 章铁心线圈与变压器部分内容，增加三相电力变压器的详细介绍。

5）对各章节部分例题进行删减和增补，适量增加工程实际的例题解析，同时对各章节的习题进行了增删，使其更具有典型性。

本书立足以深化电工技术基础课程的教学体系、教学内容、教学方法及教学手段的改革，更加方便读者的学习和使用。

本书由沈阳工业大学高有华（编写第 3、10 章）和袁宏（编写第 9 章）任主编。申永山编写第 1、2 章，韩颖编写第 4 章，徐卜一编写第 5 章，綦艳丽编写第 7 章，夏斌编写第 8 章，金石编写第 11 章，李忠波编写第 6 章，龚淑秋编写附录。此外，李忠波教授和龚淑秋教授对教材修订提出了有益的建议，在此谨向两位教授致以衷心的感谢和崇高敬意。

由于编者水平有限，书中难免有不妥和错误之处，恳请读者批评指正，E-mail：gaoyh1993@sut.edu.cn。

编　者

目　录

第1篇　基础部分

第1章　电路的基本概念与定律

本章主要讨论电路和电路模型、电路的基本物理量及其参考方向、理想电路元件及其伏安特性、电路的基本定律、功率和电位的计算等，其目的是为电路和电子电路的分析与计算建立基础。

1.1　电路和电路模型

1.1.1　电路的组成及其功能

电路是电流流通的路径，是为某种需要由若干个电路元件或电工设备相互连接而成。实际电路繁简不一，电路结构形式各异，但电路的组成必须具备电源（或信号源）、负载和中间环节3个部分。

在图1-1a所示的输配电电路中，发电机是提供电能的设备，称为电源；用电设备如电动机、电灯、电冰箱、空调等是取用电能的设备，称为负载；变压器和输电线是连接电源和负载的部分，称为中间环节。在图1-1b所示的扩音机电路中，传声器（俗称话筒）是输出信号的设备，称为信号源；扬声器是接收和转换信号的设备，称为负载；放大器是连接信号源和负载的部分，称为中间环节。

电路的功能按其所能完成的任务可分为两种：一种是实现电能的传输与转换，如输配电电路，先由发电机将热能、水能或原子能等转换为电能，经变压器和输电线将电能传输到负载，再由负载把电能转换为光能、热能、机械能等；另一种是实现信号的传递与处理，如扩音机电路，先由传声器将声音信号转换为电信号，经放大器对输入的电信号进行放大处理后传递到扬声器，再由扬声器将电信号还原为声音。

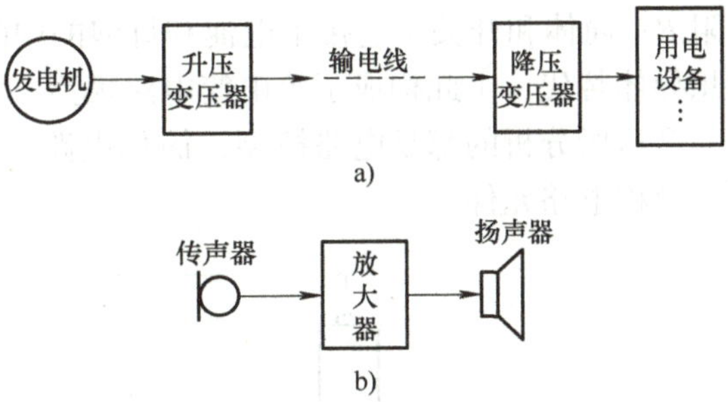

图1-1　两种电路示意图

a）输配电电路　b）扩音机电路

无论是电能的传输和转换电路，还是信号的传递与处理电路，其中电源或信号源向电路输入的电压和电流将推动电路工作，称为激励。激励在电路中各部分产生的电压和电流输出称为响应。所谓电路分析，就是在已知电路结构和元件参数的条件下，分析激励与响应之间的关系。

1.1.2 电路模型

实际电路是由电磁性质较为复杂的电路元件和电工设备组成。当电流通过一个实际电路元件时，该元件所呈现的电磁性质往往不是单一的。例如，当一个白炽灯通以电流时，会消耗电能呈电阻性，同时还会产生磁场呈电感性。由于电感性微弱，可以忽略不计，因此可将白炽灯理想化为电阻元件。

为了便于对实际电路进行分析与计算，需要将实际电路元件按其主要物理性质，用一些理想电路元件来替代。理想电路元件，就是只反映某一种能量转换关系的电路元件。如理想电阻元件，只反映电能转换成其他能量且能量转换不可逆的物理过程；理想电感元件只反映电能转换成磁场能量的物理过程；理想电容元件只反映电能转换成电场能量的物理过程。因为以上这些理想电路元件工作时都将电能转换成其他形式的能量，故称为理想负载元件。此外，还有一些理想电路元件工作时可以向电路提供电能，故称为理想电源元件，如理想电压源和理想电流源等。理想电路元件的图形与符号如图 1-2 所示。由理想电路元件组成的电路，称为实际电路的电路模型。它是对实际电路电磁性质的科学抽象与概括。

图 1-2 理想电路元件的图形与符号

例如，常用的手电筒是由干电池、灯泡、开关和筒体等实际电路元件组成的，如图 1-3a 所示。干电池是电源元件，可用一理想电压源和一个内电阻（简称内阻）的串联来替代，其参数为电动势 E 和电阻 R_0；灯泡消耗电能，可用一理想电阻元件替代，其参数为电阻 R；筒体和开关是连接干电池和灯泡的中间环节，其电阻忽略不计，可用一个无电阻的理想导体替代，由此构成了手电筒电路模型，如图 1-3b 所示。

今后所分析的都是电路模型，简称电路。而理想电路元件中的“理想”二字常略去不写，简称电路元件。

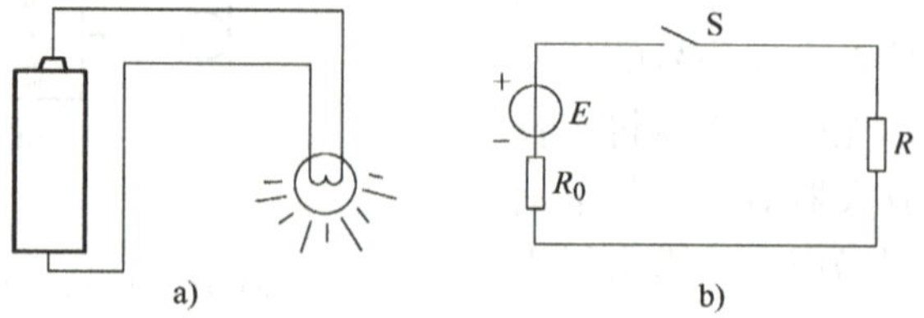

图 1-3 手电筒实际电路及其电路模型

a）手电筒实际电路 b）手电筒电路模型

1.2　电路的基本物理量及其参考方向

1.2.1　电流及其参考方向

电流是由电荷的定向移动形成的，单位时间内通过某一导体横截面的电荷量，称为电流。或者说，电流 i 是电荷 q 对时间 t 的变化率，即

$$i=\frac{\mathrm{d}q}{\mathrm{d}t} \tag{1-1}$$

随时间而变化的电流，称为时变电流（通常称为交流电流），用小写字母 i 表示；不随时间而变化的电流，即 $\mathrm{d}q/\mathrm{d}t$ = 常数，称为恒定电流，简称直流，用大写字母 I 表示。

在法定计量单位中，电流的单位是安培（A）。如果 1 秒（s）内通过导体横截面的电荷量是 1 库仑（C），导体中的电流就是 1 安培（A）。

早期的科学家规定，电流的正方向是正电荷流动的方向，这个规定沿用至今。后来，科学家发现电流本质上是电子的运动，而电子是带负电荷的。因此，电流的正方向是与电子运动的方向相反的。在分析复杂电路时，一般很难事先判断出电流的实际方向，而在列写方程、进行定量计算时，又必须以已知其电流的方向为先决条件，因此，可先任意选定某一方向作为电流的方向，这个方向就称为电流的参考方向。当电流的参考方向与其实际方向一致时，电流为正值；当电流的参考方向与其实际方向相反时，电流为负值。于是，在选定参考方向之后，电流值便成为代数量，有正负之分，由此可以判断出电流的实际方向。

电流的参考方向是任意指定的，在电路中一般用箭头表示，也可用双下标表示，如图 1-4所示。电流的参考方向表示以及参考方向与实际方向之间的关系如图 1-5 所示。

图 1-4　电流的参考方向表示

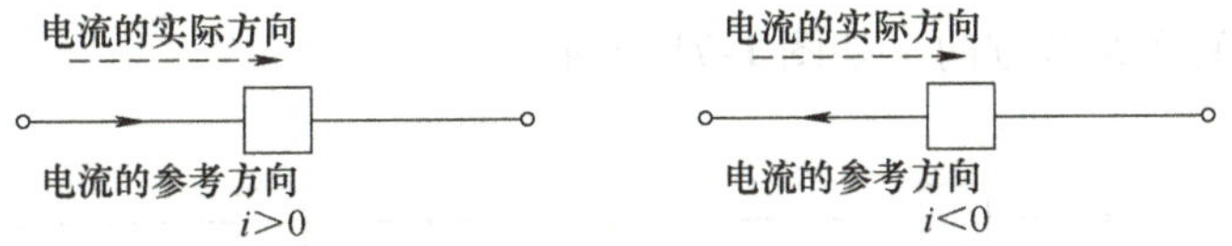

图 1-5　电流的参考方向表示以及参考方向与实际方向之间的关系

1.2.2　电压及其参考方向

为衡量电路元件吸收或发出电能的情况，在电路分析中引入了电压这一物理量。电路中 A、B 两点间的电压定义为电场力把单位正电荷从 A 点移动到 B 点所做的功。如果 $\mathrm{d}q$ 为微小电荷量，$\mathrm{d}W$ 为电场力把微小电荷量从一点移动到另一点所做的功，则电压

$$u=\frac{\mathrm{d}W}{\mathrm{d}q} \tag{1-2}$$

随时间而变化的电压，称为时变电压（通常称为交流电压），用小写字母 u 表示；大小和极性都不随时间而变化的电压，称为恒定电压，也称直流电压，用大写字母 U 表示。

在法定计量单位中，电压的单位是伏特（V）。当电场力把 1 库仑（C）的电荷量从一点移动到另一点所做的功为 1 焦耳（J）时，则该两点间的电压为 1 伏特（V）。

电路中两点间电压的实际方向是由高电位点指向低电位点的方向，即电位降低的方向。与电流相同，在分析电路时，也要先为电压选定参考方向。当电压的参考方向与其实际方向一致时，电压为正值；当电压的参考方向与其实际方向相反时，电压为负值。同理，在选定电压参考方向之后，可根据电压值的正负来判断电压的实际方向。

电压的参考方向也是任意指定的，可以用箭头表示，即箭头由参考高电位点指向参考低电位点；也可以用双下标表示，如 u_{AB} 表示 A 和 B 之间的电压参考方向是由 A 指向 B；还可以用正（+）、负（-）极性表示，正极性端指向负极性端的方向即为电压的参考方向。电压的参考方向表示以及参考方向与实际方向之间的关系如图 1-6a、b 所示。

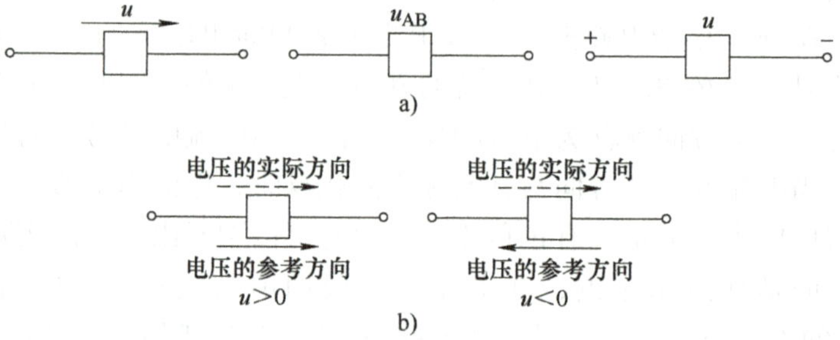

图 1-6 电压的参考方向表示以及参考方向与实际方向之间的关系

“参考方向”在电路分析中起着十分重要的作用。对于一般电路或一个元件上的电压和电流参考方向，原本可以独立无关地任意指定，但为了分析方便起见，通常把电流从电压参考“+”极性端指向电压参考“-”极性端的参考方向称为关联参考方向，如图 1-7a 所示；反之，称为非关联参考方向，如图 1-7b 所示。

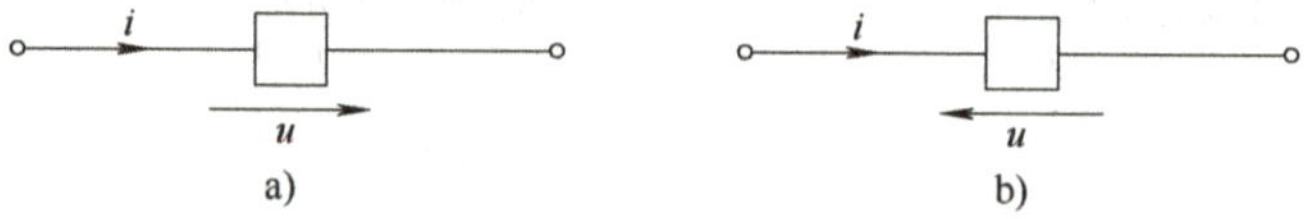

图 1-7 电压和电流的关联、非关联参考方向

练习与思考

1-2-1 在图 1-8a 中，$U_{ab}=-10V$，试画出 a、b 两点的实际电压方向。

1-2-2 在图 1-8b 中，$U_1=-6V$，$U_2=4V$，求 U_{ab} 等于多少？

1-2-3 在图 1-9 中，元件 B 的电压和电流的参考方向为关联参考方向，而对于元件 A 则是（ ）。

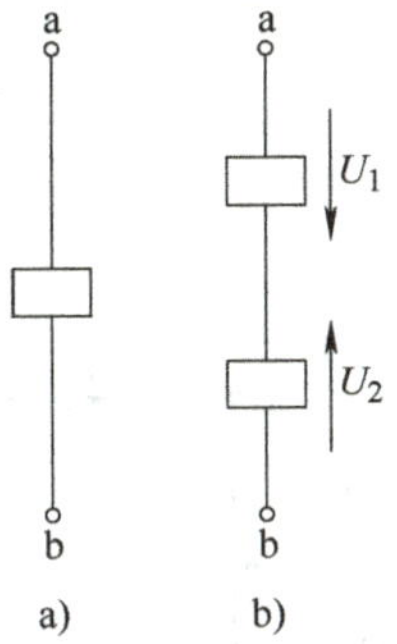

图 1-8 练习与思考 1-2-1、1-2-2 图

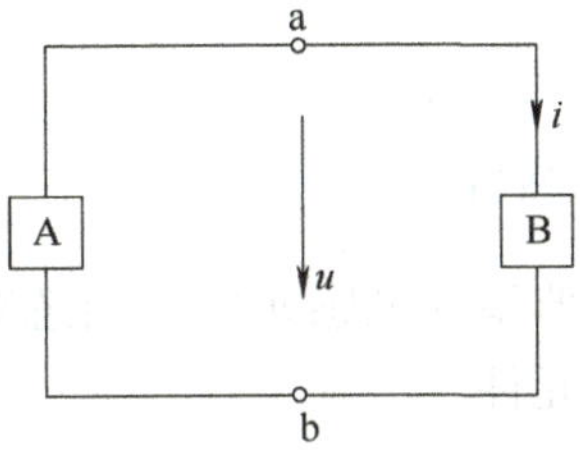

图 1-9 练习与思考 1-2-3 图

1.3 电阻、电感和电容

电阻、电感和电容是组成电路模型的理想电路元件。所谓理想电路元件，就是突出元件的主要物理性质，而忽略其次要因素。元件的主要物理性质是指当把元件接入电路时，其内部将进行什么样的能量转换过程以及表现在元件外部的主要特征。在电路分析中，人们最感兴趣的是元件的外部特性，其中最主要的就是元件端钮上的电压、电流关系，即伏安关系。本节将讨论电阻、电感和电容 3 种电路元件的伏安关系。

1.3.1 电阻元件

电阻元件可分为线性电阻和非线性电阻两类，这里只讨论线性电阻。所谓线性电阻，是指电阻元件上的电压与通过的电流成线性关系，即电阻元件的阻值 R 为常数。在图 1-10a 中，电压与电流取关联参考方向，由欧姆定律可得出线性电阻元件端钮的伏安关系为

$$i=\frac{u}{R}$$

或

$$u=iR \tag{1-3}$$

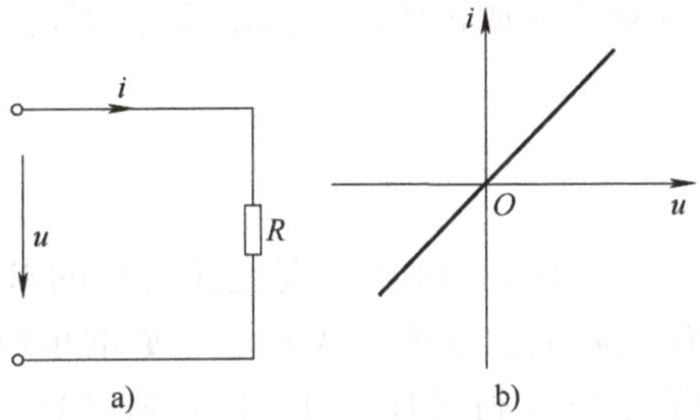

图 1-10 线性电阻元件的符号及伏安特性曲线

图 1-10b 所示为线性电阻伏安特性曲线，是一条通过坐标原点的直线。

如果将式（1-3）两边乘以 i，并对时间 t 取积分，则得

$$\int_0^t ui\mathrm{d}t=\int_0^t i^2R\mathrm{d}t$$

上式表明，电能全部消耗在电阻上，并转换成热能而释放掉。可见，电阻元件中的能量转换不可逆。因此，电阻是耗能元件。

在法定计量单位中，电阻的单位是欧姆（Ω）。电阻的倒数称为电导，用符号 G 表示，即

$$G = \frac{1}{R} \tag{1-4}$$

电导的单位是西门子（S）。因此，欧姆定律还可以表示为

$$i = Gu \tag{1-5}$$

1.3.2 电感元件

线圈是典型的电感元件。当忽略线圈电阻时，它就成为一个理想的电感元件。

当电流 i 通过图 1-11 所示的电感线圈时，线圈中会产生磁通 Φ。若线圈匝数为 N，则与 N 匝线圈相交链的磁链为

$$\Psi = N\Phi \tag{1-6}$$

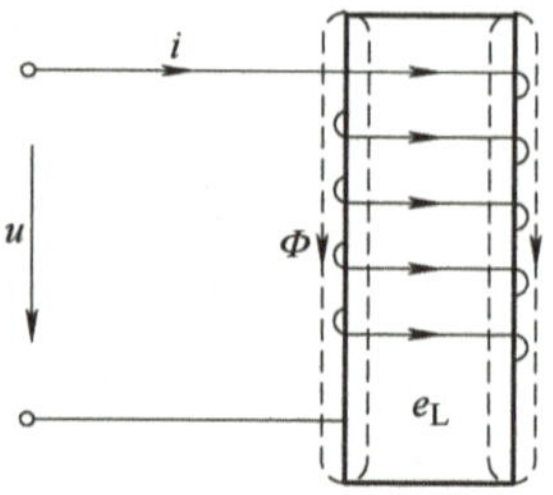

图 1-11 电感元件

磁通 Φ 与电流 i 的参考方向符合右手螺旋定则。当磁通 Φ 发生变化时，线圈中要产生感应电动势。感应电动势 e_L 与磁链 Ψ 的参考方向仍然符合右手螺旋定则。若线圈两端的电压 u 与通过它的电流 i 取关联参考方向，如图 1-11 所示，则感应电动势为

$$e_L = -\frac{d\Psi}{dt} = -N\frac{d\Phi}{dt} \tag{1-7}$$

式（1-7）表明，感应电动势的大小等于磁链对时间的变化率。当电流 i 增大时，$d\Phi/dt > 0$，e_L 为负值，其实际方向与图 1-11 中选定的参考方向相反，感应电动势 e_L 将阻碍电流 i 的增加。同理，当电流 i 减小时，$d\Phi/dt < 0$，则 e_L 为正值，其实际方向与参考方向一致，感应电动势 e_L 将阻碍电流 i 的减小。

磁链或磁通是由通过线圈的电流产生的，当线圈为空心线圈（线圈中无铁磁材料）时，Ψ 或 Φ 与 i 成正比，比例系数称为线圈的电感量，用 L 表示。其关系式为

$$\Psi = N\Phi = Li$$

或

$$L = \frac{\Psi}{i} = \frac{N\Phi}{i}$$

通常称 L 为电感，是电感元件的参数。线圈匝数越多，电感越大；线圈中单位电流产生的磁通越大，电感也越大。当 Ψ 的单位是韦伯（Wb），电流的单位是安培（A）时，电感 L 的单位是亨利（H）。由于亨利（H）的单位太大，工程上多采用毫亨（mH）或微亨（μH），其换算关系为

$$1\text{H} = 10^3\text{mH} = 10^6\mu\text{H}$$

图 1-12a、b 给出了线性电感元件及韦安特性曲线。线性电感元件的韦安特性曲线是通过原点的一条直线，电感值 L 为常数，与电感中电流的大小无关。

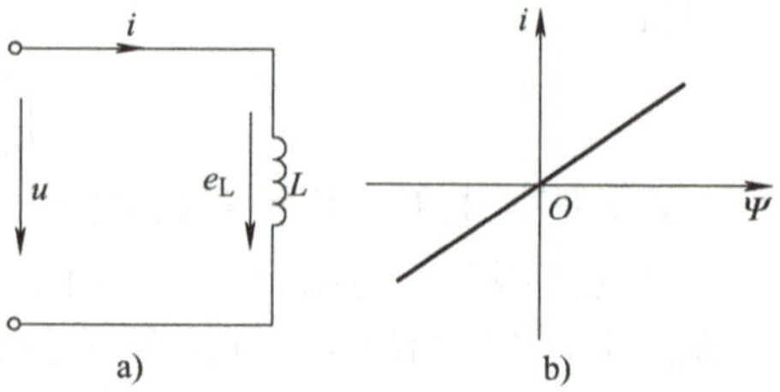

图 1-12 线性电感元件及韦安特性曲线

将磁链 $\Psi = Li$ 代入式（1-7），可得

$$e_L = -L\frac{di}{dt} \tag{1-8}$$

根据图 1-12a 中的参考方向，可得

$$u+e_L=0$$

或
$$u=-e_L=-\left(-L\frac{di}{dt}\right)=L\frac{di}{dt}$$

即
$$u=L\frac{di}{dt} \tag{1-9}$$

式（1-9）表明，线性电感元件两端的电压与流过它的电流对时间的变化率成正比，比例系数即为电感 L。

当电感元件中通过不随时间而变化的恒定电流时，$di/dt=0$，则 $u=0$，说明电感对直流电流没有阻力，故电感元件对直流电流相当于短路；当线圈中通过随时间而变化的交流电流时，$di/dt\neq0$，则 $u\neq0$，说明电感对交流电流具有一定的阻力，欲使交流电流通过电感，必须在电感两端加电压。由此得出结论：电感元件是一种动态元件。

式（1-9）是电感元件上的电压与电流的微分关系式。若将其两边积分，则可得出电感元件伏安关系的积分关系式，即

$$i=\frac{1}{L}\int_{-\infty}^{t}u\mathrm{d}t=\frac{1}{L}\int_{-\infty}^{0}u\mathrm{d}t+\frac{1}{L}\int_{0}^{t}u\mathrm{d}t=i_0+\frac{1}{L}\int_{0}^{t}u\mathrm{d}t \tag{1-10}$$

式中，i_0 是初始值，即在 $t=0$ 时电感元件中通过的电流。若 $i_0=0$，则有

$$i=\frac{1}{L}\int_{0}^{t}u\mathrm{d}t \tag{1-11}$$

将式（1-9）两边乘以 i 并积分，可得电感元件中储存的磁场能量为

$$W_L=\int_{0}^{t}ui\mathrm{d}t=\int_{0}^{i}Li\mathrm{d}i=\frac{1}{2}Li^2 \tag{1-12}$$

式（1-12）表明，电感元件储存的磁场能量与流过的电流的平方成正比。当电流增加时，磁场能量增大，电感元件从电源取用电能，即电能转换成磁场能量；当电流减小时，磁场能量减小，电感元件向电源放还能量，即磁场能量转换成电能。理想电感元件在能量转换过程中不消耗能量，故称为储能元件。

1.3.3　电容元件

在电力系统和电子装置中常用的电容器就是典型的电容元件。图 1-13a 给出了电容元件的电路符号及电压、电流参考方向。

电容器极板（由绝缘材料隔开的两个金属体）上所储集的电荷 q 与其两端所加的电压 u 成正比，比例系数为

$$C=\frac{q}{u} \tag{1-13}$$

式中，C 为电容量，简称电容，是电容元件的参数。线性电容的电容量 C 是常数。图 1-13b 给出了线性电容元件的库伏特性曲线。

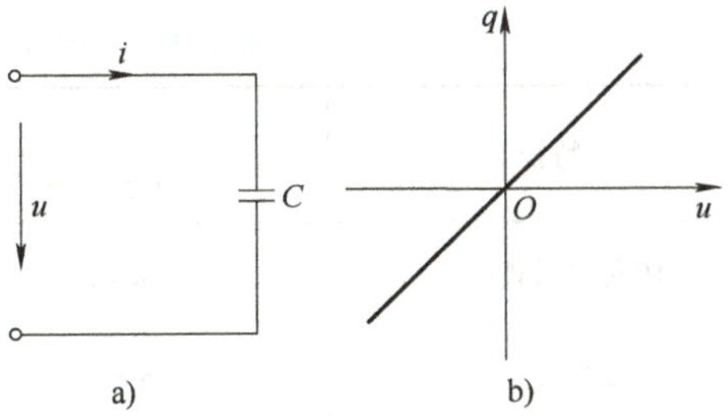

图 1-13　电容元件

a）电路符号及电压、电流参考方向

b）线性电容元件的库伏特性曲线

当电荷的单位是库仑（C），电压的单位是伏

特（V）时，电容的单位是法拉（F）。由于法拉（F）的单位太大，工程上多采用微法（μF）或皮法（pF）。其换算关系为

$$1\mathrm{F}=10^{6}\mu\mathrm{F}=10^{12}\mathrm{pF}$$

在图 1-13a 所示的电压、电流参考方向下，当电压为正值时，上极板上储集的是正电荷，下极板上储集的是等量的负电荷。当电荷 q 或电压 u 发生变化时，电容中要产生的电流为

$$i=\frac{\mathrm{d}q}{\mathrm{d}t}=C\frac{\mathrm{d}u}{\mathrm{d}t} \tag{1-14}$$

式（1-14）说明，线性电容元件中的电流与其两端电压对时间的变化率成正比，比例系数即为电容 C。

当电容元件两端所加的电压是不随时间而变化的恒定电压（即直流电压）时，$\mathrm{d}u/\mathrm{d}t=0$，则 $i=0$，说明电容具有隔直作用，故电容元件对直流电流相当于开路；当电容两端所加电压是随时间而变化的交流电压时，$\mathrm{d}u/\mathrm{d}t\neq0$，则 $i\neq0$，说明电容允许交流电流通过。因此得出结论：电容元件也是一种动态元件。

式（1-14）是电容元件伏安关系的微分形式。若将其两边积分，则可得出电容元件伏安关系的积分关系式，即

$$u=\frac{1}{C}\int_{-\infty}^{t}i\mathrm{d}t=\frac{1}{C}\int_{-\infty}^{0}i\mathrm{d}t+\frac{1}{C}\int_{0}^{t}i\mathrm{d}t=u_0+\frac{1}{C}\int_{0}^{t}i\mathrm{d}t \tag{1-15}$$

式中，u_0 是初始值，即在 $t=0$ 时电容元件上的电压。若 $u_0=0$ 或 $q_0=0$，则有

$$u=\frac{1}{C}\int_{0}^{t}i\mathrm{d}t \tag{1-16}$$

将式（1-14）两边乘以 u 并积分，可得电容元件中储存的电场能量为

$$W_{\mathrm{C}}=\int_{0}^{t}ui\mathrm{d}t=\int_{0}^{u}Cu\mathrm{d}u=\frac{1}{2}Cu^2 \tag{1-17}$$

式（1-17）表明，电容元件储存的电场能量与其两端电压的平方成正比。当电压升高时，电场能量增大，电容元件从电源取用电能（电容充电），即电能转换成电场能量；当电压降低时，电场能量减小，电容元件向电源放还能量（电容放电），即电场能量转换成电能。理想电容元件在能量转换过程中不消耗能量，故称为储能元件。

为了便于比较和记忆，将电阻元件、电感元件和电容元件的特征列于表 1-1 中。

表 1-1 电阻元件、电感元件和电容元件的特征

特征	元件		
	电阻元件	电感元件	电容元件
伏安关系式	$u=iR$	$u=L\frac{\mathrm{d}i}{\mathrm{d}t}$	$i=C\frac{\mathrm{d}u}{\mathrm{d}t}$
参数意义	$R=\frac{u}{i}$	$L=\frac{N\Phi}{i}$	$C=\frac{q}{u}$
能量	$\int_0^t i^2R\mathrm{d}t$	$\frac{1}{2}Li^2$	$\frac{1}{2}Cu^2$

对于表 1-1 有两点需要注意：

1）表1-1中列出的伏安关系式是在 u 和 i 取关联参考方向下得出的；否则，式中应有负号。

2）3个电路元件都是线性元件，R、L 和 C 都是常数，即相应的 u 与 i、Φ 与 i 及 q 与 u 之间都是线性关系。

练习与思考

1-3-1　试分别确定图1-14所示4个电路中的电压 u_C 和电流 i_L。

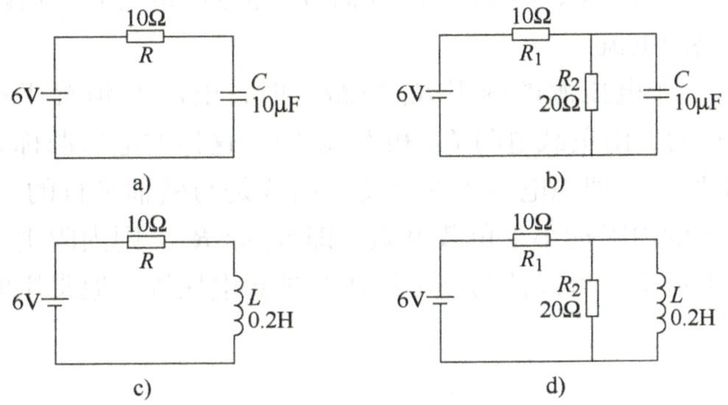

图1-14　练习与思考1-3-1图

1-3-2　将一线圈通过开关接在电池上，试分析在下列3种情况下，线圈中感应电动势的方向：1）开关闭合瞬间；2）开关闭合较长时间；3）开关断开瞬间。

1-3-3　如果一个电感元件两端电压为零，其储能是否也一定等于零？如果一个电容元件中的电流为零，其储能是否也一定等于零？

1-3-4　电感元件中通过直流电流时可视作短路，此时电感 L 是否为零？电容元件两端加直流电压时可视作开路，此时电容 C 是否为无穷大？

1.4　电压源和电流源

电源是将非电能转换为电能的元件或装置，它的作用是给外电路提供电能或电信号。干电池、蓄电池、发电机和电子稳压、稳流装置等都是常见的实际电源。

任何一个电源都可以用两种不同的电路模型来表示。一种是用电压的形式来表示，称为电压源；一种是用电流的形式来表示，称为电流源。

1.4.1　电压源

电压源是实际电源的一种抽象形式，它能向外电路提供较为稳定的电压。电压源的电路模型是理想电压源 U_s 与内阻 R_0 的串联，如图1-15所示。图中，U 是电压源输出端口电压，即向外电路提供的电压；R_L 是负载电阻；I 是负载电流，也是电压源发出的电流。

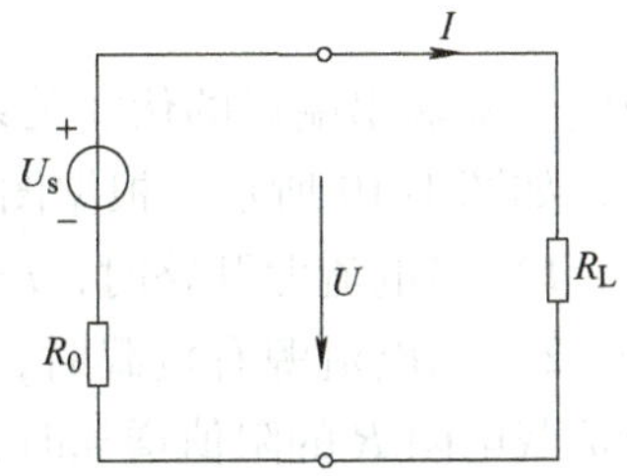

图1-15　电压源电路模型

由图1-15所示电路，可得

$$U = U_s - IR_0 \tag{1-18}$$

即电压源输出端口的伏安关系式，称为电压源的外特性方程。由此可作出电压源的外特性曲线，如图 1-16 所示。根据图 1-16 和式（1-18）可以得出电压源的特点：

1）当电压源开路（空载）时，$I=0$，$U=U_{oc}=U_s$，U_{oc}称为开路电压。

2）当电压源有负载时，$U<U_s$，其差值是内阻上的电压降 IR_0。显然，当负载增加，即外电路的电阻（负载电阻）阻值减小时，输出电压 U 将下降。R_0 的阻值越小，输出电压 U 随负载电流 I 增加而降落得越少，则外特性曲线越平。

3）当电压源短路时，$U=0$，$I=I_{sc}=U_s/R_0$，I_{sc}称为短路电流。短路电流通常远远大于电压源正常工作时提供的电流。

4）当 $R_0=0$（相当于电压源的内阻 R_0 短路）时，电压 U 恒等于理想电压源电压 U_s，而其中的电流 I 是任意的，由负载电阻 R_L 和 U_s 确定。这样的电压源称为理想电压源或恒压源，其电路如图 1-17 所示。理想电压源的外特性曲线是与横轴平行的一条直线，如图 1-16 所示。如果一个电压源的内阻远小于负载电阻，即 $R_0 \ll R_L$，则内阻上的压降 $IR_0 \ll U$，输出电压 $U \approx U_s$，基本上恒定，可以认为该电压源为理想电压源。通常用的稳压电源可以近似看作理想电压源。

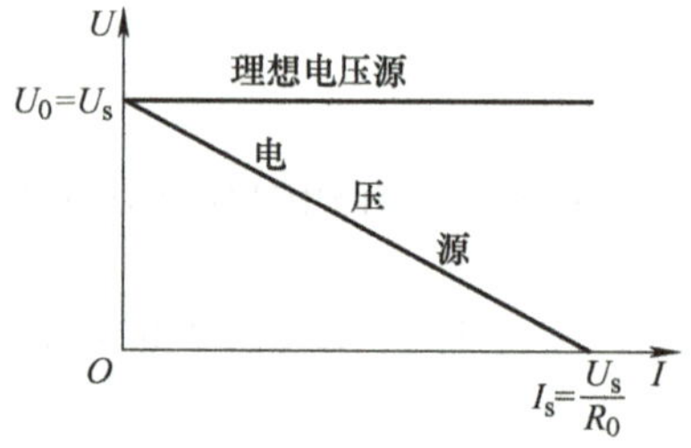

图 1-16 电压源和理想电压源的外特性曲线

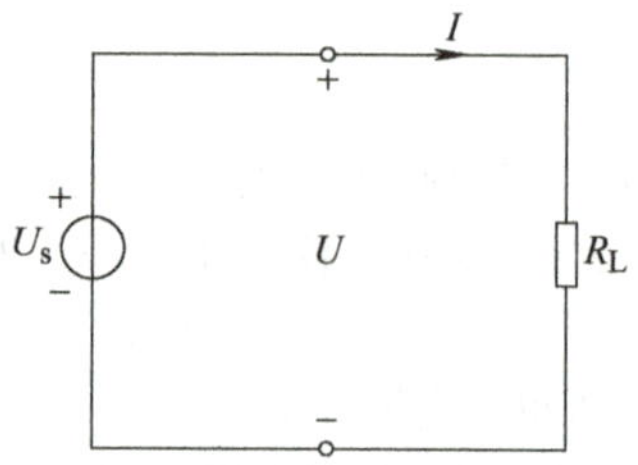

图 1-17 理想电压源电路

1.4.2 电流源

电流源也是实际电源的一种抽象形式，它能向外电路提供较为稳定的电流。电流源的电路模型是理想电流源 I_s 和内阻 R_0 的并联，如图 1-18 所示。图中，I_s 是理想电流源发出的电流，称为电激流；U 与 I 分别是电源输出端口电压和负载电流。

由图 1-18 所示电路，可得

$$I_s = \frac{U}{R_0} + I \tag{1-19}$$

即电流源输出端口的伏安关系式，称为电流源的外特性方程。由此可作出电流源的外特性曲线，如图 1-19 所示。根据图 1-19 和式（1-19）可以得出电流源的特点：

1）当电流源开路时，$I=0$，$U=U_{oc}=I_sR_0$，电流全部流过内阻 R_0。

2）当电流源有负载时，I_s 分成两部分：一部分供给负载，另一部分在其内阻中通过。当负载电阻 R 的阻值增加时，负载分得的电流减小，输出电压将随之增大。内阻 R_0 的阻值越大，输出电流 I 随输出电压 U 增大而减小得越少，则外特性越陡。

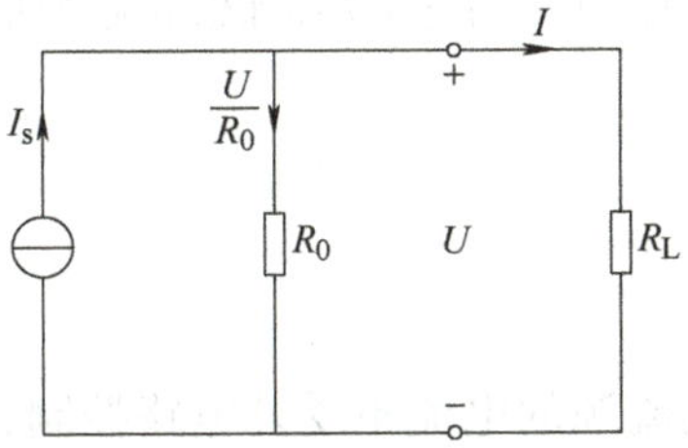

图 1-18　电流源电路

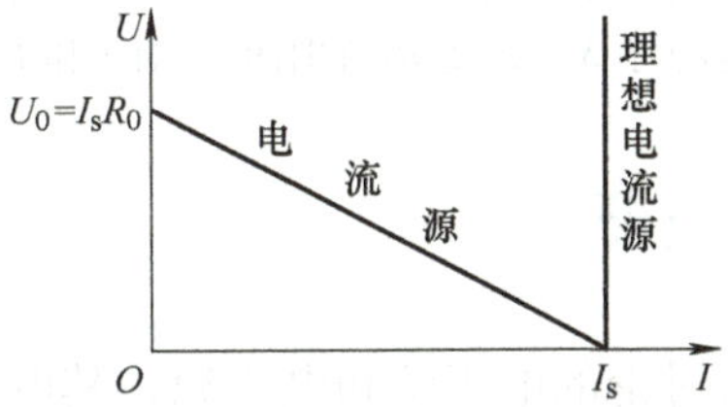

图 1-19　电流源和理想电流源的外特性曲线

3）当电流源短路时，$U=0$，$I=I_{sc}=I_s$，电激流全部成为输出电流。

4）当 $R_0=\infty$（相当于电流源的内阻 R_0 断开）时，电流 I 恒等于电流 I_s，而其两端的电压 U 是任意的，由负载电阻 R_L 和电流 I_s 确定。这样的电流源称为理想电流源或恒流源，其电路如图 1-20 所示。如果一个电流源的内阻远大于负载电阻，即 $R_0 >> R_L$，则输出电流 $I \approx I_s$，基本上恒定，可以认为该电流源为理想电流源。晶体管可以近似地认为是一个理想电流源。由图 1-21 所示晶体管的输出特性曲线可见，当基极电流 I_B 为某一定值并且 U_{CE} 超过一定值时，集电极电流 I_C 基本上不随管压降 U_{CE} 的变化而变化。

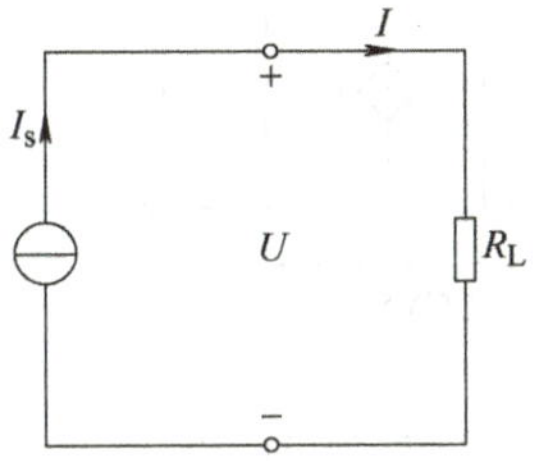

图 1-20　理想电流源电路

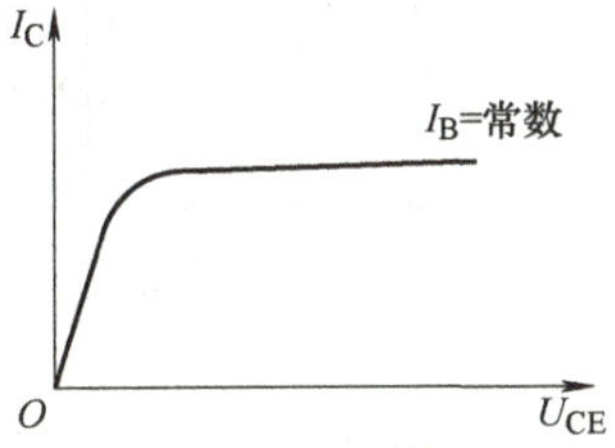

图 1-21　晶体管的输出特性曲线

练习与思考

1-4-1　理想电压源能否短路？理想电流源能否开路？为什么？

1-4-2　一个理想电压源向外电路供电时，若再并联一个电阻，是否会影响理想电压源对原来外电路的供电情况？

1-4-3　一个理想电流源向外电路供电时，若再串联一个电阻，是否会影响理想电流源对原来外电路的供电情况？

1-4-4　在图 1-22 所示的两个电路中，1）R_1 是不是电源内阻？2）R_2 中的电流 I_2 及其两端的电压 U_2

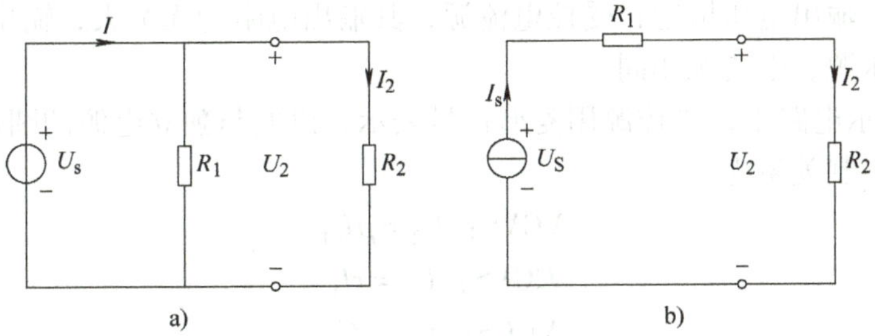

图 1-22　练习与思考 1-4-4 图

各等于多少？3）改变 R_1 的阻值，对 I_2 和 U_2 有无影响？4）理想电压源中的电流 I 和理想电流源两端的电压 U 各等于多少？5）改变 R_1 的阻值，对 I 和 U 有无影响？

1.5 受控源

前面所讨论的电压源和电流源，其电压源的电压和电流源的电流不受外电路控制，是独立存在的，因此称为独立电源。除独立电源外，还有一类电源，它们在电路中虽然起电源作用，但其电压源的电压和电流源的电流受电路中某部分的电压或电流控制，因此称这种电源为非独立电源，又称为受控源。

例如，变压器的二次电压受一次电压控制，晶体管的集电极电流受基极电流控制，这些电路元件都可以用受控源来描述其工作性能。

根据受控电源是电压源还是电流源，是受电压控制还是受电流控制，受控源可分为电压控制电压源（VCVS）、电流控制电压源（CCVS）、电压控制电流源（VCCS）和电流控制电流源（CCCS）4 种类型。4 种理想受控源电路模型如图 1-23 所示。

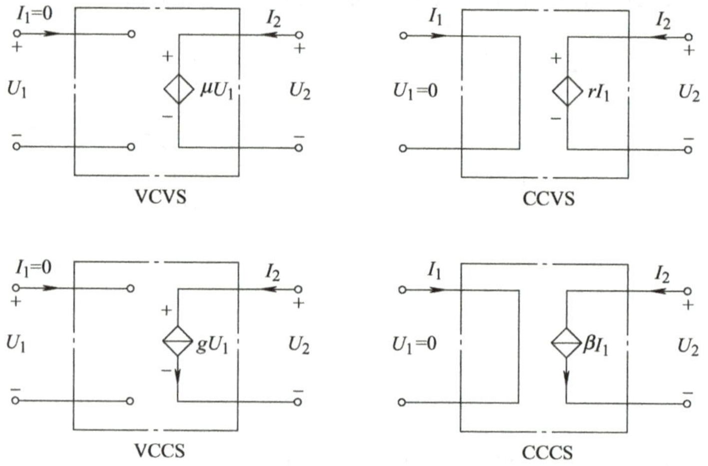

图 1-23 4 种理想受控源电路模型

所谓理想受控源，是指受控源的控制端（输入端）和受控端（输出端）都是理想的。在控制端，控制量为电压的受控源，其输入端电阻为无穷大（$I_1=0$）；控制量为电流的受控源，其输入端电阻为零（$U_1=0$）；这样，控制端消耗的功率为零。在受控端，受控电压源，其输出电阻为零，输出电压恒定；受控电流源，其输出电阻为无穷大，输出电流恒定，这点和理想的独立电压源、电流源相同。

在图 1-23 所示电路中，受控源用菱形符号表示，以便与独立电源的圆形符号相区别。4 种理想受控源的控制关系为

$$\text{VCVS：} U_2=\mu U_1 \tag{1-20}$$

$$\text{CCVS：} U_2=rI_1 \tag{1-21}$$

$$\text{VCCS：} I_2=gU_1 \tag{1-22}$$

$$\text{CCCS：} I_2=\beta I_1 \tag{1-23}$$

式中，μ、r、g 和 β 为控制系数，其中 μ 和 β 是无量纲的纯数，r 具有电阻的量纲，g 具有电导的量纲。当这些控制系数均为常数时，被控量与控制量成正比，这种受控源为线性受控源。

练习与思考

1-5-1　图 1-24 所示电路中的电流 i 为多少？

1-5-2　求图 1-25 所示电路中受控源发出的功率。

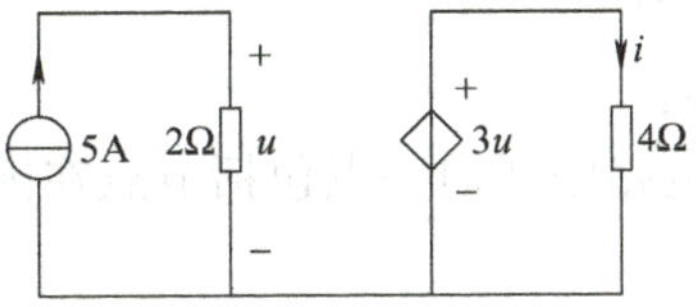

图 1-24　练习与思考 1-5-1 图

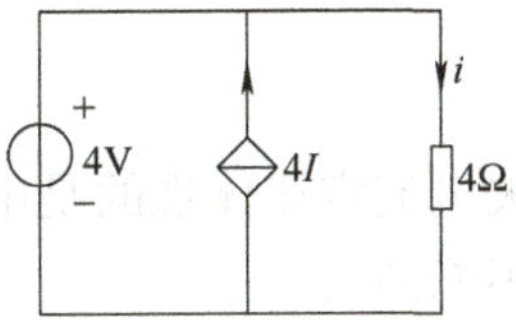

图1-25　练习与思考 1-5-2 图

1.6　基尔霍夫定律

电路中的电压和电流将要受到两种约束。一种是电路元件特性对元件的电压和电流形成的约束，这种约束与电路的连接无关，表示这种约束关系的是欧姆定律；另一种是电路元件的连接对各支路电压和各支路电流形成的约束，这种约束与电路元件特性无关，表示这种约束关系的是基尔霍夫电流定律和电压定律，统称为基尔霍夫定律。基尔霍夫电流定律应用于节点，基尔霍夫电压定律应用于回路。

首先根据图 1-26 所示电路，介绍电路分析中常用的几个名词。

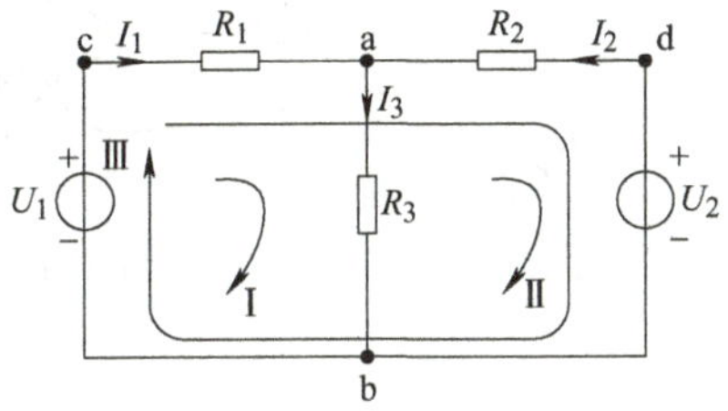

图 1-26　电路举例

（1）支路　一个或几个电路元件相串联组成的无分支电路称为支路。同一条支路流过相同的电流。图 1-26 所示电路中共有 3 条支路，其中含有电源元件的支路称为有源支路，如 acb 和 adb 两条支路；不含有电源元件的支路称为无源支路，如 ab 支路。

（2）节点　电路中 3 条或 3 条以上支路的连接点称为节点。图 1-26 所示电路中共有两个节点，即节点 a 和节点 b。

（3）回路　电路中任意闭合的路径称为回路。图 1-26 所示电路中有 3 个回路，即回路Ⅰ、回路Ⅱ和回路Ⅲ。

（4）网孔　内部不含有其他支路的回路称为网孔，图 1-26 所示电路中有两个网孔，即回路Ⅰ和回路Ⅱ。显然，网孔一定是回路，回路不一定是网孔。

1.6.1　基尔霍夫电流定律（KCL）

基尔霍夫电流定律给出了电路中连接在任一节点上各支路电流之间的关系。即在任一瞬时，流入电路中任一节点的各支路电流的代数和恒等于零。其表达式为

$$\Sigma I = 0 \tag{1-24}$$

应用基尔霍夫电流定律列写节点电流方程时，首先要假定各支路电流的参考方向，然后

规定参考方向指向节点的支路电流取正号，背离节点的取负号，或反之。由此可得出图 1-26 所示电路中节点 a 的电流方程为

$$I_1 + I_2 - I_3 = 0$$

基尔霍夫电流定律不仅适用于节点，还适用于广义节点，即包围部分电路的任一假想闭合面。也就是说，流过电路中任一假想闭合面的各支路电流代数和恒等于零。图 1-27 所示电路中，由点画线围成的闭合面可视为一个广义节点，该节点的电流方程为

$$I_1 - I_2 - I_3 - I_4 = 0$$

或

$$I_1 = I_2 + I_3 + I_4$$

基尔霍夫电流定律体现的是电流的连续性，即电路中任何一点包括节点在内，电荷既不能堆积，也不能消失。

例 1-1 试列写出图 1-28 所示电路中的 b、c、d 3 个节点电流方程。

解 根据 KCL 和图 1-28 中标出的各支路电流参考方向，可得

节点 b $I_1 + I_2 + I_3 = 0$

节点 c $-I_2 - I_4 + I_6 = 0$ 或 $I_2 + I_4 = I_6$

节点 d $-I_3 + I_4 - I_5 = 0$ 或 $I_3 + I_5 = I_4$

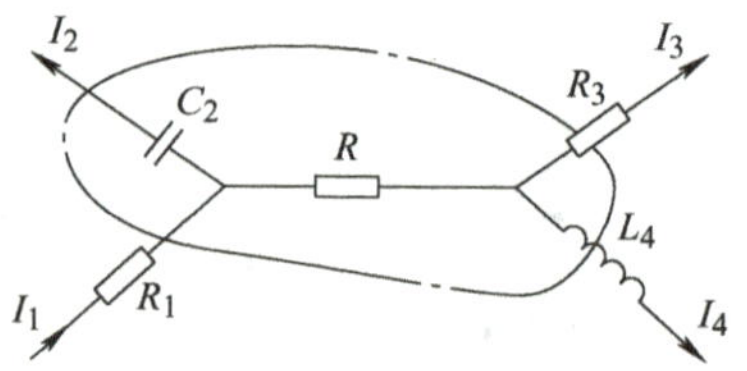

图 1-27 基尔霍夫定律的推广应用

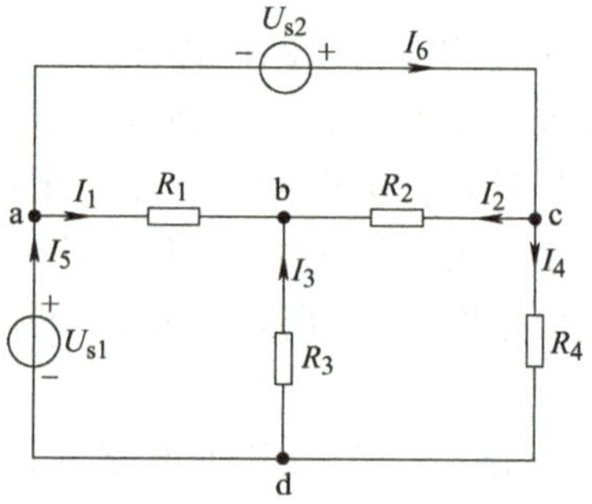

图 1-28 例 1-1 图

1.6.2 基尔霍夫电压定律（KVL）

基尔霍夫电压定律给出了电路中任一回路各部分电压之间的关系。即在任一瞬时，作用于电路中任一回路各部分电压的代数和恒等于零。其表达式为

$$\Sigma U = 0 \tag{1-25}$$

应用基尔霍夫电压定律列写回路电压方程时，首先要假定回路中各部分电压的参考方向并指定回路的绕行方向（顺时针或逆时针），然后规定回路中各部分电压与回路绕行方向一致时取正号，相反时取负号，或反之。由此可得出图 1-29 所示电路的回路电压方程为

$$-U_{1s} + U_3 - U_4 + U_{2s} = 0$$

基尔霍夫电压定律不仅适用于闭合回路，还适用于开口回路。以图 1-30 所示电路为例，根据基尔霍夫电压定律和图示绕行方向列写图 1-30a、b 所示回路电压方程分别为

$$-U_{AB} + U_A - U_B = 0$$

$$-U + E + IR = 0$$

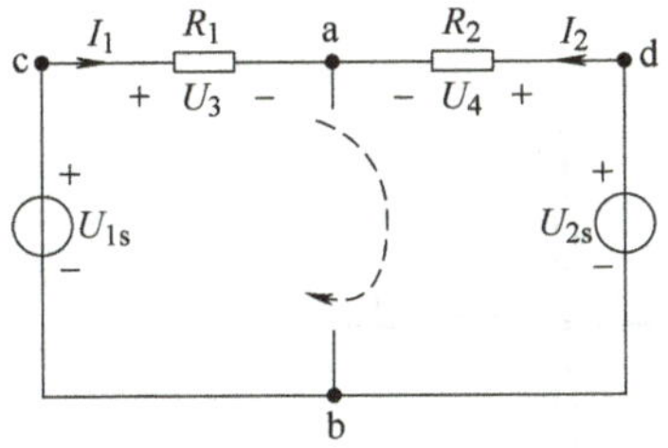

图 1-29　电路举例

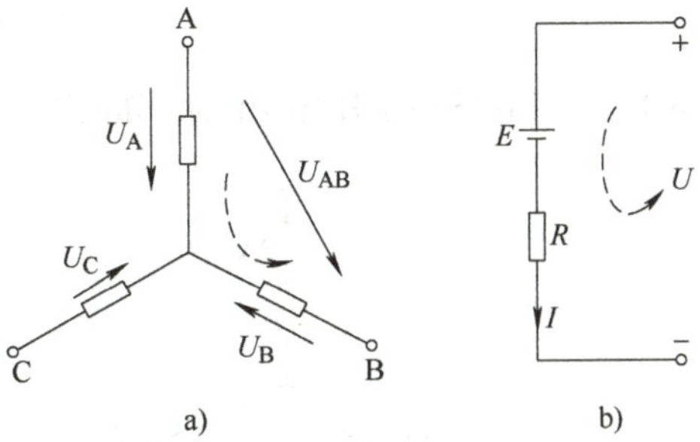

图 1-30　基尔霍夫电压定律的推广应用

应该指出，基尔霍夫电流定律反映了电路中任一节点处各支路电流必须服从的约束关系，与各支路上是什么元件无关；基尔霍夫电压定律反映了电路中任一回路各部分电压必须服从的约束关系，而与构成回路的各部分是什么元件无关。基尔霍夫两个定律具有普遍性。它们不仅适用于各种不同元件构成的电路，也适用于任何变化的电压和电流。因此，基尔霍夫定律是分析电路中电压、电流关系的基本定律。

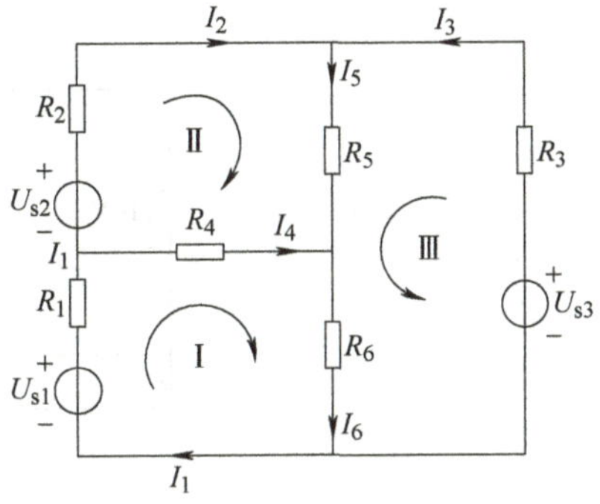

图 1-31　例 1-2 图

例 1-2　试写出图 1-31 所示电路中 3 个回路的电压方程。

解　根据 KVL 和图 1-31 中给出的各支路电流参考方向和回路绕行方向，可得

回路Ⅰ　$R_1I_1+R_4I_4+R_6I_6=U_{s1}$

回路Ⅱ　$R_2I_2-R_4I_4+R_5I_5=U_{s2}$

回路Ⅲ　$R_3I_3+R_5I_5+R_6I_6=U_{s3}$

例 1-3　已知图 1-32 所示电路中，$R_1=10\Omega$，$R_2=20\Omega$，$E=6\text{V}$，$U_s=6\text{V}$，试求 I_1、I_2、I_3 和 U_{AB}。

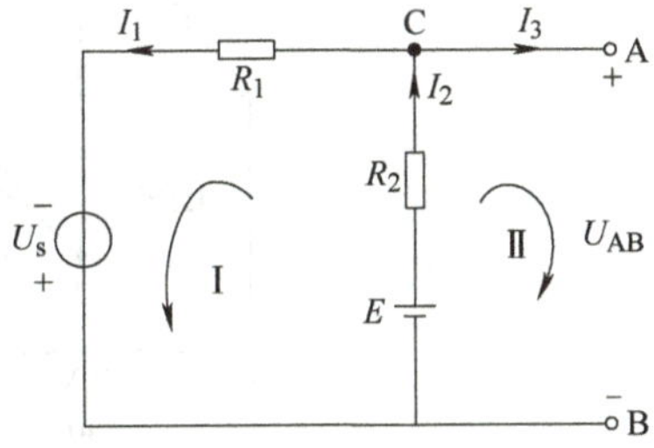

图 1-32　例 1-3 图

解　根据 KCL 列写节点 C 电流方程

$$-I_1+I_2-I_3=0$$

因为 AB 端开路，故

$$I_3=0$$

则有

$$I_1=I_2$$

根据 KVL 列写回路Ⅰ电压方程

$$-E-U_s+I_1R_1+I_2R_2=0$$

即

$$I_1=\frac{E+U_s}{R_1+R_2}=\frac{6+6}{10+20}\text{A}=0.4\text{A}$$

则

$$I_2=I_1=0.4\text{A}$$

根据 KVL 列写回路Ⅱ电压方程

$$R_2I_2+U_{AB}=E$$

则

$$U_{AB}=E-R_2I_2=(6-20\times0.4)\text{V}=-2\text{V}$$

练习与思考

1-6-1　求图1-33所示各电路中的未知电流。

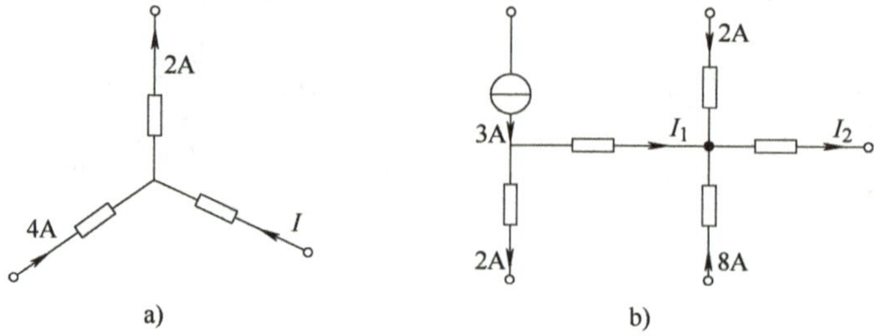

图1-33　练习与思考1-6-1图

1-6-2　求图1-34所示电路中各未知电压与电流。

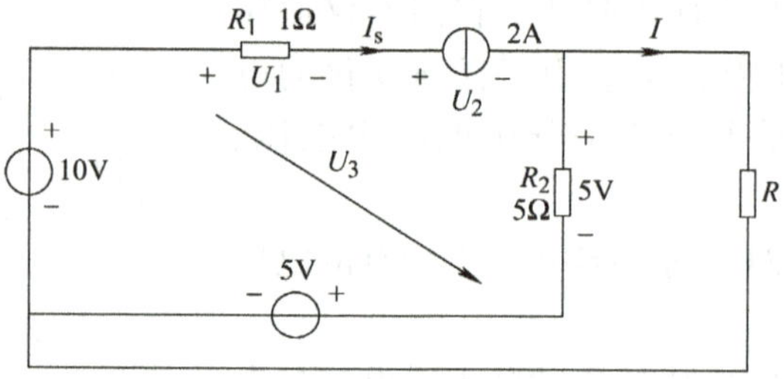

图1-34　练习与思考1-6-2图

1-6-3　在图1-35所示的两个电路中，各有多少支路和节点？U_{ab}和I是否等于零？

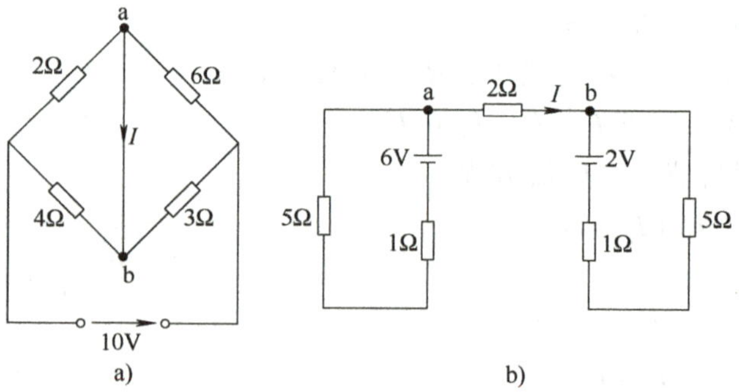

图1-35　练习与思考1-6-3图

1.7　电路中的功率和电位计算

1.7.1　功率的计算

对于电路中任意一个元件，总存在着吸收功率还是发出功率的问题。在物理学中，功率

的定义为单位时间内能量的变化，也就是能量对时间的变化率，即

$$p=\frac{\mathrm{d}W}{\mathrm{d}t} \tag{1-26}$$

式中，W 为能量，单位为焦耳（J）；t 为时间，单位为秒（s）；p 为功率，单位为瓦特（W）。

在电路中，功率还可以用电压和电流的乘积来表示，即

$$p=\frac{\mathrm{d}W}{\mathrm{d}t}=\frac{\mathrm{d}W}{\mathrm{d}q}\frac{\mathrm{d}q}{\mathrm{d}t}=ui \tag{1-27}$$

式中，u 为任一电路元件两端的电压；i 为通过该元件的电流。当 u 的单位为 V，i 的单位为 A 时，p 的单位为 W。

对任一电路元件：

1）当电压、电流取关联参考方向时，假定该元件吸收功率，则功率表达式为

$$\left.\begin{aligned}&p=ui\\ \text{或}\quad &P=UI\ （\text{直流情况下}）\end{aligned}\right\} \tag{1-28}$$

2）当电压、电流取非关联参考方向时，假定该元件吸收功率，则功率表达式为

$$\left.\begin{aligned}&p=-ui\\ \text{或}\quad &P=-UI\end{aligned}\right\} \tag{1-29}$$

根据式（1-28）、式（1-29）计算功率，若结果为 $p>0$（或 $P>0$），则表示元件确实吸收功率，与假设相符，该元件为一负载；反之，若结果为 $p<0$（或 $P<0$），则表示元件并非吸收功率而是发出功率，与假设相反，该元件为一电源。

例 1-4　计算图 1-36 中各元件的功率，指出是发出功率还是吸收功率。

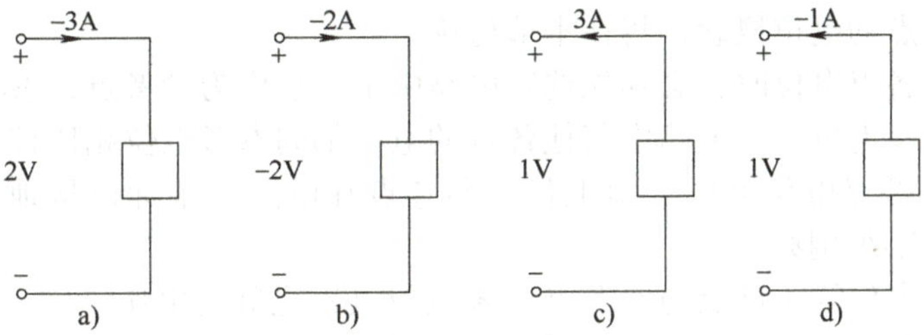

图 1-36　例 1-4 图

解　图 1-36a：电压、电流为关联参考方向，由 $P=UI$，得

$$P=2\times(-3)\mathrm{W}=-6\mathrm{W},\ P<0 \qquad \text{发出功率}$$

图 1-36b：电压、电流为关联参考方向，故

$$P=(-2)\times(-2)\mathrm{W}=4\mathrm{W},\ P>0 \qquad \text{吸收功率}$$

图 1-36c：电压、电流为非关联参考方向，故

$$P=-(1\times3)\mathrm{W}=-3\mathrm{W},\ P<0 \qquad \text{发出功率}$$

图 1-36d：电压、电流为非关联参考方向，故

$$P=-[1\times(-1)]\mathrm{W}=1\mathrm{W},\ P>0 \qquad \text{吸收功率}$$

例 1-5　已知图 1-37 所示电路中，$U_1=14\mathrm{V}$，$I_1=2\mathrm{A}$，$U_2=10\mathrm{V}$，$I_2=1\mathrm{A}$，求各元件的功率，并说明是吸收功率还是发出功率。

解 1）首先需求出未知的电流与电压。根据 KCL，列写节点电流方程

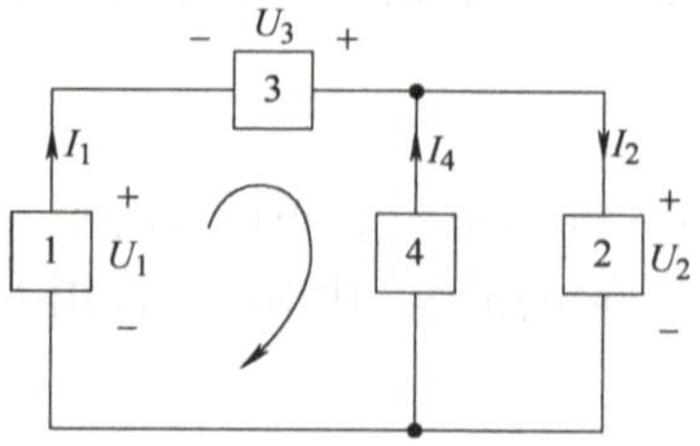

图 1-37 例 1-5 图

$$I_1 + I_4 = I_2$$

则 $$I_4 = I_2 - I_1 = (1-2)\text{A} = -1\text{A}$$

根据 KVL，列写回路电压方程

$$U_1 + U_3 = U_2$$

则 $$U_3 = U_2 - U_1 = (10-14)\text{V} = -4\text{V}$$

2）根据式（1-28）、式（1-29）计算功率：

元件 1 $P_1 = -U_1I_1 = -14\times 2\text{W} = -28\text{W}$，发出功率

元件 2 $P_2 = U_2I_2 = 10\times 1\text{W} = 10\text{W}$，吸收功率

元件 3 $P_3 = -U_3I_1 = -(-4)\times 2\text{W} = 8\text{W}$，吸收功率

元件 4 $P_4 = -U_2I_4 = -10\times(-1)\text{W} = 10\text{W}$，吸收功率

3）验证功率是否平衡，即

$$\Sigma P = P_1 + P_2 + P_3 + P_4 = (-28+10+8+10)\text{W} = 0\text{W}$$

说明功率平衡，即吸收功率等于发出功率。

验证功率是否平衡是验证计算结果正误的有效方法，读者应充分利用。

1.7.2 电位的计算

在分析电子电路时，经常要用到电位的概念。例如二极管，只有当它的阳极电位高于阴极电位时，才能导通，否则就截止。前面已经给出了电压的概念，即两点间的电压就是两点间的电位差。电压只能说明一点是高电位，另一点是低电位，以及两点的电位相差多少等问题。至于电路中某点的电位概念，将在本节讨论。

在计算电路中各点电位时，必须先选定电路中某一点作为参考点，参考点的电位称为参考电位，通常设为零电位点。电路中其他各点的电位都同参考电位相比较，比参考点电位高的为正电位，比参考点电位低的为负电位。参考点在电路图中标以接地符号“⊥”。所谓“接地”并非真与大地相接。

电路中某点的电位等于该点与参考点（零电位点）之间的电压。

例如，在图 1-38 中，如果设 a 点为参考电位点，即 $V_a = 0$（见图 1-39），则根据给出的电位定义可求出 b、c 和 d 3 点的电位。即

$$V_b - V_a = U_{ba} \qquad V_b = U_{ba} = -6\times 10\text{V} = -60\text{V}$$

$$V_c - V_a = U_{ca} \qquad V_c = U_{ca} = 20\times 4\text{V} = 80\text{V}$$

$$V_d - V_a = U_{da} \qquad V_d = U_{da} = 5\times 6\text{V} = 30\text{V}$$

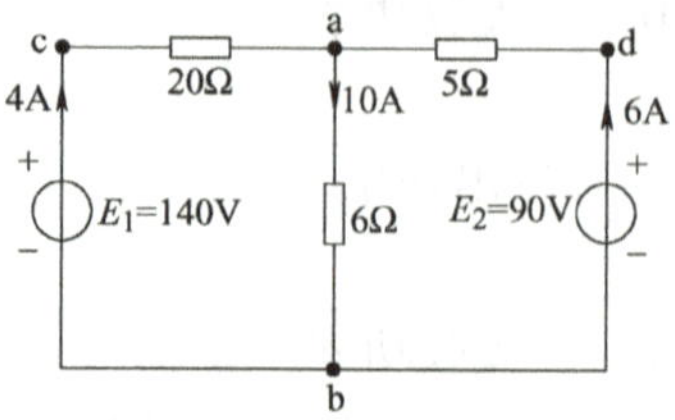

图 1-38 电路举例

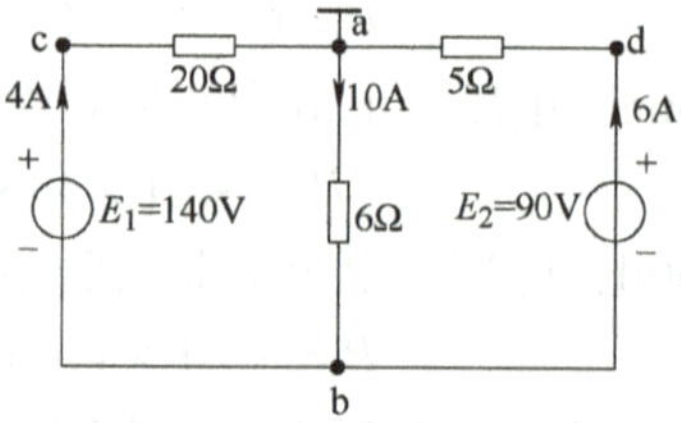

图 1-39 a 点为参考点电路图

由计算结果得出 b 点电位比 a 点低 60V，而 c 点和 d 点的电位分别比 a 点高 80V 和 30V。

如果设 b 点为参考电位点，即 $V_b=0$（见图 1-40），则

$$V_a=U_{ab}=60V$$
$$V_c=U_{cb}=140V$$
$$V_d=U_{db}=90V$$

由此可以看出，参考点选得不同，电路中各点的电位值将不同，但是，任意两点间的电压值是不变的，所以各点电位的高低是相对的，而两点间的电压值是绝对的，表明了电压的单值性。

最后，为简化电路的绘制，通常采用电位标注法，图 1-41 即是图 1-40 的简化电路。

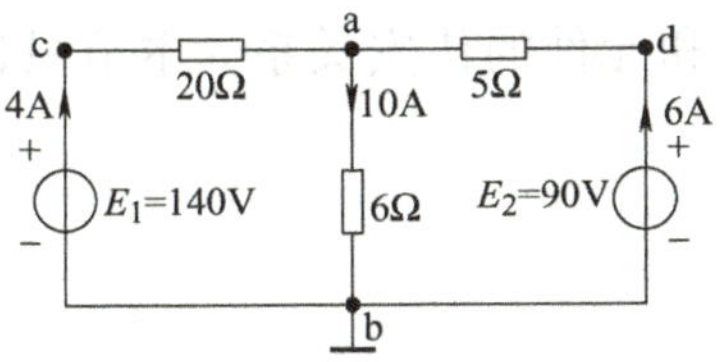

图 1-40　b 点为参考点电路图

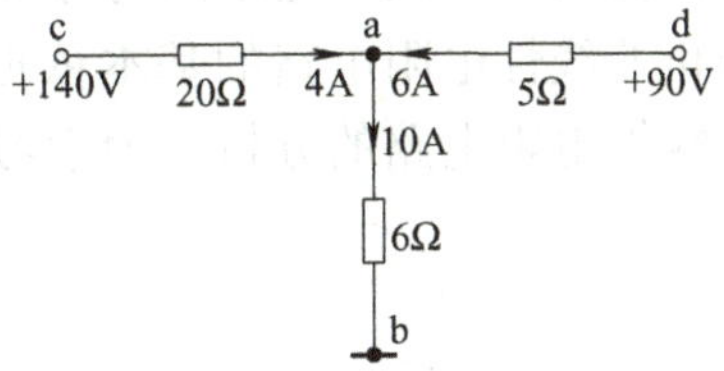

图 1-41　图 1-40 的简化电路

例 1-6　计算图 1-42 所示电路中开关 S 闭合与断开时各点电位。

解　1）S 断开时，$V_e=0V$，$V_a=12V$，由于各电阻中无电流通过，没有电压降，所以 $V_c=V_b=V_d=V_a=12V$。

2）S 闭合时，$V_e=0V$，$V_a=12V$ 不变，由于 4kΩ 电阻上仍无电流通过，所以 $V_b=V_c=\dfrac{12}{2+2}\times 2V=6V$，$V_d=V_e=0V$。

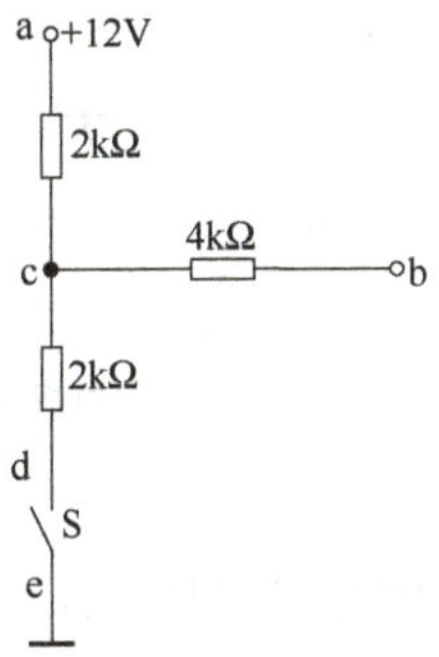

图 1-42　例 1-6 图

练习与思考

1-7-1　求图 1-43 所示电路中各点的电位。

1-7-2　电路如图 1-44 所示。1）试在电路图中画出零电位点；2）当 R_2 增大时，A、B 两点的电位是增高还是降低？

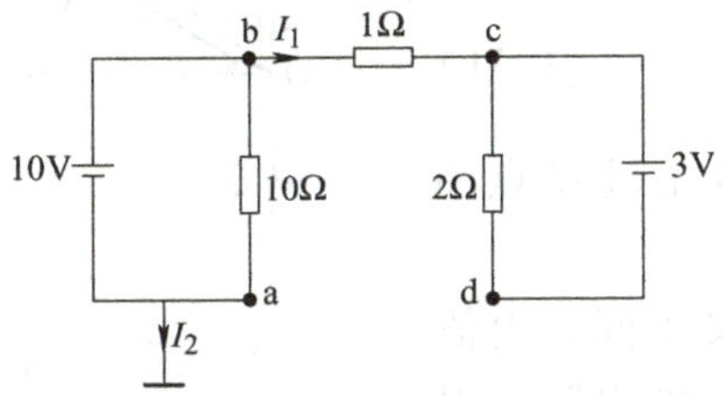

图 1-43　练习与思考 1-7-1 图

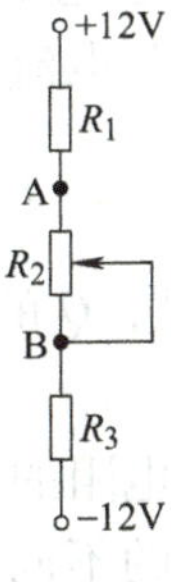

图 1-44　练习与思考 1-7-2 图

*1.8 非线性电阻电路的分析

只含电阻元件和电源元件的电路称为电阻电路。如果电阻元件是线性的，则称为线性电阻电路，否则便称为非线性电阻电路。

非线性电阻的阻值不是一个常数，而是随着电压或电流的变化而改变的，因此，非线性电阻两端的电压与其中电流的关系不遵循欧姆定律，一般不能用数学公式表示，而是用电压与电流的关系曲线 $U=f(I)$ 或 $I=f(U)$ 来表示，这种曲线就是前面所讲的伏安特性曲线，可通过实验得到。非线性电阻元件在生产中应用很广。图 1-45 所示分别为白炽灯和二极管的伏安特性曲线。非线性电阻的符号如图 1-46 所示。

分析非线性电阻电路的基本依据仍然是 KCL、KVL 和元件的伏安关系。本节只讨论简单的非线性电阻电路的分析，为学习电子技术奠定基础。

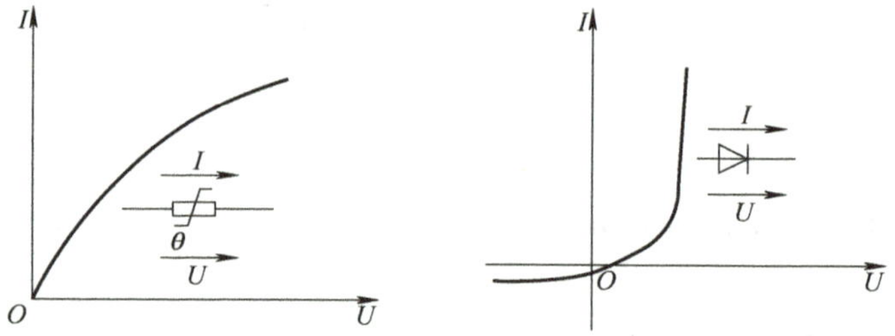

a) b)

图 1-45 非线性电阻的伏安特性曲线

a）白炽灯 b）二极管

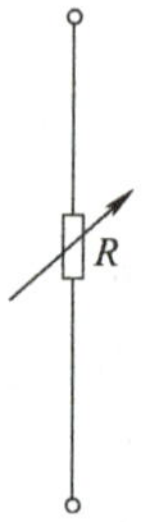

图1-46 非线性电阻的符号

1.8.1 非线性电阻的阻值

非线性电阻元件的电阻有两种表示方式：

一种称为静态电阻（或称直流电阻），它等于图 1-47 中工作点 Q 处电压与电流之比，即

$$R=\frac{U}{I} \tag{1-30}$$

由图 1-47 可见，Q 点的静态电阻正比于 $\tan\alpha$。α 是过 Q 点的割线与纵轴的夹角。

另一种称为动态电阻（或称交流电阻），它等于工作点 Q 附近的电压微变量与电流微变量之比的极限，即

$$r=\lim_{\Delta I\to 0}\frac{\Delta U}{\Delta I}=\frac{\mathrm{d}U}{\mathrm{d}I} \tag{1-31}$$

由图 1-47 可见，Q 的动态电阻正比于 $\tan\beta$，β 是过 Q 点的切线与纵轴的夹角。

显然，非线性电阻的静态电阻与动态电阻定义不同，阻值不等，且随工作点的不同而变化。因此，描述非线性电阻，以

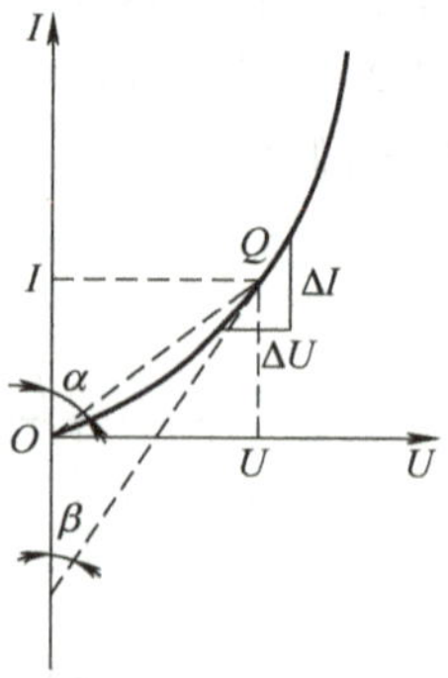

图 1-47 动态电阻与静态电阻的图解

上两种电阻是必需的。

1.8.2　非线性电阻电路的图解法

因为非线性电阻元件的伏安特性通常不能用数学公式表示，所以在分析与计算非线性电阻电路时一般都采用图解法。

含有一个非线性电阻的电路如图 1-48 所示，非线性电阻 R 的伏安特性曲线 $I(U)$ 如图 1-49所示。图解分析的目的是要求计算出电路中的电压 U 与电流 I。

图解法的步骤：

1）对图 1-48 所示电路列 KVL 方程，即

$$U = E - R_1 I \tag{1-32}$$

或

$$I = -\frac{1}{R_1}U + \frac{E}{R_1} \tag{1-33}$$

式（1-33）为一直线方程，其斜率为 $\tan\alpha = -\frac{1}{R_1}$。

2）根据以上列出的直线方程，求出两点截距，即

$$\begin{cases} I=0, & U=E \\ U=0, & I=\dfrac{E}{R_1} \end{cases}$$

3）根据两点截距，在图 1-49 中作一直线，通常称为负载线。

4）求出负载线与非线性电阻元件伏安特性曲线的交点，即 Q 点，又称工作点。Q 点对应的电压与电流即为图 1-48 所示电路中的电压 U 与电流 I。

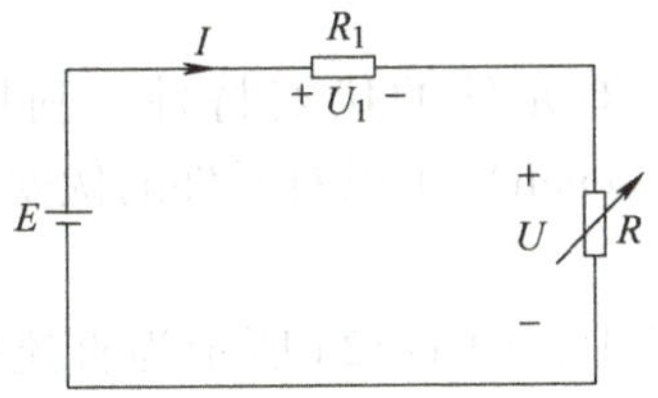

图 1-48　非线性电阻的电路

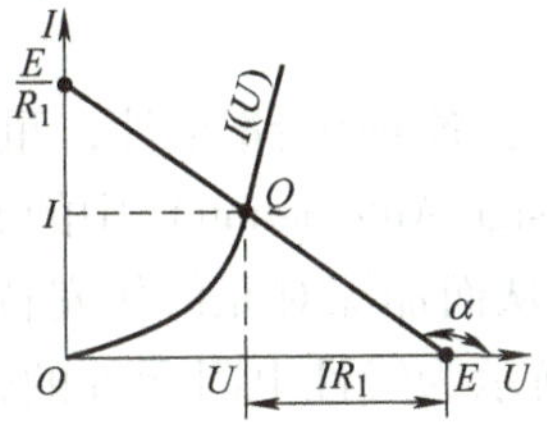

图 1-49　非线性电阻电路图解分析

由上述分析可知：

1）负载线与电阻 R_1 及电动势 E 的大小有关。当 E 一定时，负载线的斜率将随 R_1 的变化而变化；当 R_1 一定时，负载线将随 E 的不同而平行移动，如图 1-50 所示。

2）非线性电阻电路的工作状态由式（1-33）的直线与非线性电阻元件 R 的伏安特性曲线 $I(U)$ 的交点 Q 确定。Q 点既表示了非线性电阻元件 R 上电压与电流的关系，同时也满足线性电阻（除非线性电阻以外）电路的电压与电流的关系。

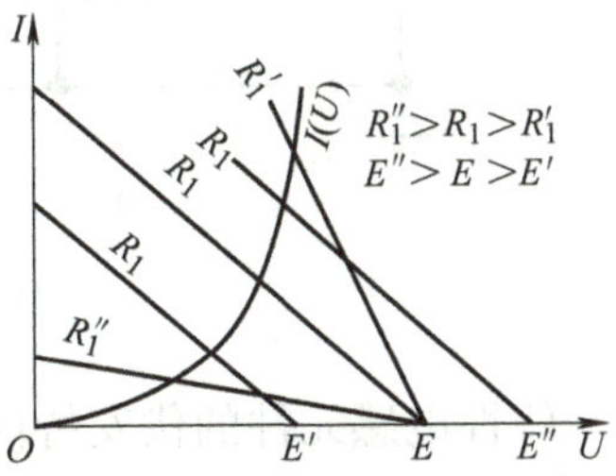

图 1-50　对应不同的 R_1 和 E 的情况

例 1-7　求图 1-51a 所示电路工作点 Q。图 1-51b 所示为非线性电阻 R 的伏安特性曲线。

解 1）根据 KCL 列写节点电流方程，有

$$I = I_s - \frac{1}{R_0}U$$

2）根据上式求出两点截距，即

$$\begin{cases} U=0, & I=I_s=10\text{mA} \\ I=0, & U=I_sR_0=10\text{V} \end{cases}$$

3）根据两点截距，在图 1-51b 中作一直线。

4）由直线与非线性电阻 R 的伏安特性曲线的交点得到 Q 点处的工作电压与工作电流。

$$U=5\text{V},\ I=6\text{mA}$$

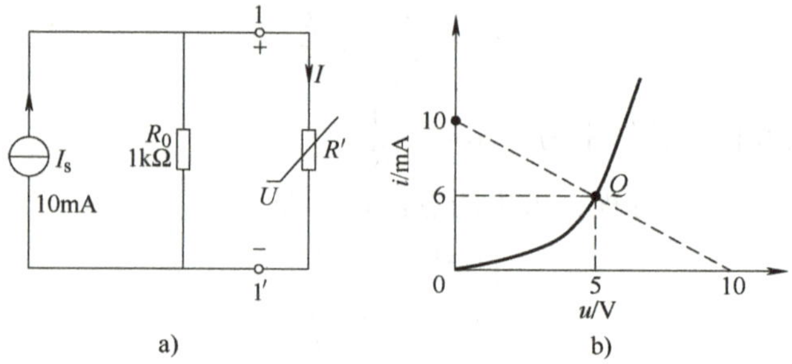

图 1-51 例 1-7 图

1.9 元件伏安特性的仿真分析

前面介绍了各种电路元件，重点是它们的外特性，即元件的伏安特性。利用 EDA（Electronic Design Automation）中的 EWB（Electronics Workbench）可以对元件的伏安特性进行仿真分析，从而加深对元件伏安特性的理解。

图 1-52 所示为线性电阻元件的伏安特性仿真电路。其中，图 1-52a 所示为直流电路的仿真，图 1-52b 所示为交流电路的仿真。

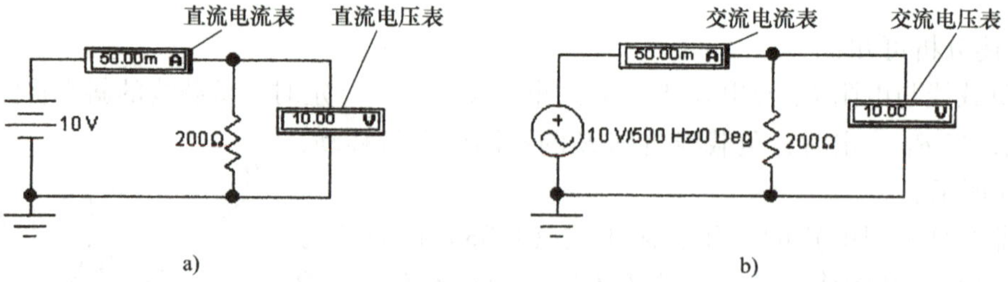

图 1-52 线性电阻元件的伏安特性仿真电路

线性电感元件的伏安特性仿真电路如图 1-53 所示。其中，图 1-53a 所示为直流电路的仿真，图 1-53b 所示为交流电路的仿真。

图 1-53b 中电感元件的电压和电流波形可以通过虚拟示波器观察，关于这方面的仿真分

析将在第 3 章中详细介绍。

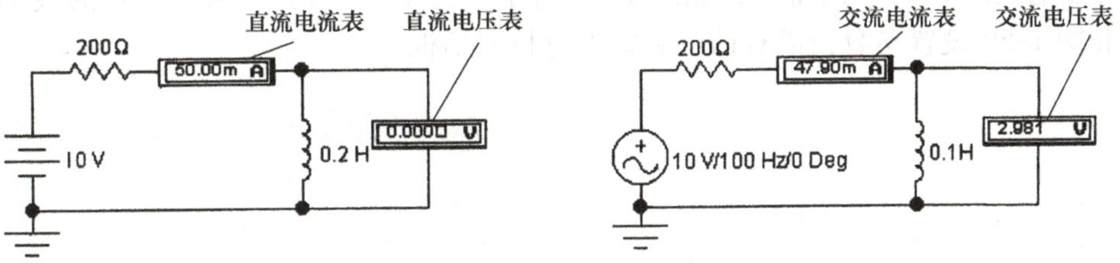

a)　　　　b)

图 1-53　线性电感元件的伏安特性仿真电路

图 1-54 所示为线性电容元件的伏安特性仿真电路。其中，图 1-54a 所示为直流电路的仿真，图 1-54b 所示为交流电路的仿真。

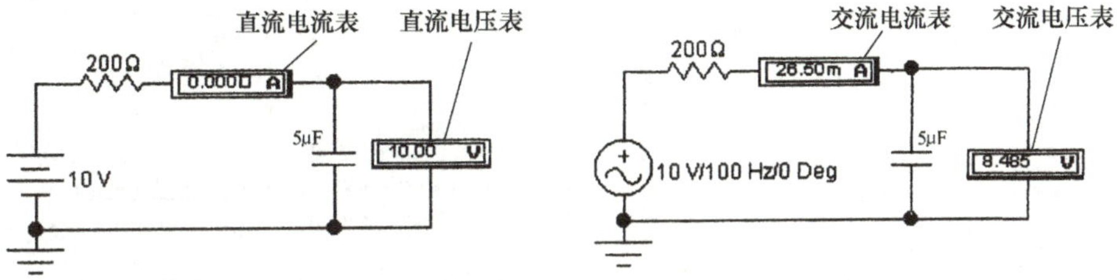

a)　　　　b)

图 1-54　线性电容元件的伏安特性仿真电路

用同样的方法可以对理想电压源和理想电流源进行仿真，仿真结果如图 1-55 和图 1-56 所示。

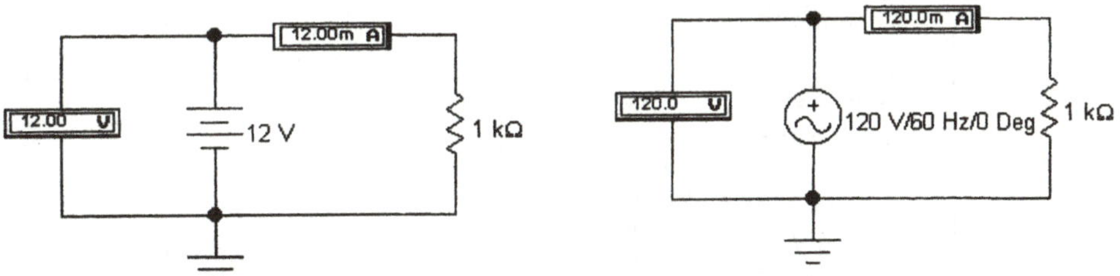

a)　　　　b)

图 1-55　理想电压源的伏安特性仿真电路

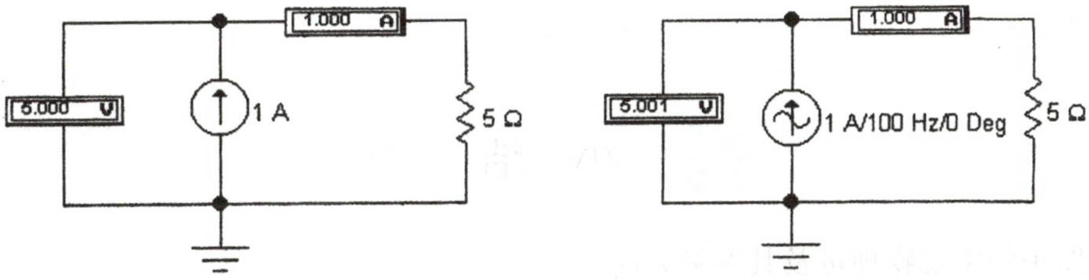

a)　　　　b)

图 1-56　理想电流源的伏安特性仿真电路

利用参数扫描分析（Parameter Sweep Analysis），改变图 1-56 中电阻的参数值，可观察电流源两端电压随 *R* 的变化曲线，如图 1-57 所示。为了观测到图 1-57 所示的波形，需按图 1-58和图 1-59 设置参数扫描对话框和瞬态分析对话框。

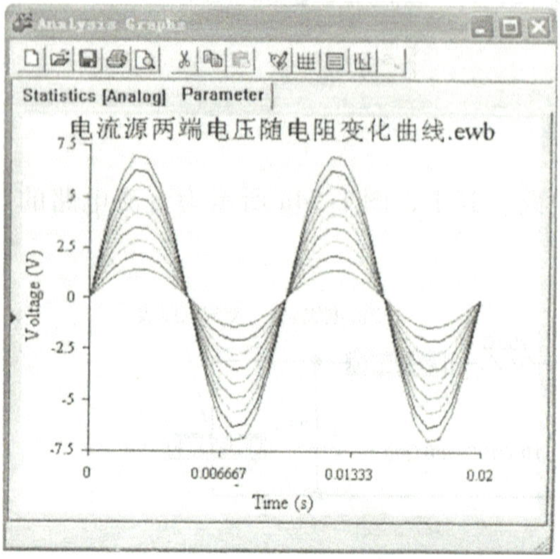

图 1-57 电流源两端电压随 *R* 变化曲线

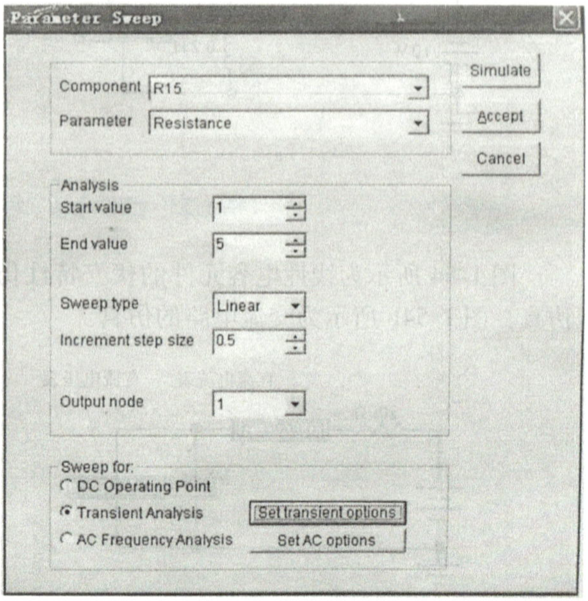

图 1-58 参数扫描对话框

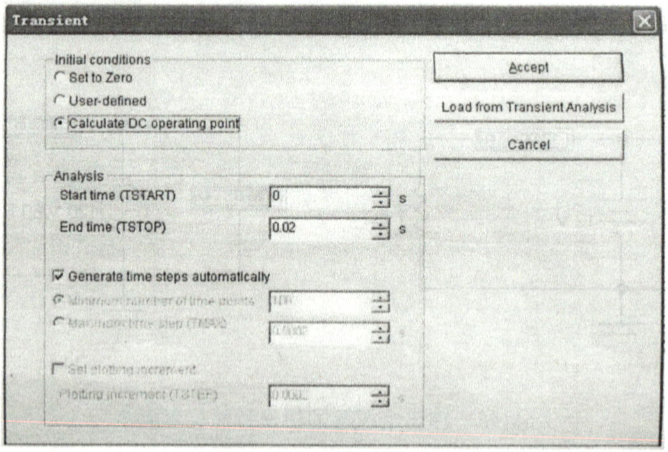

图 1-59 瞬态分析对话框

小 结

1. 电路中的主要物理量及其参考方向

电压和电流是电路分析中两个主要物理量。在电路分析与计算之前，需要对参与分析计算的电压、电流假定一个方向，该方向可任意指定，称为参考方向。在参考方向确定之后，电压、电流均成为代数量，正值表示参考方向与实际方向相同，负值表示参考方向与实际方向相反。

2. 理想电路元件及其伏安关系

1）电阻元件 R：关联参考方向下，$u=Ri$。

2）电感元件 L：关联参考方向下，$u=L\dfrac{\mathrm{d}i}{\mathrm{d}t}$。

3）电容元件 C：关联参考方向下，$i=C\dfrac{\mathrm{d}u}{\mathrm{d}t}$。

4）电压源：两端电压恒定，其中电流为任意值。

5）电流源：发出的电流恒定，两端电压为任意值。

6）受控源 VCVS：$U_2=\mu U_1$

CCVS：$U_2=rI_1$

VCCS：$I_2=gU_1$

CCCS：$I_2=\beta I_1$

3. 基尔霍夫定律

KCL：$\Sigma i=0$ 或 $\Sigma i_{\mathrm{i}}=\Sigma i_{\mathrm{o}}$

KVL：$\Sigma u=0$ 或 $\Sigma u_{\mathrm{r}}=\Sigma u_{\mathrm{d}}$

4. 电路中的两种约束

一种约束来自元件的特性，即元件特性对元件本身的电压和电流形成的约束；另一种约束来自元件的连接，即与一个节点相连接的各支路电流受 KCL 的约束，与一个回路相联系的各支路电压受 KVL 的约束。前者与电路结构无关，后者与元件性质无关。

5. 功率的分析与计算

功率表达式：$p=ui$

当一个元件的 u、i 取关联参考方向时，即假定该元件吸收功率，若计算结果为负值，说明该元件在发出功率。当一个元件的 u、i 取非关联参考方向时，即假定元件在发出功率，若计算结果为负值，说明该元件在吸收功率。

6. 电位的概念与计算

1）当选定电路中某点作为参考点（又称参考电位点），并令其电位为零时，电路中其他各点的电位即是各点与参考点之间的电压。

2）参考点选择不同，电路中各点的电位值将不同，但是任意两点间的电位差（电压值）是不变的，即各点电位的高低是相对的，而两点间的电压值是绝对的。

7. 非线性电阻电路

1）非线性电阻元件的伏安关系：$U=f(I)$ 或 $I=f(U)$。

2）非线性电阻元件的电阻有两种表示方式：

静态电阻：工作点 Q 的电压 U 与电流 I 之比，即 $R=U/I$；

动态电阻：工作点 Q 附近的电压微变量 ΔU 与电流微变量 ΔI 之比的极限，即 $r=\lim\limits_{\Delta I\to 0}\dfrac{\Delta U}{\Delta I}=\dfrac{\mathrm{d}U}{\mathrm{d}I}$

3）非线性电阻电路的图解法。

习 题

1-1 写出图 1-60 所示电路中各元件的伏安关系式。

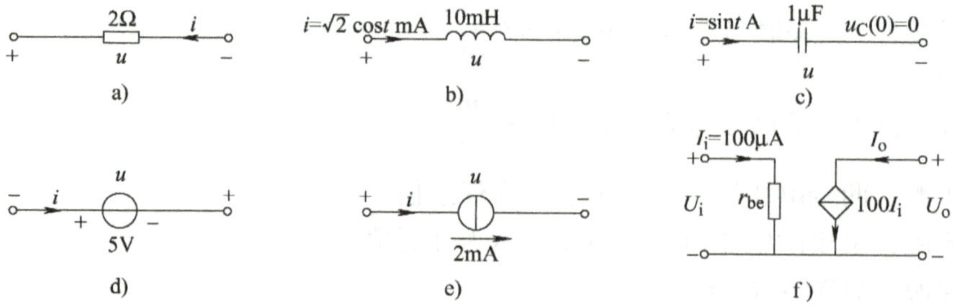

图 1-60 题 1-1 图

1-2 设电感 $L=1\text{H}$，电流 i_L 的波形如图 1-61 所示。试写出电感两端电压 u_L 的表达式，并画出其波形图。

1-3 设电容 $C=0.5\text{F}$，其两端电压 u_C 的波形如图 1-62 所示。试写出电容电流 i_C 的表达式，并画出其波形。

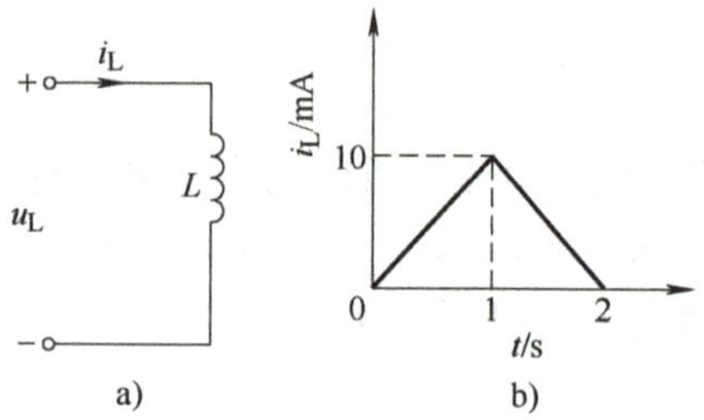

图 1-61 题 1-2 图

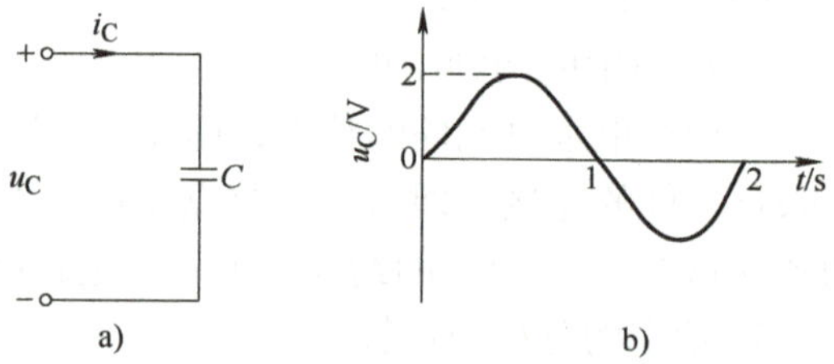

图 1-62 题 1-3 图

1-4 某电压源空载电压为 230V，内阻为 1Ω，满载时端电压下降 5%，求此时电源发出的电流。

1-5 求图 1-63 所示电路中的 U_s 和 I。

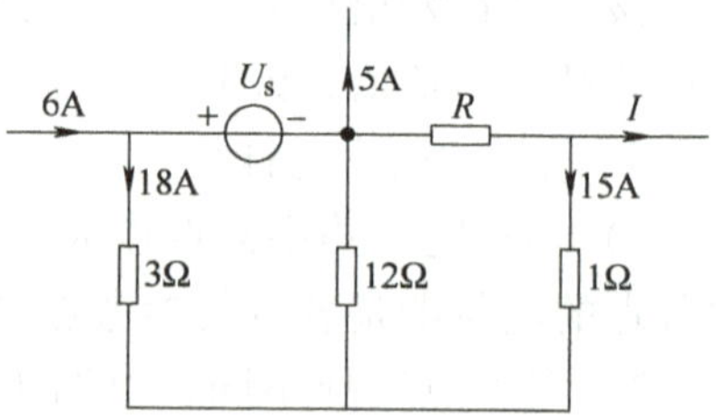

图 1-63 题 1-5 图

1-6 图 1-64 所示电路中 U_3 的参考方向已选定，若该电路的两个 KVL 方程为

$$U_1-U_2-U_3=0$$
$$-U_2-U_3+U_5-U_6=0$$
$$U_3+U_4-U_5=0$$

1）确定其余各电压的参考方向；

2）若 $U_2=10\text{V}$、$U_3=5\text{V}$、$U_6=-4\text{V}$，试确定其余各电压。

1-7 电路如图 1-65 所示，求 U_x、I_x、U 和 I。

1-8 在图 1-66 中，5 个元件代表电源或负载。电流和电压的参考方向如图所示，由实验测得：$I_1=-4\text{A}$，$I_2=6\text{A}$，$I_3=10\text{A}$，$U_1=140\text{V}$，$U_2=90\text{V}$，$U_3=60\text{V}$，$U_4=-80\text{V}$，$U_5=30\text{V}$。1）判断哪些元件是电源？哪些元件是负载？2）计算各元件的功率并验证发出的功率和吸收的功率是否平衡？

1-9 求图 1-67 所示电路中的 U 和 I。

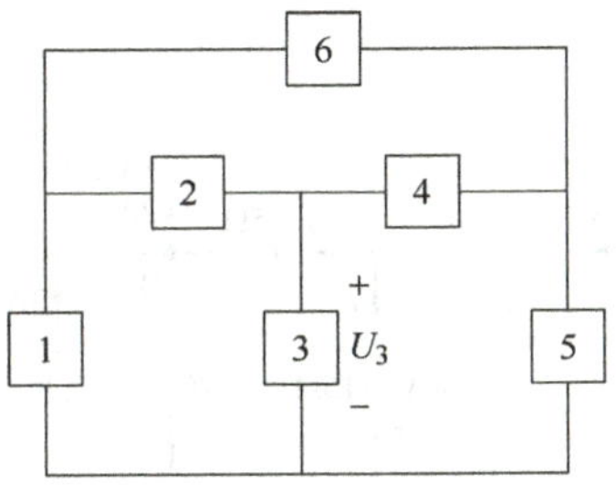

图 1-64　题 1-6 图

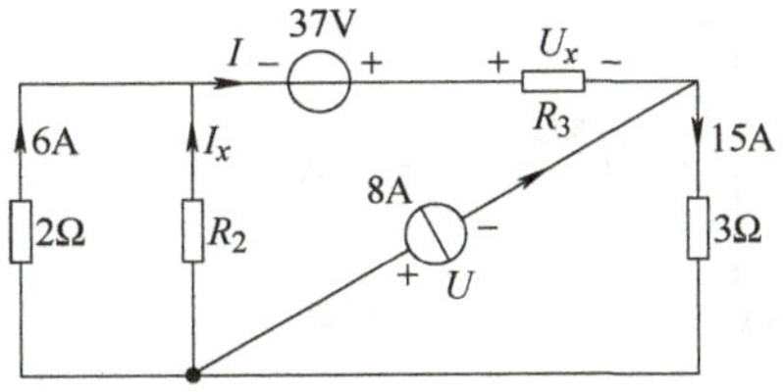

图 1-65　题 1-7 图

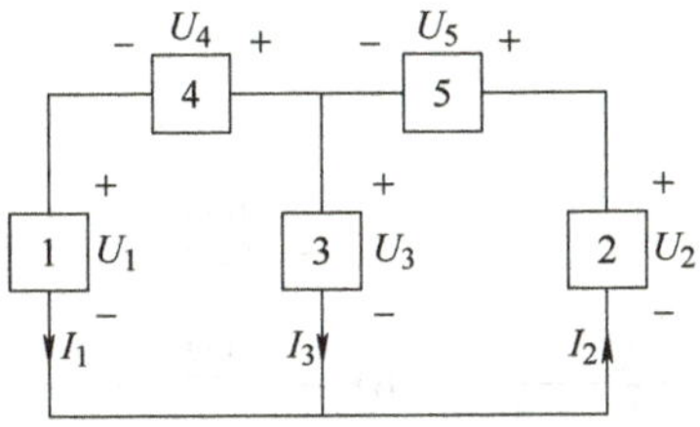

图 1-66　题 1-8 图

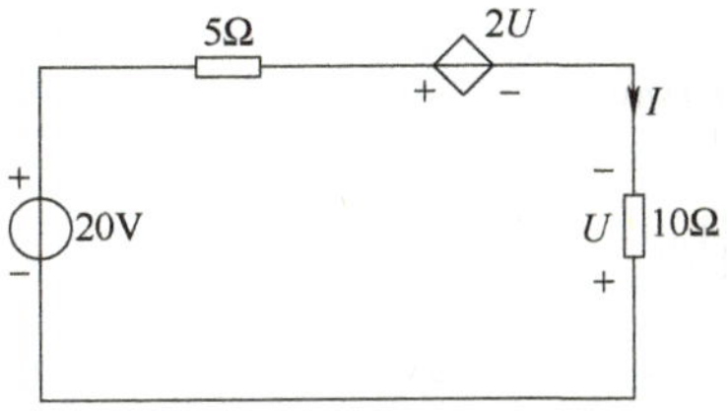

图 1-67　题 1-9 图

1-10　求图 1-68 所示电路中受控源提供的电流及各元件的功率。

1-11　在图 1-69 所示电路中，已知 $U_1=10\text{V}$，$E_1=4\text{V}$，$E_2=2\text{V}$，$R_1=4\Omega$，$R_2=2\Omega$，$R_3=5\Omega$，试求开路电压 U_2。

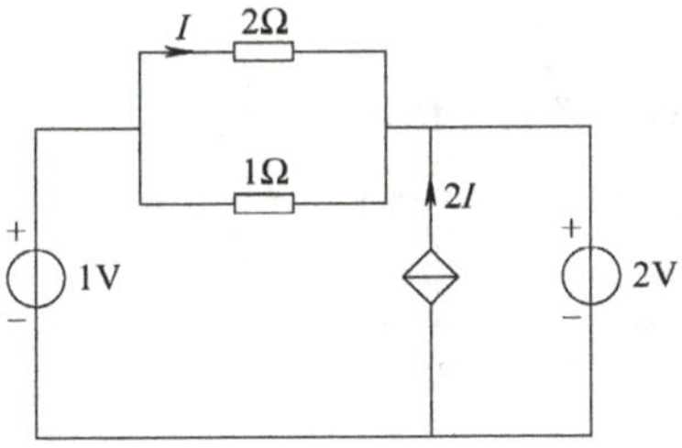

图 1-68　题 1-10 图

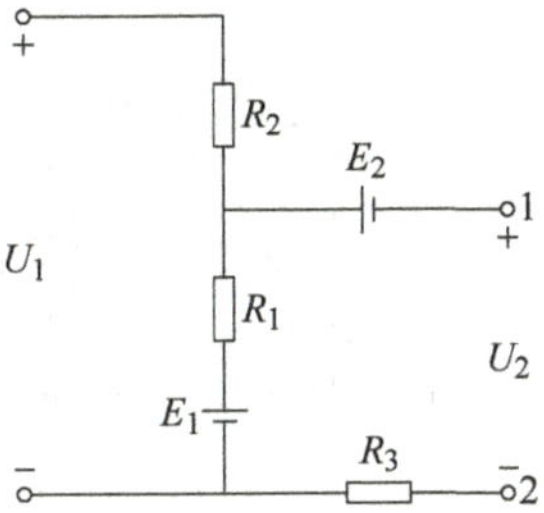

图 1-69　题 1-11 图

1-12　求图 1-70 所示电路中 A 点的电位。

1-13　电路如图 1-71 所示，求开关 S 在断开和闭合两种情况下 A 点的电位。

1-14　求图 1-72 所示电路中 B 点电位 V_B 及电阻 R。

1-15　求图 1-73 所示电路中 A 点电位。已知 $R_1=10\Omega$，$R_2=5\Omega$，$R_3=20\Omega$。

1-16　求图 1-74 所示电路中 A、B 两点的电位。如果将 A、B 两点短接，电路的工作状态是否改变？

1-17　求图 1-75 所示电路中电阻 R 吸收的功率。

1-18　试用图解法计算图 1-76a 中非线性电阻元件 R 中的电流 I 及其两端电压 U。图 1-76b 所示为 R 的伏安特性曲线。

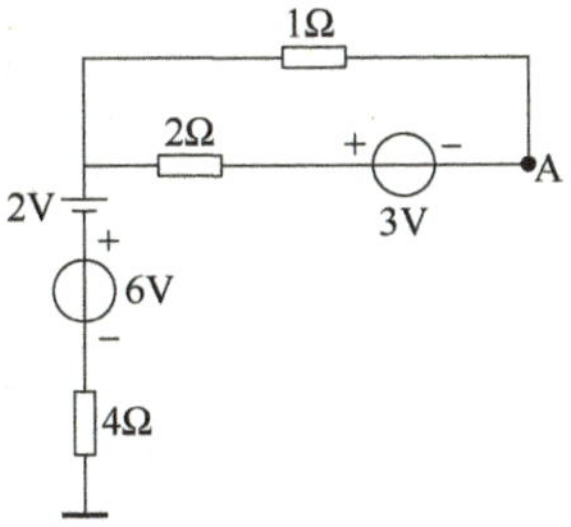

图 1-70　题 1-12 图

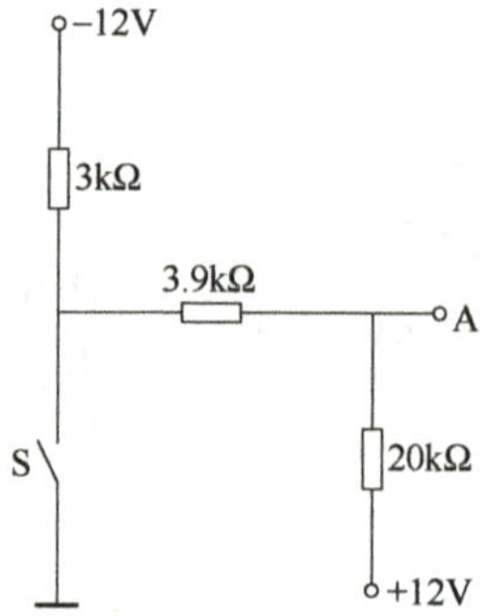

图 1-71 题 1-13 图

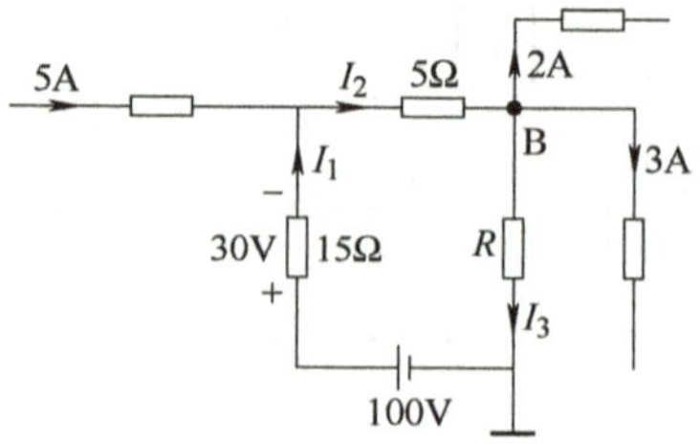

图 1-72 题 1-14 图

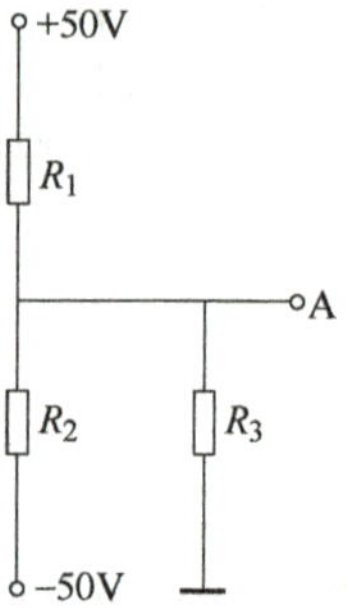

图 1-73 题 1-15 图

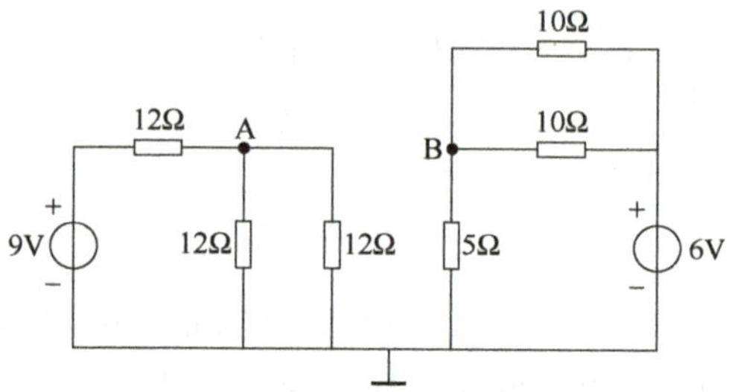

图 1-74 题 1-16 图

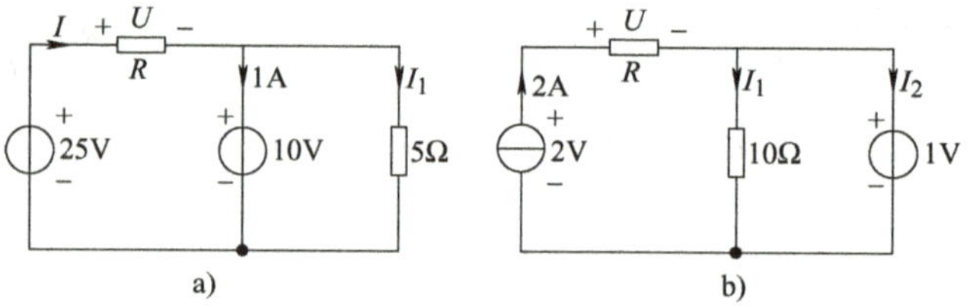

图 1-75 题 1-17 图

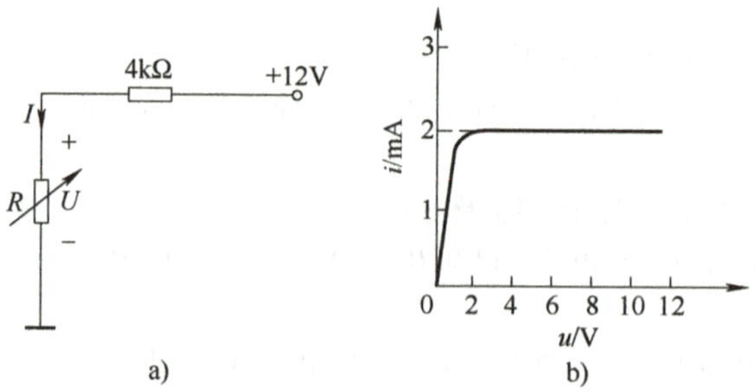

图 1-76 题 1-18 图

1-19 利用 EWB 仿真题 1-3，要求测量出电容电压和电流的有效值。

1-20 利用 EWB 仿真题 1-10，要求测出所有支路的电压和电流。

1-21 利用 EWB 仿真题 1-13，要求测出两种情况下 A 点的电位。

第2章　电路分析方法

在电路分析中，常常利用“等效”的概念将多个元件组成的电路化简为只由少数几个元件甚至一个元件组成的电路，从而使问题得到简化。“等效”是指电路的端口伏安特性相同。不含独立电源的二端网络称为无源二端网络，不含受控源的无源二端网络可通过电阻串、并联或Y/△变换化简为简单的电路，含有受控源的无源二端网络可通过戴维南等效电路进行化简。含有独立电源的二端网络称为有源二端网络，有源二端网络可利用电源等效变换简化电路。本章首先阐述基于“等效”概念的电源等效变换法，然后介绍建立在KCL和KVL基础上的其他电路分析方法：支路电流法、节点电压法以及在线性电路和“等效”基础上的叠加定理、戴维南定理及诺顿定理。这些都是分析电路的基本方法，但在实际计算时，要根据电路的结构特点去分析与寻找计算的简便方法。

2.1　电源等效变换法

在含有多个电源（电压源或电流源）的复杂网络中，常常将电源进行合并，串、并联电阻等效为一个电阻，从而将复杂的网络简化。这种分析电路的方法称之为电源等效变换法。

由前面学到的知识可知，n个电阻串联或并联可等效为一个电阻；n个理想电压源串联可等效为一个理想电压源，其值为各个电压源值的代数和；n个理想电流源并联可等效为一个理想电流源，其值为各个独立电流源值的代数和。在具体讲述电源等效变换电路分析方法之前，先介绍一个电路元件模型——实际电源，介绍它的两种外在表现形式及它们之间的等效变换。

2.1.1　实际电源的两种电路模型及等效变换

理想电压源的内阻阻值恒等于零，理想电流源的内阻阻值恒等于无穷大。实际上，理想的电压源或理想的电流源是不存在的。对于电压源，总是存在着一个阻值较小的内阻；对于电流源，总是存在着一个阻值较大的内阻。其电路模型如图2-1所示。

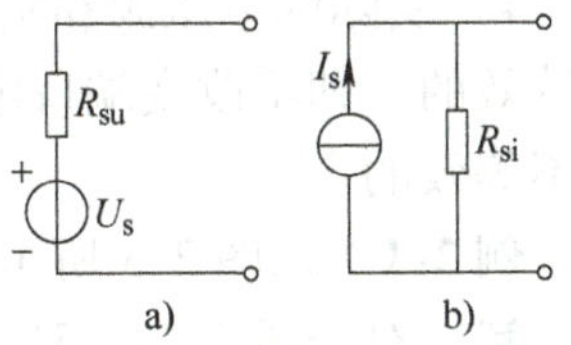

图2-1　实际电源电路模型
a）实际电压源　b）实际电流源

既然实际电压源电路模型和实际电流源电路模型是实际电源的两种外在表现形式，那么这两种形式之间一定存在着等效变换。所谓等效是指对同一个负载R_L而言，两种形式供电，负载R_L上的电压和流过R_L的电流应相等。对于图2-2，有下列等式：

$$I=I' \tag{2-1}$$

$$U=U' \tag{2-2}$$

由图 2-2 可知：

$$I=\frac{U_s-U}{R_{su}} \tag{2-3}$$

$$I'=I_s-\frac{U'}{R_{si}} \tag{2-4}$$

将式（2-3）和式（2-4）代入式（2-1）得

$$\frac{U_s}{R_{su}}-\frac{U}{R_{su}}=I_s-\frac{U'}{R_{si}} \tag{2-5}$$

由式（2-2）可知 $U=U'$，若令 $R_{su}=R_{si}=R_s$，则

$$I_s=\frac{U_s}{R_s} \tag{2-6}$$

由图 2-2a、b 和式（2-6）可以得出：实际的电压源可以转换成实际的电流源，电流源的电激流值等于电压源的电压值 U_s 除以内阻 R_{su}，方向对应关系为高电位的方向对应电流源电激流的流出方向。同理，实际的电流源可以转换成实际的电压源，电压源的电压值等于实际电流源的电激流 I_s 乘以电流源的内阻 R_{si}，方向对应关系为实际电流源电激流的流出方向对应电压源高电位的方向。

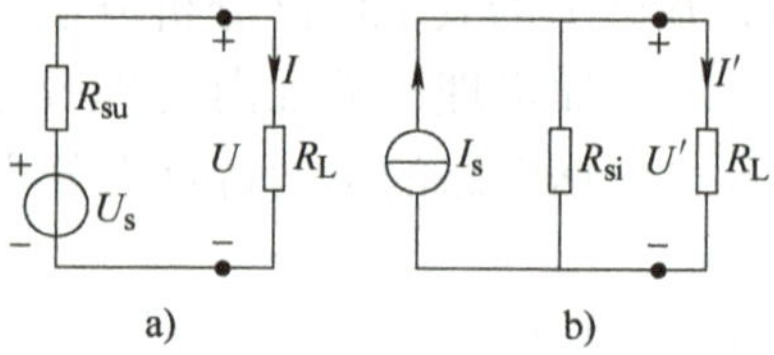

图 2-2 实际电源的等效变换

利用电阻串、并联的等效变换、理想电压源或理想电流源的合并及实际电源的等效变换等，可将复杂网络化成简单的电路，从而简化了计算。下面重点介绍含电压源和电流源较多的网络化简方法——电源等效变换法。

2.1.2 电源等效变换法

利用上面提到的等效变换，可以对电路进行分析，为了能进一步化简电路，需补充以下几点：

1）与理想电压源并联的任何元件对外电路不起作用，等效变换时这些元件可以去掉。

2）与理想电流源串联的任何元件对外电路不起作用，等效变换时这些元件可以去掉。

3）理想电压源的内阻阻值等于零，理想电流源的内阻阻值等于无穷大，所以理想电压源和理想电流源之间不存在等效变换。

4）实际的电压源和实际的电流源之间存在着等效变换。这种变换只对端钮的伏安关系是等效的，即不改变端口电压 U 和端口电流 I 的数值；但是，对于电源内部，两组电路组合是不等效的。

例 2-1 求图 2-3 所示电路的等效电路。

解 对于图 2-3a，5V 电压源与 1Ω 电阻并联，1Ω 电阻去掉，可等效成 5V 电压源，电路变换如图 2-4 所示。

对于图 2-3b，2A 电流源与 3Ω 电阻串联，3Ω 电阻去掉，可等效成 2A 电流源，电路变换如图 2-5 所示。

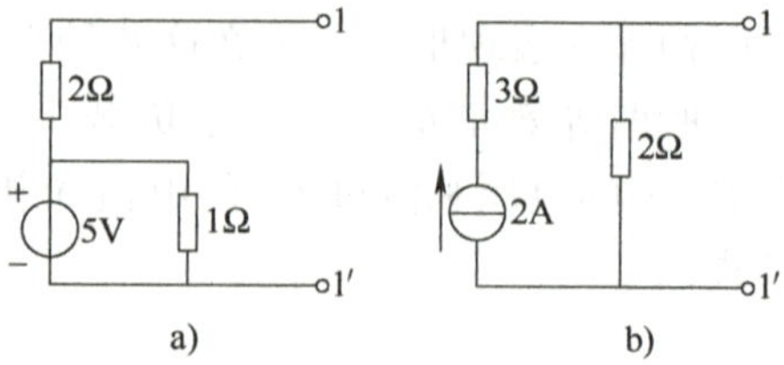

图 2-3 例 2-1 图

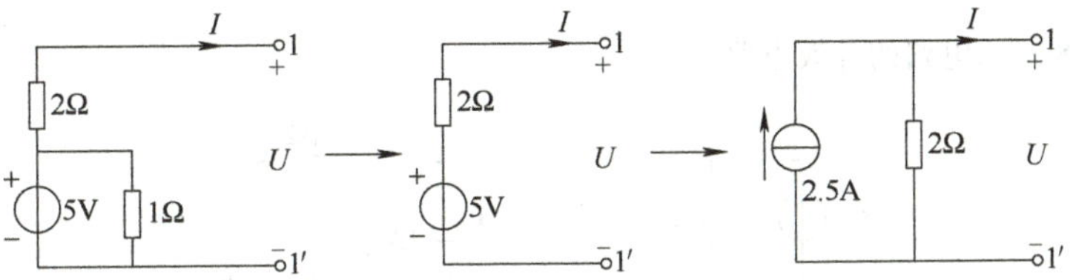

图 2-4　图 2-3a 的解

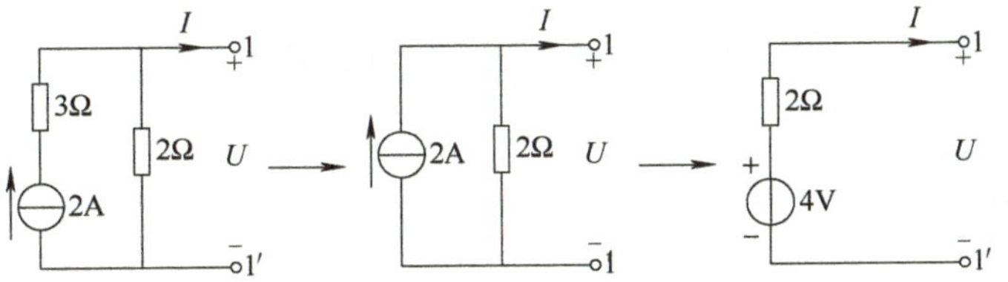

图 2-5　图 2-3b 的解

例 2-2　用电源等效变换法求电流 I。

解　由图 2-6 可知，6V 电压源和 1Ω 电阻并联，1Ω 电阻去掉。6A 电流源和 12V 电压源串联，12V 电压源去掉。然后进行实际电压源和实际电流源的等效变换。电路的具体变换过程和结果如图 2-7 所示，故有

$$I=\frac{9-4}{1+2+7}\text{A}=0.5\text{A}$$

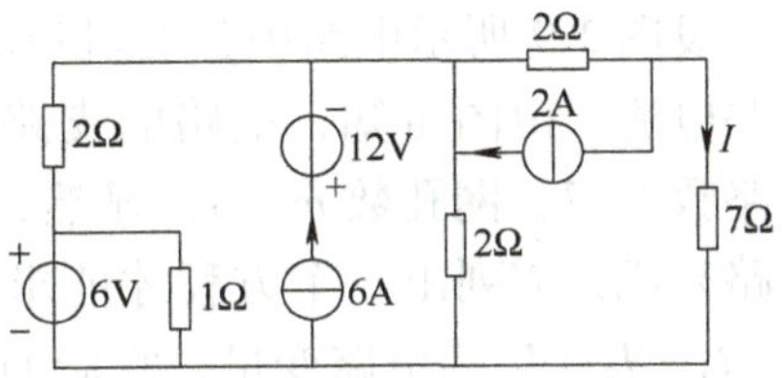

图 2-6　例 2-2 图

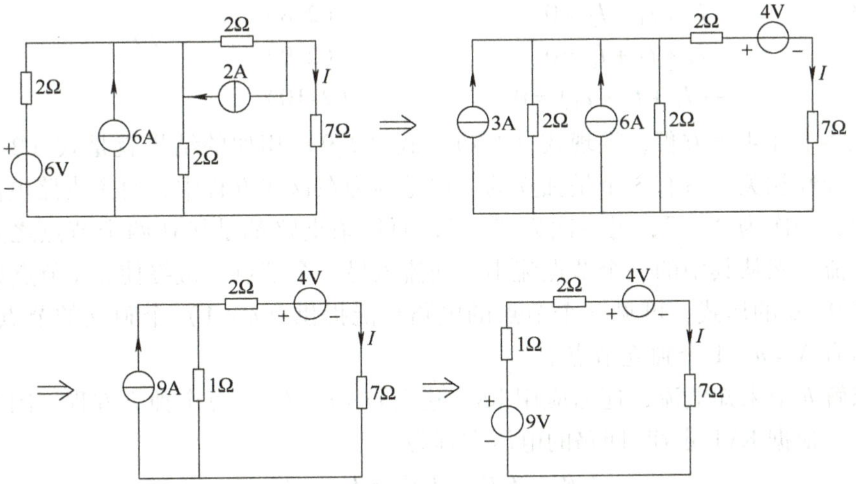

图 2-7　例 2-2 解

练习与思考

2-1-1　理想电压源和理想电流源之间是否存在着等效变换？为什么？

2-1-2　实际电压源转换成实际电流源时，电压源的电压值和电流源的电激流值有怎样的关系？电压源

的极性如何?

2-1-3 求图2-8所示电路的等效电路。

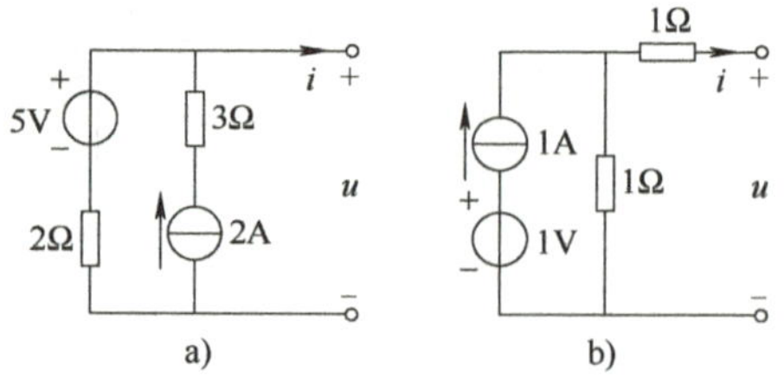

图2-8 练习与思考2-1-3图

2.2 支路电流法

支路电流法是以支路电流为电路变量，应用KCL和KVL，列出与支路电流数相等的独立方程，从而解得支路电流。

设图2-9所示电路中各电阻和恒压源的参数已知，求各支路电流。由图可知，电路的支路数 $b=6$，节点数 $n=4$，回路数 $l=7$，网孔数 $m=3$，显然，对于一个有6条支路的电路来说，需列出6个方程才能求解。以支路电流 I_1、I_2、I_3、I_4、I_5、I_6 为电路变量，它们的参考方向如图2-9所示，根据KCL，节点电流方程为

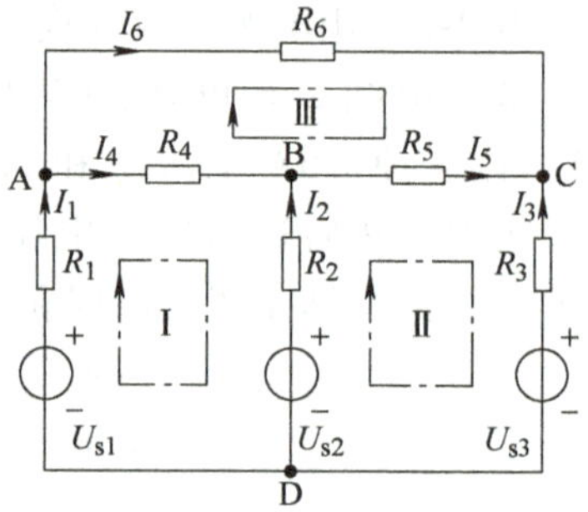

图2-9 支路电流法电路

节点A $\quad I_1-I_4-I_6=0 \quad$ (2-7)

节点B $\quad I_2+I_4-I_5=0 \quad$ (2-8)

节点C $\quad I_3+I_5+I_6=0 \quad$ (2-9)

节点D $\quad -(I_1+I_2+I_3)=0 \quad$ (2-10)

仔细观察上述4个方程，发现式(2-7)~式(2-9)相加的结果就是式(2-10)，所以这4个方程线性相关，只有3个是独立的。这是因为在这些方程中，每个支路电流均作为一项出现两次，一次为"+"，另一次为"-"，而每条支路都是接在两个节点之间的，所以每个支路电流必然从其中的一个节点流出，而流入另一个节点，最终使 n（节点数）个方程之和出现了 $0=0$ 的形式，可见 n 个节点的电路只能提供 $(n-1)$ 个独立的节点电流方程。通常称电路有 $N=n-1$ 个独立节点。

为了求解 b 个未知电流，还需应用KVL建立 $m=b-(n-1)$ 个独立方程。图2-9还需列出3个方程。根据KVL定律,回路的电压方程为

回路Ⅰ $\quad I_1R_1-I_2R_2+I_4R_4=U_{s1}-U_{s2} \quad$ (2-11)

回路Ⅱ $\quad I_2R_2-I_3R_3+I_5R_5=U_{s2}-U_{s3} \quad$ (2-12)

回路Ⅲ $\quad -I_4R_4-I_5R_5+I_6R_6=0 \quad$ (2-13)

上述3个方程是独立的，这是因为每选一个回路，使这个回路至少具有一条新支路（即该支路的电压源或电阻在已选取过的回路方程里未出现过），那么，按选取的先后次序来看，后一个回路的方程必定具有前面回路方程所没有的电阻或电压源，因而它不能由前面

那些回路方程导出。换句话说，用这样的方法所选取的回路，其回路方程一定是独立的。所以，可以用这种方法来选取独立回路，即每次选取的回路至少有一条新支路，并选足 m 个为止。另外，我们也可以按网孔列独立方程，一个网孔就是一个独立回路，网孔数就是独立回路数，根据所有网孔列回路方程，就可以方便地得到 m 个独立的回路方程。

当然，并非所有回路的电压方程都是独立的，如最外面回路的电压方程为

$$I_1R_1+I_6R_6-I_3R_3=U_{s1}-U_{s3} \tag{2-14}$$

式（2-14）是式（2-11）~式（2-13）相加的结果。由图2-9可知，最外面回路所关联的支路或者与回路Ⅰ有关，或者与回路Ⅱ、回路Ⅲ有关，并不包含新的支路。这样，该回路电压方程可以通过其他回路电压方程进行加减运算得到，故式（2-14）不是独立方程。

总之，对于有 b 条支路、n 个节点的电路，应用KCL可以列出（$n-1$）个独立的节点电流方程，应用KVL可以列出 $m=b-(n-1)$ 个独立的回路方程。独立方程的数目总共为 $(n-1)+[b-(n-1)]=b$ 个，正好是未知支路电流的数目。故当网络中所有电源及其他元件的参数均已给定时，应用KCL和KVL恰好列出 b 个独立方程，从而解得 b 个未知的支路电流。

综上所述，用支路电流法进行网络分析求其支路电流时，可以按以下步骤进行：

1）选定各支路电流的参考方向。

2）根据网络的节点数 n，任选（$n-1$）个节点，应用KCL列出（$n-1$）个节点电流方程。

3）选取独立回路，独立回路数应为 $m=b-(n-1)$ 个，并规定回路的绕行方向，然后根据所选定的独立回路应用KVL列出回路方程。

4）联立节点电流方程和回路电压方程组成线性方程组，从而解出 b 条支路电流。

例2-3　用支路电流法求图2-10中各支路电流。

解　首先规定各支路电流的参考方向及回路方向。在本例题中，支路电流方向已经给定，只规定回路方向即可。回路方向如图2-10所示。应用KCL及KVL列出如下方程：

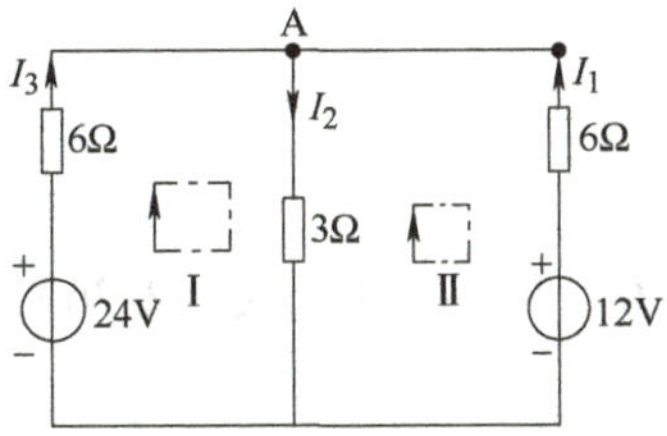

图2-10　例2-3图

节点A　$$I_1+I_3=I_2 \tag{2-15}$$

回路Ⅰ　$$3I_2+6I_3=24\text{V} \tag{2-16}$$

回路Ⅱ　$$-3I_2-6I_1=-12\text{V} \tag{2-17}$$

联立求解由式（2-15）~式（2-17）组成的3元线性方程组。由式（2-16）和式（2-17）分别得

$$I_3=\frac{8\text{V}-1\Omega\times I_2}{2} \tag{2-18}$$

$$I_1=\frac{4\text{V}-1\Omega\times I_2}{2} \tag{2-19}$$

将式（2-18）和式（2-19）代入式（2-15）解得

$$I_2=3\text{A}$$

将 $I_2=3\text{A}$ 代入式（2-18）和式（2-19）分别得

$$I_3=2.5\text{A}$$

$$I_1=0.5\text{A}$$

例 2-4 用支路电流法求图 2-11 中各支路电流。已知：$U_{s1}=48\text{V}$，$U_{s2}=8\text{V}$，$R_1=R_2=8\Omega$，$R_3=6\Omega$，$R_4=12\Omega$，$R_5=8\Omega$。

解 首先规定回路方向，然后利用 KCL 和 KVL 列出如下方程（数值方程，下同）：

节点 A $\qquad I_6-I_1-I_3=0 \qquad$ (2-20)

节点 B $\qquad I_1-I_2-I_5=0 \qquad$ (2-21)

节点 D $\qquad I_3+I_5-I_4=0 \qquad$ (2-22)

回路 Ⅰ $\qquad 8I_1+8I_5-6I_3=-8 \qquad$ (2-23)

回路 Ⅱ $\qquad 8I_5+12I_4-8I_2=-8 \qquad$ (2-24)

回路 Ⅲ $\qquad 6I_3+12I_4=48 \qquad$ (2-25)

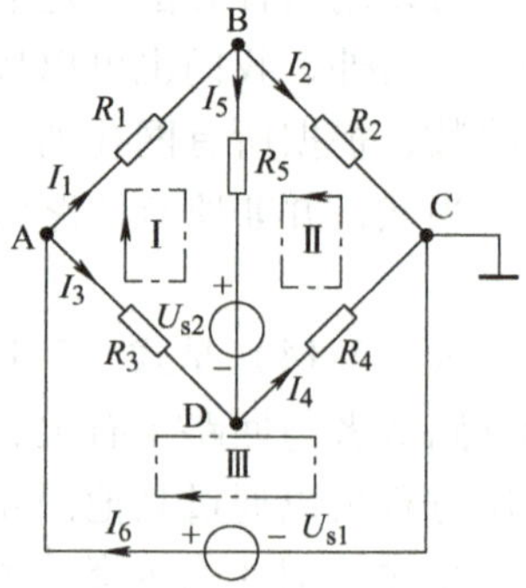

图 2-11 例 2-4 图

联立求解由式（2-20）~式（2-25）组成的 6 元线性方程组。由式（2-20）和式（2-21）分别得

$$I_6=I_1+I_3 \tag{2-26}$$

$$I_5=I_1-I_2 \tag{2-27}$$

将式（2-27）代入式（2-22）得

$$I_4=I_1+I_3-I_2 \tag{2-28}$$

将式（2-26）~式（2-28）代入式（2-23）~式（2-25），并整理得

$$16I_1-8I_2-6I_3=-8$$

$$20I_1-28I_2+12I_3=-8$$

$$12I_1-12I_2+18I_3=48$$

用行列式或代入法求解上列 3 元线性方程组得

$$I_1=2.5\text{A}$$

$$I_2=3.5\text{A}$$

$$I_3=3.33\text{A}$$

将 I_1、I_2、I_3 代入式（2-26）~式（2-28）得

$$I_4=2.33\text{A}$$

$$I_5=-1\text{A}$$

$$I_6=5.83\text{A}$$

若电路中含有受控电压源，那么除了列出 $(n-1)$ 个节点电流方程和 $m=b-(n-1)$ 个电压方程外，还需将受控电压源的控制量用支路电流表示，暂时将受控电源视为独立电源，消除中间变量。

练习与思考

2-2-1 某电路有 3 个节点和 5 条支路，采用支路电流法求解各支路电流时，应列出 KCL 方程数和 KVL 方程数分别为多少？两者的和应为多少？

2-2-2 在图 2-12 所示电路中，欲用支路电流法求解流过电阻 R_P 的电流 I_P，需列出独立电流方程和电压方程数分别为多少？

2-2-3 含有受控源的电路应如何列写支路电流法的电路方程？

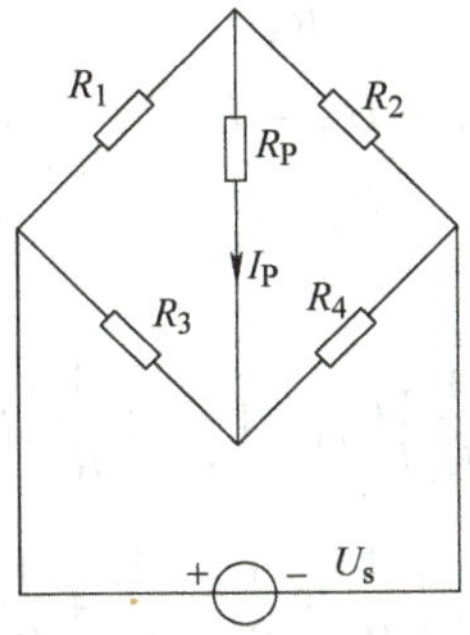

图 2-12 练习与思考 2-2-2 图

2.3 节点电压法

前面讲述的支路电流法是选用网络的电流变量建立电路方程的分析方法。本节主要讨论选用网络电压变量的分析方法。节点电压法是指以节点电压为电路的独立变量，应用 KCL（对具有电流源的电阻电路，即为 $\Sigma G_K U_K = \Sigma I_{sK}$），列出与节点电压数相等的独立方程，从而解得节点电压和支路电流。

电路中，任意选择某节点为参考节点，其他节点与参考节点间的电压便是节点电压。节点电压的参考极性均是指向参考节点的，即以参考节点处为“ - ”极性。

图 2-13 所示电路，其节点数为 3，设以节点“0”为参考节点（通常用接地符号⊥表示），节点“1”“2”对“0”节点的电压就是它们的节点电压 U_{10} 和 U_{20}。这样，支路 1、2（即电阻 R_1 和 R_2）上的电压就是 U_{10}，支路 5、6（即电阻 R_5 和 R_6）上的电压就是 U_{20}，支路 3、4（即电阻 R_3 和 R_4、U_s 串联）上的电压为相应的“1”“2”节点的电位差，即

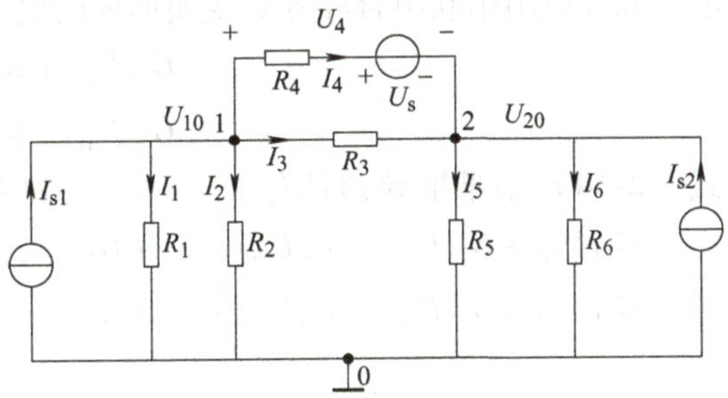

图 2-13 节点电压法电路

$$\left.\begin{aligned} U_{R1} &= U_{R2} = U_{10} \\ U_{R5} &= U_{R6} = U_{20} \\ U_{R3} &= U_4 = U_{10} - U_{20} \end{aligned}\right\} \tag{2-29}$$

所以只要求出网络的节点电压，那么其余变量（如支路电压和电流）就随之求出来了。

节点电压是网络的一组独立变量，为列出节点电压方程，需对节点“1”和“2”应用 KCL 列出电流方程，即

$$\left.\begin{aligned} &\text{节点 1} \quad & I_{s1} - I_1 - I_2 - I_3 - I_4 = 0 \\ &\text{节点 2} \quad & I_3 + I_4 + I_{s2} - I_5 - I_6 = 0 \end{aligned}\right\} \tag{2-30}$$

应用欧姆定律和式（2-29），式（2-30）可用节点电压表示为

$$\left.\begin{aligned}&I_{s1}-\frac{U_{10}}{R_1}-\frac{U_{10}}{R_2}-\frac{U_{10}-U_{20}}{R_3}-\frac{U_{10}-U_{20}-U_s}{R_4}=0\\&\frac{U_{10}-U_{20}}{R_3}+\frac{U_{10}-U_{20}-U_s}{R_4}+I_{s2}-\frac{U_{20}}{R_5}-\frac{U_{20}}{R_6}=0\end{aligned}\right\}\tag{2-31}$$

移项、整理后得

$$\left.\begin{aligned}&\left(\frac{1}{R_1}+\frac{1}{R_2}+\frac{1}{R_3}+\frac{1}{R_4}\right)U_{10}-\left(\frac{1}{R_3}+\frac{1}{R_4}\right)U_{20}=I_{s1}+\frac{U_s}{R_4}\\&-\left(\frac{1}{R_3}+\frac{1}{R_4}\right)U_{10}+\left(\frac{1}{R_3}+\frac{1}{R_4}+\frac{1}{R_5}+\frac{1}{R_6}\right)U_{20}=I_{s2}-\frac{U_s}{R_4}\end{aligned}\right\}\tag{2-32}$$

用各支路电导来表示，可得

$$\left.\begin{aligned}&(G_1+G_2+G_3+G_4)U_{10}-(G_3+G_4)U_{20}=I_{s1}+G_4U_s\\&-(G_3+G_4)U_{10}+(G_3+G_4+G_5+G_6)U_{20}=I_{s2}-G_4U_s\end{aligned}\right\}\tag{2-33}$$

电导 G 定义为电阻的倒数，即 $G=1/R$，单位是西门子（S）。

为归纳出更一般的节点电压方程，可令 $G_{11}=G_1+G_2+G_3+G_4$，$G_{22}=G_3+G_4+G_5+G_6$，分别为节点“1”“2”的自电导，简称自导。自导总是正的，它等于与该节点都关联的所有支路电导之和；令 $G_{12}=G_{21}=-(G_3+G_4)$，为节点“1”和“2”的互导，互导总是负的，它等于连接于两节点间支路电导的负值。方程右端写成 I_{s11} 和 I_{s22}，分别表示流入节点的电流源的代数和，其中流入节点的电流取“+”，流出节点的电流取“-”。流入节点的电流源还应包括电压源和电阻串联组合经等效变换形成的电流源。上述两个独立的节点电压方程可写成

$$\left.\begin{aligned}G_{11}U_{10}+G_{12}U_{20}=I_{s11}\\G_{21}U_{10}+G_{22}U_{20}=I_{s22}\end{aligned}\right\}\tag{2-34}$$

由式（2-34）不难推导到具有（$n-1$）个独立节点的电路，有如下一般表达式：

$$\left.\begin{aligned}&G_{11}U_{10}+G_{12}U_{20}+G_{13}U_{30}+\cdots+G_{1(n-1)}U_{(n-1)0}=I_{s11}\\&G_{21}U_{10}+G_{22}U_{20}+G_{23}U_{30}+\cdots+G_{2(n-1)}U_{(n-1)0}=I_{s22}\\&\qquad\vdots\\&G_{(n-1)1}U_{10}+G_{(n-1)2}U_{20}+G_{(n-1)3}U_{30}+\cdots+G_{(n-1)(n-1)}U_{(n-1)0}=I_{s(n-1)(n-1)}\end{aligned}\right\}\tag{2-35}$$

求得各节点电压后，可以根据元件伏安特性求出各支路电流。

对于有 N 个独立节点的一般网络，定义节点电导矩阵 $\boldsymbol{G}$ 为

$$\boldsymbol{G}=\begin{pmatrix}G_1&-G_{12}&\cdots&-G_{1n}\\-G_{21}&G_{22}&\cdots&-G_{2n}\\\vdots&&&\vdots\\-G_{n1}&-G_{n2}&\cdots&G_{nn}\end{pmatrix}\tag{2-36}$$

节点电压的列向量 $\boldsymbol{U}_{\mathrm{N}}$ 为

$$\boldsymbol{U}_{\mathrm{N}}=\begin{pmatrix}U_{10}\\U_{20}\\\vdots\\U_{n0}\end{pmatrix}\tag{2-37}$$

节点电激流列向量 $\boldsymbol{I}_s$ 为

$$\boldsymbol{I}_s = \begin{pmatrix} I_{s1} \\ I_{s2} \\ \vdots \\ I_{sn} \end{pmatrix} \tag{2-38}$$

那么网络节点电流方程的一般（矩阵）形式可以写成

$$\boldsymbol{G}\boldsymbol{U}_N = \boldsymbol{I}_s \tag{2-39}$$

综上所述，利用节点电压法进行网络分析时，可按以下步骤进行：

1）先标定各支路电压或支路电流的参考方向。

2）指定参考节点，其余节点与参考节点间的电压就是节点电压。

3）列出节点电压方程，确定节点电导矩阵中的自电导、互电导和节点电流向量中各节点电流。自电导为“+”，互电导为“-”。流入节点的电激流为“+”，流出的为“-”。

4）从节点电压方程中解出各节点电压，并由节点电压计算各支路电压和各支路电流。

例 2-5　用节点电压法求图 2-14 所示电路的各节点电压和支路电流。

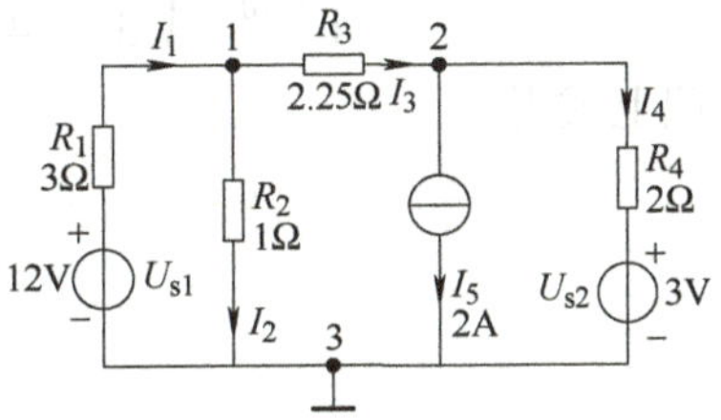

图 2-14　例 2-5 图

解　1）标定各支路电压或支路电流的参考方向。

由图 2-14 可知，待求的支路电流已标出。

2）指定参考节点，标出节点电压。

令节点 3 为参考节点，则节点 1、2 相对于参考节点的电压为 U_{10}、U_{20}。

3）列出节点电压方程

$$G_{11}U_{10} + G_{12}U_{20} = I_{s11}$$
$$G_{21}U_{10} + G_{22}U_{20} = I_{s22}$$

代入具体值得

$$\left(\frac{1}{3} + 1 + \frac{1}{2.25}\right)U_{10} - \frac{1}{2.25}U_{20} = \frac{12}{3}$$
$$-\frac{1}{2.25}U_{10} + \left(\frac{1}{2.25} + \frac{1}{2}\right)U_{20} = -2 + \frac{3}{2}$$

解方程得

$$U_{10} = 2.4\text{V}$$
$$U_{20} = 0.6\text{V}$$

由 U_{10}、U_{20} 的值可得

$$I_1 = \frac{U_{s1} - U_{10}}{R_1} = \frac{12 - 2.4}{3}\text{A} = 3.2\text{A}$$
$$I_2 = \frac{U_{10}}{R_2} = \frac{2.4}{1}\text{A} = 2.4\text{A}$$
$$I_3 = \frac{U_{10} - U_{20}}{R_3} = \frac{2.4 - 0.6}{2.25}\text{A} = 0.8\text{A}$$

$$I_4=\frac{U_{20}-U_{s2}}{R_4}=\frac{0.6-3}{2}\text{A}=-1.2\text{A}$$

例 2-6 电路如图 2-15 所示，试用节点电压法求各节点的电压。

解 选关联支路多的节点作为参考节点。参考节点如图 2-15 所示，标注其他节点编号及各支路电流的参考方向。图示电路独立节点 $N=4-1=3$，利用 KCL 列出节点电压方程

$$G_{11}U_{10}+G_{12}U_{20}+G_{13}U_{30}=I_{s11}$$
$$G_{21}U_{10}+G_{22}U_{20}+G_{23}U_{30}=I_{s22}$$
$$G_{31}U_{10}+G_{32}U_{20}+G_{33}U_{30}=I_{s33}$$

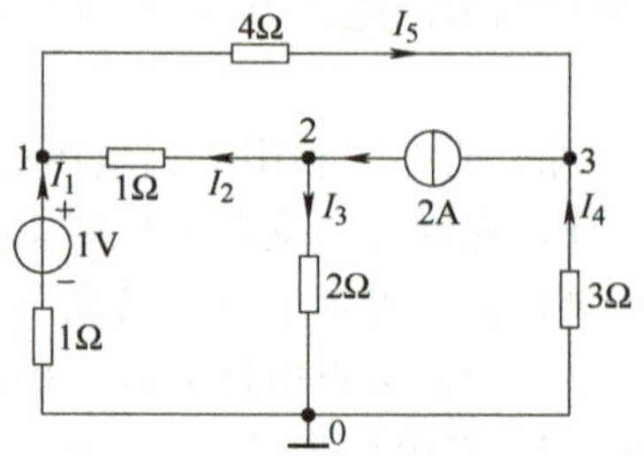

图 2-15 例 2-6 图

代入具体值得

$$\left(1+1+\frac{1}{4}\right)U_{10}-U_{20}-\frac{1}{4}U_{30}=1$$

$$-U_{10}+\left(1+\frac{1}{2}\right)U_{20}=2$$

$$-\frac{1}{4}U_{10}+\left(\frac{1}{3}+\frac{1}{4}\right)U_{30}=-2$$

整理上式得

$$\frac{9}{4}U_{10}-U_{20}-\frac{1}{4}U_{30}=1$$

$$-U_{10}+\frac{3}{2}U_{20}=2$$

$$-\frac{1}{4}U_{10}+\frac{7}{12}U_{30}=-2$$

解方程得

$$U_{10}=1\text{V}$$
$$U_{20}=2\text{V}$$
$$U_{30}=-3\text{V}$$

求出节点电压后，便可求各支路电流的数值方程（单位均为 A）为

$$I_1=\frac{U_{10}-U_s}{1}=\frac{1-1}{1}=0$$

$$I_2=\frac{U_{20}-U_{10}}{1}=\frac{2-1}{1}=1$$

$$I_3=\frac{U_{20}}{2}=\frac{2}{2}=1$$

$$I_4=\frac{-U_{30}}{3}=\frac{3}{3}=1$$

$$I_5=\frac{U_{10}-U_{30}}{4}=\frac{1-(-3)}{4}=1$$

例 2-7 求图 2-16 所示电路中各支路电流。

解 首先选参考节点，标明支路电流的参考方向。该网络的独立节点数 $N=n-1=2-1$。利用 KCL 列出方程

$$\left(\frac{1}{R_1}+\frac{1}{R_2}+\frac{1}{R_3}\right)U_{10}=\frac{U_{s1}}{R_1}+\frac{U_{s2}}{R_2}$$

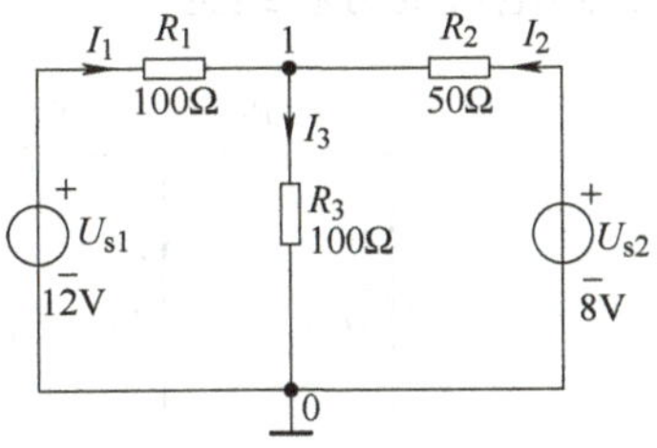

图 2-16 例 2-7 图

则 $$U_{10}=\frac{U_{s1}/R_1+U_{s2}/R_2}{\dfrac{1}{R_1}+\dfrac{1}{R_2}+\dfrac{1}{R_3}}=\frac{12/100+8/50}{1/100+1/50+1/100}\text{V}=7\text{V}$$

各支路电流为

$$I_1=\frac{U_{s1}-U_{10}}{R_1}=\frac{12-7}{100}\text{A}=0.05\text{A}$$

$$I_2=\frac{U_{s2}-U_{10}}{R_2}=\frac{8-7}{50}\text{A}=0.02\text{A}$$

$$I_3=\frac{U_{10}}{R_3}=\frac{7}{100}\text{A}=0.07\text{A}$$

从上面的例题可知，只有两个节点而由多条支路并联组成的电路，在求各支路中响应时可以先求出这两个节点间的电压，而后再求各支路电流。对只有两个节点的电路，弥尔曼定理给出了直接求解节点电压的公式。

弥尔曼定理可表述为：在仅有两个节点的电路中，两节点间的电压等于流入节点电激流的代数和与并在两节点间所有电导之和的比值，即 $U_{10}=\Sigma I_s/(\Sigma G)$，并规定流入所选定的参考高电位端的电激流为正。

如果电路中具有某些电压源支路，这些电压源没有电阻与之串联，则可以采用下述方法处理。

把电压源的电流作为变量。每引入一个这样的变量，同时也增加一个节点电压与电压源电压间的约束关系，把这些约束关系与节点电压方程合并成一组联立方程，其方程数将与变量数相同。例如，在图 2-17 所示电路中，设电压源 U_{s1} 的电流为 I_U，电路的节点电压方程为

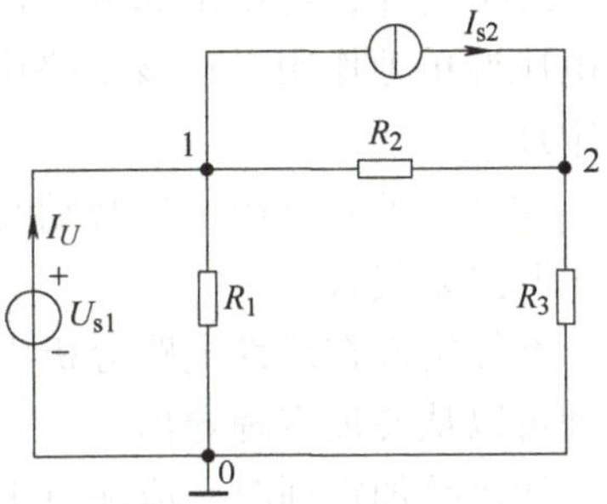

图 2-17 含有电压源支路的节点电压法电路

$$\left(\frac{1}{R_1}+\frac{1}{R_2}\right)U_{10}-I_U-\frac{1}{R_2}U_{20}=-I_{s2}$$

$$-\frac{1}{R_2}U_{10}+\left(\frac{1}{R_2}+\frac{1}{R_3}\right)U_{20}=I_{s2}$$

再增加一个约束关系式，即 $U_{10}=U_{s1}$。由上面 3 个方程，可联立解得节点电压 U_{10}、U_{20} 以及电流 I_U。

如果电路中还有受控电压源，则首先把控制量用节点电压表示，暂时将受控电压源看作是独立的电压源，然后按上述方法列出相关方程即可。

2.4 叠加定理

叠加定理是线性电路的一个重要定理，它反映了线性电路的两个基本性质，即叠加性和比例性。

图 2-18a 所示电路中，当支路电流的参考方向如图所示时，根据 KVL 和 KCL 列出求解各支路电流的方程组为

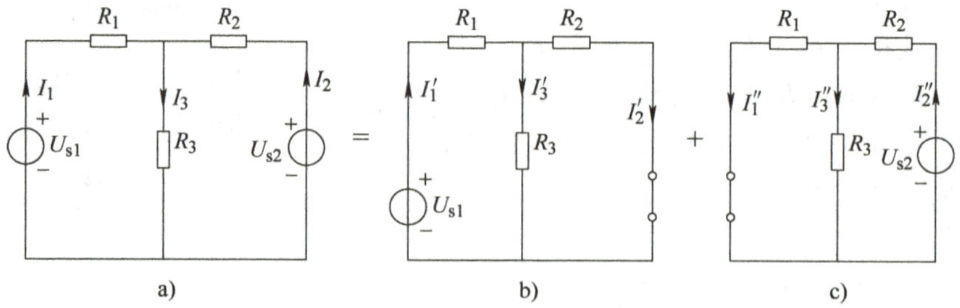

图 2-18 叠加定理电路图

$$
\begin{aligned}
I_1 + I_2 - I_3 &= 0 \\
R_1 I_1 + R_3 I_3 &= U_{s1} \\
R_2 I_2 + R_3 I_3 &= U_{s2}
\end{aligned}
$$

解得支路电流 I_1 为

$$
\begin{aligned}
I_1 &= \frac{R_2 + R_3}{R_1R_2 + R_1R_3 + R_2R_3}U_{s1} - \frac{R_3U_{s2}}{R_1R_2 + R_1R_3 + R_2R_3} \\
&= I_1' - I_1''
\end{aligned}
$$

式中，I_1'为电压源 U_{s1} 单独激励时支路 1 的电流，如图 2-18b 所示；I_1''为电压源 U_{s2} 单独激励时支路 1 的电流，如图 2-18c 所示。因为 I_1'和 I_1''分别和 I_1 的参考方向相同和相反，所以 $I_1 = I_1' - I_1''$。同理求得 $I_2 = I_2'' - I_2'$，$I_3 = I_3' + I_3''$。

综上所述，可得出如下结论：在线性电路中，任一支路电流（或电压）都是电路中各个电压源单独作用时在该支路中产生的电流（或电压）之和，线性电路的这一性质称为叠加定理。

在某一独立电源单独激励时，对其余不激励电源的处理是将恒压源用短路来代替，恒流源用开路来代替。

叠加定理在线性电路分析中起着重要作用，它是分析线性电路的基础。线性电路的许多定理可以从叠加定理导出。

使用叠加定理时，应注意下列几点：

1）叠加定理只能用来计算线性电路的电流和电压。对于非线性电路，叠加定理不适用。

2）叠加定理在叠加时要注意电流和电压的参考方向，求和时要注意各个电流和电压的正负。

3）叠加时，对于不作用电源的处理是将电压源用短路替代，电流源用开路替代。

4）由于功率不是电压或电流的一次函数，所以不能用叠加定理来计算。

例 2-8 用叠加定理求图 2-19a 中的 U_{ab}。

解 先把图 2-19a 分解成图 2-19b、c 所示的电源单独作用的电路，然后按下列步骤进行计算：

1）当电压源单独作用时（见图 2-19b）

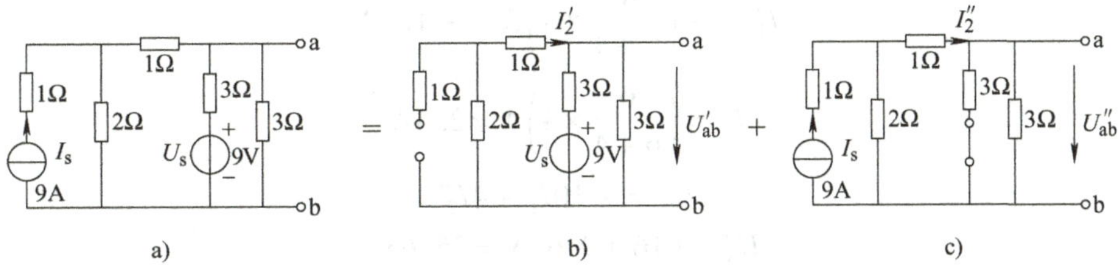

图 2-19　例 2-8 图

$$U_{ab}' = \left[\frac{\frac{(1+2)\times 3}{(1+2)+3}}{3+\frac{(1+2)\times 3}{(1+2)+3}}\times 9\right]\text{V} = \left(\frac{1.5}{3+1.5}\times 9\right)\text{V} = 3\text{V}$$

2）当电流源单独作用时（见图 2-19c）

$$I_2'' = \frac{2}{2+1+\frac{3\times 3}{3+3}}I_s = \left(\frac{2}{4.5}\times 9\right)\text{A} = 4\text{A}$$

$$U_{ab}'' = \frac{3\times 3}{3+3}\Omega I_2'' = (1.5\times 4)\text{V} = 6\text{V}$$

3）当两个电源共同作用时

$$U_{ab} = U_{ab}' + U_{ab}'' = (3+6)\text{V} = 9\text{V}$$

如果电路中还有线性受控源，那么这些受控源的作用将反映在自阻、互阻或自导互导中，因此任一支路电流（或电压）仍可按独立电源作用产生的电流（或电压）叠加计算，不过不允许把受控源像独立电源那样用开路或短路替代，而应当把它们保留在电路中。

例 2-9　电路如图 2-20a 所示，试用叠加定理求电流源两端的电压 U_3。

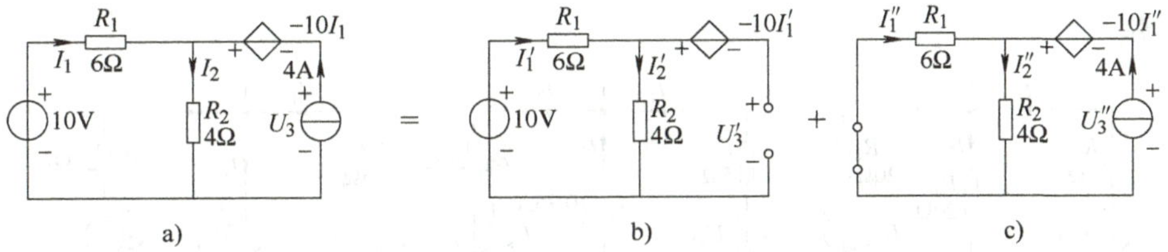

图 2-20　例 2-9 图

解　首先将图 2-20a 分解成图 2-20b、c 所示的形式，然后分别计算，注意，这里保留了电路中的 CCVS。

1）当电压源单独作用时（见图 2-20b）

$$I_1' = I_2' = \frac{10}{6+4}\text{A} = 1\text{A}$$

$$U_3' = -10I_1' + 4I_2'$$

解得

$$U_3' = (-10+4)\text{V} = -6\text{V}$$

2）当电流源单独作用时（见图 2-20c）

$$I_1'' = -\left(\frac{4}{6+4}\times 4\right)\text{A} = -1.6\text{A}$$

$$I_2'' = \left(\frac{6}{6+4}\times 4\right)\text{A} = 2.4\text{A}$$

$$U_3'' = -10I_1'' + 4I_2''$$

解得

$$U_3'' = (16+9.6)\text{V} = 25.6\text{V}$$

3）当电压源和电流源共同作用时

$$U_3 = U_3' + U_3'' = (-6+25.6)\text{V} = 19.6\text{V}$$

另外，在线性电路中，当所有激励（电压源和电流源）都增大 k 倍或缩小为 $1/k$ 时，响应（电流和电压）也将同样增大 k 倍或缩小为 $1/k$，这个定理称之为齐次定理。学过叠加定理后，此定理不难推出。

练习与思考

2-4-1　叠加定理适用于哪一类电路？

2-4-2　如果激励源是一个非正弦的周期信号，此电路的分析是否能用叠加定理？

2-4-3　在计算线性电阻电路的电压和电流时，可用叠加定理。在计算线性电阻电路的功率时，是否可以用叠加定理？

2-4-4　在计算非线性电阻电路的电压和电流时，是否可以用叠加定理？

*2.5　替代定理

替代定理可以叙述如下：给定任意一个电路，其中第 k 条支路的电压 u_k 和电流 i_k 已知，那么这条支路就可以用一个具有电压等于 U_k 的独立电压源，或者用一个具有电流等于 I_k 的独立电流源来替代，替代后电路中全部电压和电流均保持原值。

图 2-21 中 3 个电路的结构是相同的，它们的区别只是支路 3 的元件分别是电阻、恒流源和恒压源。

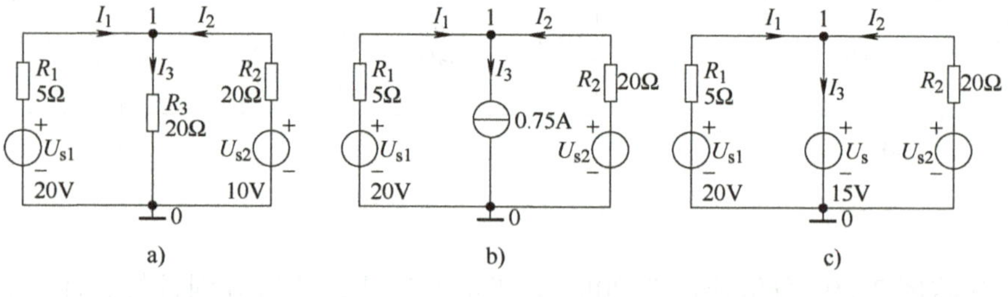

图 2-21　替代定理电路图

图 2-21a 所示电路的节点电流方程为

$$\left(\frac{1}{R_1}+\frac{1}{R_2}+\frac{1}{R_3}\right)U_{10} = \frac{U_{s1}}{R_1}+\frac{U_{s2}}{R_2}$$

代入电路参数得

$$\left(\frac{1}{5}+\frac{1}{20}+\frac{1}{20}\right)U_{10} = \frac{20}{5}+\frac{10}{20}$$

解得 $$U_{10}=15\text{V}$$

图 2-21a 所示电路各支路电流为

$$I_1=\frac{U_{s1}-U_{10}}{R_1}=\frac{20-15}{5}\text{A}=1\text{A}$$

$$I_2=\frac{U_{s2}-U_{10}}{R_2}=\frac{10-15}{20}\text{A}=-0.25\text{A}$$

$$I_3=\frac{U_{10}}{R_3}=\frac{15}{20}\text{A}=0.75\text{A}$$

用一个大小和方向都等于流过原电阻 R_3 电流的恒流源替代电阻 R_3，即 $I_s=I_3=0.75\text{A}$，得到图 2-21b 所示电路，其节点电流方程为

$$\left(\frac{1}{R_1}+\frac{1}{R_2}\right)U_{10}=\frac{U_{s1}}{R_1}+\frac{U_{s2}}{R_2}-I_s$$

代入参数得

$$\left(\frac{1}{5}+\frac{1}{20}\right)U_{10}=\frac{20}{5}+\frac{10}{20}-0.75$$

解得 $U_{10}=15\text{V}$。图 2-21b 所示电路各支路电流同图 2-21a 一致。

同理，如果用一个大小和方向都等于原电阻 R_3 上电压的恒压源代替 R_3，即 $U_s=U_{10}=15\text{V}$，解得各支路的电流仍然和图 2-21a 一致。

用替代定理可简化电路计算，由替代定理可得出以下推论：网络的等位点可用导线短接；电流为零的支路可移去。

2.6　戴维南定理和诺顿定理

戴维南定理和诺顿定理是电路分析的又一种重要分析方法。尤其分析网络中的一条支路的响应时，往往利用此分析方法。

如图 2-22a 所示，若想求得流过电阻 R_4 的电流 i_4，可作如下处理：首先将这条支路划出，而后把其余部分看作一个有源二端网络。图 2-22a 中点画线框住的部分，可用一个标有“N”的框代替，等效为如图 2-22b 所示的电路。这个有源的二端网络“N”可以用一个电压源 u_{oc} 和一个电阻 R_0 的串联来表示，也可以用一个独立的电流源 i_{sc} 和一个电阻 R_0 的并联来表示。前者即为戴维南定理，后者即为诺顿定理。

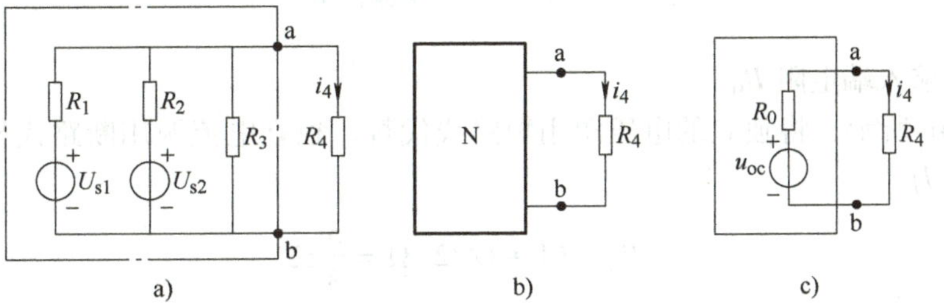

图 2-22　戴维南分析方法电路

2.6.1 戴维南定理

戴维南定理可表述如下：任何一个线性含源的二端网络，对外电路来说，可以用一条含源支路来等效替代，该含源支路的电压源的电压等于二端网络的开路电压 u_{oc}，其电阻等于含源二端网络化成无源网络后的入端电阻 R_0。

前面提到的二端网络，就是指具有两个出线端的部分电路，有源二端网络是指二端网络中含有电源，无源二端网络中不含独立电源。

应用戴维南定理的关键在于正确理解和求出有源二端网络的开路电压 u_{oc} 和入端电阻 R_0。

图 2-22b 表示的是一个有源二端网络及其外电路，求得开路电压 u_{oc} 的方法就是求出 R_4 断开后 a、b 间的电压。入端电阻 R_0 的求法是将二端网络内部所有电压源的电压都置零（即电压源处用短路替代），所有网络内部电流源的电流都置零（即电流源处用开路代替），然后从无源二端网络 a、b 看进去的总电阻，如图 2-22c 所示。

例 2-10 用戴维南定理求图 2-23 所示电路中的 U_{AB}。

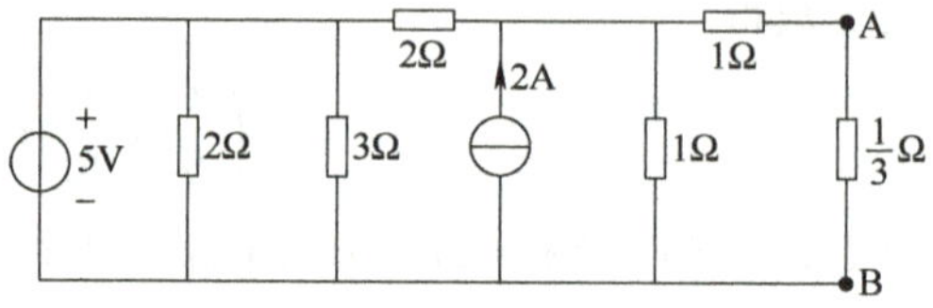

图 2-23 例 2-10 图

解 第一步，求开路电压 U_{oc}。

首先将 $\frac{1}{3}\Omega$ 电阻断开，如图 2-24a 所示，将电路化简为图 2-24b 所示电路，则 A、B 之间的开路电压为

$$U_{oc}=[(2.5+2)\times 2//1]\text{V}=3\text{V}$$

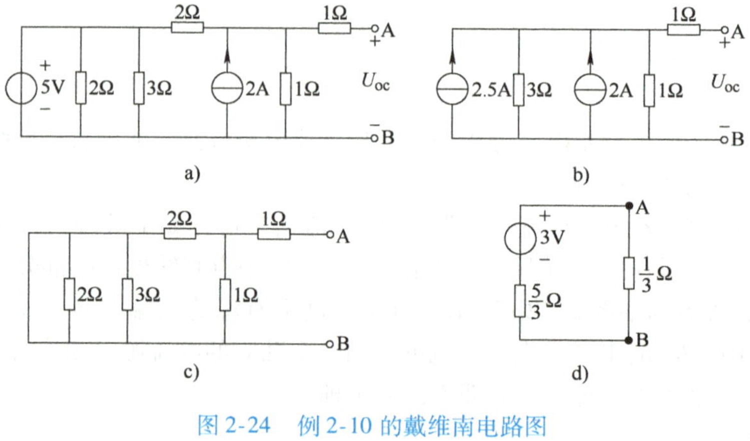

图 2-24 例 2-10 的戴维南电路图

第二步，求入端电阻 R_0。

如图 2-24c 所示，将独立的电压源用短路线代替，独立电流源用断路代替，则 A、B 之间的等效电阻为

$$R_0=(1+1//2)\Omega=\frac{5}{3}\Omega$$

第三步，求 U_{AB}。

求出二端网络的 U_{oc} 和 R_0 后，其戴维南等效电路如图 2-24d 所示，则利用分压定律求出

U_{AB}为

$$U_{AB}=\frac{\frac{1}{3}}{\frac{5}{3}+\frac{1}{3}}\times 3V=0.5V$$

例 2-11　图 2-25a 所示为一电桥电路。已知电路中各元件的参数，应用戴维南定理求 I_P 的表达式及电桥平衡条件。

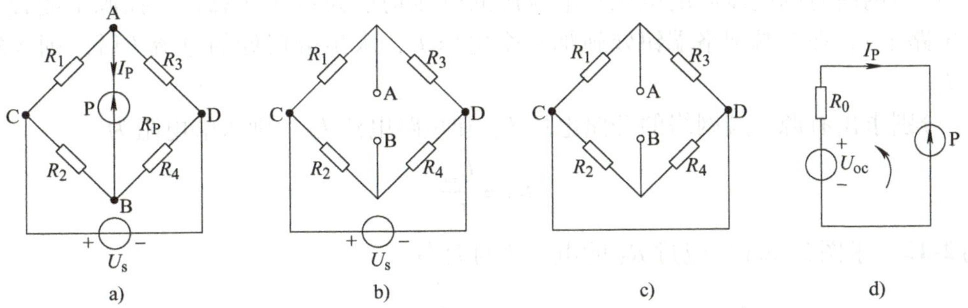

图 2-25　例 2-11 图

解　电桥是一种用来测量电阻等参数的精密仪器，如图 2-25a 所示，电桥的 4 个臂是由电阻 R_1、R_2、R_3、R_4 组成的。联接电源的 CD 端称为电源端，接入检流计的 AB 端称为电桥的输出端，R_P 是检流计的电阻。电桥平衡是指流过检流计的电流 $I_P=0$ 时的工作状态。

第一步，求开路电压 U_{oc}。

首先将 R 支路断开，如图 2-25b 所示，则 $U_{AB}=U_{oc}$。

$$\begin{aligned}U_{oc}&=U_{AB}=U_{AD}-U_{BD}\\&=\frac{R_3}{R_1+R_3}U_s-\frac{R_4}{R_2+R_4}U_s\\&=\left(\frac{R_3}{R_1+R_3}-\frac{R_4}{R_2+R_4}\right)U_s\end{aligned}$$

第二步，求入端电阻 R_0。

如图 2-25c 所示电路，将独立电源置零，即用短接线来替代后，A、B 之间的等效电阻 R_0 为

$$\begin{aligned}R_0&=R_1//R_3+R_2//R_4\\&=\frac{R_1R_3}{R_1+R_3}+\frac{R_2R_4}{R_2+R_4}\end{aligned}$$

第三步，求电流 I_P。

求出二端网络的 U_{oc} 和 R_0 后，其戴维南等效电路如图 2-25d 所示，则有

$$I_P=\frac{U_{oc}}{R_0+R_P}=\frac{\frac{R_3}{R_1+R_3}-\frac{R_4}{R_2+R_4}}{\frac{R_1R_3}{R_1+R_3}+\frac{R_2R_4}{R_2+R_4}+R_P}U_s$$

$$=\frac{R_2R_3-R_1R_4}{R_P(R_2+R_4)(R_1+R_3)+R_2R_4(R_1+R_3)+R_1R_3(R_2+R_4)}U_s$$

令 $I_P=0$，得电桥平衡条件

$$R_1R_4-R_2R_3=0$$

$$R_1R_4=R_2R_3$$

若有源二端网络还具有受控源，在应用戴维南定理时，求开路电压的方法与上述方法一致，在求得入端电阻 R_0 时，可用下述方法实现：

1）网络内所有的电压源的电压及电流源的电流均设为零（注意：受控源不能置零，应保留在电路中），在二端网络端钮处施加一个电压 U，求出端钮处的电流 I 后，则入端电阻 $R_0=U/I$。

2）分别求出有源二端网络的开路电压 U_{oc} 和短路电流 I_{sc}，则入端电阻为

$$R_0=\frac{U_{oc}}{I_{sc}}$$

例 2-12 求图 2-26a 中流过 R_3 的电流 I 的大小。

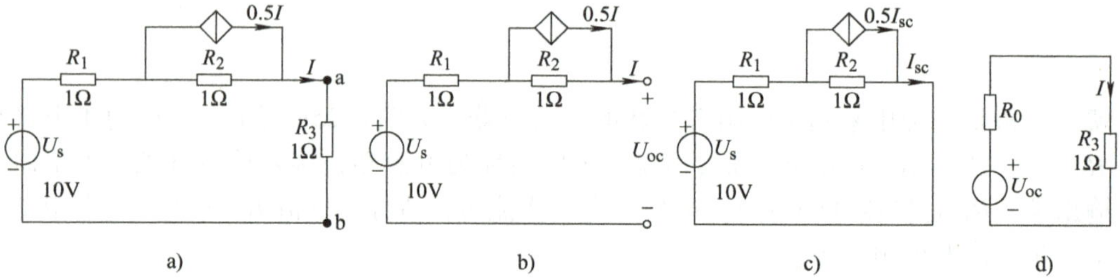

图 2-26 例 2-12 图

解 在利用戴维南定理时，关键是求得它的等效电路，即求得 U_{oc} 和 R_0。本题电路中含有受控源，故求得 R_0 的方法可按上述两种方法处理。

第一步，求开路电压 U_{oc}。

将图 2-26a 中的 ab 端断开，如图 2-26b 所示，则

$$U_{oc}=U_s=10\text{V}$$

第二步，求入端电阻 R_0。

求得开路电压 U_{oc} 后，再求其短路电流 I_{sc}（见图 2-26c），则

$$U_s=1\times I_{sc}+(I_{sc}-0.5I_{sc})\times 1$$

$$I_{sc}=\frac{U_s}{1.5\Omega}=\frac{10}{1.5}\text{A}$$

因此有

$$R_0=\frac{U_{oc}}{I_{sc}}=\frac{10}{10/1.5}\Omega=1.5\Omega$$

第三步，求电流 I 的大小。

求得开路电压 U_{oc} 和入端电阻 R_0 后，其戴维南等效电路如图 2-26d 所示。

$$I=\frac{U_{oc}}{R_0+R_3}=\frac{10}{1.5+1}A=4A$$

在上题中，求得入端电阻也可以用另一种方法，将图 2-26b 中的电压源设为零，外加电压 U，则

$$U=1\times(I-0.5I)+1I$$

$$\frac{U}{I}=1.5\Omega$$

所以 $R_0=1.5\Omega$，同上述方法一致。

2.6.2 诺顿定理

诺顿定理可表述如下：任何一个线性含源的二端网络，对外电路来说，可以用一条含源支路来等效替代，该含源支路的电流源的电激流等于二端网络的短路电流 i_s，其内阻 R_0 的含义同戴维南等效电阻一样。

图 2-27 所示为这一定理的示意图，点画线框内的部分是诺顿定理的等效电路。由图可见，两端钮上的电流 i 与电压 u 可由以下两式确定：

$$i=\frac{R_0}{R_0+R_L}i_s$$

$$u=\frac{R_0R_L}{R_0+R_L}i_s$$

在 2.1 节中已经讲过，电压源与电流源之间可以等效变换，因此，任一线性有源二端网络不仅可以用电压源等效代替，也可以用电流源等效代替，所以诺顿定理实际上是戴维南定理的推论。

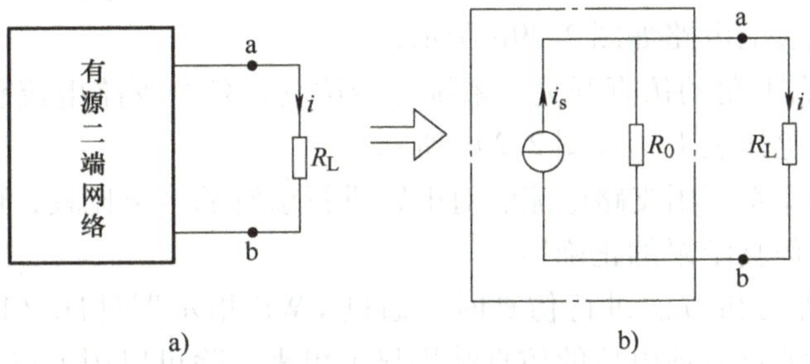

图 2-27 诺顿定理图解表示

2.7 电路分析方法的仿真分析

前面介绍了电源等效变换法、支路电流法、节点电压法、叠加定理、戴维南定理和诺顿定理，现在可以利用电子工作平台 EWB 对各种电路分析方法进行仿真，从而验证电路分析方法的正确性，同时还可以对电路分析方法中的验证性和设计性实验进行仿真，仿真结果直观，贴近实际，具有验证效果。

利用 EWB 对直流电路进行仿真的具体步骤如下：

1）先在 EWB 工作平台上画出待分析的电路，分别从基本元件库（Basic）和电源库（Source）中选取电阻和电源。双击元件符号，打开属性（Properties）对话框，选中“Value”卡，设置电源和电阻的参数值，然后按照电路结构，连接元件。

2）从指示器件库（Indicators）中选取直流电压表，并联在支路中，显示仿真的支路电压结果。从指示器件库（Indicators）中选取直流电流表，串联在支路中，显示仿真的支路电流结果，注意电流表的极性。

3）打开仿真开关，系统开始仿真，各个支路电压和电流的仿真结果将显示在直流电压、电流表上。通过和理论值的比较，还可以验证仿真结果的正确性。

例 2-13 利用 EWB 对图 2-28 进行分析，仿真出支路电流 I_1、I_2、I_3、I_4、I_5 和 I_6 的值及 E 点对地的电位 V_E。

解 首先从基本元件库（Basic）中选取电阻，双击元件符号，打开电阻属性（Resistor Properties）对话框，选中“Value”卡，将电阻值设为图 2-28 所示的参数值，同样从电源库（Source）中选取电压源和电流源，双击元件符号，进行参数选择。为使电路元件排放规则，可以利用工具按钮中的按钮（Rotate、Flip Horizontal 和 Flip Vertical）将水平放置的元件放置为上下、水平和垂直翻转。然后按照电路结构，连接元件，如图 2-29a 所示。注意仿真电路必须有接地参考点。

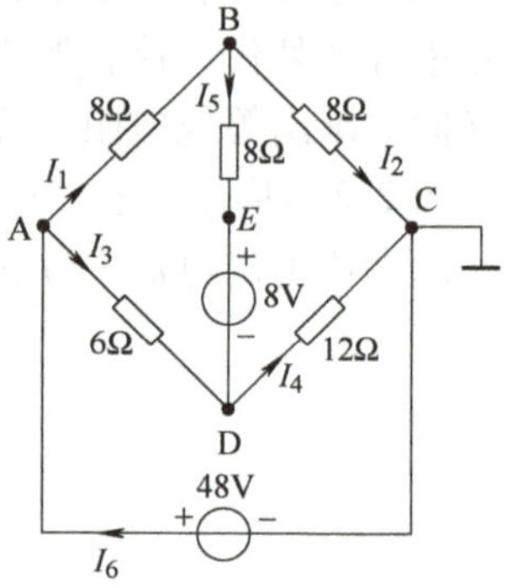

图 2-28 例 2-13 图

从指示器件库（Indicators）中选取直流电流、电压表，将电流表两端的接线与串接电路的连线重合，即可将电流表串入到相应的支路中。连接时注意电流表的极性。电流表默认的属性是直流，因此无须改变电流表的任何设置。将电压表并联在电路中，可测得对应的电位值，串入电压、电流表的电路如图 2-29b 所示。

打开 EWB 界面右上角的仿真开关，系统开始仿真，各个支路电流和电压的仿真结果将显示在直流电流表、电压表上，如图 2-29c 所示。

将仿真结果与例 2-4 利用支路电流法对电路进行求解的结果比较，可以看出，仿真结果等于理论值，验证了仿真结果的正确性。

利用 EWB 对电路分析方法进行仿真时，通过 EWB 指示器件库（Indicators）中的直流电压、电流表，将各节点对地电位的仿真结果显示出来。除可以用上述方法对电路进行仿真外，还可以利用 EWB 提供的电路分析方法中的直流工作点分析（DC Operating Point Analysis）对电路进行分析，EWB 自动把电路中的所有节点的电压值及流过电源支路的电流数值，显示在分析结果图（Analysis Graph）中。

利用 EWB 对节点电压法进行仿真时，可以按支路电流法的仿真方法，通过 EWB 指示器件库（Indicators）中的直流电压表，将各节点对地电位的仿真结果显示出来。但要注意以下问题：一是虚拟直流电压表应并联在电路中，二是无须改变虚拟直流电压表的设置。除可以用上述方法对电路进行仿真外，还可以利用 EWB 提供的电路分析方法中的直流工作点分析（DC Operating Point Analysis）对电路进行分析。

利用直流工作点分析（DC Operating Point Analysis）对电路进行分析的主要步骤如下：

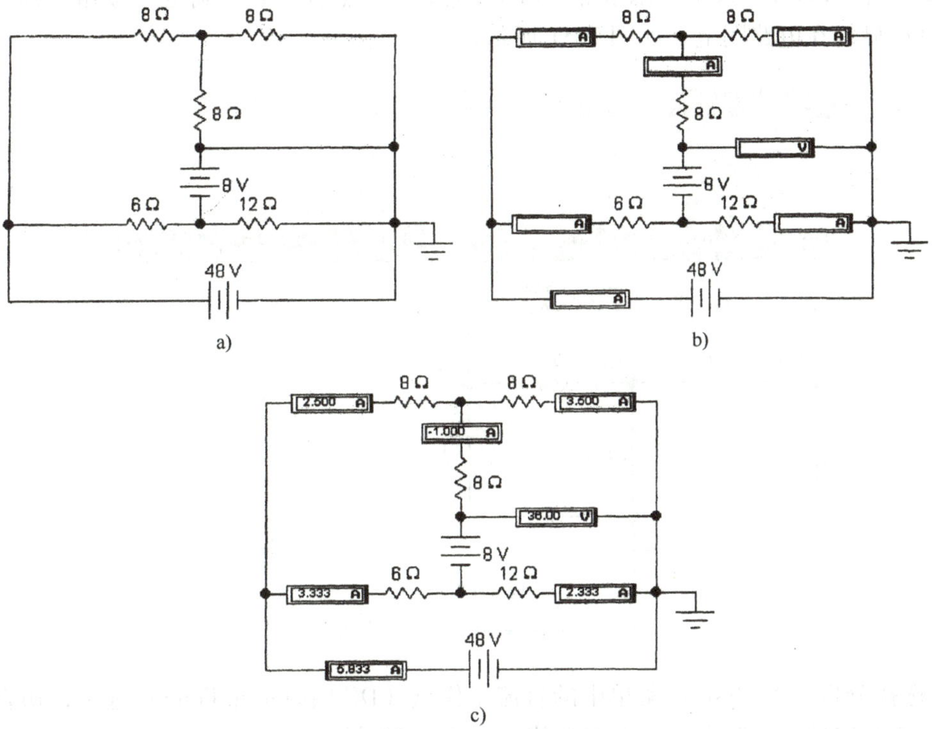

图 2-29 例 2-13 仿真图

a）仿真原理图 b）仿真连线图 c）仿真结果

1）首先在电子工作平台上画出待分析的电路，然后用鼠标器单击菜单中的电路（Circuit）选项，进入原理图选项（Schematic Operation），选定显示节点（Show Nodes）把电路中的节点标志显示在电路图上。

2）用鼠标器单击菜单中的分析（Analysis）选项，进入直流工作点（DC Operating Point）选项，EWB 自动把电路中的所有节点的电位数值及流过电源支路的电流数值，显示在分析结果图（Analysis Graph）中。

例 2-14 电路如图 2-30 所示，利用 EWB 的直流工作点（DC Operating Point）选项仿真出节点的电压数值及流过电压源支路的电流数值。

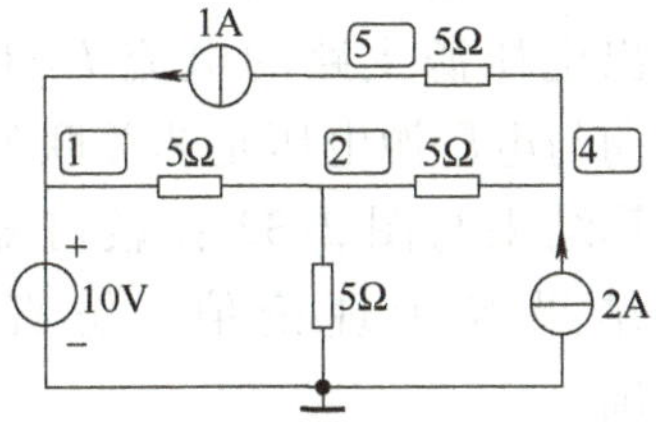

图 2-30 例 2-14 图

解 1）从基本元件库（Basic）中调出电阻元件。双击电阻元件符号，打开电阻属性（Resistor Properties）对话框，选中“Value”卡，将电阻值均设为 5Ω，同样从电源库（Sources）中选取电压源和电流源，双击元件符号，将电压源的参数值设为 10V，电流源的参数值分别设为 2A 和 1A。为使得电路元件排放规则，可以利用工具按钮中的按钮（Rotate、Flip Horizontal 和 Flip Vertical）将水平放置的元件置为上下翻转、水平转向和垂直放置。

2）按照电路结构，连接元件，注意仿真电路也必须有接地参考点，而且为了和仿真节点一致，选取图 2-30 中的节点标号。选择菜单中电路（Circuit）选项，进入原理图选项

(Schematic Operation)，选定显示节点（Show Nodes)，然后单击“确定”按钮，则元件的节点编号自动显示在电路图上，如图2-31所示。

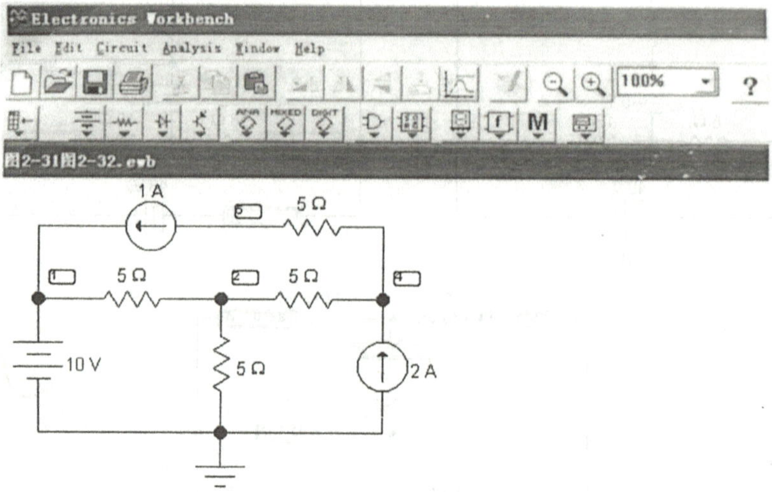

图2-31 例2-14仿真连线及显示节点图

3）选择分析（Analysis）菜单中的直流工作点（DC Operating Point）选项，仿真出节点的电压数值及流过电压源支路的电流数值，如图2-32所示。

为了进一步验证仿真结果的正确性，可利用节点电位法对图2-30所示的电路进行求解，电路中有4个节点，因此独立节点有3个，列写的节点电位方程为

$$\begin{cases} U_1 = 10\text{V} \\ -\dfrac{1}{5}U_1 + \left(\dfrac{1}{5} + \dfrac{1}{5} + \dfrac{1}{5}\right)U_2 - \dfrac{1}{5}U_4 = 0 \\ -\dfrac{1}{5}U_2 + \dfrac{1}{5}U_4 = 2 - 1 \end{cases}$$

对上式进行求解，可求出各节点电位值：$U_1 = 10\text{V}$，$U_2 = 7.5\text{V}$，$U_4 = 12.5\text{V}$。

对节点1列出KCL方程，可求出电压源支路的电流 $I = 0.5\text{A}$，方向与电压源电压是非关联的。由计算结果与图2-32比较可知，仿真结果等于理论值，仿真结果正确。

利用EWB对该电路分析时也可以对叠加定理进行仿真，通过EWB指示器件库（Indicators）中的直流电压表和直流电流表，可将各个电源单独作用时该支路电压或电流的仿真结果显示出来，然后叠

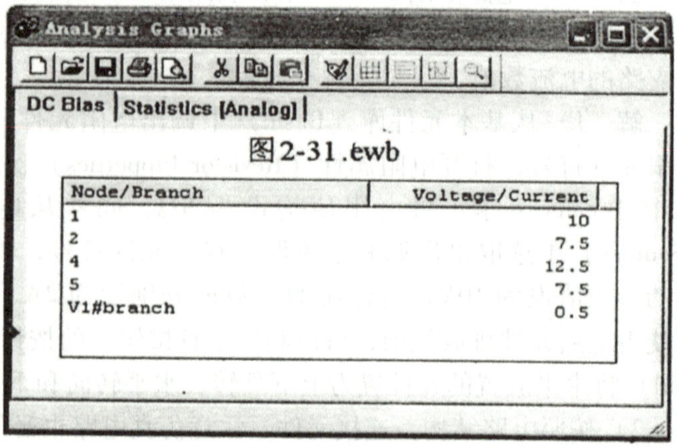

图2-32 例2-14电路直流工作点分析结果

加，求出全响应，并通过和理论值的比较，验证仿真结果的正确性。

例 2-15　用 EWB 验证例 2-8 的叠加原理分析方法。

解　在 EWB 中创建电压源 U_s 单独作用时的等效电路，如图 2-33a 所示。同理电流源 I_s 单独作用时的等效电路如图 2-33b 所示；电压源 U_s 与电流源 I_s 共同作用时的电路如图 2-33c所示。注意例 2-8 图中 a、b 间应接虚拟的直流电压表以测量支路电压。

打开电路仿真开关，例 2-8 图中 a、b 间电压如图 2-34 所示。通过仿真结果和例 2-8 理论值的比较可知，两者的结果是一致的。

下面通过例子介绍利用 EWB 仿真戴维南定理的具体过程。

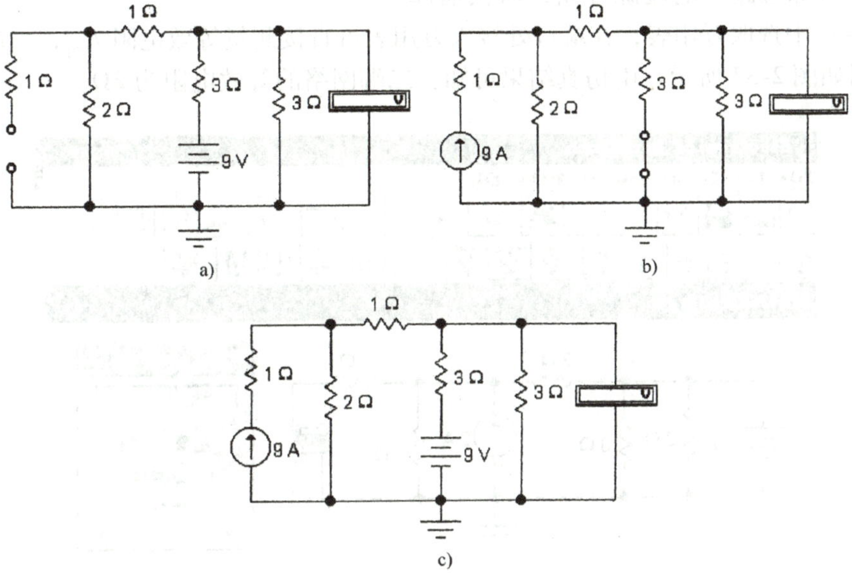

图 2-33　叠加原理仿真连线图

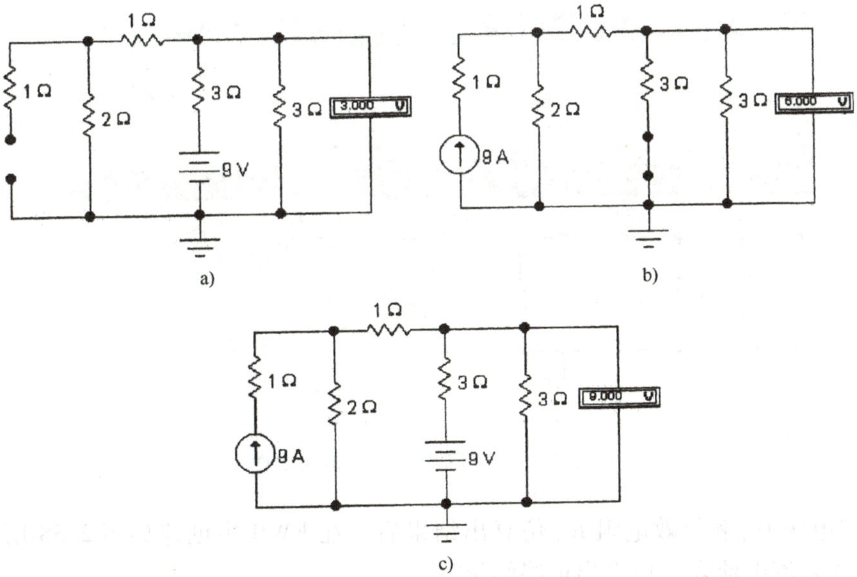

图 2-34　叠加原理仿真结果图

例 2-16 用 EWB 验证电路的戴维南定理分析方法，要求：用戴维南定理求图 2-35 所示电路中的电流 I。

解 1）求开路电压 U_{oc}。按前面的方法在 EWB 中创建如图 2-36 所示的电路，在端口处接入万用表，直接测量开路电压 U_{oc}。由仿真结果可知：二端网络的开路电压 U_{oc} 为 4.5V。

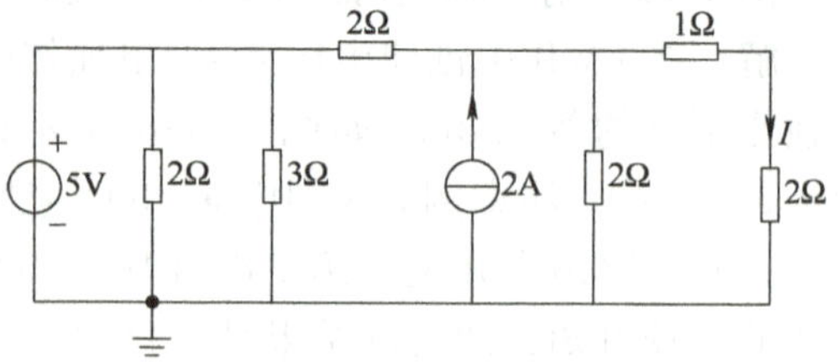

图 2-35 戴维南定理原理图

2）求等效电阻 R_{eq}。在 EWB 中创建电路，然后按照电路结构，连接元件。求等效电阻 R_{eq} 时，应将电压源短路，电流源开路，从仪器库（Instruments）中选取万用表，在端口处接入万用表可直接测量等效电阻 R_{eq}，二端网络等效电阻仿真图如图 2-37 所示。由仿真结果可知：二端网络的等效电阻为 2Ω。

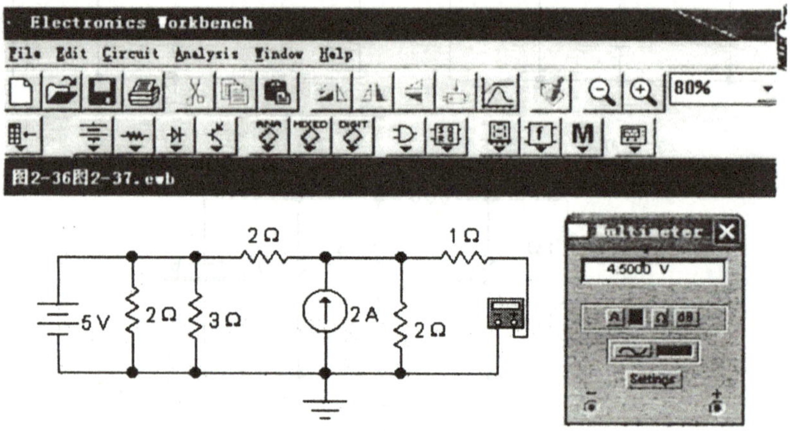

图 2-36 二端网络开路电压仿真图

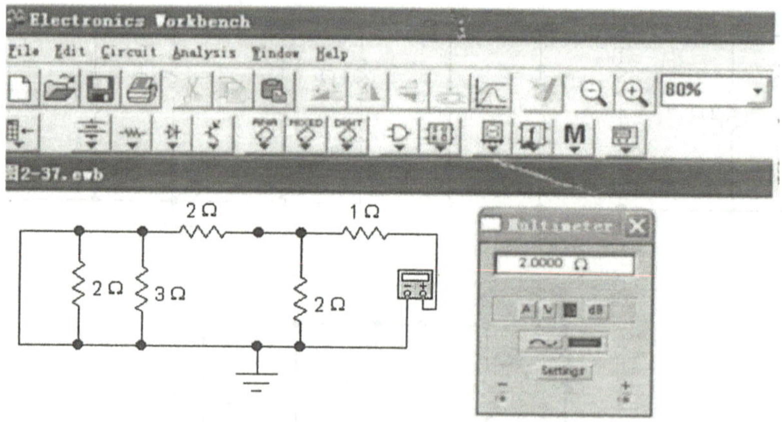

图 2-37 二端网络等效电阻仿真图

3）开路电压 U_{oc} 和等效电阻 R_{eq} 仿真出结果后，在 EWB 中创建如图 2-38 所示的电路，在端口处接入直流电流表，仿真出最终结果。

通过仿真结果和理论值的比较，同样可以验证仿真结果的正确性。

EWB 的电源库（Sources）中提供了 4 种受控源的模型，其中电压控制的电压源（VCVS）的参数 E 表示输入电压对输出电压的控制因数，即 $E=V_o/V_i$，无量纲；电压控制的电流源（VCCS）的参数 G 表示输入电压对输出电流的控制因数，即 $G=I_o/V_i$，量纲为 mS（毫西门子）；电流控制的电压源（CCVS）的参数 H 表示输入电流对输出电压的控制因数，即 $H=V_o/I_i$，量纲为 mΩ、Ω 和 kΩ；电流控制的电流源（CCCS）的参数 F 表示输入电流对输出电流的控制因数，即 $F=I_o/I_i$，无量纲。

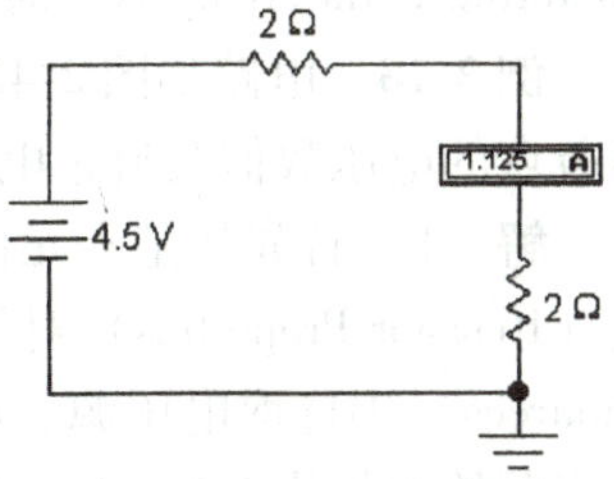

图 2-38　仿真结果

利用 EWB 中提供的这些电路模型，可对含有受控电源的电路进行仿真，下面举例说明仿真的具体过程。

例 2-17　电路如图 2-39 所示，用 EWB 仿真该电路，求出电压 U 和电流 I 的值。

解　首先在 EWB 中创建电路，从基本元件库（Basic）中调出电阻元件。双击电阻元件符号，打开电阻属性（Resistor Properties）对话框，选中“Value”卡，将电阻值设为相应的值，同样从电源库（Sources）中选取电压源和受控源，双击元件符号，设置相应的参数值。从仪器库（Instruments）中选取万用表，选取电流挡并串入电路中，可直接测量电流 I；从指示器件库（Indicators）中选取直流电压表，并入支路中可直接测量电压 U。仿真连线图如图 2-40 所示。

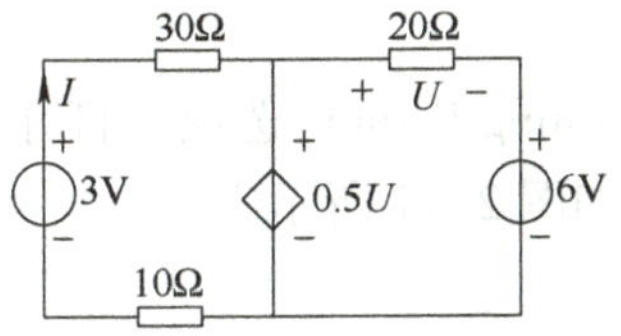

图 2-39　例 2-17 电路原理图

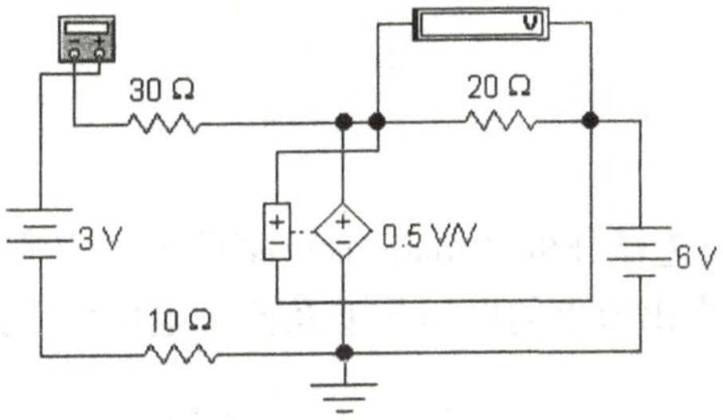

图 2-40　例 2-17 仿真连线图

打开 EWB 界面右上角的仿真开关，系统开始仿真，3V 电压源支路的电流和 20Ω 电阻上的仿真结果将显示在直流电压表和万用表上，如图 2-41 所示。

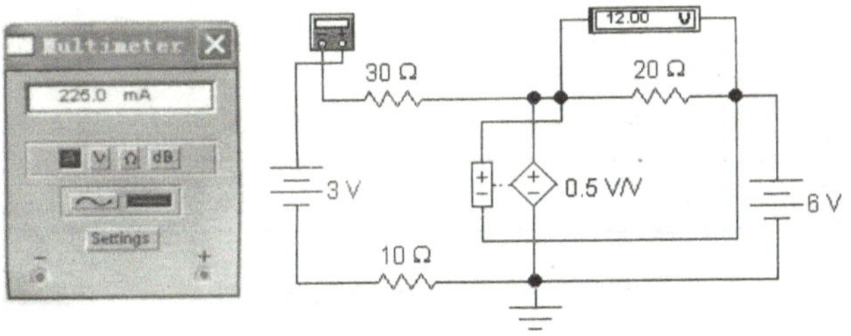

图 2-41　例 2-17 仿真结果图

为进一步验证仿真结果的正确性，可利用电路分析方法对图 2-39 所示的电路进行求解，这里略。由计算结果可知，仿真结果等于理论值，仿真结果是正确的。

含受控源电路的分析也可以利用 EWB 提供的电路分析方法中的直流工作点分析（DC Operating Point Analysis）对电路进行分析。

例 2-18 电路如图 2-42 所示，利用 EWB 的直流工作点（DC Operating Point）选项仿真出节点的电压数值及流过电压源支路的电流数值。

解 1）首先从基本元件库（Basic）中调出电阻元件。双击电阻元件符号，打开电阻属性（Resistor Properties）对话框，选中“Value”卡，将电阻值均设为 1Ω，同样从电源库（Sources）中选取电压源、电流源和受控源，双击元件符号，将电压源的参数值设为 10V，电流源的参数值设为 5A，受控源的参数值设置为 0.5。然后按照电路结构，连接元件。选择菜单中电路（Circuit）选项，进入原理图选项（Schematic Operation），选定显示节点（Show Nodes），然后单击“确定”按钮，则元件的节点编号自动显示在电路图上，如图 2-43所示。注意仿真电路必须有接地参考点。

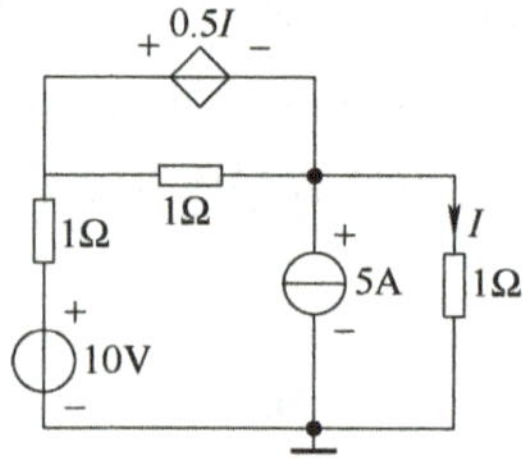

图 2-42 例 2-18 图

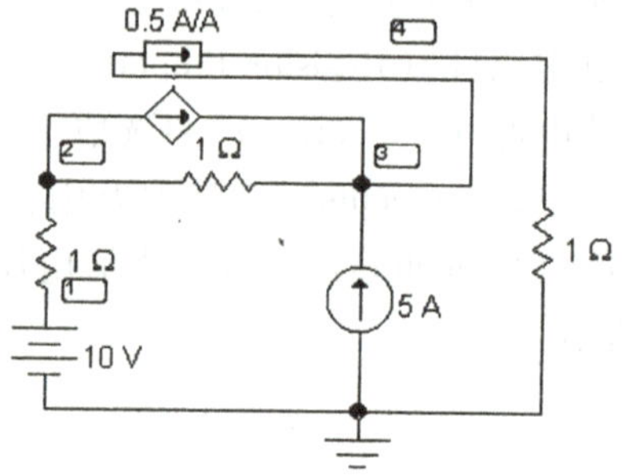

图 2-43 例 2-18 仿真连线图

2）选择分析（Analysis）菜单中的直流工作点（DC Operating Point）选项，打开仿真开关，仿真出节点的电压数值及流过电压源支路的电流数值，如图 2-44 所示。

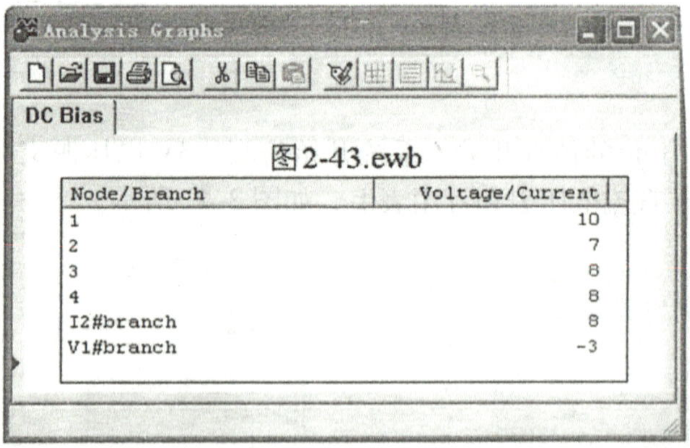

Analysis Graphs

DC Bias

图2-43.ewb

Node/Branch	Voltage/Current
1	10
2	7
3	8
4	8
I2#branch	8
V1#branch	-3

图 2-44 例 2-18 仿真结果图

上面是含 VCVS 和 CCCS 的电路分析，同理利用 EWB 提供的虚拟仪器和电路分析方法中的直流工作点分析（DC Operating Point Analysis）也可以对含 VCCS 和 CCVS 的电路进行分析，其电路及仿真结果分别如图 2-45 和图 2-46 所示。

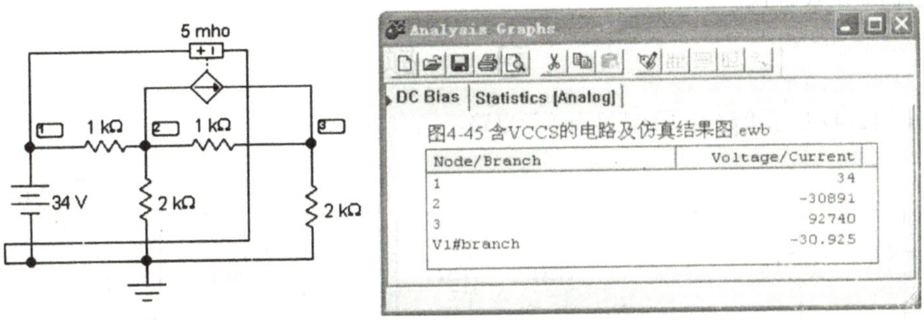

图 2-45　含 VCCS 的电路及仿真结果图

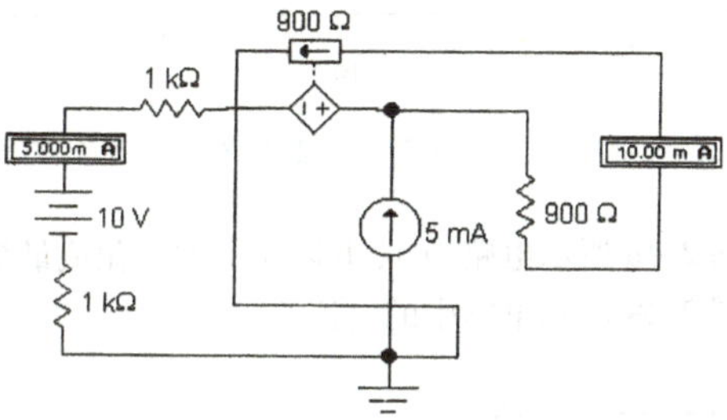

图 2-46　含 CCVS 的电路及仿真结果图

小　结

1. 电路分析方法是根据 KCL 和 KVL 直接演变出来的，对于具体的电路，选择适当的分析方法，可以简化电路的计算。

2. 电源等效变换法是在含有多个电源的复杂电路中，将电源进行合并，将电阻等效为一个电阻（所求支路电阻除外），从而将复杂的网络简化。

3. 支路电流法是基尔霍夫定律的直接应用，支路电流法是指以支路电流作为直接求解电路变量的电路分析方法，解题的关键是列出与支路数 b 相等的独立方程，应用 KCL，列出 $(n-1)$ 个电流方程，应用 KVL，列出 $b-(n-1)$ 个回路电压方程，其中 n 为电路的节点数，两组方程联立即可解得支路电流。

4. 节点电压法是指以节点电压为电路的独立变量的分析方法，应用 KCL，列出与节点电压数相等的独立方程，是节点电压法的关键。节点电压法特别适用于少节点多支路的电路。

5. 叠加原理是线性电路的一个重要定理，它反映了线性电路的两个基本性质，即叠加性和比例性。在运用叠加原理时，对于不作用电源的处理是电压源用短接线来代替，电流源用开路线来代替。

6. 戴维南定理说明一个含源单口网络可以用一个电压源等效代替，该电压源的电动势等于网络的开路电压，而等效内阻等于网络内部电源不起作用时从端口看进去的等效电阻。

戴维南定理的解题关键是求出其等效电路。诺顿定理是戴维南定理的推论，将含源单口网络用一个电流源等效替代。

习 题

2-1 求图 2-47 所示电路端口的戴维南等效电路。

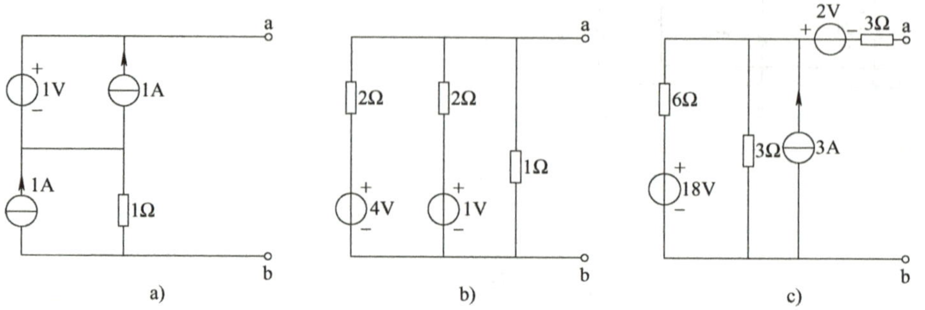

图 2-47 题 2-1 图

2-2 用电源等效变换法将图 2-48 所示电路中 a、b 以左的网络化成最简单的等效电流源。

2-3 用电源等效变换法求图 2-49 所示电路中的电流 I。

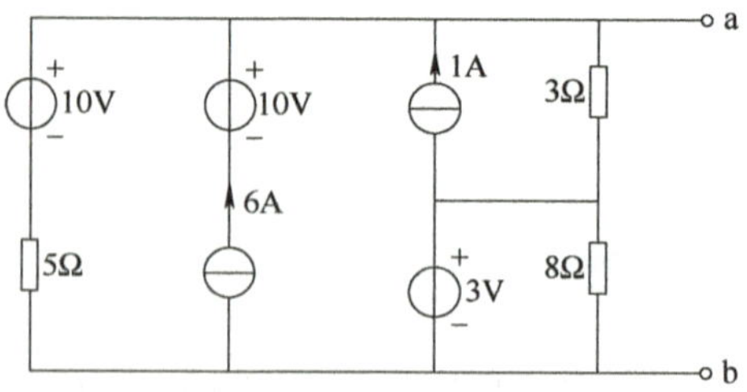

图 2-48 题 2-2 图

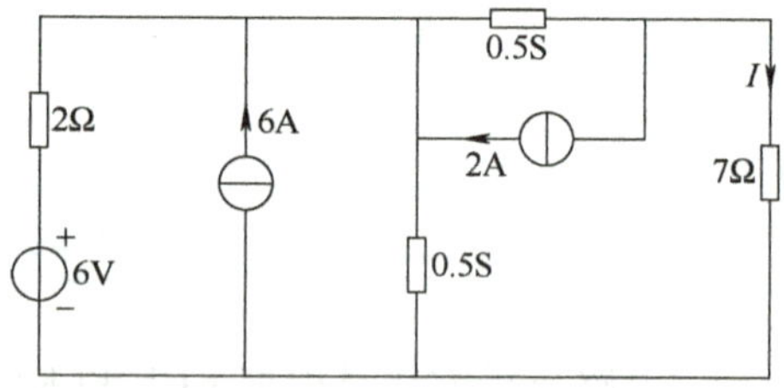

图 2-49 题 2-3 图

2-4 用电源等效变换法求图 2-50 所示电路中的 U_{AB}。

2-5 用电源等效变换法求图 2-51 所示电路中的 U_{AB}。

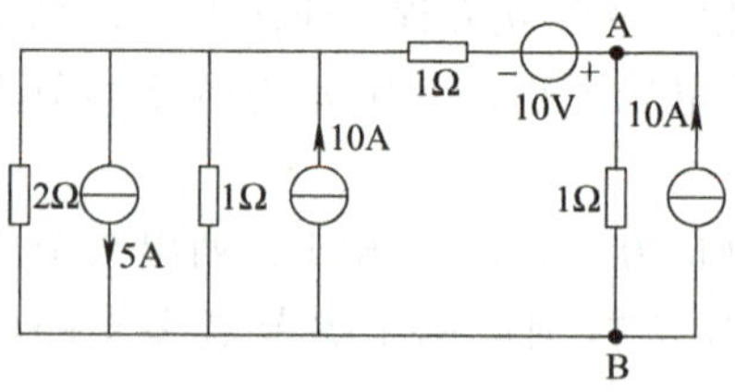

图 2-50 题 2-4 图

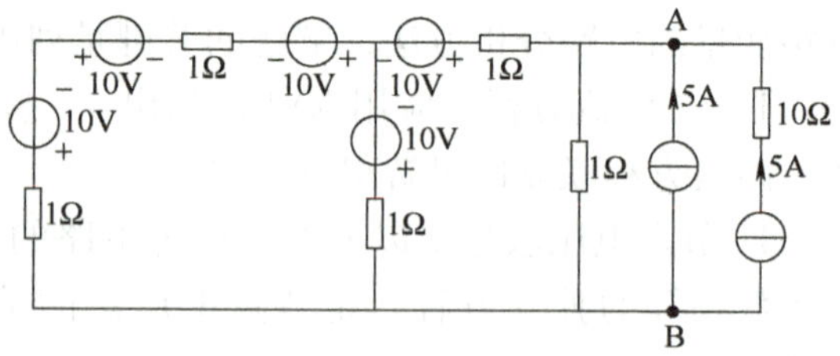

图 2-51 题 2-5 图

2-6 在图 2-52 中，用支路电流法求 I_1、I_2、I_3，并求电阻上消耗的功率及理想电流源发出的功率。

2-7 用支路电流法求图 2-53 所示电路中的未知电流和电压。

2-8 用支路电流法求图 2-54 所示电路中的各支路的电流。

2-9 用节点电压法求图 2-55 所示电路中的 $U_{N'N}$。

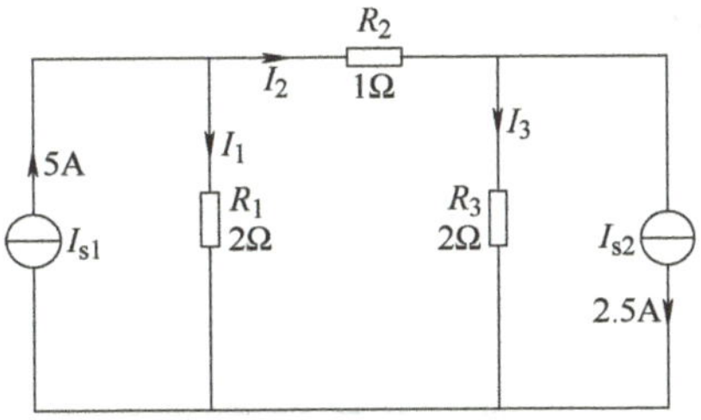

图 2-52 题 2-6 图

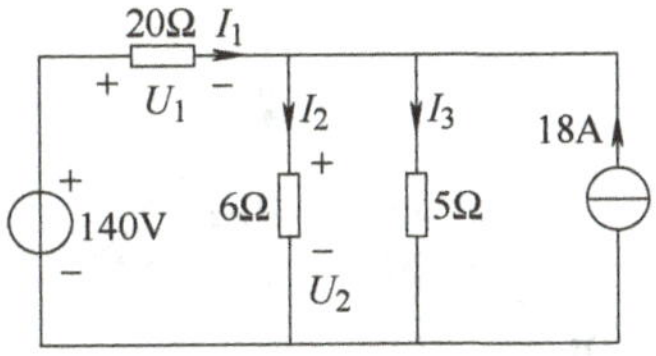

图 2-53 题 2-7 图

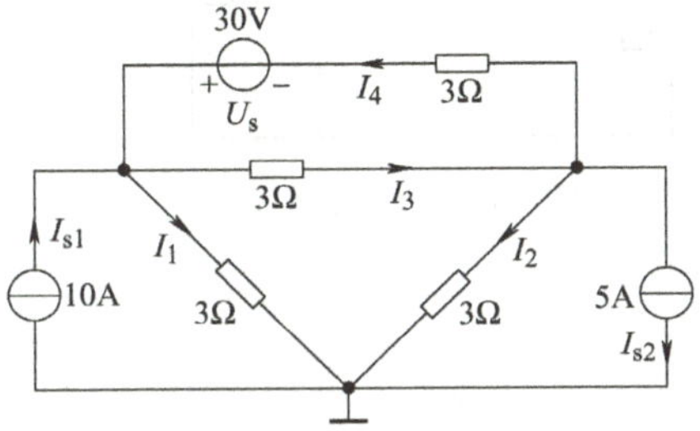

图 2-54 题 2-8 图

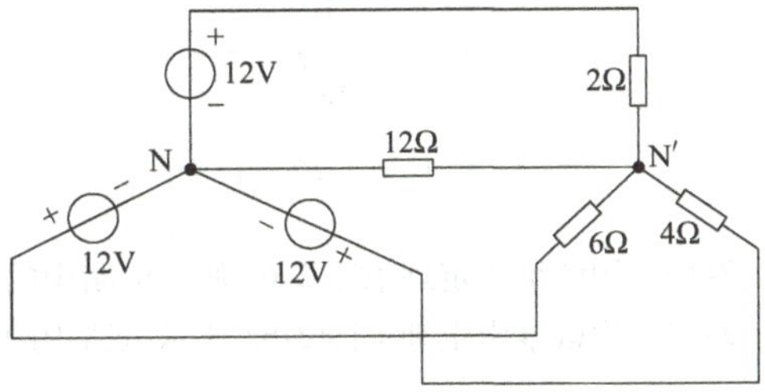

图 2-55 题 2-9 图

2-10 用节点电压法求图 2-56 所示电路中的节点电压。

2-11 用节点电压法求图 2-57 所示电路中的节点电压。

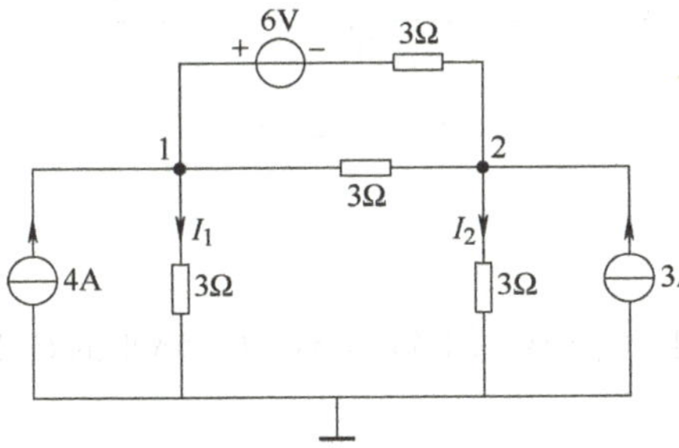

图 2-56 题 2-10 图

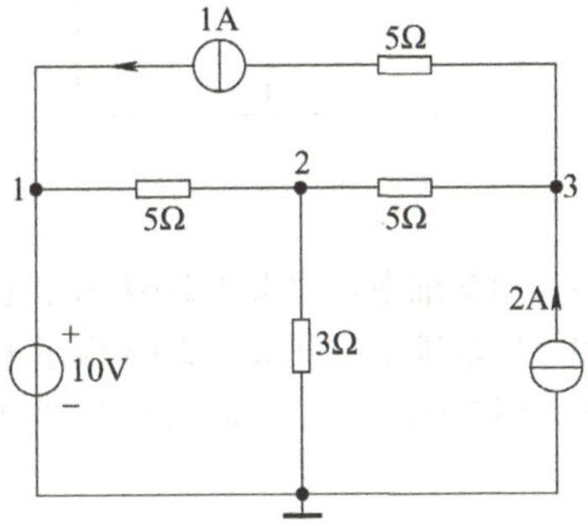

图 2-57 题 2-11 图

2-12 用节点电压法求图 2-58 所示电路中的节点电压。

2-13 用叠加定理求图 2-59 所示电路中的电流 I。

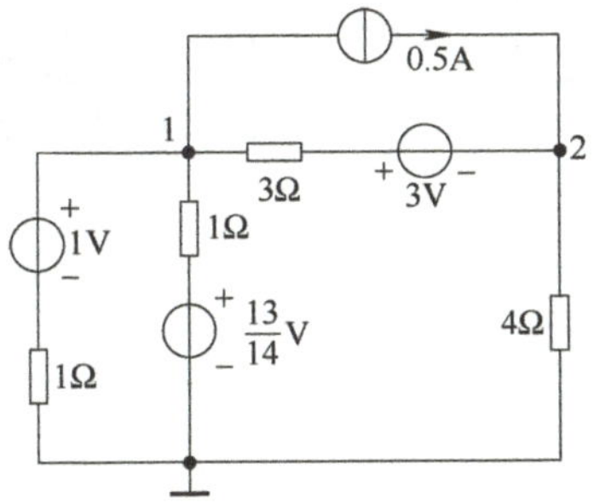

图 2-58 题 2-12 图

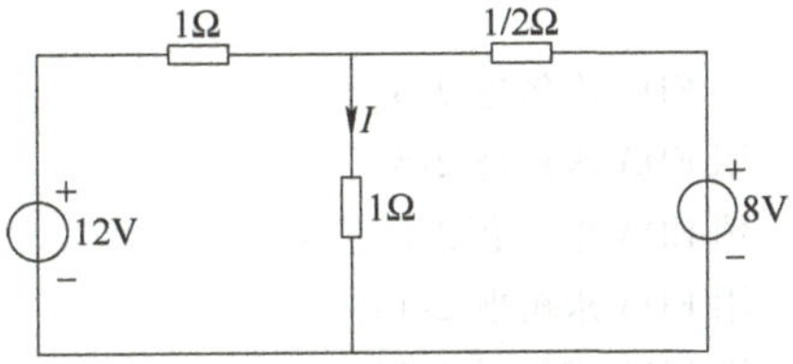

图 2-59 题 2-13 图

2-14 用叠加定理求图 2-60 所示电路中的电压 U_{AB} 和 U。

2-15 用戴维南定理求图 2-61 所示电路中的电流 I_x。

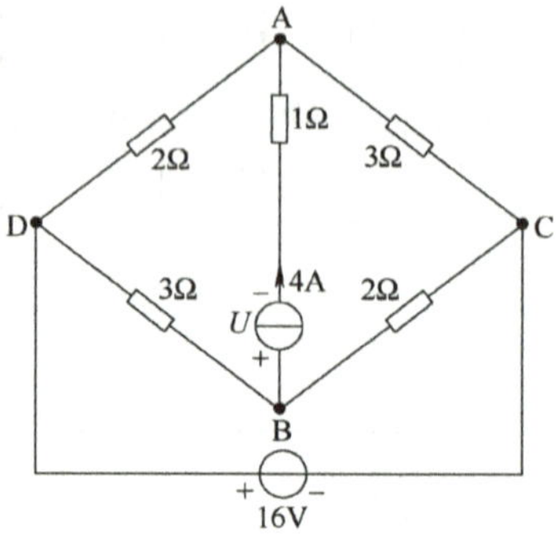

图 2-60 题 2-14 图

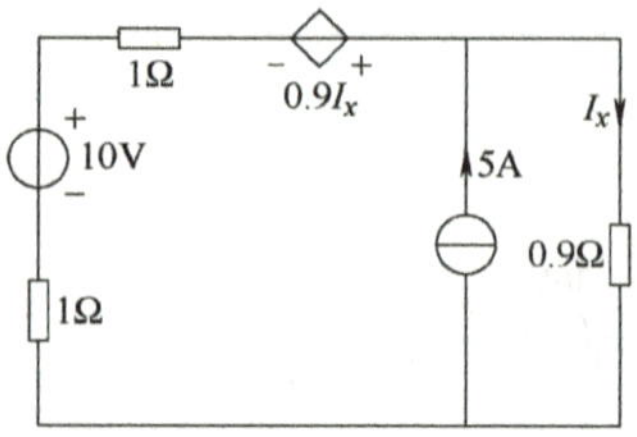

图 2-61 题 2-15 图

2-16 用戴维南定理求图 2-62 所示电路中的电流 I。

2-17 用戴维南定理求图 2-63 所示电路中的电流 I_x。

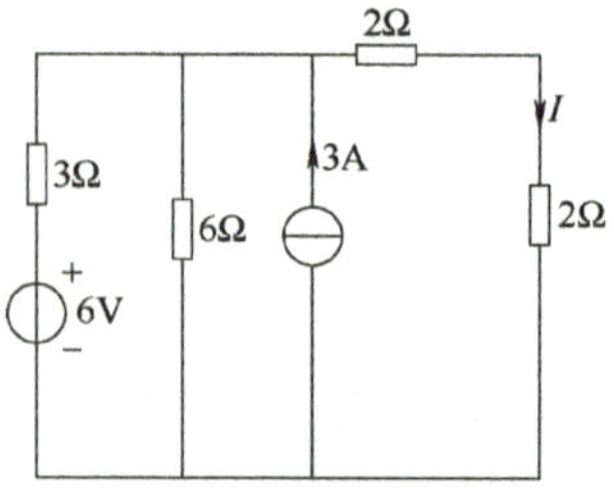

图 2-62 题 2-16 图

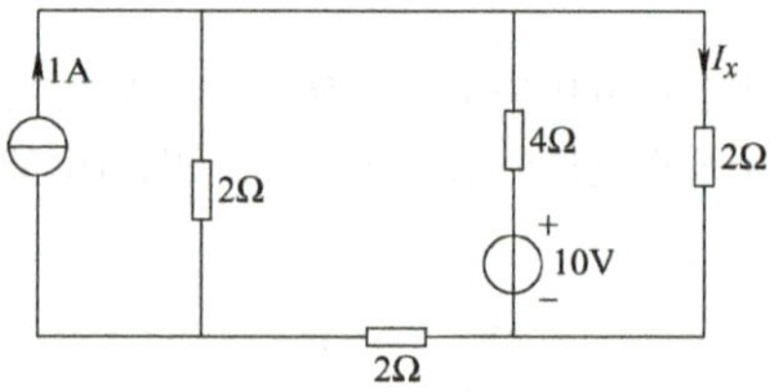

图 2-63 题 2-17 图

2-18 用戴维南定理求图 2-64 所示电路中的电压 U_o。

2-19 用戴维南定理求图 2-65 所示电路中的电流 I_x。

2-20 图 2-66 中，N 为无源网络，当 $U_s=2V$，$I_s=2A$ 时，$U_o=5V$，问当 $U_s=5V$，$I_s=5A$ 时的 U_o 为多少?

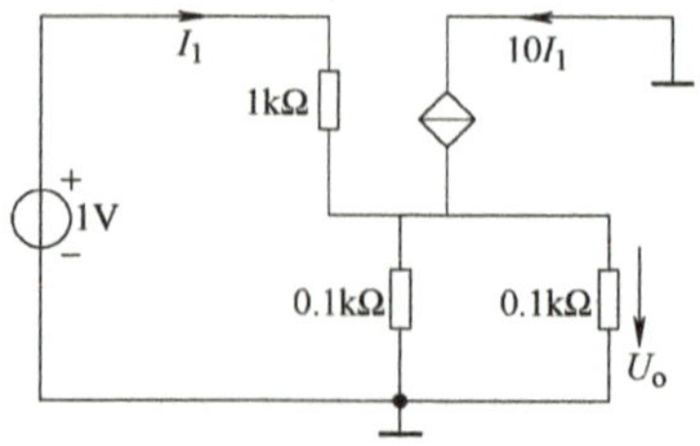

图 2-64 题 2-18 图

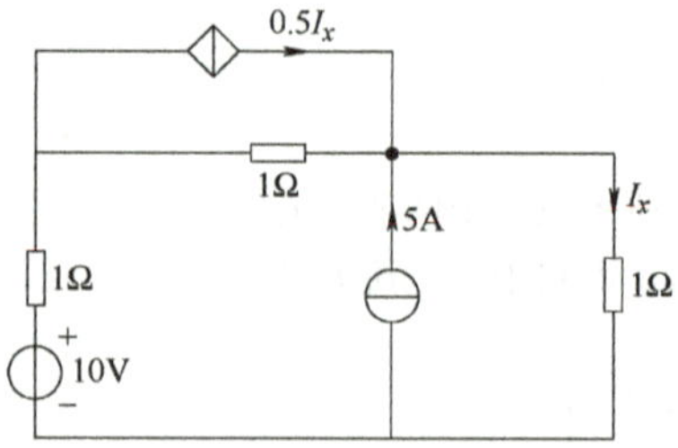

图 2-65 题 2-19 图

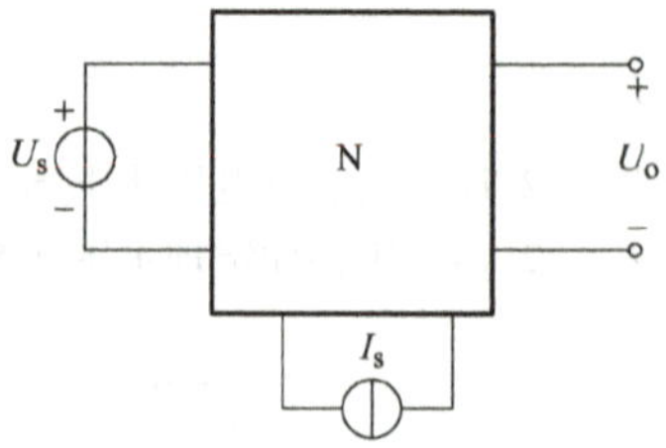

图 2-66 题 2-20 图

2-21 用 EDA 求解题 2-3。

2-22 用 EDA 求解题 2-5。

2-23 用 EDA 求解题 2-6。

2-24 用 EDA 求解题 2-14。

2-25 用 EDA 求解题 2-16。

第3章　正弦交流电路

正弦交流电具有输配电容易、使用方便、价格便宜等优点，因而在电力工程中的应用极为广泛。

在正弦交流电路中，电路元件的伏安关系、功率关系、激励与响应关系等比前述的直流电路复杂得多，因而正弦交流电路的分析求解也相当烦琐。为解决这一难题，引入了正弦量的相量表示法，将正弦交流电路的稳态分析纳入直流电阻性电路分析的模式，使电路的分析计算得以简化。

本章内容分为正弦交流电的表示法，R、L、C 的正弦交流电路，正弦稳态电路的分析方法，功率因数的研究以及电路的频率特性等内容，在内容和编排上适于采用多媒体计算机辅助教学。本章最后还给出了利用计算机辅助分析和设计的作业题。

正弦量是最基本的时变周期量，掌握正弦交流电路的理论和方法，将为进一步学习三相电路、变压器、交流电机以及周期性非正弦电路等打下基础。

3.1　正弦交流电的基本概念

正弦交流电是指按正弦规律变化的电压、电流和电动势等物理量，并统称它们为正弦量。激励源为正弦量的电路即为正弦交流电路。以正弦交流电流 i 为例，它可以用三角函数式和波形图表示，如图 3-1 所示。三角函数式为

$$i = I_m \sin(\omega t + \psi_i) \tag{3-1}$$

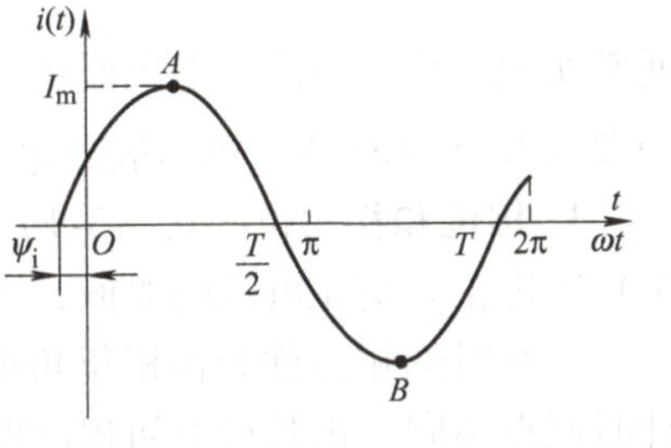

图 3-1　正弦交流电流的波形图

由正弦交流电流 i 的这两种描述方法可见，正弦量的特征有下面 3 个要素，即角频率（周期和频率）、幅值（有效值）以及初相位（相位）。

1. 频率、周期和角频率　正弦量每秒钟变化的次数称为频率 f，单位是赫兹（Hz）。正弦量变化一周所需的时间称为周期 T，单位是秒（s）。频率和周期互为倒数，即

$$f = \frac{1}{T} \tag{3-2}$$

正弦量每秒钟相位角的变化称为角频率 ω，因正弦量在一周期 T 内经历了 2π 弧度，所以角频率为

$$\omega = \frac{2\pi}{T} = 2\pi f \tag{3-3}$$

单位是弧度每秒（rad/s）。

f、T、ω 都用来表示正弦量的变化速度，若知其一，便可求出另外两个。已知我国工频电源的频率 $f=50\text{Hz}$，则可求出其周期 $T=(1/50)\text{s}=0.02\text{s}$，角频率 $\omega=2\pi f=2\times3.14\times50\text{rad/s}=314\text{rad/s}$。

2. 幅值与有效值 幅值与有效值是衡量正弦量值的大小的。幅值是正弦量变化过程中呈现的最大值，对于正弦电流，用 I_m 表示。

通常，一个正弦量的大小是用有效值表示的。正弦交流电流 i 在一个周期 T 内通过某一电阻 R 产生的热量若与一直流电流 I 在相同的时间和相同的电阻上产生的热量相等，那么这个直流电流 I 就是正弦交流电流 i 的有效值。

依上所述，应有

$$\int_0^T i^2 R\mathrm{d}t = I^2RT$$

由此可得正弦交流电流 i 的有效值为

$$I=\sqrt{\frac{1}{T}\int_0^T i^2\mathrm{d}t} \tag{3-4}$$

可见，正弦交流电流 i 的有效值为其方均根值，并且这一结论适用于任意周期量。

把 $i=I_m\sin\omega t$ 代入式（3-4），可得正弦交流电流 i 的有效值 I 与其最大值 I_m 的关系为

$$I=\frac{I_m}{\sqrt{2}} \tag{3-5}$$

同理可得正弦交流电压 $u=U_m\sin\omega t$ 和正弦交流电动势 $e=E_m\sin\omega t$ 的有效值分别为

$$U=\frac{U_m}{\sqrt{2}} \tag{3-6}$$

$$E=\frac{E_m}{\sqrt{2}} \tag{3-7}$$

通常所说的交流电流、电压值指的就是有效值，如交流电压220V，即指有效值，其幅值应为 $\sqrt{2}\times220\text{V}=311\text{V}$。电压表、电流表的测量值也是有效值。

3. 相位和初相位 式（3-1）中（$\omega t+\psi_i$）称为正弦交流电流的相位角或相位。（$\omega t+\psi_i$）决定正弦交流电流的取值，当时间 t 连续变化时，相位反映了正弦量变化的进程。

$t=0$ 时的相位称为初相位角或初相位。初相位决定了计时起点 $t=0$ 时正弦量的大小，计时起点不同，正弦量的初相位也不同。

在同一正弦电路中，一般各正弦量的频率是相同的。各正弦量除了有大小之别，相互间还有一定的相位关系。设两个同频率的正弦量为

$$u=U_m\sin(\omega t+\psi_u) \tag{3-8}$$

$$i=I_m\sin(\omega t+\psi_i) \tag{3-9}$$

其波形图如图3-2所示。u 与 i 的相位差为

$$\begin{aligned}\varphi&=(\omega t+\psi_u)-(\omega t+\psi_i)\\&=\psi_u-\psi_i\end{aligned} \tag{3-10}$$

可见，同频率的两个正弦量的相位差即是它们的初相位之

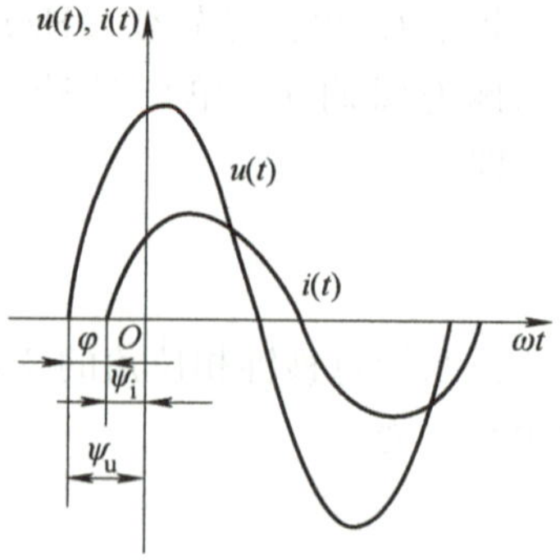

图3-2 同频率的两个正弦量的相位差

差。φ 值与计时起点和计时时刻无关。

若 $\psi_u > \psi_i$，则 φ 角为正，u 比 i 先达到正的最大值，称为 u 超前 i 相位角 φ，或称为 i 滞后 u 相位角 φ。若 $\psi_u < \psi_i$，则情况与上述相反。

若两个同频率正弦量的相位差 $\varphi = 0$，则称这两个正弦量为同相位，或同相；若 $\varphi = 180°$，称之为反相；若 $\varphi = 90°$，称之为正交。波形图如图 3-3 所示。

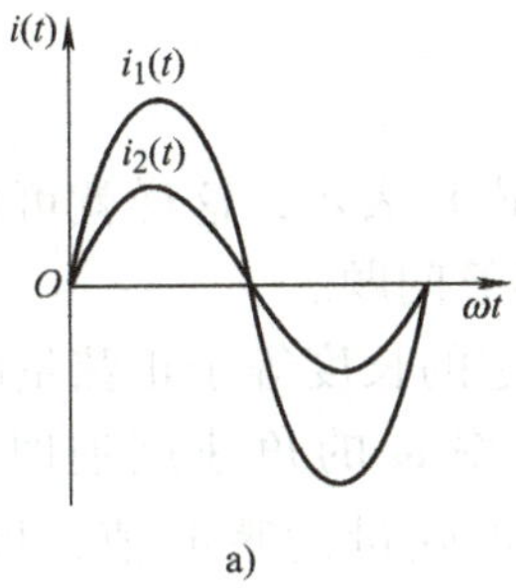

图 3-3　两个同频率正弦量的相位关系

a）同相　b）反相　c）正交

例 3-1　已知 $u_1(t)$ 和 $u_2(t)$ 在关联参考方向情况下的瞬时表达式为

$$u_1(t) = 100\sin(314t + 120°)\,\mathrm{V}$$

$$u_2(t) = 50\sin(314t - 90°)\,\mathrm{V}$$

1）求 $u_1(t)$ 与 $u_2(t)$ 的相位差，哪个电压超前？

2）若改变 $u_2(t)$ 的参考方向，再求两者的相位差，哪个电压超前？

解

1）$\varphi = \psi_1 - \psi_2 = 120° - (-90°) = 210°$

一般两个同频率正弦量相位差的绝对值都限定在 180°范围内，所以有

$$\varphi = 210° - 360° = -150°$$

可见 $u_2(t)$ 超前 $u_1(t)$ 相位角 150°。

2）若改变 $u_2(t)$ 的参考方向，其表达式应变为 $u_2(t) = -50\sin(\omega t - 90°)\,\mathrm{V}$，因此 u_1 与 u_2 的相位差为

$$\varphi = 120° - 90° = 30°$$

并且是 u_1 超前 u_2 相位角 30°。

练习与思考

3-1-1　已知 $u_{ab}(t) = 100\sin\left(2\pi t + \frac{\pi}{4}\right)\mathrm{V}$，试回答下列问题。

1）指出 u_{ab} 的幅值、有效值、周期、频率、角频率及初相位，并画出波形图。

2）求 $t = 0.5\mathrm{s}$ 时，$u_{ab}(0.5)$ 的大小和实际方向。

3）改变 $u_{ab}(t)$ 的参考方向，写出 $u_{ba}(t)$ 的表达式。

4）求 $t = 0.5\mathrm{s}$ 时，$u_{ba}(0.5)$ 的大小和实际方向。

3-1-2　对图 3-1 所示的正弦交流电流 $i(t)$，若将计时起点移至 A、B 处后，求 $i(t)$ 的初相位角分别为多少。

3-1-3 某正弦电压有效值为380V，频率为50Hz，在 $t=0$ 时的值 $u(0)=380\text{V}$，该正弦电压的表达式为(　　)。

a) $u=380\sin314t$ V　b) $u=537\sin(314t+45°)$ V　c) $u=380\sin(314t+90°)$ V

3-1-4 $u=5\sin(6\pi t+10°)$ V 与 $i=3\cos(6\pi t-15°)$ A 的相位差 $\psi_u-\psi_i$ 是（　　）。

a) 25°　b) −65°　c) −25°

3.2 正弦量的相量表示法

同频率的正弦量可用有向线段（相量图）和复数（相量式）表示，这样就可把正弦电路的分析计算由烦琐的三角函数运算转化为平面几何和代数运算问题。

如图3-4所示，从直角坐标原点出发作一有向线段 $\dot{I}_m$，它的长度等于正弦量的最大值 I_m，与横轴的夹角等于正弦量的初相角 ψ，并以正弦量角频率 ω 的角速度逆时针旋转，则在任一瞬间，该有向线段 $\dot{I}_m$ 在纵轴上的投影就等于该正弦量的瞬时值，即 $i(t)=I_m\sin(\omega t+\psi)$。

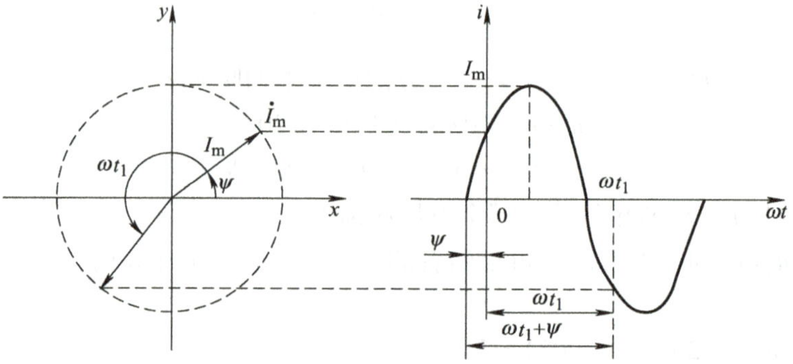

图3-4　用旋转有向线段表示正弦量

有向线段 $\dot{I}_m$ 以角频率 ω 旋转时，可完全代表一个正弦量。又因在同频率正弦量的电路分析中，正弦量的表示只需大小和相位两个要素，因此有向线段 $\dot{I}_m$ 即可代表正弦电流 $i(t)=I_m\sin(\omega t+\psi)$，并称 $\dot{I}_m$ 为正弦电流 i 的最大值相量。若有向线段的长度取正弦电流 i 的有效值 I，则上述有向线段称为正弦电流 i 的有效值相量，并用 $\dot{I}$ 表示。工程上常用有效值相量表示正弦量。

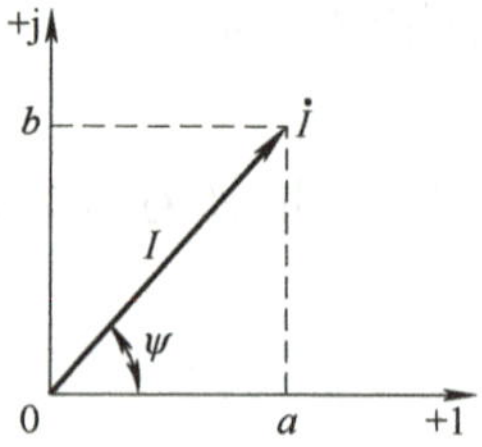

图3-5　相量的复数表示

若把有效值相量 $\dot{I}$ 置于复平面上，则可得正弦量的复数表示。由图3-5可知，相量 $\dot{I}$ 可表示为复代数式，或称复直角坐标式，即

$$\dot{I}=a+\text{j}b \tag{3-11}$$

这种表示适用于复数的加、减运算。相量 $\dot{I}$ 又可表示为复指数式，或称复极坐标式，即

$$\dot{I}=I\text{e}^{\text{j}\psi} \tag{3-12}$$

在工程上常写作

$$\dot{I}=I\underline{/\psi} \tag{3-13}$$

复极坐标式适用于复数的乘、除运算。

复直角坐标式和复极坐标式可通过计算器的 $R\to P$ 和 $P\to R$ 功能键直接相互转换，也可由图3-5确定的关系进行转换。若将直角坐标式转换为极坐标式，需求出该复数的模值 I 和辐角 ψ，此时

$$I=\sqrt{a^2+b^2} \tag{3-14}$$

$$\psi=\arctan\frac{b}{a} \tag{3-15}$$

若将极坐标式转换为直角坐标式，需求出该复数的实部 a 和虚部 b，此时

$$a=I\cos\psi \tag{3-16}$$

$$b=I\sin\psi \tag{3-17}$$

综上所述，一个正弦量除了可以用瞬时值表达式和波形图表示外，还可用相量图、复直角坐标式和复极坐标式表示。这5种表示方式可以互相转换，只要知道其一，就可转换为其他几种表示方式。

例3-2　已知 $u_1=8\sqrt{2}\sin(\omega t+60°)\mathrm{V}$，$u_2=6\sqrt{2}\sin(\omega t-30°)\mathrm{V}$，求 $u=u_1+u_2$。

解

1）用相量式求。由已知条件可写出 u_1 和 u_2 的有效值相量为

$$\dot{U}_1=8\underline{/60°}\mathrm{V}=(4+\mathrm{j}6.9)\mathrm{V}$$

$$\dot{U}_2=6\underline{/-30°}\mathrm{V}=(5.2-\mathrm{j}3)\mathrm{V}$$

$$\dot{U}=\dot{U}_1+\dot{U}_2=(4+\mathrm{j}6.9+5.2-\mathrm{j}3)\mathrm{V}=(9.2+\mathrm{j}3.9)\mathrm{V}$$

$$=10\underline{/23.0°}\mathrm{V}$$

$$u=10\sqrt{2}\sin(\omega t+23.0°)\mathrm{V}$$

2）用相量图求。在复平面上，复数用有向线段表示时，复数间的加、减运算满足平行四边形法则，那么正弦量的相量的加、减运算也满足该法则，因此还可用作图的方法——相量图法求出 $\dot{U}=\dot{U}_1+\dot{U}_2$，其相量图如图3-6所示。根据总电压 $\dot{U}$ 的长度 U 和它与实轴的夹角 ψ 可写出 u 的瞬时值表达式为

$$u=\sqrt{2}U\sin(\omega t+\psi)\mathrm{V}=10\sqrt{2}\sin(\omega t+23.0°)\mathrm{V}$$

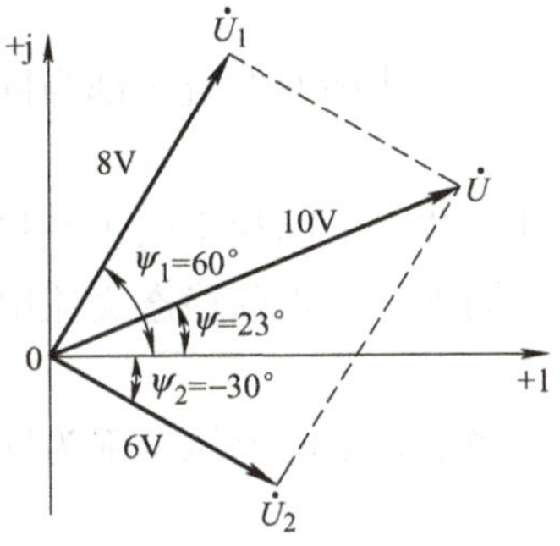

图3-6　例3-2的相量图

为简便计算，以后在画相量图时，复平面上的“+1”和“+j”以及坐标轴均可省去不画。

应该指出，正弦量是时间的实函数，正弦量的复数形式和相量图表示只是一种数学手段，目的是简化运算，正弦量既不是复数，又与空间矢量有本质的区别。

若以 $\mathrm{e}^{\pm\mathrm{j}\alpha}$ 乘以相量 $\dot{U}=U\mathrm{e}^{\mathrm{j}\psi}$，则得 $\dot{U}'$ 为

$$\dot{U}'=U\mathrm{e}^{\mathrm{j}\psi}\mathrm{e}^{\pm\mathrm{j}\alpha}=U\mathrm{e}^{\mathrm{j}(\psi\pm\alpha)}$$

可见 $\dot{U}'$ 比 $\dot{U}$ 逆时针或顺时针旋转 α 角。

当 $\alpha=\pm90°$ 时，由欧拉公式得

$$\mathrm{e}^{\pm\mathrm{j}90°}=\cos90°\pm\mathrm{j}\sin90°=\pm\mathrm{j} \tag{3-18}$$

此时，$\dot{U}'=U\mathrm{e}^{\mathrm{j}(\psi\pm90°)}=\pm\mathrm{j}\dot{U}$ 比 $\dot{U}$ 逆时针或顺时针旋转90°，因此称 $\mathrm{e}^{\pm\mathrm{j}90°}=\pm\mathrm{j}$ 为旋转90°的因子。

练习与思考

3-2-1 $\dot{I}=e^{j90°}$A 的复代数表达式是（　　）。

a）$\dot{I}=1\angle 90°$A　b）$\dot{I}=-j$A　c）$\dot{I}=j$A

3-2-2 与 $i=5\sqrt{2}\sin(\omega t+36.9°)$A 对应的电流相量 $\dot{I}$ 是（　　）。

a）$(4+j3)$A　b）$(4-j3)$A　c）$(3+j4)$A

3-2-3 指出下列各式的错误。

a）$i=6\angle 30°$A　b）$\dot{U}=50\sin(\omega t+45°)$V　c）$I=10\exp(j30°)$A　d）$I=2\sin(314t+10°)$A

e）$\dot{I}=10\sin\pi t$A　f）$\dot{I}=30e^{-30°}$A　g）$u=5\sin(\omega t-20°)=5e^{-j20°}$V

3-2-4 已知 $i_1=8\sqrt{2}\sin(\omega t+60°)$A，$i_2=6\sqrt{2}\sin(\omega t-30°)$A，试用复数计算 $i=i_1+i_2$，并画出相量图。

3.3 电路定律的相量形式

正弦稳态电路中所有电压、电流都是同一频率的正弦量，可以直接用相量的复数形式的电路方程来描述电路的基本定律 VCR（电压电流关系）、KCL 和 KVL，将这些方程称为电路定律的相量形式。

3.3.1 KCL 和 KVL 的相量形式

在正弦稳态交流电路中，对于电路中任意节点，有

$$\Sigma i=0 \tag{3-19}$$

当上式中的电流全部为同一频率的正弦量时，则可变换为相量形式，有

$$\Sigma\dot{I}=0 \tag{3-20}$$

即任意节点上同频率的正弦量电流对应的相量的代数和为零。

同理，在正弦稳态交流电路中，对于电路中任意回路，有

$$\Sigma u=0 \tag{3-21}$$

当上式中的电压全部为同一频率的正弦量时，则可变换为相量形式，有

$$\Sigma\dot{U}=0 \tag{3-22}$$

即任意回路中同频率的正弦量电压对应的相量的代数和为零。

特别注意，在正弦稳态交流电路中，$\Sigma I=0$ 和 $\Sigma U=0$ 等式不成立。

3.3.2 电阻元件 VCR 的相量形式

单个元件电阻、电感或电容组成的电路称为单一参数电路，掌握它的伏安关系、功率消耗与能量转换是分析正弦电路的基础。下面分析线性电阻元件的正弦交流电路。

1. 伏安关系 有一线性电阻 R，其激励电流 i 与响应电压 u 的参考方向如图 3-7a 所示。在一般激励情况下，其伏安关系为

$$u=Ri \tag{3-23}$$

若设电流 $i=I_m\sin\omega t$，并称为参考正弦量（因初相位角为零），则代入一般式（3-23）可得

$$u = Ri = I_m R\sin\omega t = U_m \sin\omega t \quad (3\text{-}24)$$

由此可见，u 与 i 的伏安关系可表述如下：

1）u 是与 i 同频同相的正弦电压。

2）u 与 i 的幅值或有效值间是线性关系，其比值是线性电阻 R，即

$$\frac{U_m}{I_m} = \frac{U}{I} = R \quad (3\text{-}25)$$

3）u 与 i 的波形如图 3-7b 所示。

4）u 与 i 伏安关系的相量形式为

$$\dot{I} = I\mathrm{e}^{\mathrm{j}0°} = I\underline{/0°} = I$$

$$\dot{U} = U\mathrm{e}^{\mathrm{j}0°} = U\underline{/0°} = U$$

$$\frac{\dot{U}}{\dot{I}} = \frac{U}{I}\mathrm{e}^{\mathrm{j}0°} = \frac{U}{I} = R \quad (3\text{-}26)$$

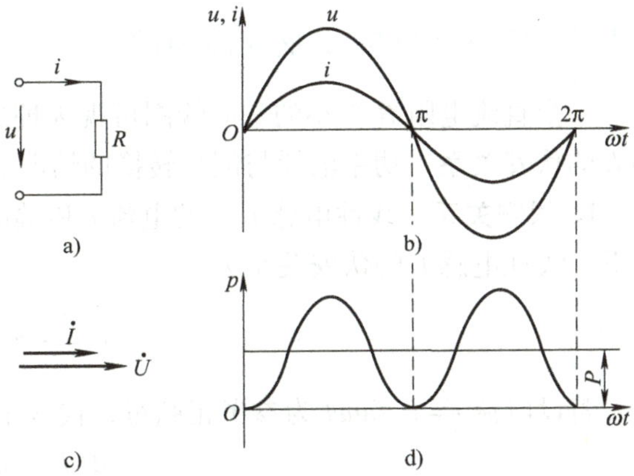

图 3-7　电阻元件的正弦交流电路

这就是欧姆定律的相量形式。

5）u 与 i 的相量图如图 3-7c 所示。

2. 功率消耗与能量转换

（1）瞬时功率　在任一瞬间，某元件瞬时电压 u 与瞬时电流 i 的乘积，称为该元件的瞬时功率，并用 p 表示，即

$$p = p_R = ui = U_m I_m \sin^2\omega t = U_m I_m \frac{1-\cos 2\omega t}{2}$$

$$= UI\,(1-\cos 2\omega t) \quad (3\text{-}27)$$

由式（3-27）可知，p 由两部分组成，并且在任一瞬间总有

$$p \geqslant 0 \quad (3\text{-}28)$$

这说明电阻元件在正弦电路中是消耗功率的。

由式（3-27）可画出图 3-7d 所示瞬时功率 p 的波形图。

（2）平均功率　瞬时功率 p 在一个周期内的平均值称为平均功率，并用 P 表示，即

$$P = \frac{1}{T}\int_0^T p\,\mathrm{d}t$$

$$= \frac{1}{T}\int_0^T UI(1-\cos 2\omega t)\,\mathrm{d}t$$

$$= UI = I^2R = \frac{U^2}{R} \quad (3\text{-}29)$$

平均功率也称为有功功率，单位是瓦或千瓦（W 或 kW）。

（3）能量转换　由式（3-28）可知，电阻元件是消耗功率的，吸取电源提供的电能转换为热能散发掉，是一种不可逆转换。在一个周期内转换成的热能为

$$W_R = \int_0^T p\,\mathrm{d}t = UIT = I^2RT = \frac{U^2}{R}T \quad (3\text{-}30)$$

3.3.3 电感元件的正弦交流电路

一个直流电阻 R 很小的空心线圈可视为理想的线性电感 L。下面讨论在正弦电路中，电感 L 的伏安关系、功率消耗与能量转换的情况。

1. 伏安关系 线性电感 L 中的电流 i 和端电压 u 的参考方向如图 3-8a 所示。在一般激励下，线性电感 L 的伏安关系为

$$u=-e=L\frac{\mathrm{d}i}{\mathrm{d}t}$$

若设电流 $i=I_m\sin\omega t$ 为参考正弦量，代入上式，可得正弦激励下电感 L 的端电压为

$$\begin{aligned}u&=L\frac{\mathrm{d}(I_m\sin\omega t)}{\mathrm{d}t}=I_m\omega L\cos\omega t\\&=I_m\omega L\sin(\omega t+90°)\\&=U_m\sin(\omega t+90°)\end{aligned}\tag{3-31}$$

由式（3-31）可知：

1）u 与 i 是同频率的正弦量。

2）在相位上，u 超前 i 相位角 90°。

3）在数值的大小上，u 与 i 的有效值（或最大值）间受感抗 X_L 的约束，表示为

$$X_L=\frac{U}{I}=\frac{U_m}{I_m}=\omega L=2\pi fL\tag{3-32}$$

这说明，在一定的电压 U 的情况下，电感 L 中的电流除与 L 值的大小有关外，还与激励源的频率 f（或 ω）有关。当 U、L 确定时，f 越大，X_L 就越大，则 I 就越小，这时电感线圈起到阻碍高频电流的作用，如无线电设备中的高频扼流圈；f 越小，X_L 就越小，则 I 就越大；当 $f=0$ 时，$X_L=0$，$I=\infty$，即电感 L 对直流相当于短路。X_L 有电阻的量纲，单位是 Ω。

4）电流 i 与电压 u 的波形如图 3-8b 所示。

5）电压与电流相量之比称为复感抗，用 Z_L 表示

$$Z_L=\frac{\dot{U}}{\dot{I}}=\frac{U\underline{/90°}}{I\underline{/0°}}=\mathrm{j}X_L=\mathrm{j}2\pi fL\tag{3-33}$$

复感抗 Z_L 的单位是欧姆（Ω）。复感抗 Z_L 既反映了 L 中 u 与 i 大小的关系，即 $|Z_L|=U/I=X_L$，又反映了 u 与 i 的相位关系，即 $\psi_u-\psi_i=90°$。但是复感抗不是相量，因为它不是时间的函数，只是一个计算量。式（3-33）是关于线性电感 L 的欧姆定律的相量形式。

6）u 与 i 的相量图如图 3-8c 所示。

2. 功率消耗与能量转换

（1）线性电感 L 的瞬时功率与能量转

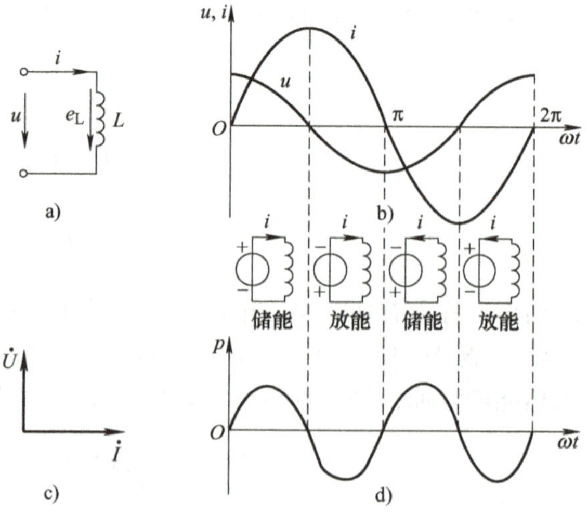

图 3-8 电感元件的正弦交流电路

换 由瞬时功率定义可得（$\varphi=\psi_u-\psi_i=90°$）

$$\begin{aligned}p_L&=ui=U_mI_m\sin(\omega t+90°)\sin\omega t\\&=U_mI_m\sin\omega t\cos\omega t=\frac{U_mI_m}{2}\sin2\omega t\\&=UI\sin2\omega t\end{aligned}\tag{3-34}$$

由式（3-34）可知，p_L 是一个幅值为 UI，并以 2ω 的角频率随时间而变化的交变量，其波形如图3-8d所示。

在第一个和第三个1/4周期内，p_L 为正值（u 与 i 同为正或同为负），且 i 在增大，说明电感 L 从电源汲取电能，转换为磁能储存在线圈的磁场中；在第二个和第四个1/4周期内，p_L 为负值（u 与 i 一正一负），且 i 在减小，说明电感 L 将储存的磁能转换为电能归还给电源。可以看出，理想电感 L 在正弦交流激励下，不断地与电源进行能量交换，但却不消耗能量。

（2）线性电感 L 的平均功率 瞬时功率 p_L 在一周期内的平均值即为平均功率

$$P_L=\frac{1}{T}\int_0^T p_L\mathrm{d}t=\frac{1}{T}\int_0^T UI\sin2\omega t\mathrm{d}t=0\tag{3-35}$$

可见，理想电感在正弦交流电路中是不消耗能量的。

（3）无功功率 电感 L 虽不消耗有功功率，但要求与电源间进行能量交换，这种能量交换的规模，用瞬时功率的最大值表示，称为无功功率，并记作

$$Q_L=UI=I^2X_L=\frac{U^2}{X_L}$$

为了与有功功率区别，无功功率的单位是乏（var）或千乏（kvar）。

虽然储能元件（L 或 C）本身不消耗能量，但需占用电源容量并与之进行能量交换，对电源是一种负担。

例3-3 已知0.1H的电感线圈（略 R_{Cu}）接在10V的工频电源上。求：1）线圈的感抗；2）电流的有效值；3）线圈的无功功率；4）线圈的最大储能；5）设电压的初相位为0°，求 $\dot{I}$；6）若其他参数不变，电源电压的频率变为5000Hz，再求电流 I。

解

1）感抗

$$X_L=2\pi fL=2\pi\times50\times0.1\Omega=31.4\Omega$$

2）电流有效值

$$I=\frac{U}{X_L}=\frac{10}{31.4}\text{A}=0.318\text{A}$$

3）无功功率

$$Q_L=UI=10\text{V}\times0.318\text{A}=3.18\text{var}$$

4）最大储能

$$W_{LM}=\frac{1}{2}LI_m^2=\frac{1}{2}\times0.1\times(\sqrt{2}\times0.318)^2\text{J}=0.01\text{J}$$

5）设 $\dot{U}=10\underline{/0°}\text{V}$，则

$$\dot{I}=\frac{\dot{U}}{\text{j}X_L}=\frac{10\underline{/0°}}{\text{j}31.4}\text{A}=0.318\underline{/-90°}\text{A}=-\text{j}0.318\text{A}$$

6）当 $f=5000\text{Hz}$ 时

$$X_L = 2 \times 3.14 \times 5000 \times 0.1\Omega = 3140\Omega$$

$$I = \frac{10}{3140}\text{A} = 0.00318\text{A} = 3.18\text{mA}$$

可见，频率增高后，电感线圈中的电流减小了。

3.3.4 电容元件的正弦交流电路

图 3-9a 所示为正弦交流激励下的线性电容电路，电路中的电流 i 和电容器两端的电压 u 的参考方向如图中所示。下面讨论该电路的伏安关系、功率消耗与能量转换。

1. 伏安关系 线性电容 C 的瞬时伏安关系为

$$i = C\frac{\mathrm{d}u}{\mathrm{d}t}$$

若设电压 $u = U_m \sin\omega t$ 为参考正弦量，代入上式得流过线性电容 C 的电流为

$$\begin{aligned} i &= C\frac{\mathrm{d}(U_m \sin\omega t)}{\mathrm{d}t} = \omega C U_m \cos\omega t \\ &= \omega C U_m \sin(\omega t + 90°) \\ &= I_m \sin(\omega t + 90°) \end{aligned} \tag{3-36}$$

由式（3-36）可知：

1）i 与 u 是同频率的正弦量。

2）i 超前 u 相位角 90°。

3）u 与 i 的有效值（或最大值）之比称为容抗，记作

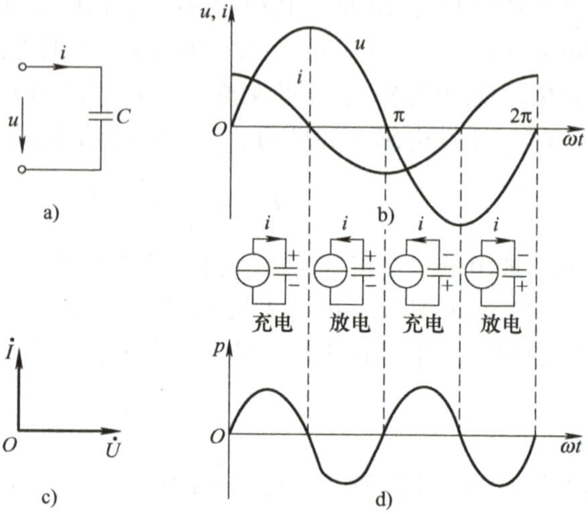

图 3-9 电容元件的正弦交流电路

$$X_C = \frac{U}{I} = \frac{U_m}{I_m} = \frac{1}{\omega C} = \frac{1}{2\pi f C} \tag{3-37}$$

容抗 X_C 的单位是 Ω。当电压 U 和电容 C 确定时，容抗 X_C 的大小与频率 f 有关，当 f 较高时，容抗 X_C 较小，电容中通过的电流较大，说明电容对高频电流的阻碍作用较小；当 f 较低时，容抗 X_C 较大，电容中通过的电流较小，说明电容对低频电流的阻碍作用较大。若 $f=0$，即对直流而言 $X_C \to \infty$，电容可视作开路。总之，电容有隔直流、通交流的作用。

频率一定时，容抗 X_C 与电容 C 的值成反比。

4）电压 u 与电流 i 的波形如图 3-9b 所示。

5）电压与电流相量之比称为复容抗，用 Z_C 表示，即

$$Z_C = \frac{\dot{U}}{\dot{I}} = \frac{U\angle 0°}{I\angle 90°} = -\mathrm{j}X_C = -\mathrm{j}\frac{1}{\omega C} = \frac{1}{\mathrm{j}2\pi f C} \tag{3-38}$$

复容抗 Z_C 的单位是 Ω。Z_C 反映了通过电容电流 i 与端电压 u 大小的关系，即 $|Z_C| = U/I = X_C$，也反映了 u 与 i 的相位关系，即 $\psi_u - \psi_i = -90°$。Z_C 和 Z_L 同样不是相量，只是计算量。式（3-38）是线性电容 C 的欧姆定律的相量形式。

6）u 与 i 的相量图如图 3-9c 所示。

2. 功率消耗与能量转换

（1）线性电容 C 的瞬时功率与能量转换　由瞬时功率的定义可得（$\varphi=\psi_u-\psi_i=-90°$）

$$\begin{aligned}p_C&=ui=U_mI_m\sin(\omega t-90°)\sin\omega t\\&=-UI\sin2\omega t\end{aligned}\tag{3-39}$$

由式（3-39）可知，p_C 是一个幅值为 $-UI$ 并以 2ω 的角频率随时间而变化的交变量，其波形如图 3-9d 所示。

在第一个和第三个 1/4 周期内，电压值在增高，即电容在充电，使电源的电能转换为电场能量储存在电场中，所以 p 为正值；在第二个和第四个 1/4 周期内，电压值在降低，即电容在放电，把储存的电场能量放还给电源，所以 p 是负的。就这样，理想的线性电容在正弦交流激励下，不断地与电源进行能量交换，但却不消耗能量。

（2）线性电容 C 的平均功率　根据定义，其平均功率为

$$P_C=\frac{1}{T}\int_0^T p_C\mathrm{d}t=\frac{1}{T}\int_0^T UI\sin2\omega t\mathrm{d}t=0\tag{3-40}$$

可见，理想电容在正弦交流电路中是不消耗能量的。

（3）无功功率　无功功率是用来表示电容元件与电源间能量交换的规模大小的，记作

$$Q_C=-UI=-I^2X_C=\frac{U^2}{-X_C}\tag{3-41}$$

单位是乏（var）或千乏（kvar）。Q_C 与 Q_L 具有互补性。

例 3-4　已知图 3-9a 中的电容 $C=4.75\mu F$，$u=220\sqrt{2}\sin314t$ V。求：1）容抗 X_C；2）电容中电流有效值 I_C；3）电容中电流的瞬时值 i_C；4）电容的有功功率 P_C 和无功功率 Q_C；5）电容的最大储能 W_{CM}；6）若其他参数不变，电源电压的频率变为 5000Hz，再求电流 I_C。

解

1）容抗

$$X_C=\frac{1}{2\pi fC}=\frac{1}{2\times3.14\times50\times4.75\times10^{-6}}\Omega=670\Omega$$

2）电流有效值

$$I_C=\frac{U}{X_C}=\frac{220}{670}A=0.328A$$

3）电流瞬时值

$$i_C=0.328\sqrt{2}\sin(314t+90°)\ A$$

4）有功功率

$$P_C=0W$$

无功功率

$$Q_C=UI_C=220\times0.328\text{var}=72.16\text{var}$$

5）电容的最大储能

$$W_{CM}=\frac{1}{2}CU_m^2=\frac{1}{2}\times4.75\times10^{-6}\times(220\sqrt{2})^2J=0.23J$$

6）若 $f=5000$Hz，电容的容抗为

$$X_C=\frac{1}{2\pi fC}=\frac{1}{2\times3.14\times5\times10^3\times4.75\times10^{-6}}\Omega=6.7\Omega$$

电容中的电流

$$I_C=\frac{U}{X_C}=\frac{220}{6.7}\text{A}=32.8\text{A}$$

可见频率增高后，容抗降低了，通过电容的电流增加了。

练习与思考

3-3-1 把一个10Ω的电阻元件接到$f=50\text{Hz}$、电压有效值$U=10\text{V}$的正弦交流电源上，当$f=100\text{Hz}$时，通过该电阻的电流是（　　）。

a）增大 b）减小 c）不变

3-3-2 把一个10Ω电阻元件接到$f=50\text{Hz}$、初相位为$-60°$、电压有效值为10V的交流电源上，电阻中电流的瞬时值i是（　　）。

a）1A b）$\sqrt{2}\sin(314t-60°)\text{A}$ c）$\sqrt{2}\text{A}$

3-3-3 在图3-8a所示电感元件的正弦交流电路中，$L=200\text{mH}$，$u=80\sin(1000t+105°)\text{V}$，则电感中电流$i=$（　　）。

a）$0.4\sin(1000t+15°)\text{A}$ b）$0.04\sin(1000t-165°)\text{A}$ c）$0.2\sqrt{2}\underline{/15°}\text{A}$

3-3-4 指出下列各式哪些是对的，哪些是错的。

$u=L\frac{\mathrm{d}i}{\mathrm{d}t}$，$u=X_Li$，$u=Li$，$i=i_0+\frac{1}{L}\int_0^t u\mathrm{d}t$，$U=\mathrm{j}\omega LI$，$\dot{U}=X_L\dot{I}$，$\dot{I}=-\mathrm{j}\frac{\dot{U}}{\omega L}$，$\dot{I}=\frac{\dot{U}}{\mathrm{j}\omega L}$，$p_L=ui=0$，$P_L=0$，$Q_L=UI=I^2X_L$。

3-3-5 通过0.5F电容的电流是$i=\sqrt{2}\sin(100t-30°)\text{A}$，则电容的端电压$u=$（　　）。

a）$0.02\sqrt{2}\sin(100t-120°)\text{V}$ b）$0.02\sin(100t-120°)\text{V}$ c）$0.02\sqrt{2}\sin(100t+60°)\text{V}$

3-3-6 $R=1\text{k}\Omega$的电阻与$C=50\mu\text{F}$的电容并联后，作用于$I=2\text{mA}$的直流电流，求电阻和电容支路的电流和它们的端电压。

3-3-7 若上题作用的是有效值为2mA，频率为1000Hz的正弦交流电流，再求各支路电流和并联元件的端电压。

3.4 正弦稳态电路的分析

下面以R、L、C串联电路为例，介绍正弦稳态电路的相量模型分析方法和相量图分析方法，并讨论功率关系。

3.4.1 正弦稳态电路的相量模型分析方法

对图3-10a所示R、L、C串联电路，为了求得正弦电压u、正弦电流i与电路参数间的关系，可先作出图3-10b所示的相量模型。相量模型的电路结构与原电路相同；但电路变量要用相量表示，即电压用$\dot{U}$表示，电流用$\dot{I}$，电动势用$\dot{E}$表示；电路元件的参数用复阻抗Z（或复导纳$Y=1/Z$）表示，即电感用$\mathrm{j}X_L$表示，电容用$-\mathrm{j}X_C$表示，电阻用R表示。在直流电路中得到的电路定律、定理及分析方法都相应地适用于相量模型，因此对于正弦稳态电路的分析，通过相量模型这一变换，就可按直流电阻电路的模式进行分析。最后将求得的电压、电流相量 $\dot{U}$、$\dot{I}$ 转换为瞬时值 u、i，或将求得的复阻抗 $\mathrm{j}X_L$、$-\mathrm{j}X_C$ 转换为 L、C 的值。

按上述方法，R、L、C 串联电路总的复阻抗应为

$$\begin{aligned} Z &= \frac{\dot{U}}{\dot{I}} = R + \mathrm{j}X_L - \mathrm{j}X_C \\ &= R + \mathrm{j}(X_L - X_C) \\ &= |Z|\mathrm{e}^{\mathrm{j}\varphi} = |Z|\angle\varphi \\ &= \frac{U}{I}\angle\psi_u - \psi_i \end{aligned} \tag{3-42}$$

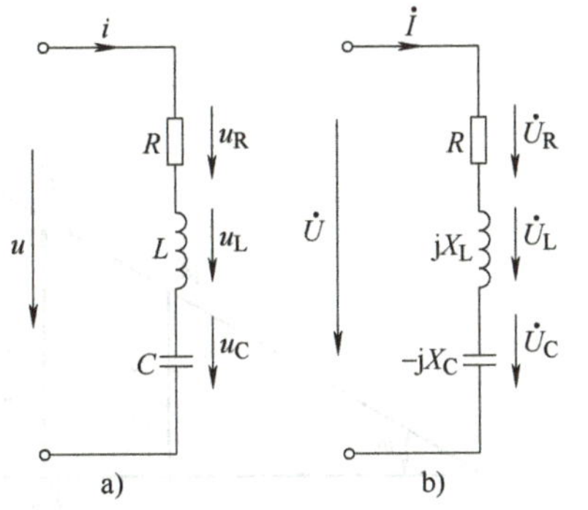

图 3-10　相量模型分析方法

a）R、L、C 串联电路　b）相量模型

复阻抗 Z 的模

$$|Z| = \frac{U}{I} = \sqrt{R^2 + (X_L - X_C)^2} \tag{3-43}$$

约束着 u 与 i 有效值之间的关系。

复阻抗 Z 的辐角

$$\varphi = \psi_u - \psi_i = \arctan\frac{X_L - X_C}{R} \tag{3-44}$$

表示了 u 与 i 之间的相位关系。

由上两式可知，复阻抗的模 $|Z|$、实部 R 和虚部电抗 $X = X_L - X_C$ 构成一个阻抗三角形，如图 3-11 所示，φ 为阻抗角。

电路的性质由电路参数决定，当 $X_L - X_C > 0$ 时，$\varphi = \psi_u - \psi_i > 0$，电路呈电感性；当 $X_L - X_C < 0$ 时，$\varphi = \psi_u - \psi_i < 0$，电路呈电容性；当 $X_L - X_C = 0$ 时，$\varphi = \psi_u - \psi_i = 0$，电路呈纯电阻性。

对于任意一个线性无源二端网络，求得其复阻抗 Z，就可知其端电压、电流间大小和相位关系以及该网络的性质。

3.4.2　正弦稳态电路的相量图分析方法

这种方法可更直观地展示各电路变量间大小和相位的关系，但准确性较差。一般作图前先确定一个参考正弦量，对于串联电路，选定电流为参考正弦量为宜；对于并联电路，选定电压为参考正弦量为宜。

对于图 3-10a 所示的 R、L、C 串联电路，设电流 $\dot{I}$ 为参考正弦量，则电感上的电压 $\dot{U}_L = \mathrm{j}X_L\dot{I}$，超前 $\dot{I}$ 角 90°，其长度为 $U_L = X_L I$；电容上的电压 $\dot{U}_C = -\mathrm{j}X_C\dot{I}$，滞后 $\dot{I}$ 角 90°，其长度 $U_C = X_C I$；电阻上的压降 $\dot{U}_R = \dot{R}I$ 与 $\dot{I}$ 相同，长度 $U_R = RI$。总电压 $\dot{U} = \dot{U}_R + \dot{U}_L + \dot{U}_C$，相量图如图 3-12 所示。

在相量图中，总电压 $\dot{U}$、电阻元件电压 $\dot{U}_R$ 和电抗元件上的电压 $\dot{U}_X = \dot{U}_L + \dot{U}_C$ 组成一个电压三角形。电压三角形与阻抗三角形对应边之比为电流 I，它们是相似三角形，如图 3-11 所示。电压有效值的关系是

$$U^2 = U_R^2 + U_X^2 = U_R^2 + (U_L - U_C)^2 \tag{3-45}$$

应特别注意，此处总电压的有效值不等于各元件电压有效值之和，即 $U \neq U_R + U_L + U_C$。

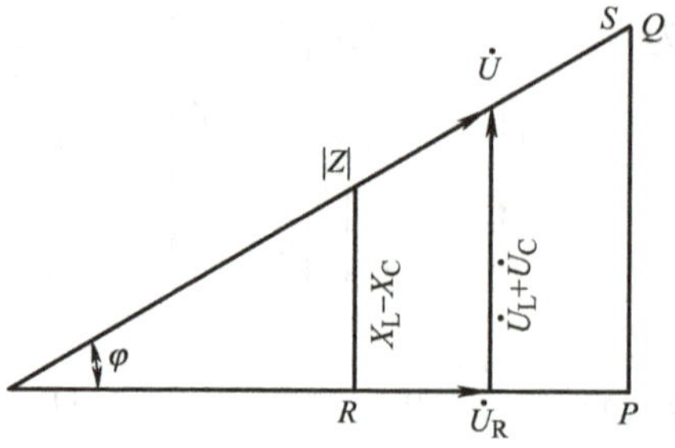

图 3-11 阻抗、电压和功率三角形

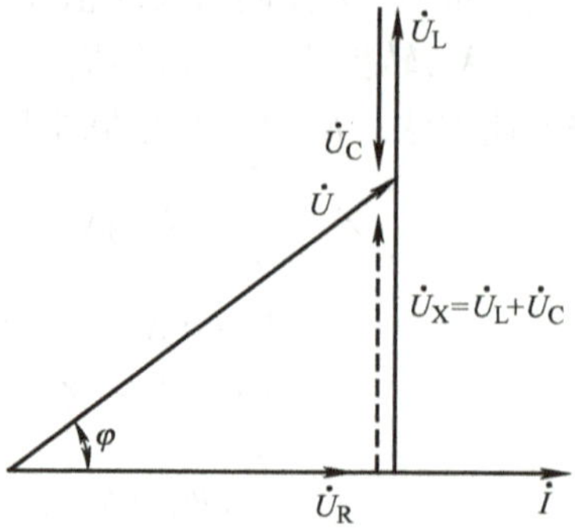

图 3-12 *R*、*L*、*C* 串联电路的相量图

相量图分析方法将正弦稳态电路分析的问题转变为平面几何的问题，具有简单、直观的优点，它与相量模型分析方法相辅相成，是正弦电路的基本分析方法。下面是这两种分析方法的应用举例。

例 3-5 电路如图 3-13a 所示，已知 $R_1=1.5\text{k}\Omega$，$R_2=1\text{k}\Omega$，$L=1/3\text{H}$，$C=1/6\mu\text{F}$，$u_s=40\sqrt{2}\sin3000t\ \text{V}$，求电流 i_C。

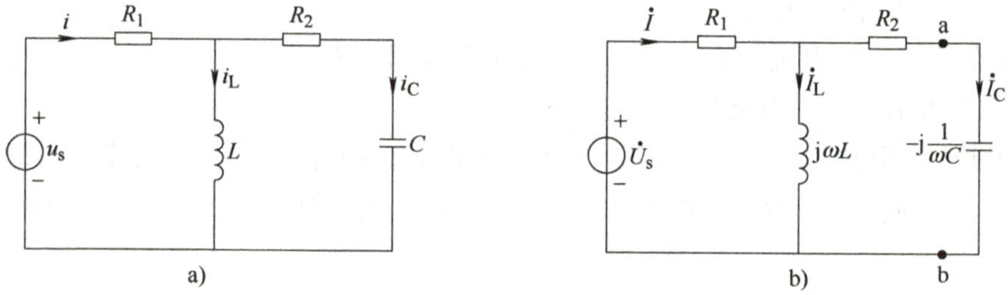

图 3-13 例 3-5 图

解法 1 作原电路的相量模型

$$\dot{U}_s=40\underline{/0°}\text{V}$$

$$\text{j}\omega L=\text{j}3000\times\frac{1}{3}\Omega=\text{j}1\text{k}\Omega$$

$$-\text{j}\frac{1}{\omega C}=-\text{j}\frac{1}{3000\times\frac{1}{6}\times10^{-6}}\Omega=-\text{j}2\text{k}\Omega$$

故得图 3-13b 所示的相量模型。电路端口的总复阻抗为

$$Z=R_1+\text{j}\omega L//\left(R_2-\text{j}\frac{1}{\omega C}\right)=\left[1.5+\frac{\text{j}1\times(1-\text{j}2)}{\text{j}1+1-\text{j}2}\right]\text{k}\Omega=(2+\text{j}1.5)\text{k}\Omega$$

电路的总电流相量为

$$\dot{I}=\frac{\dot{U}_s}{Z}=\frac{40\underline{/0°}}{2+\text{j}1.5}\text{mA}=16\underline{/-36.9°}\text{mA}$$

利用分流公式得

$$\dot{I}_C=\frac{j\omega L}{j\omega L+R_2-j\dfrac{1}{\omega C}}\dot{I}=\frac{j1}{j1+2-j2}\times 16\angle -36.9^\circ mA=11.32\angle 98.1^\circ mA$$

则电流 i_C 瞬时值表达式为

$$i_C=11.3\sqrt{2}\sin(3000t+98.3^\circ)mA$$

解法 2　用戴维南定理求电流 i_C

把图 3-13b 中 a、b 两点左边电路化为一等效电压源，其电动势 $\dot{E}_0$ 和内阻抗 Z_{eq} 为

$$\dot{E}_0=\dot{U}_s\frac{j\omega L}{R_1+j\omega L}=40\frac{j}{1.5+j}V=(12.3+j18.5)\ V=22.2\angle 56.4^\circ V$$

$$Z_{eq}=R_2+\frac{R_1 j\omega L}{R_1+j\omega L}=\left(1+\frac{j1.5}{1.5+j}\right)k\Omega=(1.46+j0.69)\ k\Omega$$

故得图 3-14 所示的相量形式的戴维南等效电路。由该等效电路得

$$\dot{I}_C=\frac{\dot{E}_0}{Z_{eq}-j\dfrac{1}{\omega C}}=\frac{22.2\angle 56.4^\circ}{1.46+j0.69-j2}mA$$

$$=\frac{22.2\angle 56.4^\circ}{1.46-j1.31}mA=\frac{22.2\angle 56.4^\circ}{1.96\angle -41.9^\circ}mA$$

$$=11.3\angle 98.3^\circ mA$$

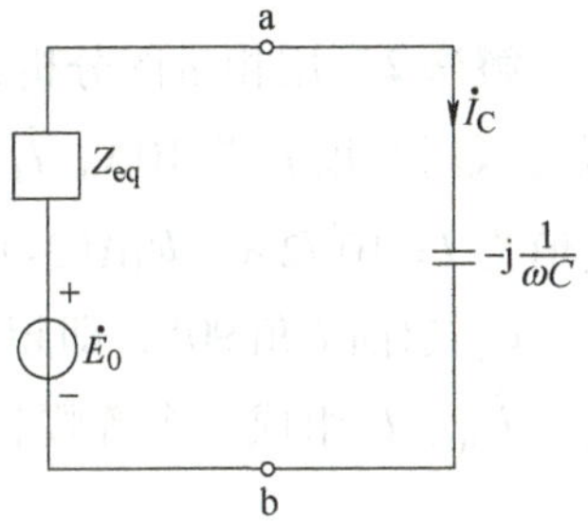

图 3-14　图 3-13b 的戴维南等效电路

将 $\dot{I}_C$ 转换为瞬时值为

$$i_C=11.3\sqrt{2}\sin(3000t+98.3^\circ)mA$$

例 3-6　在图 3-15a 所示电路中，已知总电压 $U=100V$，$I_1=I_2=10A$，且 $\dot{I}$、$\dot{U}$ 同相，求电流 I 和各元件参数 R、X_L 和 X_C 的值。

解法 1　因电阻与电容并联部分的电压 $U_R=U_C$，又已知 $I_1=I_2=10A$，所以 $R=X_C$。

若设 $\dot{I}_2=10\angle 0^\circ A$，则 $\dot{I}_1=10\angle 90^\circ A$，由

$$\dot{I}=\dot{I}_1+\dot{I}_2=(10+j10)A=10\sqrt{2}\angle 45^\circ A$$

得 $I=10\sqrt{2}A=14.14A$。

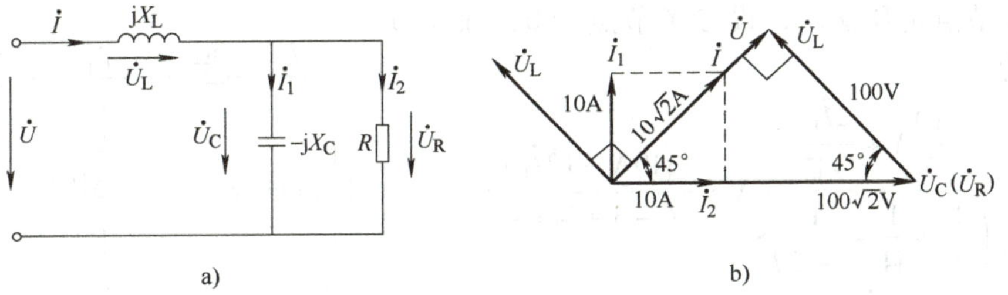

图 3-15　例 3-6 图

a) 电路图　b) 相量图

该电路的复阻抗

$$Z = \mathrm{j}X_L + \frac{R(-\mathrm{j}X_C)}{R - \mathrm{j}X_C}$$

将 $R = X_C$ 代入并化简为

$$Z = \frac{R}{2} + \mathrm{j}\left(X_L - \frac{R}{2}\right)$$

由 $\dot{U}$、$\dot{I}$ 同相，可知 Z 的虚部为零。因此可得

$$\frac{R}{2} = \frac{U}{I} = \frac{100}{10\sqrt{2}}\Omega = \frac{10}{\sqrt{2}}\Omega$$

$$R = 10\sqrt{2}\Omega$$

$$X_C = R = 10\sqrt{2}\Omega$$

$$X_L = \frac{R}{2} = 5\sqrt{2}\Omega$$

解法 2 用相量图分析，设并联部分电压 $\dot{U}_R = \dot{U}_C$ 为参考正弦量，则 $\dot{I}_2$ 与之同相，有效值（线段长度）为 10A，$\dot{I}_1$ 超前 $\dot{U}_C$ 角 90°，值为 10A，总电流 $\dot{I} = \dot{I}_1 + \dot{I}_2$ 超前 $\dot{U}_R$ 角 45°，且其值为 $I = 10\sqrt{2}$A。如图 3-15b 所示。

$\dot{U}_L$ 超前 $\dot{I}$ 角 90°，即超前 $\dot{U}$ 为 90°，而 $\dot{U}$ 与 $\dot{U}_R$ 相位差是 45°，又有 $\dot{U}_L + \dot{U}_R = \dot{U}$，可见，$\dot{U}_L$、$\dot{U}_R$、$\dot{U}$ 组成一个等腰直角三角形，故得

$$U_L = U = 100\text{V}$$

$$U_C = U_R = 100\sqrt{2}\text{V}$$

所以

$$R = \frac{U_R}{I_2} = \frac{100\sqrt{2}}{10}\Omega = 10\sqrt{2}\Omega = 14.14\Omega$$

$$X_C = \frac{U_C}{I_1} = \frac{100\sqrt{2}}{10}\Omega = 10\sqrt{2}\Omega = 14.14\Omega$$

$$X_L = \frac{U_L}{I} = \frac{100}{10\sqrt{2}}\Omega = 5\sqrt{2}\Omega = 7.07\Omega$$

例 3-7 求图 3-16 所示电路中的电流 $\dot{I}_1$。

解 用节点电压法求，设参考节点为 0，独立节点的电位为

$$\dot{U}_{10} = \frac{\frac{10}{3}\text{A} + \frac{2\dot{I}_1}{-\mathrm{j}2}}{\left(\frac{1}{3} + \frac{1}{\mathrm{j}4} + \frac{1}{-\mathrm{j}2}\right)\text{S}}\text{V} = \frac{(\mathrm{j}40\text{A} - 12\dot{I}_1)}{(-3 + \mathrm{j}4)\text{S}}\text{V}$$

又知 $\dot{U}_{10} = 10\text{V} - 3\Omega\dot{I}_1$，代入上式解得

$$\dot{I}_1 = \frac{10}{7 - \mathrm{j}4}\text{A} = 1.24\underline{/29.7°}\text{A}$$

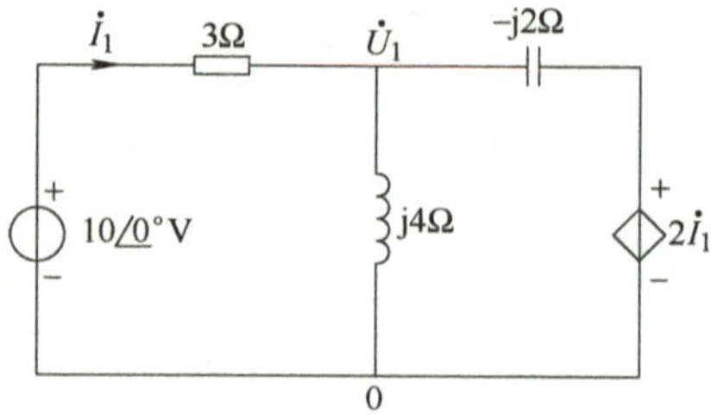

图 3-16 例 3-7 图

练习与思考

3-4-1 在 RC 串联电路中，电压与电流关系表达式正确的是（　　）。

a）$i=\dfrac{u}{|Z|}$　b）$I=\dfrac{U}{R+X_C}$　c）$I=\dfrac{U}{|Z|}$

3-4-2 在 RC 串联电路中，电压与电流关系表达式错误的是（　　）。

a）$U=U_R+U_C$　b）$u=iR+\dfrac{1}{C}\int i\mathrm{d}t$　c）$\dot{U}_C=\dfrac{-\mathrm{j}\dfrac{1}{\omega C}}{R+\dfrac{1}{\mathrm{j}\omega C}}\dot{U}$

3-4-3 已知无源二端网络的端口电压和电流分别为 $\dot{U}=30\angle 45°\text{V}$ 和 $\dot{I}=-3\angle -165°\text{A}$，求该网络的复阻抗 Z，该网络的性质、平均功率 P 和无功功率 Q。

3-4-4 有一 R、L、C 串联电路，已知 $R=X_L=X_C=5\Omega$，端电压 $U=10\text{V}$，则 $I=$（　　）A。

a）2/3　b）1/2　c）2

3-4-5 在图 3-17 所示电路中，$X_L=X_C=R$，并已知安培计 A_1 的读数为 3A，则安培计 A_2、A_3 的读数应为（　　）。

a）1A、1A　b）3A、0A　c）$3\sqrt{2}$A、3A

3-4-6 图 3-18 所示电路的复阻抗 $Z_{ab}=$（　　）。

a）$(1-\mathrm{j})\ \Omega$　b）$(1+\mathrm{j})\ \Omega$　c）$\dfrac{2}{3}\Omega$

3-4-7 若某支路的复阻抗 $Z=(8-\mathrm{j}6)\Omega$，则其复导纳 $Y=$（　　）S。

a）$\dfrac{1}{8}-\mathrm{j}\dfrac{1}{6}$　b）$0.08+\mathrm{j}0.06$　c）$0.8-\mathrm{j}0.6$

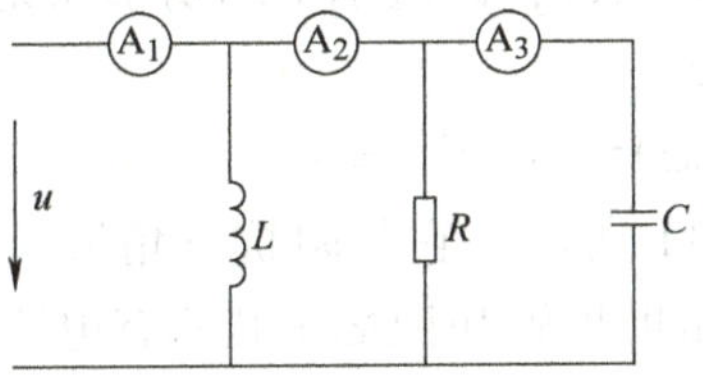

图 3-17　练习与思考 3-4-5 图

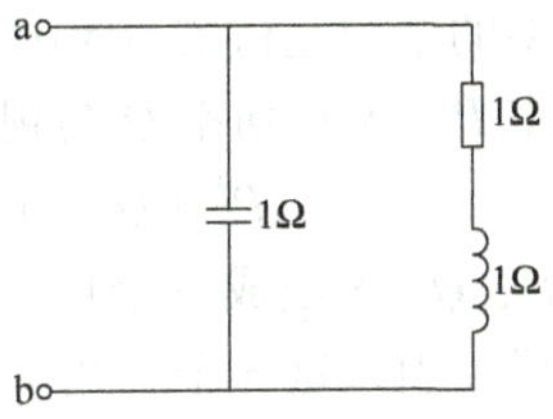

图 3-18　练习与思考 3-4-6 图

3-4-8 已知某元件的复导纳为 $Y=0.1\angle -30°\text{S}$，可判断其为（　　）元件。

a）电阻性　b）电感性　c）电容性

3.5 正弦稳态电路的功率

1. 瞬时功率

$$\begin{aligned}P&=ui=U_m\sin(\omega t+\varphi)I_m\sin\omega t\\&=2UI\sin(\omega t+\varphi)\sin\omega t\\&=UI\cos\varphi-UI\cos(2\omega t+\varphi)\end{aligned}\tag{3-46}$$

P 是一个常量与一个正弦量的叠加。

2. 平均功率　由平均功率定义有

$$
\begin{aligned}
P &= \frac{1}{T}\int_0^T p\mathrm{d}t \\
&= \frac{1}{T}\int_0^T [UI\cos\varphi - UI\cos(2\omega t+\varphi)]\mathrm{d}t \\
&= UI\cos\varphi
\end{aligned} \tag{3-47}
$$

平均功率即是电阻元件上消耗的有功功率。由电压三角形，平均功率还可表示为

$$P = U_R I = I^2 R = \frac{U_R^2}{R}$$

对于有多个电阻元件的网络，总的有功功率是各电阻元件消耗的有功功率之和。

3. 无功功率 无功功率是电路与电源间进行能量交换的那部分功率，是电流 I 与电压的无功分量 U_x 的乘积，即

$$Q = IU_x = IU\sin\varphi \tag{3-48}$$

或

$$
\begin{aligned}
Q &= I^2 X = I^2(X_L - X_C) \\
&= I(U_L - U_C) = Q_L - Q_C
\end{aligned}
$$

式（3-47）、式（3-48）适用于任一线性无源二端网络。

4. 视在功率 任一线性无源二端网络端口电压与电流有效值乘积，即为该网络的视在功率，即

$$S = UI = I^2|Z| \tag{3-49}$$

交流电气设备是按照规定的额定电压 U_N 和额定电流 I_N 设计和使用的，因此具有额定视在功率

$$S_N = U_N I_N$$

视在功率的单位是伏安（V·A）或千伏安（kV·A），以区别平均功率和无功功率。

平均功率 P、无功功率 Q 与视在功率 S 的关系为

$$P^2 + Q^2 = (UI\cos\varphi)^2 + (UI\sin\varphi)^2 = (UI)^2 = S^2 \tag{3-50}$$

可见，P、Q、S 组成一个功率三角形，如图 3-11 所示，它与阻抗三角形、电压三角形是相似三角形。引入这 3 个三角形的目的，是为了帮助理解和记忆正弦稳态电路中各量间的关系。

例 3-8 在三个复阻抗串联电路中，已知 $Z_1 = (2+\mathrm{j}1)\Omega$，$Z_2 = (5-\mathrm{j}3)\Omega$，$Z_3 = (1-\mathrm{j}4)\Omega$，作用电压 $u = 20\sqrt{2}\sin 314t\mathrm{V}$，求电流 i 和电路的功率 P、Q、S，并说明电路的性质。

解

$$
\begin{aligned}
\dot{I} &= \frac{\dot{U}}{Z} = \frac{20\angle 0°\mathrm{V}}{Z_1+Z_2+Z_3} = \frac{20\angle 0°\mathrm{V}}{(2+\mathrm{j}1+5-\mathrm{j}3+1-\mathrm{j}4)\Omega} \\
&= 2\angle 36.86°\mathrm{A}
\end{aligned}
$$

$$i = 2\sqrt{2}\sin(314t + 36.86°)(\mathrm{A})$$

电流超前电压 36.86°，是容性电路。

$$P = UI\cos 36.86° = 20\times 2\times 0.8\mathrm{W} = 32\mathrm{W}$$

或

$$P = I^2(R_1+R_2+R_3) = 2^2\times(2+5+1)\mathrm{W} = 32\mathrm{W}$$

$$Q = UI\sin(-36.86°) = 20\times 2\times(-0.6)\mathrm{var} = -24\mathrm{var}$$

或　$$Q=I^2(X_1-X_2-X_3)=2^2\times(1-3-4)\text{var}=-24\text{var}$$

无功功率 Q 是负值，也说明是容性电路。

$$S=UI=20\times2\text{V}\cdot\text{A}=40\text{V}\cdot\text{A}$$

上例中可见，n 个复阻抗串联的等效复阻抗为

$$Z=Z_1+Z_2+\cdots+Z_n \tag{3-51}$$

在并联电路中，为计算方便，电路参数常常用复导纳 Y 表示，其定义为

$$Y=\frac{\dot{I}}{\dot{U}}=\frac{1}{Z} \tag{3-52}$$

复导纳的单位是西门子（S）。n 个复导纳并联的等效复导纳为

$$Y=Y_1+Y_2+\cdots+Y_n \tag{3-53}$$

例 3-9　在图 3-19a 所示电路中，已知 $G=1\text{S}$，$L=2\text{H}$，$C=0.5\text{F}$，$i_s=3\sqrt{2}\sin2t$ A，求 u_s，并判断电路性质。

解　作原电路的相量模型如图 3-19b 所示。图中

$$\dot{I}_s=3\underline{/0°}\text{A}$$

$$Y_G=G=1\text{S}$$

$$Y_L=\frac{1}{\text{j}\omega L}=-\text{j}\frac{1}{4}\text{S}$$

$$Y_C=\text{j}\omega C=\text{jS}$$

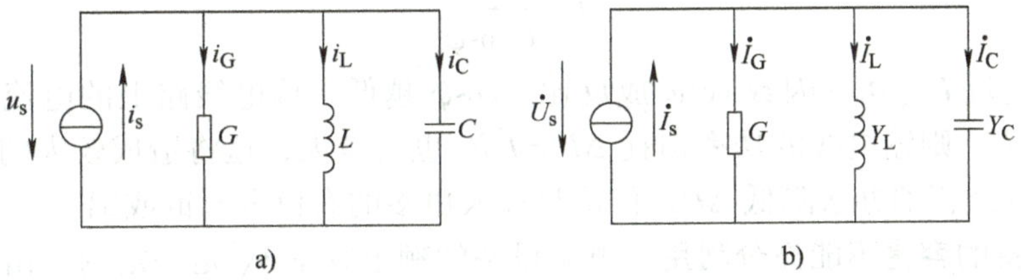

图 3-19　例 3-9 图

由式（3-53）可求得这一并联电路的总导纳

$$Y=Y_G+Y_L+Y_C=\left(1-\text{j}\frac{1}{4}+\text{j}\right)\text{S}$$
$$=(1+\text{j}0.75)\text{S}=1.25\underline{/36.9°}\text{S}$$

由相量模型可得

$$\dot{U}_s=\frac{\dot{I}_s}{Y}=\frac{3\underline{/0°}}{1.25\underline{/36.9°}}=2.4\underline{/-36.9°}\text{V}$$

$$u_s=2.4\sqrt{2}\sin(2t-36.9°)\text{V}$$

导纳角 $\theta=\psi_i-\psi_u=36.9°$，说明电流超前电压，电路呈电容性。由电路参数可知，容纳 $\omega C=1\text{S}$ 大于感纳 $1/(\omega L)=1/4\text{S}$[或容抗 $1/(\omega C)$ 小于感抗 ωL]，则电容支路的电流 I_C 将大于电感支路电流，使总电流呈容性，超前于总电压。

3.6 功率因数的提高

由式（3-47）可知，在正弦交流电路中，平均功率 P 在一般情况下并不等于视在功率 UI，除纯阻性电路外，一般 P 小于 UI，决定平均功率与视在功率关系的是 $\cos\varphi$，称之为功率因数，即

$$\cos\varphi = \frac{P}{S} \tag{3-54}$$

对于无独立电源的单口网络，端口等效阻抗为 $Z = |Z| \angle \varphi_Z$，阻抗角 φ_Z 称为该网络的功率因数角，是端口电压与电流的相位差角，即 $\varphi_Z = \psi_u - \psi_i$，因此网络的功率因数 $\cos\varphi = \cos\varphi_Z$ 的值取决于网络的参数。当阻抗为电感性时，$\varphi_Z > 0$；当阻抗为电容性时，$\varphi_Z < 0$。但无论 φ_Z 是正还是负，$\cos\varphi_Z$ 总为正值，可见单给出 $\cos\varphi$ 值，不能表明电路的性质，因此习惯上在 $\cos\varphi$ 上加以“滞后”或“超前”字样。所谓滞后，是指电流滞后电压，即 φ_Z 为正值的情况；所谓超前，是指电流超前电压，即 φ_Z 为负值的情况。

在工业生产中，多为感性负载。例如，最常用的异步电动机在额定负载时的功率因数为 0.7～0.9，而轻载时可降至 0.2～0.3；其他如工频炉、电焊变压器、继电器、接触器等负载的功率因数也都较低。功率因数不高将产生以下两方面的不良影响：

1. 增加输电线路的功率损耗 当输电线路的电压 U 一定，负载的有功功率 P 也一定时，由式（3-47）可得

$$I = \frac{P}{U\cos\varphi}$$

即输电线中的电流 I 与功率因数 $\cos\varphi$ 成反比。$\cos\varphi$ 越低，输电线路上的电流就越大，设输电线的电阻为 R_l，则输电线的功率损耗 $\Delta P = I^2 R_l$ 也会越大，这将造成较大的电能浪费。若采取加大导线截面积的办法降低 ΔP，代价是投入更多的有色金属铜或铝。

2. 电源设备的容量不能充分利用 电源设备的额定容量 S_N 是一定的。由 $P = S_N\cos\varphi$ 可知，电源能输出的有功功率 P 与负载的功率因数 $\cos\varphi$ 成正比，$\cos\varphi$ 越低，P 越小，而无功功率越大，电路中的能量交换规模越大，这就使发电设备的利用率大为降低。

例如，容量为 1000kV·A 的变压器，若 $\cos\varphi = 1$，能发出 1000kW 的有功功率，而在 $\cos\varphi = 0.7$ 时，则只能发出 700kW 的有功功率。

因此，为了节省电能和提高电源设备的利用率，必须提高用电设备的功率因数。按照供用电管理规则，需高压供电的工业企业用户的平均功率因数不低于 0.95，需低压供电的用户的平均功率因数不低于 0.9。

提高功率因数，常用的方法是在感性负载的两端并联电容（靠近负载或装置于用户变电所中），其电路图和相量图分别如图 3-20a、b 所示。

在感性负载 RL 支路上并联电容 C 后，因电压 U（额定）和负载参数不变，所以流过负载支路的电流

$$I_{RL} = \frac{U}{\sqrt{R^2 + X_L^2}}$$

不变。其次，负载本身的功率因数

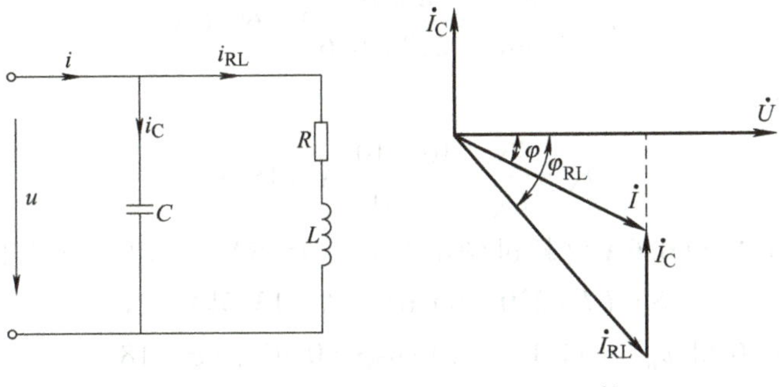

图 3-20 并联电容提高感性负载的功率因数

a）电路图 b）相量图

$$\cos\varphi_{RL} = \frac{R}{\sqrt{R^2 + X_L^2}}$$

不变。电路中消耗的有功功率

$$P = I_{RL}^2 R = UI_{RL}\cos\varphi_{RL} = UI\cos\varphi$$

也不变。但从相量图上看，并联电容 C 后，总电压 $\dot{U}$ 与总电流 $\dot{I}$ 的相位差减小了，总功率因数 $\cos\varphi$ 增大了。功率因数的提高是指电源或电网的功率因数提高，而不是提高某个感性负载的功率因数。

电容的作用是补偿了一部分电感性负载所需要的无功功率，从而使负载与电源间的能量交换减少，提高了电源设备的利用率。随着电容 C 的增加，φ 角随之减小，$\cos\varphi$ 随之增大，总电流 I 也随之减小，补偿的效果也越明显。若继续增大 C 的值，会出现 $\cos\varphi = 1$，甚至超前的 $\cos\varphi$（过补偿使电路变为容性），这是没有必要的，一般功率因数补偿到接近 1 即可。那么，如何根据具体的功率因数补偿的要求计算电容 C 的值呢？

若把功率因数由 $\cos\varphi_{RL}$ 提高到 $\cos\varphi$，则由图 3-20 中的相量图可求得电容 C 的值，由

$$\frac{U}{I_C} = X_C = \frac{1}{\omega C}$$

得

$$C = \frac{I_C}{U\omega} = \frac{I_{RL}\sin\varphi_{RL} - I\sin\varphi}{U\omega}$$

$$= \frac{\dfrac{P}{U\cos\varphi_{RL}}\sin\varphi_{RL} - \dfrac{P}{U\cos\varphi}\sin\varphi}{U\omega}$$

$$= \frac{P}{U^2\omega}(\tan\varphi_{RL} - \tan\varphi) \tag{3-55}$$

例 3-10 现有电压 $u = 220\sqrt{2}\sin 314\text{V}$、额定视在功率 $S_N = 10\text{kV}\cdot\text{A}$ 的正弦交流电源，供电给有功功率 $P = 8\text{kW}$、功率因数 $\cos\varphi = 0.6$ 的感性负载，试求解下列问题：1）该电源供出电流是否超过额定值？2）欲将电路的功率因数提高到 0.95，应并联多大电容？3）并联电容后，电源供出的电流是多少？

解 1）由 $P = UI\cos\varphi$ 可求出电源供出电流，即负载取用电流为

$$I=\frac{P}{U\cos\varphi}=\frac{8\times10^3}{220\times0.6}\text{A}=60.6\text{A}$$

而电源的额定电流为

$$I_N=\frac{S_N}{U_N}=\frac{10\times10^3}{220}\text{A}=45.5\text{A}$$

可见，该电源提供的电流60.6A已超过额定电流值45.5A，使电源过载工作，即

$$S=UI=220\times60.6\text{V}\cdot\text{A}=13.3\text{kV}\cdot\text{A}$$

2）由 $\cos\varphi_{RL}=0.6$ 得 $\varphi_{RL}=53.13°$，由 $\cos\varphi=0.95$ 得 $\varphi=18.19°$。

则
$$C=\frac{P}{U^2\omega}(\tan\varphi_{RL}-\tan\varphi)=\frac{8\times10^3}{220^2\times314}(\tan53.13°-\tan18.19°)\mu\text{F}$$
$$=526\mu\text{F}$$

欲将功率因数提高到0.95，需并联526μF电容。

3）并联电容后，电源提供的电流为

$$I'=\frac{P}{U\cos\varphi}=\frac{8\times10^3}{220\times0.95}\text{A}=38.3\text{A}$$

此时电源提供的电流为38.3A，小于其额定电流45.5A，电源不再过载工作，电源向负载提供的视在功率为

$$S=UI'=220\times38.3\text{V}\cdot\text{A}=8.4\text{kV}\cdot\text{A}$$

练习与思考

3-6-1 提高供电电路功率因数的意义有下列几种说法，其中正确的有（　　）。

a）减少了用电设备中无用的无功功率　b）减少了用电设备的有功功率，提高了电源设备的容量　c）可以节省电能　d）可减少电源向用电设备提供的视在功率　e）可提高电源设备的利用率并减小输电线路中的损耗

3-6-2 已知某感性负载的阻抗 $|Z|=7.07\Omega$，$R=5\Omega$，则其功率因数为（　　）。

a）0.5　b）0.6　c）0.707

3-6-3 对于感性负载，（　　）采用串联电容器的方法提高功率因数。

a）可以　b）不可以

3-6-4 若每支荧光灯的功率因数为0.5，则当 N 支荧光灯并联时，总的功率因数应为（　　）。

a）等于0.5　b）大于0.5　c）小于0.5

3-6-5 若每支荧光灯的功率因数为0.5，当 N 支荧光灯与 M 支白炽灯并联时，总的功率因数应为（　　）。

a）等于0.5　b）大于0.5　c）小于0.5

*3.7 正弦交流电路的频率特性

在正弦稳态电路分析中，激励信号的幅值与电路参数不变时，电路的响应随激励信号频率变化的函数关系称为电路的频率特性或频率响应。对于图3-21所示的无独立电源的线性双口网络，其频率特性通常用输出端口的响应函数 $R(j\omega)$ 与输入端口的激励函数 $E(j\omega)$ 之

比，即网络函数

$$H(\mathrm{j}\omega)=\frac{R(\mathrm{j}\omega)}{E(\mathrm{j}\omega)} \tag{3-56}$$

表示。当 $R(\mathrm{j}\omega)$ 和 $E(\mathrm{j}\omega)$ 取端口上的不同值时，可得到不同含义的网络函数。例如，输出端口取电压 $\dot{U}_o$，输入端口取电压 $\dot{U}_i$，则得

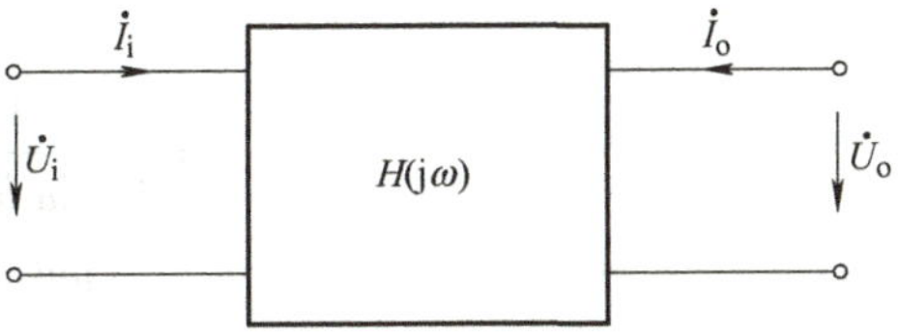

图 3-21　双口网络

$$H_{uu}(\mathrm{j}\omega)=\frac{\dot{U}_o}{\dot{U}_i}=|H_{uu}(\mathrm{j}\omega)|\angle\varphi(\omega) \tag{3-57}$$

并称为转移电压比，常应用于电子技术中。上式可分别表示为转移电压比的幅频特性

$$H_{uu}(\omega)=|H_{uu}(\mathrm{j}\omega)| \tag{3-58}$$

和相频特性

$$\varphi(\omega)=\varphi_{u_o}(\omega)-\varphi_{u_i}(\omega) \tag{3-59}$$

幅频特性表示转移电压比在大小上与频率 ω 的关系；相频特性表示输出端口电压 $\dot{U}_o$ 与输入端口电压 $\dot{U}_i$ 的相位差$[\varphi_{u_o}(\omega)-\varphi_{u_i}(\omega)]$与频率 ω 的关系。下面举例说明如何求得一个无源线性双口网络的频率特性。

例 3-11　试求图 3-22a 所示 RC 串并联网络的转移电压比 $H_{uu}(\mathrm{j}\omega)=\dot{U}_o/\dot{U}_i$，并画出其幅频与相频特性曲线。

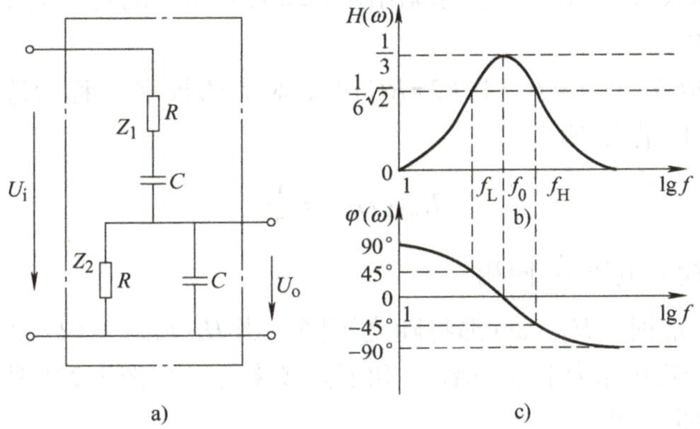

图 3-22　RC 串并联网络及其频率特性

解

令

$$Z_1=R+\frac{1}{\mathrm{j}\omega C}=\frac{1+\mathrm{j}\omega RC}{\mathrm{j}\omega C}$$

$$Z_2=\frac{R\,\dfrac{1}{\mathrm{j}\omega C}}{R+\dfrac{1}{\mathrm{j}\omega C}}=\frac{R}{1+\mathrm{j}\omega RC}$$

则其转移电压比为

$$H_{uu}(\mathrm{j}\omega)=\frac{\dot{U}_o}{\dot{U}_i}=\frac{Z_2}{Z_1+Z_2}$$

$$=\frac{\dfrac{R}{1+\mathrm{j}\omega RC}}{\dfrac{1+\mathrm{j}\omega RC}{\mathrm{j}\omega C}+\dfrac{R}{1+\mathrm{j}\omega RC}}$$

$$=\frac{1}{3+\mathrm{j}\left(\omega RC-\dfrac{1}{\omega RC}\right)}$$

$$=\frac{1}{\sqrt{3^2+\left(\omega RC-\dfrac{1}{\omega RC}\right)^2}}\bigg/\arctan\frac{1-(\omega RC)^2}{3\omega RC} \tag{3-60}$$

转移电压比的幅频特性为

$$H_{uu}(\omega)=\frac{1}{\sqrt{3^2+\left(\omega RC-\dfrac{1}{\omega RC}\right)^2}} \tag{3-61}$$

转移电压比的相频特性为

$$\varphi(\omega)=\arctan\frac{(1-\omega RC)^2}{3\omega RC} \tag{3-62}$$

由式（3-61）和式（3-62）可分别画出图3-22b、c所示的转移电压比 $H_u(\mathrm{j}\omega)$ 的幅频特性曲线和相频特性曲线。

当 $\omega=\omega_0=1/(RC)$，即 $f=f_0=1/(2\pi RC)$ 时，对应的频率 f_0 称为选频网络的中心频率，此时网络的转移电压比最大，有

$$H_{uu}(\omega_0)=\frac{1}{3}$$

并且输出电压 $\dot{U}_o$ 与输入电压 $\dot{U}_i$ 同相。

频率大于或小于 f_0 时，$H_{uu}(\omega)$ 都将随之下降，当 $H_{uu}(\omega)=(1/\sqrt{2})H_{uu}(\omega_0)=(1/\sqrt{2})(1/3)$ 时，所对应的频率称为上限频率 f_H 和下限频率 f_L，如图3-22b所示，在 f_L 与 f_H 之间的频率范围称为通频带，即

$$f_W=f_H-f_L$$

故该电路有选频或带通的性质，又叫带通滤波器。

练习与思考

3-7-1 试写出图3-23所示 RC 电路的转移电压比 $H_{uu}(\mathrm{j}\omega)$，画出其幅频与相频特性曲线，说明其通频带的特点。

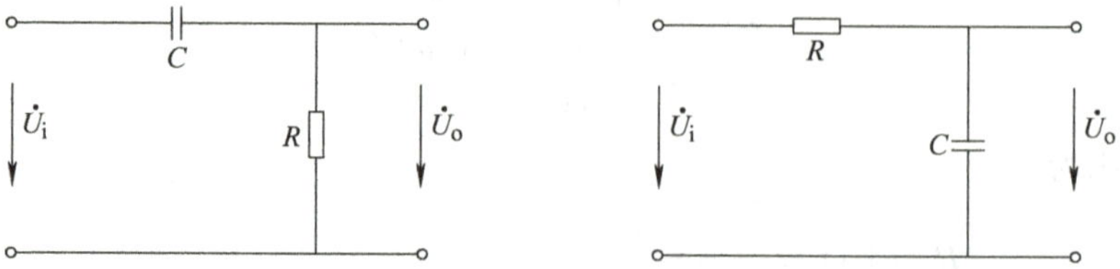

图3-23 练习与思考3-7-1图

3.8 谐振电路

在同时具有电感和电容元件的电路中，一般电路端口电压与电流是不同相的，当调节电路参数或改变电源频率，使它们同相，这时电路中就发生了谐振现象。谐振现象在工程上既有可利用的一面，又有造成危害的一面，因而要了解产生谐振的条件及谐振电路的特点。按发生谐振的电路组成不同，可分为串联谐振和并联谐振。下面分别加以讨论。

3.8.1 串联谐振

对图3-10a（本章第四节）所示的R、L、C串联电路，根据谐振的概念可知，谐振时该电路的复阻抗

$$Z=R+\mathrm{j}\left(\omega_0 L-\frac{1}{\omega_0 C}\right)$$

的虚部应为零，即

$$\omega_0 L=\frac{1}{\omega_0 C} \tag{3-63}$$

这就是R、L、C串联电路的谐振条件。当电源频率ω_0不变时，调节电路参数L、C，或者L、C不变，改变电源频率ω都可满足式（3-63），使电路发生谐振。由式（3-63）可得谐振时的谐振角频率ω_0和谐振频率f_0：

$$\omega_0=\frac{1}{\sqrt{LC}} \tag{3-64}$$

$$f_0=\frac{1}{2\pi\sqrt{LC}} \tag{3-65}$$

串联谐振电路具有下列特征：

1）最小的纯阻性阻抗

$$|Z|=\sqrt{R^2+(X_\mathrm{L}-X_\mathrm{C})^2}=R \tag{3-66}$$

2）最大的谐振电流

$$I_0=\frac{U}{R} \tag{3-67}$$

3）此时电源不负担与L和C间的能量交换，能量交换在L和C之间进行，电路仍有容抗和感抗，并称为谐振电路的特性阻抗，记作

$$\rho=\omega_0 L=\frac{1}{\omega_0 C}=\sqrt{\frac{L}{C}} \tag{3-68}$$

ρ与R之比称为电路的品质因数，用Q表示，即

$$Q=\frac{\rho}{R}=\frac{\omega_0 L}{R}=\frac{1}{\omega_0 RC}=\frac{1}{R}\sqrt{\frac{L}{C}} \tag{3-69}$$

式中，R较小，是线圈铜阻、电容器介质损耗等附加电阻。一般$Q=50\sim200$，Q值越大，串联谐振电路的电压特征就越显著，这就是品质因数的意义。

4）电压谐振。电阻上的电压等于电源电压，即

$$U_{R0}=RI_0=R\frac{U}{R}=U \tag{3-70}$$

电感和电容上的电压是电源电压的 Q，即

$$U_{L0}=I_0X_{L0}=\frac{U}{R}\omega_0L=QU \tag{3-71}$$

$$U_{C0}=I_0X_{C0}=\frac{U}{R}\frac{1}{\omega_0C}=QU \tag{3-72}$$

因此，串联谐振也称为电压谐振。电压谐振的这一特征多应用于无线电工程，如调谐选频电路，可以通过调节 C（或 L）的参数，使电路谐振于某一频率，使这一频率的信号被接收，其他频率的信号被抑制。但是在电气工程上，一般要防止产生电压谐振，因为电压谐振时产生的高电压和大电流会损坏电气设备。

5）串联谐振时的功率。有功功率为

$$P=I_0^2R=\frac{U^2}{R} \tag{3-73}$$

电感和电容上的无功功率是电源提供有功功率的 Q 倍，即

$$I_0U_{L0}=I_0U_{C0}=\frac{U}{R}QU=Q\frac{U^2}{R}=QP \tag{3-74}$$

6）串联谐振的相量图如图 3-24 所示。

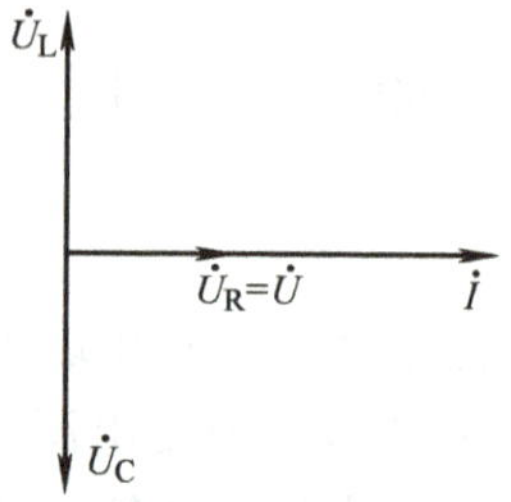

图 3-24 串联谐振的相量图

例 3-12 将一线圈与一电容器串联，线圈的电感 $L=4\text{mH}$，$R=50\Omega$，电容 $C=160\text{pF}$，接在 $U=25\text{V}$ 的电源上。1）当 $f_0=200\text{kHz}$ 时发生谐振，求谐振电流 I_0 与电容器上的电压 U_{C0}；2）当频率增加 10% 时，求电流 I 与电容器上的电压 U_C。

解 1）当 $f_0=200\text{kHz}$，电路发生谐振时

$$\begin{aligned}X_{C0}=X_{L0}&=2\pi f_0L=2\times3.14\times200\times10^3\times4\times10^{-3}\Omega\\&=5000\Omega\end{aligned}$$

$$I_0=\frac{U}{R}=\frac{25}{50}\text{A}=0.5\text{A}$$

$$U_{C0}=I_0X_{C0}=0.5\times5000\text{V}=2500\text{V}\quad(\gg U)$$

2）当频率增加 10% 时

$$X_L=5500\Omega$$

$$X_C=4500\Omega$$

$$|Z|=\sqrt{50^2+(5500-4500)^2}\Omega\approx1000\Omega\quad(\gg R)$$

$$I=\frac{U}{|Z|}=\frac{25}{1000}\text{A}=0.025\text{A}\quad(\ll I_0)$$

$$U_C=IX_C=0.025\times4500\text{V}=112.5\text{V}\quad(\ll2500\text{V})$$

可见，偏离谐振频率 10%，I 和 U_C 就大大减小。

例 3-13 某收音机的调谐电路如图 3-25a 所示，图中 L 表示实际电感线圈，其电路模型为理想电感 L 和电阻 R 的串联，如图 3-25b 所示。天线线圈的电感 $L=0.3\text{mH}$，$R=16\Omega$。欲

收听640kHz某电台广播，应将可变电容C调到多少皮法？若各频率信号在L中感应出的电压为$U=2\mu V$，试求该电台信号在回路中的电流和线圈（或电容）两端的电压。

解 由图3-25b所示收音机调谐电路的等效电路可知，这是串联谐振问题，故

$$f_0=\frac{1}{2\pi\sqrt{LC}}$$

代入参数得

$$640\times10^3\text{Hz}=\frac{1}{2\times3.14\sqrt{0.3\times10^{-3}C}}\text{Hz}$$

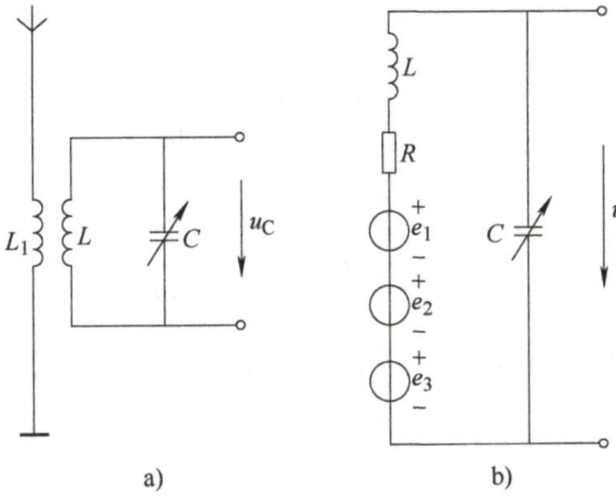

图3-25 例3-13图

a）收音机的调谐电路 b）等效电路

可算出

$$C=204\text{pF}$$

这时

$$I_0=\frac{U}{R}=\frac{2\times10^{-6}}{16}\mu\text{A}=0.13\mu\text{A}$$

$$X_C=X_L=2\pi f_0L=2\times3.14\times640\times10^3\times0.3\times10^{-3}\Omega$$
$$=1200\Omega$$

$$U_C=U_L=I_0X_L=0.13\times10^{-6}\times1200\mu\text{V}=156\mu\text{V}$$

3.8.2 并联谐振

图3-17（本章3.4）所示的R、L、C并联谐振电路，完全可用上述串联谐振电路的分析模式来分析，这里略。下面分析工程上常用的电感线圈与电容器并联的谐振电路，电感线圈用R和L的串联组合来表示，电路如图3-26a所示。

同串联谐振一样，当端口电压$\dot{U}$与电流$\dot{I}$同相时，电路发生谐振，谐振时电路的等效复导纳Y（或复阻抗Z）的虚部为零，由此可得并联谐振的条件与谐振频率。由谐振时

$$Y=\frac{\dot{I}}{\dot{U}}=\frac{1}{R+j\omega_0L}+j\omega_0C=\frac{R-j\omega_0L}{R^2+(\omega_0L)^2}+j\omega_0C$$

$$=\frac{R}{R^2+(\omega_0L)^2}+j\left[\omega_0C-\frac{\omega_0L}{R^2+(\omega_0L)^2}\right] \tag{3-75}$$

得谐振条件为

$$\omega_0C-\frac{\omega_0L}{R^2+(\omega_0L)^2}=0 \tag{3-76}$$

由此可得谐振角频率ω_0和谐振频率f_0为

$$\omega_0=\frac{1}{\sqrt{LC}}\sqrt{1-\frac{CR^2}{L}} \tag{3-77}$$

$$f_0=\frac{1}{2\pi\sqrt{LC}}\sqrt{1-\frac{CR^2}{L}} \tag{3-78}$$

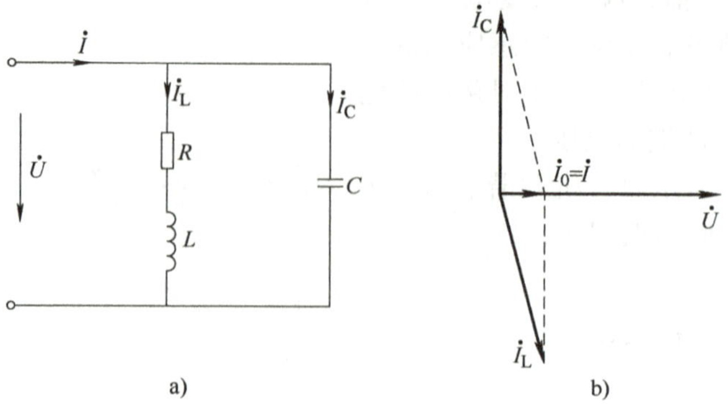

图 3-26 R、L 与 C 并联谐振电路

a) 电路 b) 相量图

将品质因数 $Q=\frac{1}{R}\sqrt{\frac{L}{C}}$ 代入上式得

$$\omega_0=\frac{1}{\sqrt{LC}}\sqrt{1-\frac{1}{Q^2}}\approx\frac{1}{\sqrt{LC}} \tag{3-79}$$

$$f_0=\frac{1}{2\pi\sqrt{LC}}\sqrt{1-\frac{1}{Q^2}}\approx\frac{1}{2\pi\sqrt{LC}} \tag{3-80}$$

因为通常有 $Q>>1$，在此条件下并联谐振与串联谐振有相同形式的谐振频率表达式。

并联谐振电路有下列特征：

1）电路呈现最小的谐振电导，将式（3-77）代入式（3-75）可得

$$g_0=\frac{RC}{L} \tag{3-81}$$

或表示为最大的纯阻性阻抗 $|Z_0|$，它是特性阻抗 ρ 的 Q 倍，即

$$|Z_0|=Q\omega_0L=Q\rho \tag{3-82}$$

2）电路的总电流 I 最小，即

$$I=I_0=Ug_0=U\frac{RC}{L} \tag{3-83}$$

或

$$I_0=\frac{UR}{R^2+(\omega_0L)^2} \tag{3-84}$$

3）谐振时，支路电流 I_{C0} 和 I_{L0} 是总电流 I_0 的 Q 倍，即

$$I_{C0}=U\omega_0C=\frac{\omega_0L}{R}\frac{URC}{L}=QI_0$$

$$I_{L0}=\frac{U}{\sqrt{R^2+(\omega_0L)^2}}\approx\frac{U}{\omega_0L}=\frac{1}{\omega_0RC}\frac{URC}{L}=QI_0$$

因此，并联谐振也称为电流谐振。

4）谐振时，电路消耗的有功功率为

$$P=I_0^2R$$

5）并联谐振的相量图如图 3-26b 所示。

例 3-14　在图 3-27 所示电路中，已知 $R_1=10.1\Omega$，$R_2=1000\Omega$，$C=10\mu F$，$U_s=100V$，电路发生谐振时的角频率 $\omega_0=10^3 rad/s$。试求：1）电感 L 的值；2）谐振电流 I_0；3）谐振电压 U_{L0}；4）谐振电压 U_{C0}。

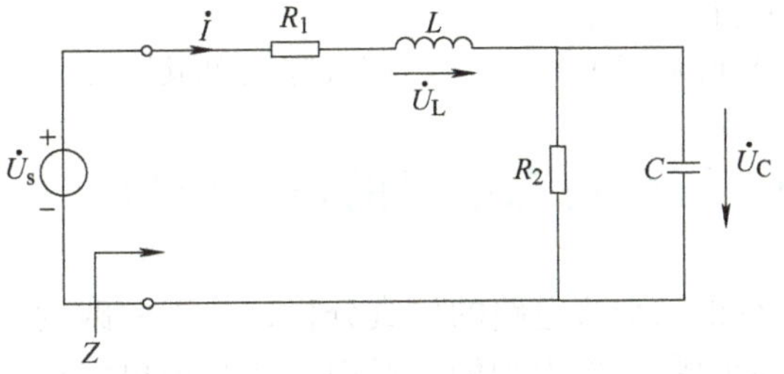

图 3-27　例 3-14 图

解　谐振时复阻抗 Z 表示为

$$Z_0=R_1+j\omega_0 L+\frac{-jX_C R_2}{R_2-jX_C}=(10.1+j\omega_0 L+9.9-j99)\Omega$$
$$=[20+j(\omega_0 L-99)]\Omega$$

此时有
$$\omega_0 L-99\Omega=0$$
解得
$$L=99mH$$
谐振电流
$$I_0=\frac{U}{|Z_0|}=\frac{100}{20}A=5A$$
谐振电压
$$U_{L0}=I_0\omega_0 L=5\times10^3\times99\times10^{-3}V=495V$$
谐振电压
$$\dot{U}_{C0}=\dot{I}_0\frac{-jX_C R_2}{R_2-jX_C}=5\times(9.9-j99)V$$
$$=5\times99.5\angle-84.3°V$$
$$=497.5\angle-84.3°V$$
所以
$$U_{C0}=497.5V$$

通过本例可知，此电路的谐振频率与 R_1 无关，电容和电感两端电压都高于电源电压。

练习与思考

3-8-1　图 3-28 所示电路正处于谐振状态，把开关 S 由 A 点置于 B 点后，电压表 V 的读数将（　　）。

a）增大　b）减小　c）不变

3-8-2　处于谐振状态的 R、L、C 串联电路，若 $R<\omega_0 L=1/(\omega_0 C)$，则电容电压 U_C 与电源电压 U 的关系为（　　）。

a）$U_C=U$　b）$U_C>U$　c）$U_C<U$

3-8-3　处于谐振状态的 R、L、C 串联电路，若增加电容 C 的值，则电路将呈现（　　）。

a）电感性　b）电容性　c）电阻性

3-8-4　某感性负载串联电容后接额定电压 U_N，若所串联的电容使电路发生谐振，则负载所受的电压 U 与其额定电压 U_N 的关系是（　　）。

a）$U=U_N$　b）$U>U_N$　c）$U<U_N$

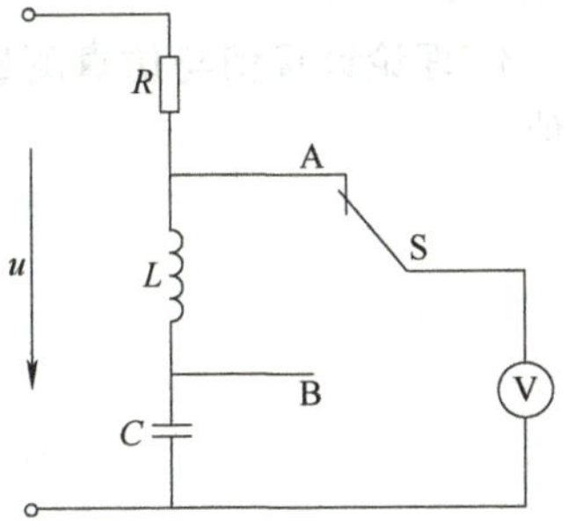

图 3-28　练习与思考 3-8-1 图

3-8-5　处于谐振状态的 R、L、C 并联电路，若减小其 L 值，则电路将呈现（　　）。

a）电阻性　b）电感性　c）电容性

3-8-6　R、L、C 并联电路原处于感性状态。若保持电源频率不变，调节可变电容 C 使其发生谐振，则

应使 C 值（ ）。

a）增大 b）减小 c）须经试探方知其增减

3.9 正弦稳态电路的仿真分析

对正弦交流电路的仿真分析，是以实践的方法认识和验证理论知识的，从而培养学生解决实际问题的能力和创新意识，让知识更好地应用于实践。

3.9.1 R、L、C 正弦交流特性的仿真

R、L、C 三种常用无源元件在正弦交流电路中的伏安关系，包括电压与电流有效值关系、电压与电流的相量关系、电压与电流的相位关系等，是正弦稳态电路分析的重要基础。下面从仿真实践的角度，加深对这三个元件的认识。

1. 创建仿真电路 打开 EWB 软件主界面，从元件库中取出 R1、L1、C1 三个无源元件和三个电阻 R2、R3、R4，再从电源库中取出一个正弦交流电源 V1，建立仿真电路，如图 3-29a 所示。双击各元件出现各元件属性栏，从中选择各元件参数分别为 R1 = 1kΩ，L1 = 1H，C1 = 10μF，电阻 R2 = R3 = R4 = 1Ω，电源电压 V1 = 314V（有效值），频率 f = 50Hz，三个电流表 M1、M2、M3 分别测量 R、L、C 支路电流（有效值），电压表 M4 测量电源电压（有效值），双踪示波器可同时观测各元件的电压和电流波形。

2. 读取测量值和观测波形 建立电路后可进行仿真测量，测量前先将各电流表、电压表在其属性栏中的默认值 DC 改为 AC，接通仿真电源开关，观测到电流表 M1、M2、M3 和电压表 M4 的测得值分别为 313.8mA、986.5mA、999.2mA 和 314V，如图 3-29a 所示。调节示波器的时基（即扫描频率）和 A、B 通道的衰减，可观测到各处的电压、电流波形。将示波器的 A 通道输入端接于电源 V1 的 + 号端，测得的是 R1、L1 和 C1 三元件的端电压波形。当示波器的 B 通道接于图 3-29a 中的 a 点时，显示 R1 的电流波形，如图 3-29b 所示，可见 R1 中的电流 i_R 与其端电压 u 同频同相位。将示波器的 B 通道输入端接至 b 点时，可观测到电感 L 的电流 i_L 的波形，i_L 波形滞后 u 的相位角 90°，如图 3-29c 所示。将示波器 B 通道输入端接至 c 点时，可观测到电容 C 的电流 i_C 的波形，i_C 波形超前 u 的相位角 90°，如图 3-29d 所示。

3. 理论计算值与仿真测量值比较 下面分别是电阻 R1、电感 L1 和电容 C1 中电流的计算值

$$I_R = \frac{V_1}{R_1} = \frac{314}{1\times 10^3}\text{A} = 314\text{mA}$$

$$I_L = \frac{V_1}{X_L} = \frac{V_1}{2\pi f L} = \frac{314}{2\times 3.14\times 50\times 1}\text{A} \approx 1\text{A}$$

$$I_C = \frac{V_1}{X_C} = \frac{314}{1/(2\pi f C)} = \frac{314}{1/(2\times 3.14\times 50\times 10\times 10^{-6})}\text{A} \approx 1\text{A}$$

可见，电流表中的测量值与理论计算值只有很小的误差，是因为在 R、L 和 C 回路串联了一个小电阻所致。从小电阻上能观测到电流波形。

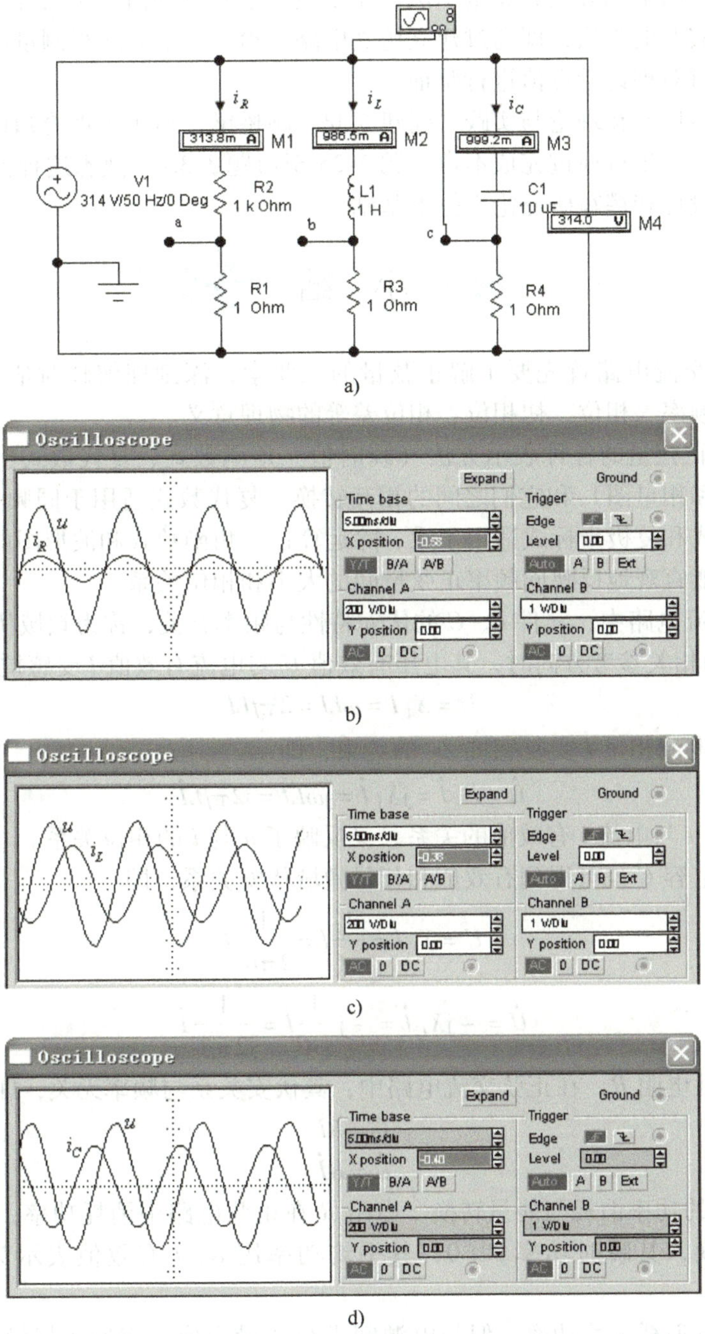

图 3-29　R、L、C 正弦交流特性仿真

3.9.2 正弦稳态电路的仿真解题

正弦稳态电路的解题方法有相量图法、相量模型法和有效值关系法等。在解决困难问题时也可采用仿真实践的方法，即通过建立仿真电路、给定参数后取得测量值，求得解答。仿真实践解题法也可对理论计算值进行验证。

这种方法的运用，在理论与实践之间建立起一座桥梁，缩短了理论知识与实际应用的距离。现不再举例，学生可通过完成本章习题3-25至习题3-32来熟悉这种方法，并为日后的课程设计、毕业设计和撰写研究论文打下基础。

小结

1. 学习正弦交流电路首先要了解正弦量的三要素，深刻理解瞬时值、幅值、有效值、周期、频率、角频率、相位、初相位、相位差等的物理意义。

2. 熟练掌握正弦量的各种表示方法（瞬时值三角函数式、复代数式、复指数式、复极坐标式、波形图和相量图）和它们之间的相互转换。复代数式适用于同频率正弦量间的加、减运算；复指数式和复极坐标式适用于乘、除运算；三角函数式和波形图能反映正弦量的变化过程；相量图能直观地反映同频率正弦量间的大小和相位关系。

3. 在正弦交流电路中，元件 L、C 的伏安特性与频率有关，称为频域伏安特性。对于电感 L，在 u 与 i 为相关参考方向时，其电压有效值 U 与电流有效值 I 受感抗 X_L 的约束，即

$$U = X_L I = \omega L I = 2\pi f L I$$

其电压相量 $\dot{U}$ 与电流相量 $\dot{I}$ 受复感抗 Z_L 的约束，即

$$\dot{U} = Z_L \dot{I} = jX_L \dot{I} = j\omega L \dot{I} = j2\pi f L \dot{I}$$

Z_L 既反映了电压 u 与电流 i 有效值的关系，又反映了 u 与 i 的相位关系。

同样，对于电容 C 也可得到有效值和相量频域伏安关系，即

$$U = X_C I = \frac{1}{\omega C} I = \frac{1}{2\pi f C} I$$

$$\dot{U} = -jX_C \dot{I} = -j\frac{1}{\omega C}\dot{I} = \frac{1}{j2\pi f C}\dot{I}$$

对于一个线性电阻 R，在正弦交流电路中，其伏安关系与频率无关，即

$$U = RI$$

$$\dot{U} = R\dot{I}$$

4. R、L、C 的功率消耗与能量转换。电阻 R 在正弦电路中消耗功率，转换为热能散发掉，是不可逆转换，其瞬时功率 $p \geqslant 0$，其平均功率用 u、i 有效值表示为 $P = UI = I^2 R = U^2/R$。

电感元件 L 不消耗平均功率，但与电源间进行能量交换，交换的规模用无功功率 Q 表示为 $Q_L = UI = I^2 X_L = U^2/X_L$。

电容元件 C 也不消耗平均功率，也存在与电源间的能量交换，其规模为 $Q_C = -UI = -I^2 X_C = -U^2/X_C$。$Q_C$ 与 Q_L 具有互补性。

5. 本章介绍了正弦稳态电路的两种分析方法。第一种方法是相量模型法。这种方法是

保持原电路结构不变，把所有电路变量用相量形式表示，即 u、$U\to\dot{U}$，i、$I\to\dot{I}$，e、$E\to\dot{E}$；把所有的元件参数用复阻抗表示，即 $R\to R$，$L\to \mathrm{j}X_L$，$C\to -\mathrm{j}X_C$，这样就得到原电路的相量模型。在求解相量模型中的电路变量时，可按直流电阻电路的方式去处理，可使用前两章讲过的定律、定理和分析方法。这种方法求出的是相量 $\dot{U}$、$\dot{I}$、$\dot{E}$，再根据要求变为瞬时值或有效值。

第二种方法是相量图法。对同频率的正弦量而言，由有效值和初相位即可画出其相量图，相量图能直观反映各相量间关系，并将正弦稳态电路的求解问题转化为平面几何的求解问题，使分析思路清晰。用相量图法分析串联电路时应设电流 $\dot{I}$ 为参考正弦量，分析并联电路时应设电压 $\dot{U}$ 为参考正弦量。相量图法与相量模型法相辅相成，是正弦稳态电路分析的基本方法。

6. 线性、无源单口网络在正弦激励下的功率关系：有功功率 $P=UI\cos\varphi$，无功功率 $Q=UI\sin\varphi$，视在功率 $S=UI$，$S=\sqrt{P^2+Q^2}$。

7. 理解功率因数的概念和意义，掌握提高功率因数的方法。

8. 对于一个双口网络，输出电压与输入电压相量之比 $H_{uu}(\mathrm{j}\omega)=\dot{U}_o/\dot{U}_i$ 是常用的网络函数，称为该网络的转移电压比，即该网络的频率特性。$H_{uu}(\omega)=|\dot{U}_o/\dot{U}_i|$ 和 $\varphi(\omega)$ 分别称为幅频特性与相频特性。$H_{uu}(\omega)$ 下降到其最大值的 $1/\sqrt{2}$ 时所对应的较低频率和较高频率分别称为下限频率 f_L 和上限频率 f_H，通频带为 $f_W=f_H-f_L$。

9. 掌握串联谐振与并联谐振的谐振条件、谐振频率与谐振特征。

习 题

3-1 已知工频电源电压 $U=220\text{V}$，在瞬时值为 $+150\text{V}$ 时开始作用于电路，试写出该电压的瞬时表达式（两种可能），并画出波形图和相量图。

3-2 已知通过线圈的电流 $i=10\sqrt{2}\sin314t$ A，线圈的电感 $L=70\text{mH}$（电阻忽略不计），设电源电压 u、电流 i 及感应电动势 e_L 的参考方向如图 3-30 所示，试分别计算 $t=T/6$、$t=T/4$ 和 $t=T/2$ 瞬间 i、u 和 e_L 的值，并用正弦波形表示出三者关系。

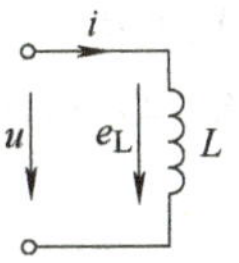

图 3-30 题 3-2 图

3-3 流过 0.5F 电容的电流为 $i=\sqrt{2}\sin(100t-30°)$ A，求电容的端电压 u，并画相量图。

3-4 某 RC 串联电路，已知 $R=8\Omega$，$X_C=6\Omega$，总电压 $\dot{U}=10\underline{/0°}\text{V}$，试求电流 $\dot{I}$ 和电压 $\dot{U}_R$、$\dot{U}_C$，并画出相量图。

3-5 为了测量电感线圈的 R 和 L 的值，在电感线圈两端加 $U=110\text{V}$、$f=50\text{Hz}$ 的正弦交流电压，测得流入线圈中的电流 $I=5\text{A}$，消耗的平均功率 $P=400\text{W}$，试计算线圈参数 R 和 L。

3-6 R、L、C 串联电路由 $I_s=0.1\text{A}$、$\omega=5000\text{rad/s}$ 的正弦恒流源激励，已知 $R=20\Omega$，$L=7\text{mH}$，$C=10\mu\text{F}$，试求各元件电压 $\dot{U}_R$、$\dot{U}_L$、$\dot{U}_C$ 和总电压 $\dot{U}$，并画出相量图。

3-7 R、L、C 并联电路总电流 $I=3.4\text{A}$，试求总电压 U 和通过各元件的电流 I_R、I_L、I_C，并画出相量图。已知 $R=12.5\Omega$，$X_L=5\Omega$，$X_C=20\Omega$。

3-8 在图3-31所示各电路中，求未标出测量值的安培计A及伏特计V的读数。

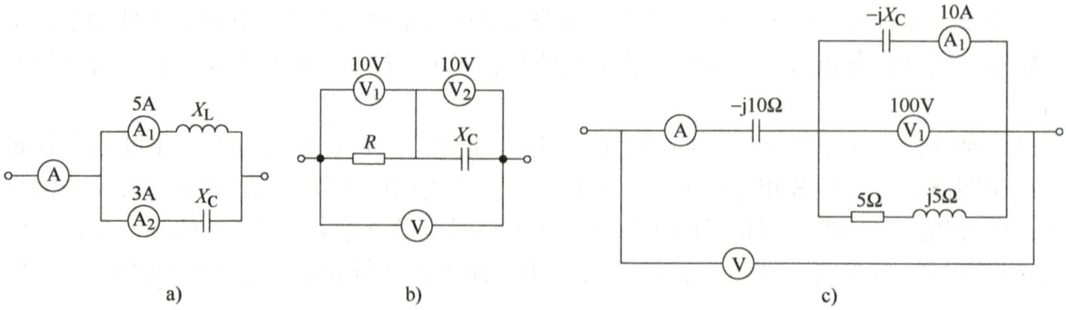

图3-31 题3-8图

3-9 已知图3-32所示电路中电流表 A_1、A_2、A_3 的读数分别为5A、20A、25A。试求：1）图中电流表A的读数；2）若维持电流表 A_1 的读数不变，而把电路的频率提高一倍，再求其他表的读数。

3-10 在图3-33所示电路中，已知电流表 A_1 的读数为 $5\sqrt{2}$A、A_2 的读数为5A，电压表V的读数为5V，$\dot{U}_1$ 滞后 $\dot{U}_2$ 相位角90°，$\omega=1000\text{rad/s}$，求电路参数 R、L、C。

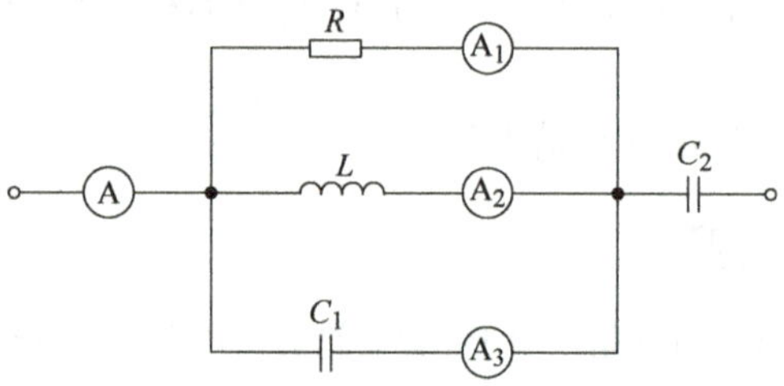

图3-32 题3-9图

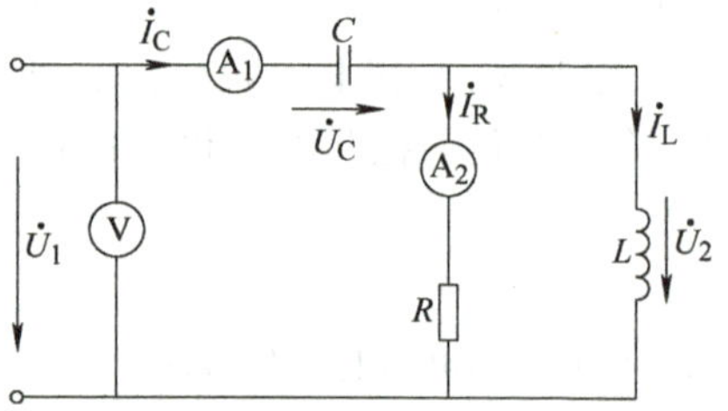

图3-33 题3-10图

3-11 在图3-34所示电路中，已知 $X_L=5\Omega$，$R=X_C=10\Omega$，$\dot{I}=1\angle 0°\text{A}$。试求：1）$\dot{I}_1$、$\dot{I}_2$、$\dot{U}$；2）该电路的无功功率及功率因数，并说明该电路呈何种性质。

3-12 电路如图3-35所示，已知 $R_1=R_2=X_L=5\Omega$，$\dot{U}_2=100\sqrt{2}\angle 0°\text{V}$，$R_1$ 右侧部分电路的功率因数为0.707(容性)。1）画出 $\dot{I}_1$、$\dot{I}_2$、$\dot{I}$ 和 $\dot{U}_2$ 的相量图；2）试求出电流 $\dot{I}_1$、$\dot{I}_2$、$\dot{I}$ 和容抗 X_C。

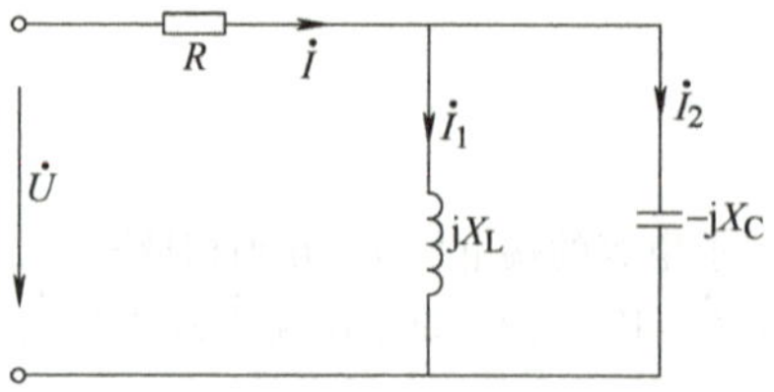

图3-34 题3-11图

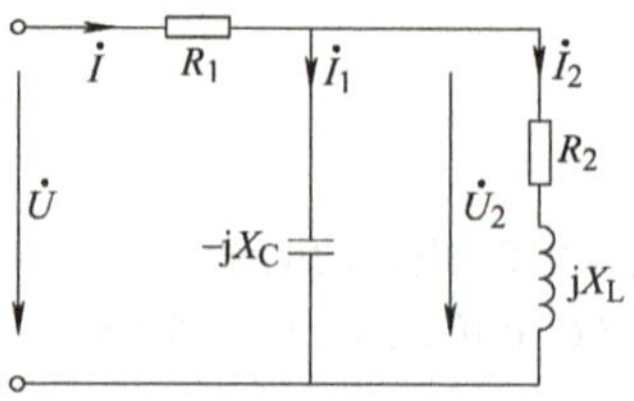

图3-35 题3-12图

3-13 在图3-36所示电路中，$G=0.1\text{S}$，$|Y_C|=0.1\text{S}$，Z_1 为感性，$U_1=U_2$，$\dot{U}$ 与 $\dot{I}$ 同相，试求 Z_1。

3-14 正弦稳态电路如图3-37所示，已知电流源 $\dot{I}_s=2\sqrt{2}\angle 0°\text{A}$，求：1）电流 $\dot{I}_1$、$\dot{I}_2$；2）电流源两端的电压 $\dot{U}$；3）该电路的无功功率 Q。

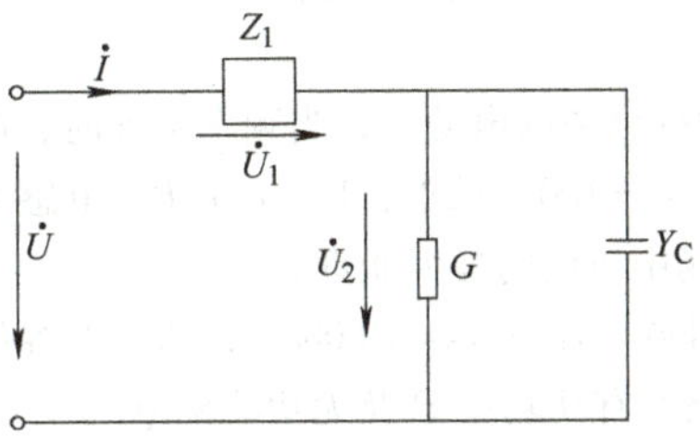

图 3-36　题 3-13 图

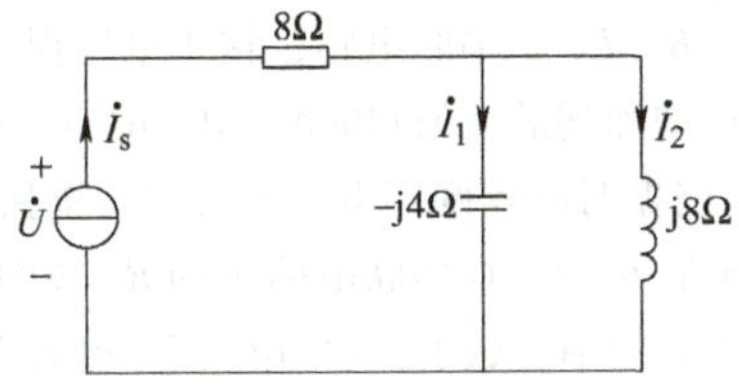

图 3-37　题 3-14 图

3-15　正弦稳态电路及参数如图 3-38 所示，已知电流 $\dot{I}_2=10\sqrt{2}\angle-45°$A，求：1）电流 $\dot{I}_1$、$\dot{I}_3$ 和电压 $\dot{U}_2$、$\dot{U}_s$；2）说明该电路呈何种性质。

3-16　正弦交流电路如图 3-39 所示，已知电流有效值 $I_R=5$A、$I_C=8$A、$I_L=3$A，阻抗 $Z=(2+j2)\Omega$，电路总的有功功率 $P=200$W。以 $\dot{I}_R$ 为参考相量，求电流 $\dot{I}$、电压 $\dot{U}_1$ 和电阻 R。

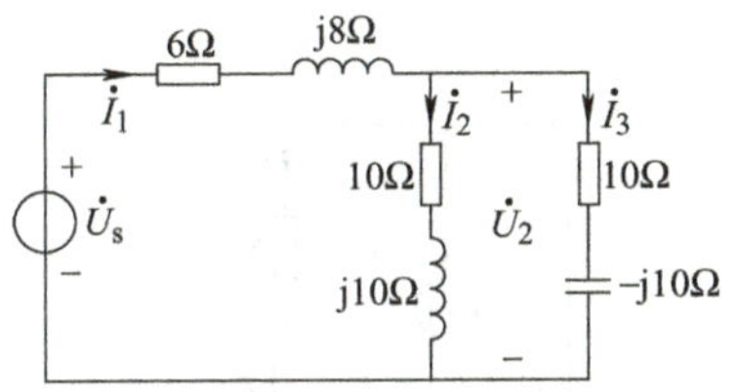

图 3-38　题 3-15 图

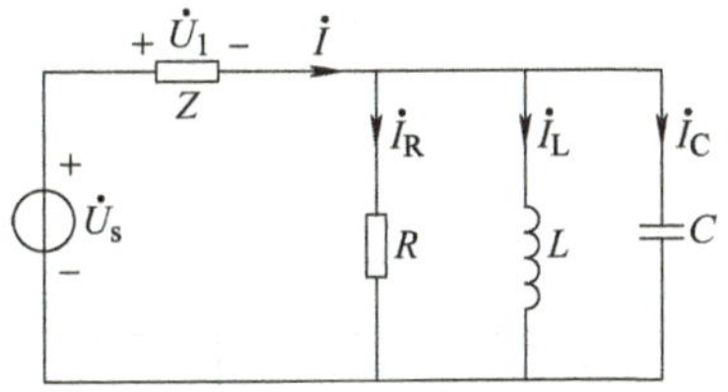

图 3-39　题 3-16 图

3-17　正弦稳态电路如图 3-40 所示，已知 $u_s=27\cos(\omega t+15°)$V，$R=4.5\Omega$，$\omega L_1=\omega L_2=\dfrac{1}{\omega C_2}=36\Omega$，$\dfrac{1}{\omega C_1}=4\Omega$，求图中电压表及电流表的读数。

3-18　在图 3-41 所示电路中，Z_1 和 Z_2 为某车间的两个单相负载，Z_1 的有功功率 $P_1=800$W，$\cos\varphi_1=0.5$（感性），Z_2 的有功功率 $P_2=500$W，$\cos\varphi_2=0.65$（感性），接于 $U=220$V、$f=50$Hz 的电源上。试求：1）电流 $\dot{I}$；2）两个负载的总功率因数 $\cos\varphi$；3）欲使功率因数 $\cos\varphi$ 提高到 0.85，求应并联电容 C 的值；4）并联 C 后总电流 I' 比并联 C 前减小了多少？

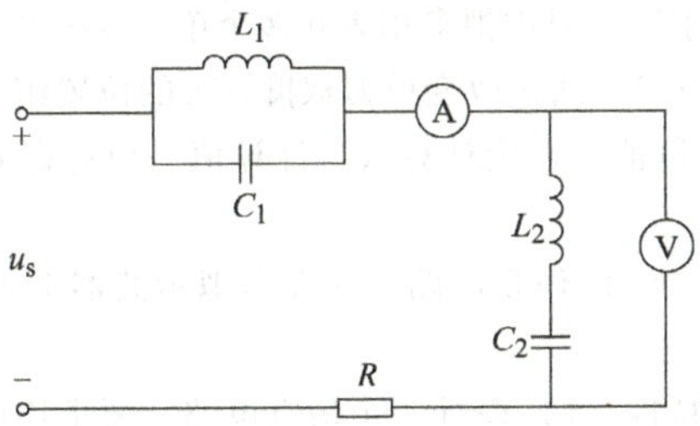

图 3-40　题 3-17 图

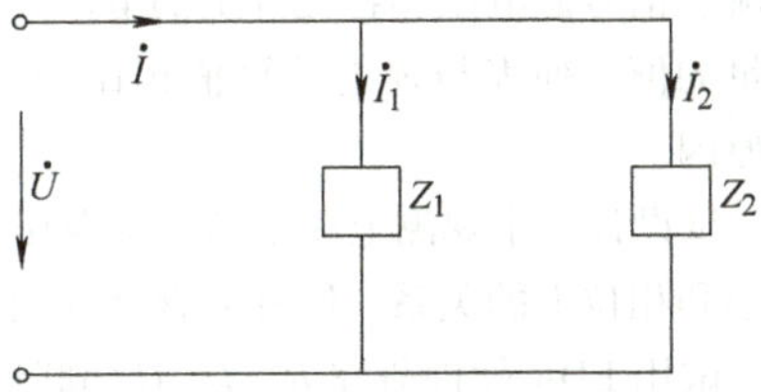

图 3-41　题 3-18 图

3-19　有一阻抗 $Z=(4+j3)\Omega$ 的负载，接于 $u=220\sqrt{2}\sin 314t$ V 的电源上，若电源只允许供出 38A 的电流，则应在该负载上并联多大的电容 C？

3-20　已知收音机的调谐电路（见图 3-25）的等效电感 $L=250\mu$H，等效电阻 $R=20\Omega$，感应到谐振回路的各种频率的电压信号有效值均为 10μV。试求：1）当可变电容 $C=150\text{pF}$ 时，可收听到哪个频率的广播？此时 I 和 U_C 各是多少？2）若 R、L、C 不变，再求 $f_1=1200\text{kHz}$ 的信号在回路中产生的电流 I 及电压 U_C。

3-21 有一 R、L、C 串联电路，接于电压保持 10V 不变且频率可调的电源上，当频率增加时，电流从 10mA（500Hz）增加到最大值 60mA（1000Hz），电路的品质因数 $Q=100$。试求：1）电阻 R、电感 L 和电容 C 的值；2）谐振时电容两端电压 U_C；3）谐振时磁场中和电场中所储的最大能量。

3-22 已知某 R、L、C 串联电路中的 $R=20\Omega$，$L=1\text{H}$，信号源电压 $u=4\sin1000t$ V，调节电容使其谐振于信号源电压的频率。试求：1）电流 i、电容上电压 U_C、电路的有功功率 P 及无功功率 Q；2）若在该串联电路两端并接（或并联）$C_1=50\mu\text{F}$ 的电容，求总电流 i' 及总功率因数 $\cos\varphi$。

3-23 在图 3-42 所示电路中，$R=2.5\text{k}\Omega$，$C=2\mu\text{F}$，该电路在 $f=1000\text{Hz}$ 时发生谐振，且谐振时电流 $i=0.1\text{A}$。试求：1）L 及 i_1、i_2、i_3；2）若 R、L、C 的值及电源电压有效值不变，而频率变为 500Hz，求电路的有功功率 P，并说明此时电路呈何性质。

3-24 R、L、C 串联电路如图 3-43 所示，电源电压 u 保持 20V 不变，频率可调，当角频率调至 $\omega=1000\text{rad/s}$ 时，电路中电流出现最大值 100mA，此时电压表 V_2 的读数为 50V。试求：1）电阻 R、电感 L 和电容 C 的值；2）确定电压表 V_1 的读数；3）当 $\omega=500\text{rad/s}$ 时，求电路中电流 i，并指出此时电路的性质。

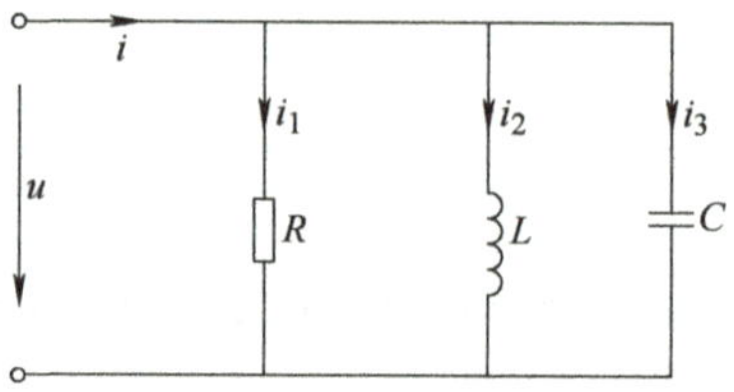

图 3-42 题 3-23 图

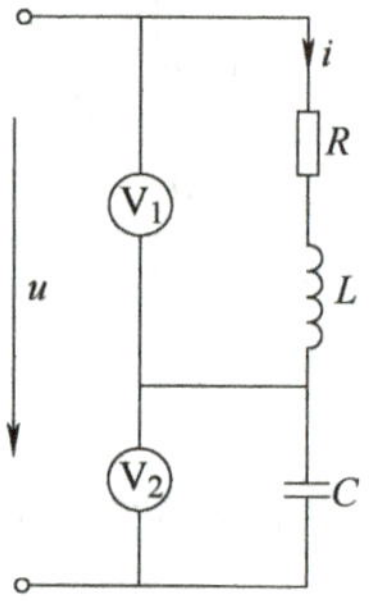

图 3-43 题 3-24 图

注：题 3-25 ~ 题 3-32 是利用 EDA 软件对正弦稳态电路进行机辅分析和设计的题目，学生应对所作题目从题目要求、仿真电路、测量值、测量波形、仿真分析、理论分析和计算值以及班级、姓名、学号等内容以 Word 文件形式自行设计版面，存盘打印后交作业。

3-25 试用 EDA 软件研究 R、L、C 串联谐振电路的特性。已知 $R=0.1\text{k}\Omega$，$C=0.1\mu\text{F}$，$L=10\text{mH}$，信号源 $u=100\sqrt{2}\sin10000\pi t$ V。求：1）设计一个仿真电路，要求用一只虚拟多用表和多个单刀双掷开关，测量回路电流、信号源电压和各元件上的电压（可参考图 3-44）；2）通过改变单刀双掷开关的位置组合，测量上述各量的值；列表与理论计算值相比较（表中包括各测量值、理论计算式、计算值、绝对误差等）；分析误差原因。

3-26 试设计一个观测上题中信号源电压 u 和电容端电压 u_C 的仿真电路，并在虚拟示波器上观测 u_C 与 u 在大小和相位上的关系，解释其含义（可参考图 3-44）。

3-27 试用 EDA 软件研究 R、L、C 串联谐振电路的选频特性。1）设计一个仿真电路，要求用虚拟扫频仪能测量不同 Q 值（改变 R 值）时的幅频特性和相频特性（参考图 3-44）；2）观测 $Q=30(R=10\Omega)$ 时幅频与相频特性曲线，确定上限频率 f_H、下限频率 f_L 和带宽 B_W；3）试设计（利用 EDA）谐振频率 $f_0=880\text{kHz}$（沈阳台频率）、带宽 $B_W=12.6\text{kHz}$ 的 R、L、C 串联选频电路，确定 R、L、C 的值。

3-28 试用 EDA 软件，通过电路仿真求题 3-20 中各问题，并与理论计算值相比较。

3-29 试用 EDA 软件设计一个音频信号发生器的选频电路，要求选频电路采用本章第 3.7 节介绍的

RC 串并联网络（见图 3-22a），中心频率 f_0 的调节范围为 753～1048Hz，若选电容 *C* 的值为 6600pF，请完成下列问题：1）计算电阻 *R*（由一个 22kΩ 固定电阻和一个 10kΩ 的同轴电位器串联）的值，并画出仿真电路图；2）用虚拟扫频仪观测选频网络的幅频特性与相频特性；3）当同轴变阻器由 1kΩ 变到 10kΩ 时，在波特图上确定选频网络的频率调节范围，并与理论计算值相比较；4）若要求选频器的中心频率 f_0 为 900Hz，用调节同轴电位器的方法（仿真实验）确定 *R* 的值，测量 $f=800$Hz、900Hz、1kHz 时对应的电压传输比各是多少？并与理论计算值相比较。

3-30　试用 EDA 软件，通过电路仿真的方法确定题 3-19 中负载上应并联电容的值，并与理论计算值相比较（$\cos\varphi$ 研究）。

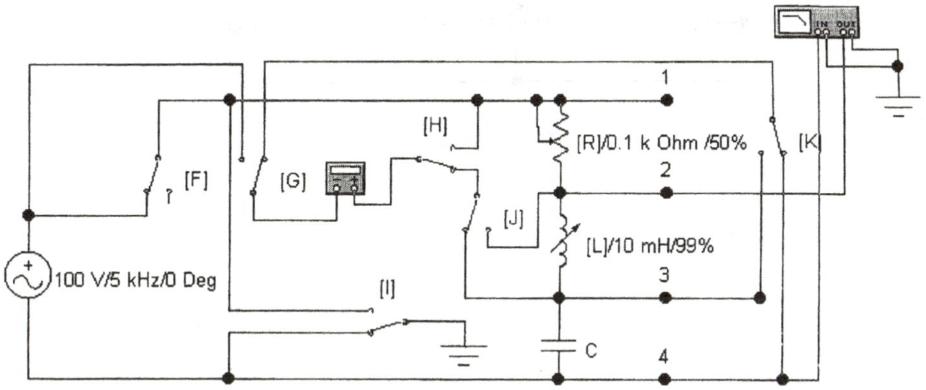

图 3-44　题 3-25、题 3-26、题 3-27 参考电路图

3-31　在图 3-45 所示电路中，已知 $R_1=6\Omega$，$R_2=8\Omega$，$C_1=500\mu F$，$C_2=167\mu F$，$L=8mH$，$u_s=100\sqrt{2}\sin 1000t$V。要求：1）用 EDA 软件，作出仿真电路图；2）用虚拟多用表的交流电压档测量有效值电压 u_{24}、u_2、u_4、u_5、u_{35} 并与理论计算值（见《电工技术试题题型精选汇编》例 3-2）相比较；3）用虚拟示波器观测 u_2 与 u_4 的波形，确定电压 u_{24} 的初相位角，并与计算值相比较；4）用交流电流档测量各支路电流有效值并与计算值比较。

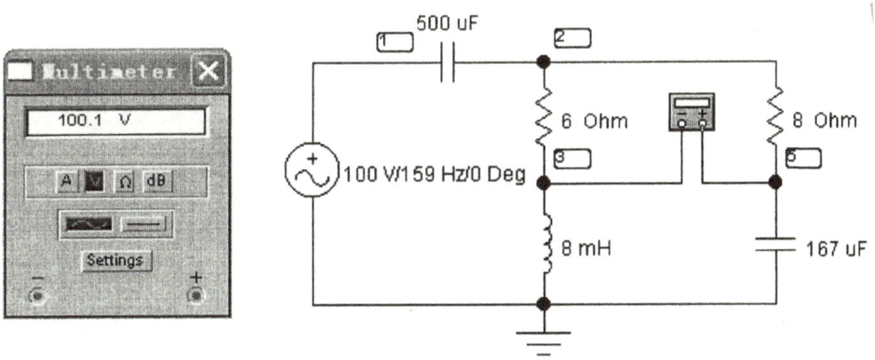

图 3-45　题 3-31 图

3-32　试用 EDA 软件对题 3-6、题 3-7、题 3-11、题 3-12、题 3-21、题 3-22、题 3-23 等进行仿真研究。

3-33　试对图 3-46 所示的 *R*、*C* 串并联选频电路（文氏电桥）进行仿真研究。1）用虚拟示波器观测电路的输出电压与输入电压的波形，验证其幅值和相位关系；2）用虚拟扫频仪观测选频电路的幅频特性曲线与相频特性曲线，研究谐振频率 f_0、通频带宽度 B_W 与电路参数的关系。

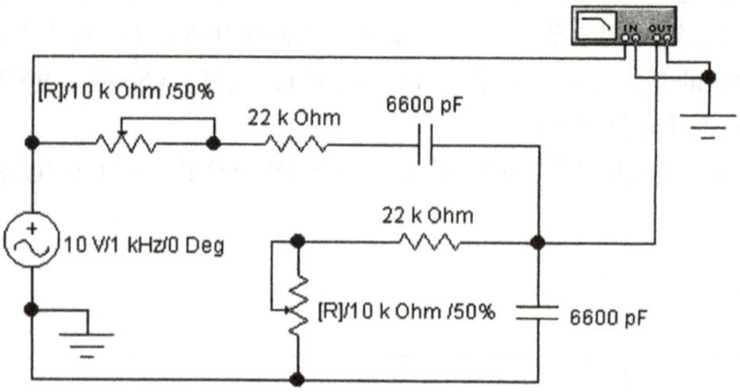

图 3-46 题 3-33 图

第4章 三相交流电路

目前世界上电力系统所采用的供电方式，绝大多数是三相制，所谓三相制，就是由三个频率相同而相位不同的电压源（或电动势）作为供电电源组成的供电体系。

三相交流电路是由一组频率相同、振幅相等、相位互差 120°的三个电动势组成的供电系统。

由于三相交流电有许多优点，如三相交流电易于获得，广泛应用于电力拖动的三相交流电动机结构简单、性能良好、可靠性高，三相交流电的远距离输电比较经济等，因此在电力工程中几乎全部采用三相制。

4.1 三相电动势的产生与三相电源的联结

三相电动势是由三相交流发电机产生的。三相交流发电机原理图如图 4-1 所示，它由定子和转子两大部分组成，定子和转子之间有一定的气隙。在定子上对称地安放着三组匝数相同的绕组，每一组绕组称为一相，各相绕组结构相同，它们的始端用 A、B、C 标记，末端用 X、Y、Z 来表示。三相绕组的三个线圈 AX、BY、CZ 均匀分布在定子铁心圆表面的槽内。各相绕组的线圈数目和匝数完全相同，并且在空间位置上彼此相差 120°。这样布置的定子绕组将构成三相对称的绕组。转动部分称为转子，转子通过转动，在气隙中产生按正弦规律变化的磁感应强度，转子通常是一对由直流电源供电的磁极，并且配以合适的极面形状。

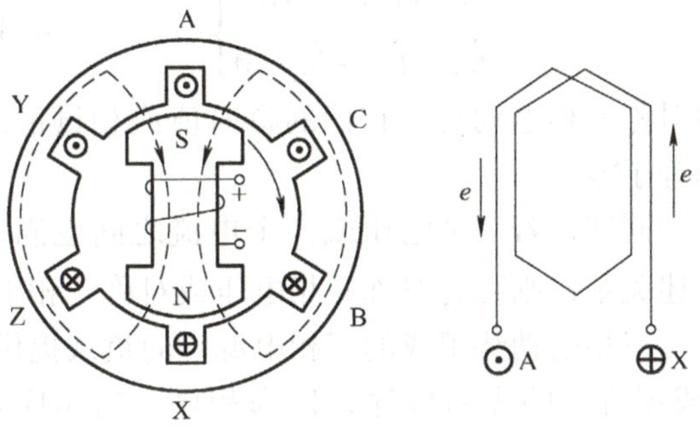

图 4-1 三相交流发电机原理图

4.1.1 三相电动势的产生

由三相交流发电机的结构和特点可知，当转子绕组在原动机的拖动下，顺时针方向以等角速度 ω 旋转时，气隙中形成一旋转磁场，定子上的每相绕组依次被磁力线切割，产生频率相同、幅值相等的正弦电动势 e_A、e_B、e_C。选定电动势的参数方向为绕组的末端指向始端。由图 4-1 可见，S 极的轴线先到达 A 处，这时 A 相的电动势达到最大值，经过 120°后，S 极轴线到达 B 处，B 相此时的电动势达到最大值，同理再转过 120°后，C 相电动势才达到正的最大值。所以在相位上 e_A 超前 e_B120°，e_B 超前 e_C120°，e_C 又超前 e_A120°，若以 e_A 作为参考相量，其瞬时的电动势数学表达式为

$$\left.\begin{aligned} e_A &= E_m \sin\omega t \\ e_B &= E_m \sin(\omega t - 120°) \\ e_C &= E_m \sin(\omega t - 240°) \\ &= E_m \sin(\omega t + 120°) \end{aligned}\right\} \tag{4-1}$$

它们的相量表示式是

$$\left.\begin{aligned} \dot{E}_A &= E\underline{/0°} = E \\ \dot{E}_B &= E\underline{/-120°} = E\left(-\frac{1}{2} - j\frac{\sqrt{3}}{2}\right) \\ \dot{E}_C &= E\underline{/120°} = E\left(-\frac{1}{2} + j\frac{\sqrt{3}}{2}\right) \end{aligned}\right\} \tag{4-2}$$

如果将三相电动势用相量图和波形图表示，则如图 4-2 所示。

具有上述特点的电动势，即三个频率相同、最大值相等、相位互差 120°的电动势，称为对称三相电动势。对称三相电动势的瞬时值和相量值有如下特点：

$$\left.\begin{aligned} e_A + e_B + e_C &= 0 \\ \dot{E}_A + \dot{E}_B + \dot{E}_C &= 0 \end{aligned}\right\} \tag{4-3}$$

即对称三相电动势，它们的瞬时值或相量值之和等于零。

同理，若三个电压或三个电流之间也满足上述关系，则称为对称三相电压或对称三相电流。

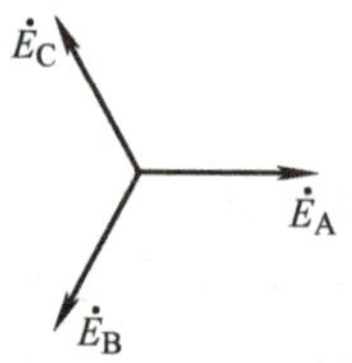

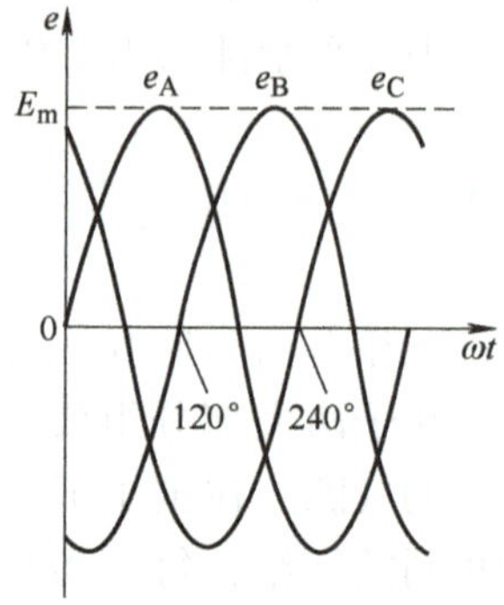

图 4-2 三相电动势的相量图和波形图

三相电动势组成的三相电源可向负载提供三相正弦交流电。三相正弦交流电出现正幅值（或零值）的先后顺序，称为相序。当相序是 A-B-C-A 时，称为正序或顺序。当相序是 A-C-B-A 时，称为负序或逆序。

4.1.2 三相电源的联结

三相电源的联结方式通常有两种，即星形联结和三角形联结。

1. 三相电源的星形（Y）联结 如图 4-3a 所示，如果把三相电源的末端 X、Y、Z 连接在一起形成一个公共点 N，而从三相电源的首端 A、B、C 向外引出三条输出线，这就构成了三相电源的星形（Y）联结。按星形（Y）方式联结的电源简称为星形电源，公共点 N 叫作中性点或零点。从首端引出的输出线叫作相线（亦称端线或火线），分别用 A 线、B 线和 C 线来表示。从 N 点引出的线叫作零线或中性线，如果中性线接地，则该线又称为地线。

三相电源星形联结时，可以得到两种电压：一种是端线与中性线之间的电压，称为相电压，其有效值用 U_A、U_B、U_C 或一般用 U_p 表示；而任意两相线之间的电压，称为线电压，其有效值用 U_{AB}、U_{BC}、U_{CA} 或一般用 U_l 表示。相电压的参考方向，选定为自相线指向中性线；线电压的参考方向，如 U_{AB} 是自 A 线指向 B 线。

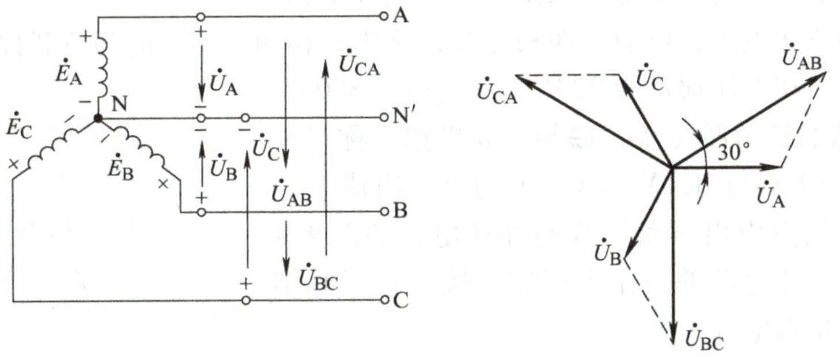

a)　　b)

图 4-3　三相电源的星形（Y）联结及电压相量图

三相电源的相电压，其大小同三相电动势基本上相等，因为电源内阻抗上的电压降同相电压相比是很小的，可以忽略不计，所以三相电源的相电压也是对称三相电压。如以 A 相为参考相量，则有

$$\left.\begin{aligned}\dot{U}_A &= U_p\angle 0^\circ = U_p\\ \dot{U}_B &= U_p\angle -120^\circ = U_p\left(-\frac{1}{2}-j\frac{\sqrt{3}}{2}\right)\\ \dot{U}_C &= U_p\angle 120^\circ = U_p\left(-\frac{1}{2}+j\frac{\sqrt{3}}{2}\right)\end{aligned}\right\}\tag{4-4}$$

三相电源星形联结时，相电压和线电压显然不相等，根据图 4-3a 标明的参考方向，相电压和线电压之间的关系为

$$\left.\begin{aligned}\dot{U}_{AB} &= \dot{U}_A - \dot{U}_B\\ \dot{U}_{BC} &= \dot{U}_B - \dot{U}_C\\ \dot{U}_{CA} &= \dot{U}_C - \dot{U}_A\end{aligned}\right\}\tag{4-5}$$

将式（4-4）代入式（4-5）得

$$\begin{aligned}\dot{U}_{AB} &= U_p - U_p\left(-\frac{1}{2}-j\frac{\sqrt{3}}{2}\right) = \sqrt{3}U_p\left(\frac{\sqrt{3}}{2}+j\frac{1}{2}\right)\\ &= \sqrt{3}U_p\angle 30^\circ = \sqrt{3}\dot{U}_A\angle 30^\circ\end{aligned}$$

$$\begin{aligned}\dot{U}_{BC} &= U_p\left(-\frac{1}{2}-j\frac{\sqrt{3}}{2}\right) - U_p\left(-\frac{1}{2}+j\frac{\sqrt{3}}{2}\right) = -j\sqrt{3}U_p\\ &= \sqrt{3}U_p\angle -90^\circ = \sqrt{3}\dot{U}_B\angle 30^\circ\end{aligned}$$

$$\begin{aligned}\dot{U}_{CA} &= U_p\left(-\frac{1}{2}+j\frac{\sqrt{3}}{2}\right) - U_p = \sqrt{3}U_p\left(-\frac{\sqrt{3}}{2}+j\frac{1}{2}\right)\\ &= \sqrt{3}U_p\angle 150^\circ = \sqrt{3}\dot{U}_C\angle 30^\circ\end{aligned}$$

可见，三相电源的线电压的有效值是对应相电压有效值的$\sqrt{3}$倍，相位上比对应的相电压超前 30°，图 4-3b 所示为它们的相量图。

显然，对星形联结的三相电源来说，线电流等于相电流。

星形接法的三相电源，可引出四根导线，称为三相四线制，能为负载提供两种电压。在低压配电系统中，相电压通常为220V，线电压为380V。

2. 三相电源的三角形（△）联结 如果把对称三相电源顺次相接，即X与B，Y与C，Z与A，组成一回路，再从三个联结点引出三条导线向外送电，如图4-4所示，就构成了三相电源的三角形联结。按三角形联结的电源简称为三角形电源。

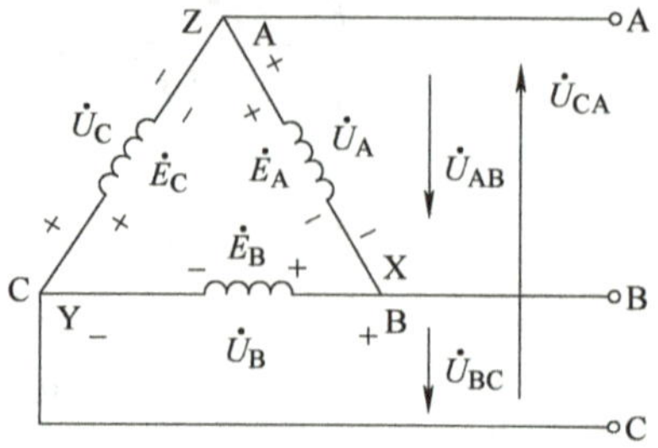

图4-4 三相电源的三角形联结

显然，三角形联结的三相电源线电压等于相电压，但线电流不等于相电流。

三角形电源，相电压和线电压的关系为

$$\dot{U}_{AB}=\dot{U}_A$$

$$\dot{U}_{BC}=\dot{U}_B$$

$$\dot{U}_{CA}=\dot{U}_C$$

如果三相电源电动势对称，则三相电压的相量和为

$$\dot{U}_A+\dot{U}_B+\dot{U}_C=U_p\underline{/0^\circ}+U_p\underline{/-120^\circ}+U_p\underline{/120^\circ}=0$$

这样能保证在没有输出的情况下，电源内部没有环流。但如果某相绕组接反（如CZ绕组），则三角形回路的总电压为

$$\dot{U}=\dot{U}_A+\dot{U}_B-\dot{U}_C=-2\dot{U}_C$$

这时，在三角形回路中，有一个大小等于相电压两倍的电源存在。由于绕组本身阻抗很小，回路将产生很大的环流，电动机有烧毁的危险，这是绝对不允许的。实际电源的三相电动势不是理想的对称三相电动势，它们的和并不绝对等于零，故三相电源通常都联结成星形，而不联结成三角形。

思考与练习

4-1-1 已知对称三相电源的B相电压瞬时值为 $u_B=220\sqrt{2}\sin(\omega t+60^\circ)$ V，写出其他两相电压的瞬时表达式，并画出波形图。

4-1-2 三相电源Y联结时，若线电压 $u_{AB}=380\sqrt{2}\sin(\omega t+30^\circ)$ V，写出线电压、相电压的相量表达式，并画出相量图。

4-1-3 三相电源△联结时，若一相绕组接反，将会出现什么现象？

4.2 对称三相电路的分析

三相电路的负载由三部分组成，其中每一部分称为一相负载。像照明电灯一类的单相负载可分成三组，分别接于各端线与中性线之间。由于所并联的灯数不同，通常这三相负载的总阻抗是不相等的。各相负载的复阻抗相等的三相负载，称为对称三相负载。一般三相电动机、三相变压器都可以看成对称三相负载。

由对称三相电源和对称三相负载所组成的电路，称为对称三相电路。

与三相电源一样，三相负载也可以有星形和三角形两种联结方式。

4.2.1　对称负载星形联结的三相电路

图4-5所示电路，三个负载Z_A、Z_B、Z_C的一端连接在一起，成为一个公共点N′，该点称为负载的中性点，并且将该点接到三相电源的中性线上，而各负载的另一端分别接到三相电源的端线上，这种负载的联结方法，称为Y联结法。此电路用4根导线把电源和负载联结起来，这种电路称为三相四线制电路。其中Z_N为中性线阻抗。若把中性线去掉，只用三根端线连接电源和负载，则称为三相三线制电路。

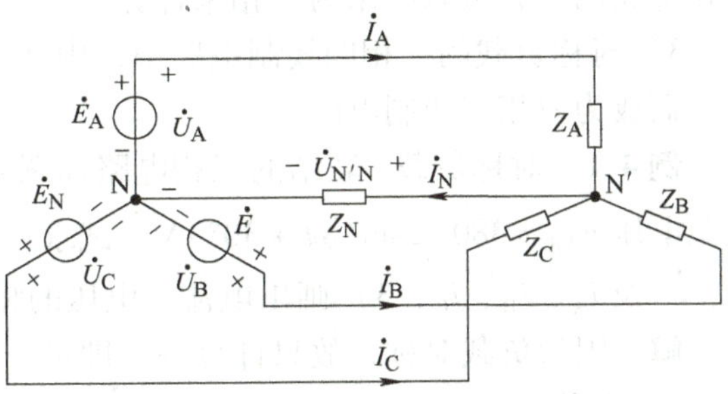

图4-5　负载是星形联结的三相电路

三相电源接通负载后，三条端线（A、B、C）中的电流称为线电流，每相负载中的电流称为相电流，Y联结时，线电流等于相电流，分别用i_A、i_B、i_C表示。中性线里的电流称为中性线电流，用i_N表示。

三相负载有对称和不对称两种情况，对称三相负载的特征是各相负载的阻抗都完全相同，即

$$Z_A = Z_B = Z_C = |Z|\angle\varphi$$

或者

$$|Z_A| = |Z_B| = |Z_C| = |Z|$$

$$\varphi_A = \varphi_B = \varphi_C = \varphi$$

在图4-5所示电路中，设三相负载的阻抗分别为Z_A、Z_B、Z_C，其相电压和线电压分别为$\dot{U}_A$、$\dot{U}_B$、$\dot{U}_C$和$\dot{U}_{AB}$、$\dot{U}_{BC}$、$\dot{U}_{CA}$。以$\dot{U}_A$为参考相量，则

$$\left.\begin{aligned}
\dot{I}_A &= \frac{\dot{U}_A}{Z_A} = \frac{U_p}{|Z_A|}\angle 0-\varphi = \frac{U_p}{|Z|}\angle -\varphi = I\angle -\varphi \\
\dot{I}_B &= \frac{\dot{U}_B}{Z_B} = \frac{U_p}{|Z_B|}\angle -120^\circ-\varphi = \frac{U_p}{|Z|}\angle -120^\circ-\varphi = I\angle -120^\circ-\varphi \\
\dot{I}_C &= \frac{\dot{U}_C}{Z_C} = \frac{U_p}{|Z_C|}\angle 120^\circ-\varphi = \frac{U_p}{|Z|}\angle 120^\circ-\varphi = I\angle 120^\circ-\varphi
\end{aligned}\right\} \tag{4-6}$$

所以，对于对称的三相电路，有

$$\left.\begin{aligned}
I_A = I_B = I_C &= \frac{U_p}{|Z|} \\
\varphi_A = \varphi_B = \varphi_C &= \arctan\frac{X}{R}
\end{aligned}\right\} \tag{4-7}$$

根据KCL，中性线电流为

$$\dot{I}_N = \dot{I}_A + \dot{I}_B + \dot{I}_C = \frac{1}{Z}(\dot{U}_A + \dot{U}_B + \dot{U}_C) = 0$$

综上所述，对称负载的Y联结电路中：

1）由于三相电源和负载的对称性，各相电压和电流也都是对称的。因此，只要某一相电压、电流求得，其他两相就可以根据对称关系直接写出。

2）各相电流仅由各相电压和各相阻抗决定，各相的计算具有独立性。也就是说，对称三相电路的计算可以归结为一相来计算。

3）对称负载的三相四线制电路中，中性线里没有电流通过。这样，中性线完全可以省去，而成为三相三线制电路。

例 4-1　对称负载Y联结的三相电路如图 4-5 所示，已知 $Z_A = Z_B = Z_C = (6+j8)\Omega$，设电源电压 $u_{AB} = 380\sqrt{2}\sin(\omega t + 30°)$ V。试求：1）$\dot{U}_A$、$\dot{U}_B$、$\dot{U}_C$ 及 $\dot{U}_{AB}$、$\dot{U}_{BC}$、$\dot{U}_{CA}$；2）$\dot{I}_A$、$\dot{I}_B$、$\dot{I}_C$ 及 i_A、i_B、i_C；3）画出电流、电压的相量图。

解　因为负载对称，故只计算一相即可。

1）由题可知 $$\dot{U}_{AB} = 380\underline{/30°}\text{V}$$

而 $$\dot{U}_{AB} = \sqrt{3}\dot{U}_A\underline{/30°}\text{V}$$

所以 $$\dot{U}_A = 220\underline{/0°}\text{V}$$

知道 $\dot{U}_A$ 和 $\dot{U}_{AB}$，则

$$\dot{U}_B = \dot{U}_A\underline{/-120°} = 220\underline{/-120°}\text{V}$$

$$\dot{U}_C = \dot{U}_A\underline{/120°} = 220\underline{/120°}\text{V}$$

$$\dot{U}_{BC} = \dot{U}_{AB}\underline{/-120°} = 380\underline{/-90°}\text{V}$$

$$\dot{U}_{CA} = \dot{U}_{AB}\underline{/120°} = 380\underline{/150°}\text{V}$$

2） $$\dot{I}_A = \frac{\dot{U}_A}{Z_A} = \frac{220\underline{/0°}}{6+j8}\text{A} = 22\underline{/-53.1°}\text{A}$$

则 $$\dot{I}_B = \dot{I}_A\underline{/-120°} = 22\underline{/-173.1°}\text{A}$$

$$\dot{I}_C = \dot{I}_A\underline{/120°} = 22\underline{/67°}\text{A}$$

$$i_A = 22\sqrt{2}\sin(\omega t - 53.1°)\text{A}$$

$$i_B = 22\sqrt{2}\sin(\omega t - 173.1°)\text{A}$$

$$i_C = 22\sqrt{2}\sin(\omega t + 67°)\text{A}$$

3）电流、电压的相量图如图 4-6 所示。

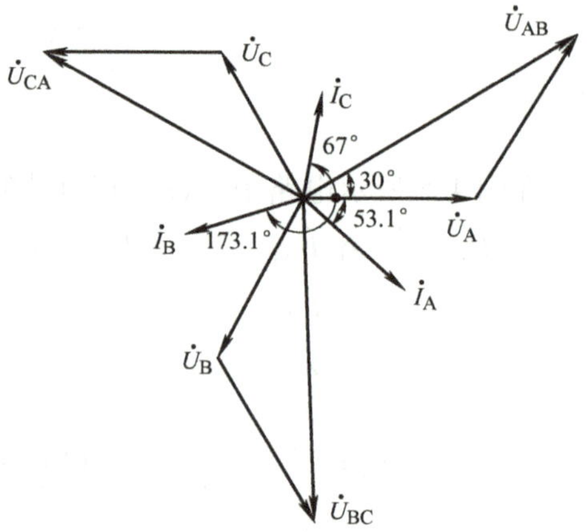

图 4-6　电流、电压的相量图

4.2.2　对称负载三角形联结的三相电路

图 4-7 所示为负载三角形联结的三相电路，三相负载各相依次联结在三相电源的两根相线之间，称为负载的三角形联结，每相负载的阻抗分别用 Z_{AB}、Z_{BC}、Z_{CA} 表示，电压和电流的参考方向在图中已标出。

由于每相负载接于两根端线之间，所以各相的相电压就是电源的线电压，因此，无论负载对称与否，其相电压总是对称的，即

$$\dot{U}_{AB} = U_l\underline{/0°}$$

$$\dot{U}_{BC} = U_l\underline{/-120°}$$

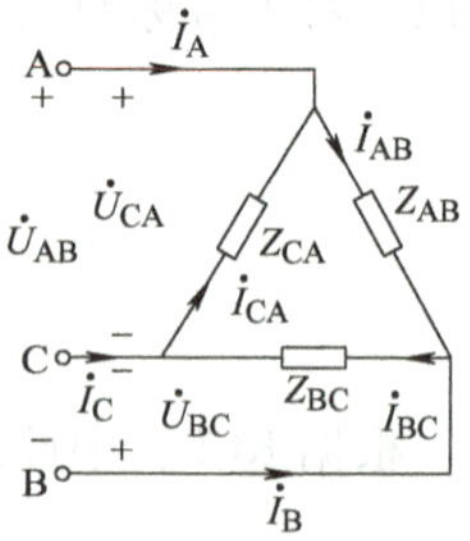

图 4-7　负载三角形联结的三相电路

$$\dot{U}_{CA}=U_l\angle 120^\circ$$

但是，当负载三角形联结时，负载的相电流与线电流并不相同，线电流仍用 $\dot{I}_A$、$\dot{I}_B$、$\dot{I}_C$ 表示，相电流则以下标 AB、BC、CA 表示，即 $\dot{I}_{AB}$、$\dot{I}_{BC}$、$\dot{I}_{CA}$。应用 KCL 可得

$$\left.\begin{aligned}\dot{I}_A&=\dot{I}_{AB}-\dot{I}_{CA}\\ \dot{I}_B&=\dot{I}_{BC}-\dot{I}_{AB}\\ \dot{I}_C&=\dot{I}_{CA}-\dot{I}_{BC}\end{aligned}\right\}\tag{4-8}$$

式(4-8)即为线电流与相电流之间关系的相量表达式。

当三相负载对称时，即 $Z_{AB}=Z_{BC}=Z_{CA}=Z$ 时，各相电流为

$$\left.\begin{aligned}\dot{I}_{AB}&=\frac{\dot{U}_{AB}}{Z}\\ \dot{I}_{BC}&=\frac{\dot{U}_{BC}}{Z}\\ \dot{I}_{CA}&=\frac{\dot{U}_{CA}}{Z}\end{aligned}\right\}\tag{4-9}$$

因为 $\dot{U}_{AB}$、$\dot{U}_{BC}$、$\dot{U}_{CA}$ 为对称三相电压，所以电流 $\dot{I}_{AB}$、$\dot{I}_{BC}$、$\dot{I}_{CA}$ 是对称三相电流，其有效值均为 I_p，若 $\dot{I}_{AB}=I_p\angle 0^\circ$，则

$$\dot{I}_{BC}=I_p\angle -120^\circ$$

$$\dot{I}_{CA}=I_p\angle 120^\circ$$

各线电流分别为

$$\dot{I}_A=\dot{I}_{AB}-\dot{I}_{CA}=I_p\angle 0^\circ-I_p\angle 120^\circ=\sqrt{3}I_p\angle -30^\circ=I_l\angle -30^\circ$$

$$\dot{I}_B=\dot{I}_{BC}-\dot{I}_{AB}=I_p\angle -120^\circ-I_p\angle 0^\circ=\sqrt{3}I_p\angle -150^\circ=I_l\angle -150^\circ$$

$$\dot{I}_C=\dot{I}_{CA}-\dot{I}_{BC}=I_p\angle 120^\circ-I_p\angle -120^\circ=\sqrt{3}I_p\angle 90^\circ=I_l\angle 90^\circ$$

可见，线电流也是对称三相电流，其大小是相电流的 $\sqrt{3}$ 倍，即 $I_l=\sqrt{3}I_p$。而相位上，线电流比其相电流滞后 30°，即 $\dot{I}_A$ 比 $\dot{I}_{AB}$、$\dot{I}_B$ 比 $\dot{I}_{BC}$、$\dot{I}_C$ 比 $\dot{I}_{CA}$ 均滞后 30°。

图 4-8 所示为线电流和相电流的相量图。从相量图上很容易看出，对称三相线电流和相电流的相位关系和大小关系。

这种对称三相电路同样可以只计算其中一相。求得该相电流后，其余两相电流和各线电流即可由上述关系直接得出。

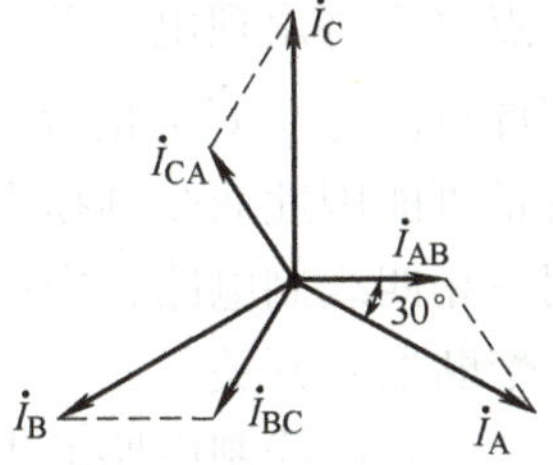

图 4-8　对称负载三角形联结的电流相量图

例 4-2　在图 4-7 所示电路中，设三相对称电源线电压为 380V，三角形联结的对称负载每相阻抗 $Z=(4+\mathrm{j}3)\Omega$，试求各相电流与线电流，并画出相量图。

解　设 $\dot{U}_{AB}=380\angle 0^\circ$V 则

$$\dot{I}_{AB}=\frac{\dot{U}_{AB}}{Z}=\frac{380\angle 0^\circ}{4+\mathrm{j}3}\mathrm{A}=76\angle -36.9^\circ\mathrm{A}$$

根据对称负载的三相电路的特点可得其余两相电流为

$$\dot{I}_{BC}=\dot{I}_{AB}\angle -120^\circ=76\angle -156.9^\circ A$$

$$\dot{I}_{CA}=\dot{I}_{AB}\angle 120^\circ=76\angle 83.1^\circ A$$

各线电流为

$$\dot{I}_{A}=\sqrt{3}\dot{I}_{AB}\angle -30^\circ=\sqrt{3}\times 76\angle -30^\circ-36.9^\circ A=131.6\angle -66.9^\circ A$$

根据对称负载的特点，则

$$\dot{I}_{B}=\dot{I}_{A}\angle -120^\circ=131.6\angle -186.9^\circ A=131.6\angle 173.1^\circ A$$

$$\dot{I}_{C}=\dot{I}_{A}\angle 120^\circ=131.6\angle 53.1^\circ A$$

电流相量图如图 4-8 所示。

如果传输线上有线路阻抗，需先将三角形负载转化成Y负载，利用前面所学的Y-△变换，在对称负载情况下，$Z_{Y}=Z_{\triangle}/3$，然后化成单相计算。

4.3 不对称三相电路的分析

对于不对称三相电路的分析，一般情况下不能用上一节介绍的一相计算方法，而需要逐相计算。

4.3.1 不对称负载星形联结的三相电路

如果星形联结的三相负载阻抗 $Z_A\neq Z_B\neq Z_C$，则称为三相不对称负载电路，具有这种负载的三相电路，称为不对称三相电路。

不对称负载作星形联结时，通常采用三相四线制（见图 4-5），中性线的存在，可以保证负载的相电压基本等于电源的相电压。换言之，星形联结的不对称三相负载，采用三相四线制时，仍然能使负载获得对称的三相电压。但是，此时的中性线电流不等于零，相电流也不对称。所以，只能逐相分别进行计算。

不对称负载的星形联结，如果采用三相三线制，如图 4-9 所示，虽然电源电压对称，但负载的相电压 $\dot{U}_{AN'}$、$\dot{U}_{BN'}$、$\dot{U}_{CN'}$ 却不对称。电源的中性点和负载的中性点之间，即 N 点和 N′点之间将出现电位差。为计算各相电流，需要先求出 N′N 之间的电压 $\dot{U}_{N'N}$，然后分别逐相计算。电压 $\dot{U}_{N'N}$的存在，将造成负载两端的相电压或大于额定值，或小于额定值，用电设备可能因此而受到损害，或者不能正常工作。所以，星形联结的不对称三相负载，必须采用三相四线制电路，中性线不可省掉，而且为了防止中性线突然断开，在中性线里不允许安装熔断器及开关。

三相四线制电路的中性线，其主要作用是保证不对称负载的相电压基本上等于电源的相电压。由于电源电压一般总是对称的，所以中性线的作用在于使不对称的三相负载获得对称的三相电源电压，以保证负载在额定电压下正常工作。

例 4-3 在图 4-10 所示电路中，三相对称电源线电压为 380V，三相负载不对称，$Z_A=Z_B=10\Omega$，$Z_C=5\angle 60^\circ\Omega$。试求：1）有中性线时，负载的相电流 $\dot{I}_A$、$\dot{I}_B$、$\dot{I}_C$ 及中性线电流

$\dot{I}_N$，并画出相量图；2）当中性线断开时，各相负载的相电流 $\dot{I}_A$、$\dot{I}_B$、$\dot{I}_C$ 及相电压 $\dot{U}_A'$、$\dot{U}_B'$、$\dot{U}_C'$；3）当中性线断开且C相负载短路时，各相负载的电压 $\dot{U}_A'$、$\dot{U}_B'$、$\dot{U}_C'$及负载电流 $\dot{I}_A'$、$\dot{I}_B'$和 $\dot{I}_C'$，并画出相量图。

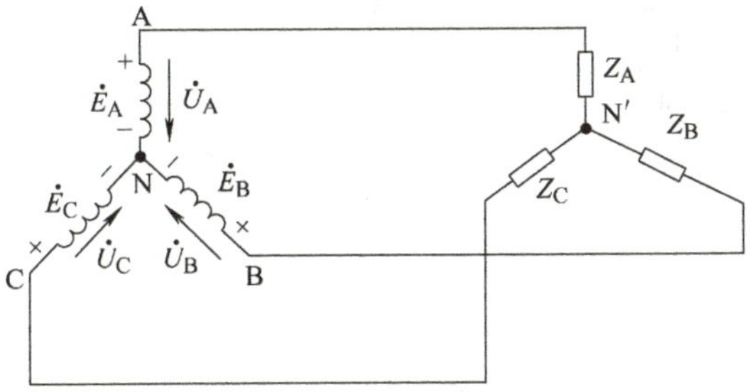

图 4-9　三相三线制电路

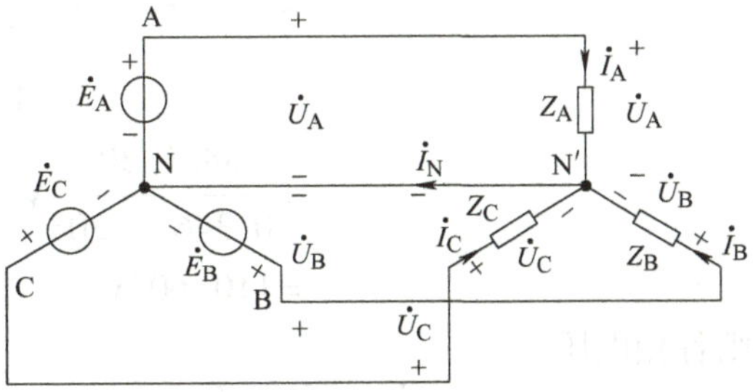

图 4-10　例 4-3 图

解　1）因为有中性线，所以　　$\dot{U}_{N'N}=0$

各相电流以 A 相电压为参考电压，即

$$\dot{U}_A=\frac{380}{\sqrt{3}}\angle 0^\circ\,\text{V}=220\angle 0^\circ\,\text{V}$$

则各相电流

$$\dot{I}_A=\frac{\dot{U}_A}{Z_A}=\frac{220\angle 0^\circ}{10}\text{A}=22\angle 0^\circ\,\text{A}$$

$$\dot{I}_B=\frac{\dot{U}_B}{Z_B}=\frac{220\angle -120^\circ}{10}\text{A}=22\angle -120^\circ\,\text{A}$$

$$\dot{I}_C=\frac{\dot{U}_C}{Z_C}=\frac{220\angle 120^\circ}{5\angle 60^\circ}\text{A}=44\angle 60^\circ\,\text{A}$$

中性线电流的计算根据 KCL，有

$$\begin{aligned}\dot{I}_N&=\dot{I}_A+\dot{I}_B+\dot{I}_C\\&=(22\angle 0^\circ+22\angle -120^\circ+44\angle 60^\circ)\ \text{A}\\&=22\text{A}+22\times\left(-\frac{1}{2}-\text{j}\frac{\sqrt{3}}{2}\right)\text{A}+44\times\left(\frac{1}{2}+\text{j}\frac{\sqrt{3}}{2}\right)\text{A}\\&=22\sqrt{3}\times\left(\frac{\sqrt{3}}{2}+\text{j}\frac{1}{2}\right)\text{A}=38.1\angle 30^\circ\,\text{A}\end{aligned}$$

电流、电压的相量关系如图 4-11a 所示。

2）当中性线断开时，$\dot{I}_{N'N}=0$，利用弥尔曼（Meermann theorem）定理求电源中性点和负载中性点的电压 $\dot{U}_{N'N}$：

$$\dot{U}_{N'N}=\frac{\dot{U}_A/Z_A+\dot{U}_B/Z_B+\dot{U}_C/Z_C}{\frac{1}{Z_A}+\frac{1}{Z_B}+\frac{1}{Z_C}}$$
$$=\frac{220/10+220\angle-120^\circ/10+220\angle120^\circ/5\angle60^\circ}{\frac{1}{10}+\frac{1}{10}+\frac{1}{5\angle60^\circ}}\text{V}$$
$$=\frac{38.1\angle30^\circ}{0.346\angle-30^\circ}\text{V}$$
$$=110\angle60^\circ\text{V}$$

则各相电压

$$\dot{U}_A'=\dot{U}_A-\dot{U}_{N'N}=(220-110\angle60^\circ)\ \text{V}=190.5\angle-30^\circ\text{V}$$
$$\dot{U}_B'=\dot{U}_B-\dot{U}_{N'N}=(220\angle-120^\circ-110\angle60^\circ)\ \text{V}=330\angle-120^\circ\text{V}$$
$$\dot{U}_C'=\dot{U}_C-\dot{U}_{N'N}=(220\angle120^\circ-110\angle60^\circ)\ \text{V}=190.5\angle150^\circ\text{V}$$

各相电流

$$\dot{I}_A=\frac{\dot{U}_A'}{Z_A}=\frac{190.5\angle-30^\circ}{10}\text{A}=19.05\angle-30^\circ\text{A}$$
$$\dot{I}_B=\frac{\dot{U}_B'}{Z_B}=\frac{330\angle-120^\circ}{10}\text{A}=33\angle-120^\circ\text{A}$$
$$\dot{I}_C=\frac{\dot{U}_C'}{Z_C}=\frac{190.5\angle150^\circ}{5\angle60^\circ}\text{A}=38.1\angle90^\circ\text{A}$$

其电流、电压的相量图如图 4-11b 所示。

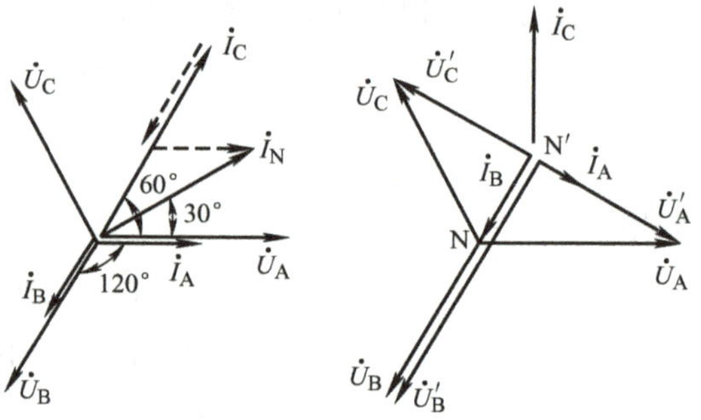

图 4-11 例 4-3 中 1)、2) 解的图

3) 当中性线断开且 C 相负载短路时，电路如图 4-12a 所示，此时负载的中性点 N′ 即为 C 点，负载电压为

$$\dot{U}_A'=\dot{U}_{AC}=380\angle-30^\circ\text{V}$$
$$\dot{U}_B'=\dot{U}_{BC}=380\angle-90^\circ\text{V}$$
$$\dot{U}_C'=0\text{V}$$

负载电流为

$$\dot{I}_A=\frac{\dot{U}_A'}{Z_A}=\frac{380\angle-30^\circ}{10}\text{A}=38\angle-30^\circ\text{A}$$
$$\dot{I}_B=\frac{\dot{U}_B'}{Z_B}=\frac{380\angle-90^\circ}{10}\text{A}=38\angle-90^\circ\text{A}$$
$$\dot{I}_C=-(\dot{I}_A+\dot{I}_B)=-(38\angle-30^\circ+38\angle-90^\circ)\ \text{A}=65.8\angle120^\circ\text{A}$$

其电流、电压相量图如图 4-12b 所示。

从本例题可知，当负载不对称时，会引起电源中性点和负载中性点的电位偏移，这种偏移会造成相电压过高或过低，对负载运行不利，同时，由于此时负载承受的不是额定电压，

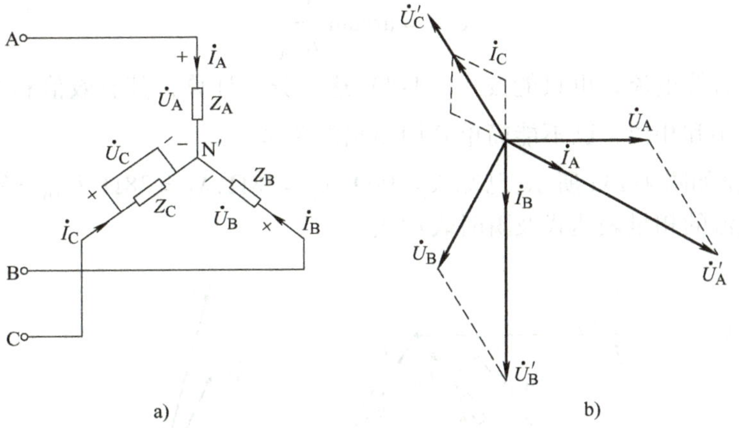

图4-12 例4-3中3）的解图

故负载不能正常工作。可见，中性线在实际工程中的作用。

4.3.2 不对称负载三角形联结的三相电路

对于不对称三相负载，虽然各相负载电压仍然是三相电源的对称线电压，但各相负载的阻抗已不等同，即 $Z_{AB} \neq Z_{BC} \neq Z_{CA}$，因此，不对称三相负载的相电流，只能逐相分别进行计算，即

$$\left.\begin{aligned}\dot{I}_{AB} &= \frac{\dot{U}_{AB}}{Z_{AB}}\\ \dot{I}_{BC} &= \frac{\dot{U}_{BC}}{Z_{BC}}\\ \dot{I}_{CA} &= \frac{\dot{U}_{CA}}{Z_{CA}}\end{aligned}\right\} \tag{4-10}$$

其相电流的有效值为

$$I_{AB} = \frac{U_{AB}}{|Z_{AB}|}$$
$$I_{BC} = \frac{U_{BC}}{|Z_{BC}|}$$
$$I_{CA} = \frac{U_{CA}}{|Z_{CA}|}$$

相电流和相电压的相位差为

$$\varphi_{AB} = \arctan\frac{X_{AB}}{R_{AB}}$$
$$\varphi_{BC} = \arctan\frac{X_{BC}}{R_{BC}}$$

$$\varphi_{CA} = \arctan \frac{X_{CA}}{R_{CA}}$$

负载不对称时的各线电流，也只能按式（4-8）逐一分别计算，其有效值和初相位均取决于相关相电流的大小和相位，已不能简单套用$\sqrt{3}$倍的关系了。

例 4-4 电路如图 4-13a 所示，已知 $R=38\Omega$，$X_L=38\Omega$，$X_C=38\Omega$，$U_{AB}=380\sqrt{2}\sin 314t$ V，求相电流和线电流的相量表达式及瞬时表达式。

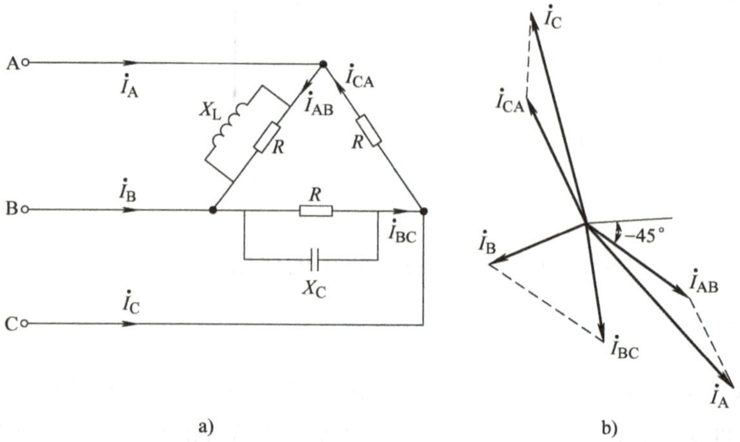

图 4-13 例 4-4 图

解 该电路是三相不对称负载三角形联结，各相负载的相电压分别为

$$\dot{U}_{AB} = 380\underline{/0°}\text{V}$$

$$\dot{U}_{BC} = 380\underline{/-120°}\text{V}$$

$$\dot{U}_{CA} = 380\underline{/120°}\text{V}$$

各相负载的复阻抗分别为

$$Z_{AB} = \frac{R \times jX_L}{R + jX_L} = \frac{38 \times j38}{38 + j38}\Omega = 19\sqrt{2}\underline{/45°}\Omega$$

$$Z_{BC} = \frac{R \times (-jX_C)}{R - jX_C} = \frac{38 \times (-j38)}{38 - j38}\Omega = 19\sqrt{2}\underline{/-45°}\Omega$$

$$Z_{CA} = R = 38\Omega$$

各相电流为

$$\dot{I}_{AB} = \frac{\dot{U}_{AB}}{Z_{AB}} = \frac{380\underline{/0°}}{19\sqrt{2}\underline{/45°}}\text{A} = 10\sqrt{2}\underline{/-45°}\text{A}$$

$$\dot{I}_{BC} = \frac{\dot{U}_{BC}}{Z_{BC}} = \frac{380\underline{/-120°}}{19\sqrt{2}\underline{/-45°}}\text{A} = 10\sqrt{2}\underline{/-75°}\text{A}$$

$$\dot{I}_{CA}=\frac{\dot{U}_{CA}}{Z_{CA}}=\frac{380\underline{/120^\circ}}{38}A=10\underline{/120^\circ}A$$

则相电流的瞬时表达式为

$$i_{AB}=20\sin(\omega t-45^\circ)A$$

$$i_{BC}=20\sin(\omega t-75^\circ)A$$

$$i_{CA}=10\sqrt{2}\sin(\omega t+120^\circ)A$$

三个线电流为

$$\begin{aligned}\dot{I}_A&=\dot{I}_{AB}-\dot{I}_{CA}=(10\sqrt{2}\underline{/-45^\circ}-10\underline{/120^\circ})A\\&=23.94\underline{/-51.2^\circ}A\end{aligned}$$

$$\begin{aligned}\dot{I}_B&=\dot{I}_{BC}-\dot{I}_{AB}=(10\sqrt{2}\underline{/-75^\circ}-10\sqrt{2}\underline{/-45^\circ})A\\&=7.32\underline{/-150^\circ}A\end{aligned}$$

$$\begin{aligned}\dot{I}_C&=\dot{I}_{CA}-\dot{I}_{BC}=(10\underline{/120^\circ}-10\sqrt{2}\underline{/-75^\circ})A\\&=23.94\underline{/111.2^\circ}A\end{aligned}$$

线电流的瞬时表达式为

$$i_A=23.94\sqrt{2}\sin(\omega t-51.2^\circ)A$$

$$i_B=7.32\sqrt{2}\sin(\omega t-150^\circ)A$$

$$i_C=23.94\sin(\omega t+111.2^\circ)A$$

相电流和线电流的相量图如图 4-13b 所示。

4.4 三相电路的功率

4.4.1 三相电路的功率

1. 平均功率 P 三相负载所吸收的平均功率等于各相负载平均功率之和，即

$$P=U_AI_A\cos\varphi_A+U_BI_B\cos\varphi_B+U_CI_C\cos\varphi_C \tag{4-11}$$

式中，φ_A、φ_B、φ_C 分别是 A 相、B 相、C 相的电压和电流之间的相位差。

在负载对称的三相电路中，由于各相电流和各相电压的有效值相等，而且各相电流和各相电压的相位差也相等，即

$$U_A=U_B=U_C=U_p$$

$$I_A=I_B=I_C=I_p$$

$$\varphi_A=\varphi_B=\varphi_C=\varphi$$

因此各相平均功率 P_p 也相等，此时三相平均功率为

$$P=3U_pI_p\cos\varphi \tag{4-12}$$

式中，$\cos\varphi$ 是每相电路的功率因数。

当负载作星形联结时，有

$$U_p = \frac{U_l}{\sqrt{3}}$$

$$I_p = I_l$$

将上式代入式（4-12）得

$$P = \sqrt{3} U_l I_l \cos\varphi$$

当负载作三角形联结时，有

$$U_p = U_l$$

$$I_p = \frac{I_l}{\sqrt{3}}$$

将上式代入式（4-12）得

$$P = \sqrt{3} U_l I_l \cos\varphi$$

因此三相平均功率用线电压、线电流表示为

$$P = \sqrt{3} U_l I_l \cos\varphi \tag{4-13}$$

注意，φ 仍为相电压和相电流的相位差，即负载的阻抗角。

2. 无功功率 Q 三相电路的无功功率也等于各相无功功率之和，即

$$Q = Q_A + Q_B + Q_C = U_A I_A \sin\varphi_A + U_B I_B \sin\varphi_B + U_C I_C \sin\varphi_C$$

在对称的三相电路中，由于 $Q_A = Q_B = Q_C = Q_p$，所以

$$Q = 3U_p I_p \sin\varphi = \sqrt{3} U_l I_l \sin\varphi \tag{4-14}$$

这里，φ 仍为相电压与相电流的相位差，即负载阻抗角。

3. 视在功率 S 三相电路的视在功率为

$$S = \sqrt{P^2 + Q^2} \tag{4-15}$$

在对称的三相电路中，视在功率为

$$S = 3U_p I_p = \sqrt{3} U_l I_l \tag{4-16}$$

4. 功率因数 $\cos\varphi$ 三相电路的功率因数定义为

$$\cos\varphi = \frac{P}{S} \tag{4-17}$$

在对称的三相电路中，功率因数为

$$\cos\varphi = \frac{P}{\sqrt{3} U_l I_l}$$

对于对称三相电路，三相电路的功率因数同时也是其中每相的功率因数。

4.4.2 对称三相电路的瞬时功率

下面来讨论对称三相电路的瞬时功率。各相电流和相电压的瞬时值为

$$u_A = \sqrt{2} U_p \sin\omega t$$

$$u_B = \sqrt{2}U_p\sin(\omega t - 120°)$$
$$u_C = \sqrt{2}U_p\sin(\omega t + 120°)$$
$$i_A = \sqrt{2}I_p\sin(\omega t - \varphi)$$
$$i_B = \sqrt{2}I_p\sin(\omega t - 120° - \varphi)$$
$$i_C = \sqrt{2}I_p\sin(\omega t + 120° - \varphi)$$

三相电路的瞬时功率定义为

$$\begin{aligned} p &= p_A + p_B + p_C \\ &= u_A i_A + u_B i_B + u_C i_C \\ &= \sqrt{2}U_p\sin\omega t\sqrt{2}I_p\sin(\omega t - \varphi) + \sqrt{2}U_p\sin(\omega t - 120°)\times\sqrt{2}I_p\sin(\omega t - 120° - \varphi) + \\ &\quad \sqrt{2}U_p\sin(\omega t + 120°)\times\sqrt{2}I_p\sin(\omega t + 120° - \varphi) \\ &= U_pI_p[\cos\varphi - \cos(2\omega t - \varphi)] + U_pI_p[\cos\varphi - \cos(2\omega t - 240° - \varphi)] + \\ &\quad U_pI_p[\cos\varphi - \cos(2\omega t + 240° - \varphi)] \\ &= 3U_pI_p\cos\varphi \end{aligned} \tag{4-18}$$

此式表明，对称三相制的瞬时功率是一个常量，其值等于平均功率 P。由于瞬时功率为常值，所以三相电动机的瞬时机械转矩也是常值，因而运行比较平稳，这是三相电动机的优点之一，瞬时功率是一个常值，这是对称三相制的一个优越的性能，习惯上将这一性能称为瞬时功率平衡或平衡制。

例 4-5　三相电路如图 4-14 所示，已知 $U_l = 220V$，$R = 8\Omega$，$X_L = 6\Omega$。试求：1）每相负载的相电流和线电流的有效值；2）三相负载的平均功率、无功功率、视在功率和瞬时功率。

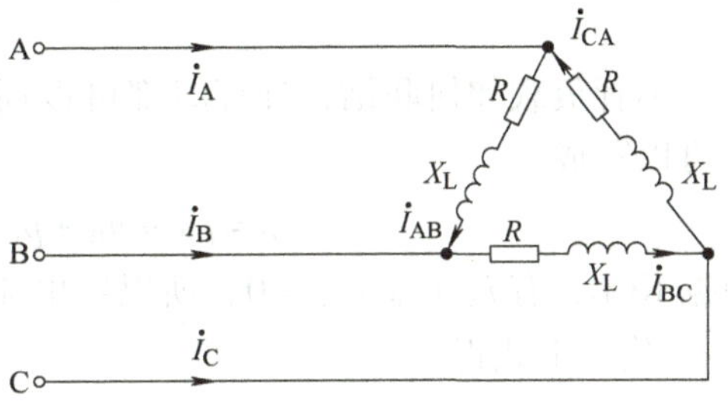

图 4-14　例 4-5 图

解　1）因三相负载对称且作三角形联结，所以有 $U_p = U_l$，$I_l = \sqrt{3}I_p$。

由题可知，$U_p = U_l = 220V$，则相电流为

$$I_{AB} = I_{BC} = I_{CA} = I_p = \frac{U_p}{|Z|} = \frac{220}{\sqrt{8^2+6^2}}A = 22A$$

线电流为

$$I_l = \sqrt{3}I_p = \sqrt{3}\times 22A = 38.1A$$

2）由 $R = 8\Omega$，$X_L = 6\Omega$ 可知

$$\varphi = \arctan\frac{X_L}{R} = \arctan\frac{6}{8} = 36.9°$$

知道 φ 角后，便可以对功率进行计算：

$$P = \sqrt{3}U_lI_l\cos\varphi = \sqrt{3}\times 220\times 38.1\times\cos 36.9°W = 11.61kW$$

$$Q=\sqrt{3}U_lI_l\sin\varphi=\sqrt{3}\times220\times38.1\times\sin36.9°\text{W}=8.71\text{kvar}$$
$$S=\sqrt{3}U_lI_l=\sqrt{3}\times220\times38.1\text{W}=14.52\text{kV}\cdot\text{A}$$
$$p=11.61\text{kW}$$

4.4.3 三相电路功率的测量

1. 三相四线制电路功率的测量 三相四线制电路负载不对称星形联结，可用三个功率表分别测量各相功率，电路的接线图如图 4-15 所示。

三个表读数之和即为三相总功率，即

$$P=P_1+P_2+P_3$$

若上述星形负载对称，仅需测量出任意一相的功率，然后乘以 3 便是三相总功率。这种测量方法常称为三表法。

2. 三相三线制电路功率的测量 在三相三线制电路中，不论对称与否，可使用二表法的方法来测量三相功率，它们的接线图如图 4-16 所示。

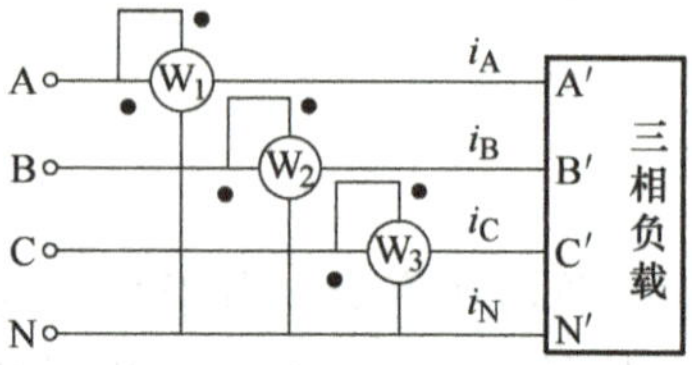

图 4-15 三表法测量功率的接线图

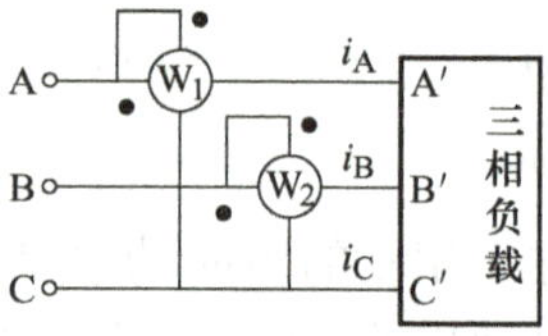

图 4-16 二表法测量三相电路功率的接线图

不管负载如何联结，计算时都可以通过Y-△变换成星形负载，因此三相电路的瞬时功率可以写成

$$p=p_A+p_B+p_C=u_{AN'}i_A+u_{BN'}i_B+u_{CN'}i_C$$

根据 KCL，有 $i_A+i_B+i_C=0$，所以线电流 i_C 可以用其他两个线电流来替代，即 $i_C=-(i_A+i_B)$，代入上式得

$$p=(u_{AN'}-u_{CN'})i_A+(u_{BN'}-u_{CN'})i_B=u_{AC}i_A-u_{BC}i_B$$

则三相电路的平均功率为

$$P=\frac{1}{T}\int_0^T p\text{d}t=U_{AC}I_A\cos\varphi_1+U_{BC}I_B\cos\varphi_2 \tag{4-19}$$

式中，φ_1 为电压相量 $\dot{U}_{AC}$与电流相量 $\dot{I}_A$ 之间的相位差；φ_2 为电压相量 $\dot{U}_{BC}$与电流相量 $\dot{I}_B$ 之间的相位差。

图 4-16 中第一个功率表的读数见 W_1，第二个功率表的读数见 W_2。可见，两个功率表读数的代数和就是三相电路总的平均功率。

对于负载对称的三相电路，设负载的阻抗角为 φ，由于 $\dot{U}_{AC}$ 滞后 $\dot{U}_A30°$，$\dot{U}_{BC}$ 超前 $\dot{U}_B30°$，所以

$$\varphi_1=\varphi_A-30°=\varphi-30°$$
$$\varphi_2=\varphi_B+30°=\varphi+30°$$

所以，对称的三相三线制电路中有

$$\left.\begin{aligned}P_1 &= U_{AC}I_A\cos(\varphi-30°)\\P_2 &= U_{BC}I_B\cos(\varphi+30°)\end{aligned}\right\} \tag{4-20}$$

由式（4-20）可知，两个功率表的读数与功率因数之间存在一定关系：

1）若 $\varphi=0°$，即负载为电阻时，两表读数相等，$P=P_1+P_2=2P_1=2P_2$。

2）若 $|\varphi|=60°$，则其中一个功率表的读数为零，即 $P=P_1+P_2=P_1$（或 P_2）。

3）若 $|\varphi|>60°$，则其中一个功率表的读数为负值，总功率是两表读数之差。

例 4-6 在图 4-16 所示电路中，设负载为三相异步电动机，其功率 $P=2.5\text{kW}$，$\cos\varphi=0.866$，线电压 $U_l=380\text{V}$。试求图中两个功率表的读数。

解 要求功率表的读数，可利用式（4-20）求出，即

$$P_1=U_{AC}I_A\cos(\varphi-30°)=U_l\frac{P}{\sqrt{3}U_l\cos\varphi}\cos(\varphi-30°)$$

$$=\frac{2.5}{\sqrt{3}\times0.866}\cos(\arccos0.866-30°)\ \text{kW}$$

$$=1.668\text{kW}$$

$$P_2=U_{BC}I_B\cos(\varphi+30°)=\frac{U_lP}{\sqrt{3}U_l\cos\varphi}\cos(\varphi+30°)$$

$$=\frac{2.5}{\sqrt{3}\times0.866}\cos(\arccos0.866+30°)\ \text{kW}$$

$$=0.833\text{kW}$$

可以验证：$P=P_1+P_2=2.5\text{kW}$，与给定电动机的额定值一致。

4.5 三相电路的仿真分析

利用 EWB 可以对三相交流电路进行仿真研究，依据三相交流电路的特征，分别对负载的对称和不对称情况下的电路中电流、电压进行仿真研究，应用的元件和仪器分别包括在基本元件库（Basic）、信号源库（Sources）、指示器件库（Indicators）和仪器库（Instruments）中。

例 4-7 三相对称电路如图 4-17 所示，已知 $u_A=120\sqrt{2}\sin314t$ V，阻抗 $Z=(8+j6)\Omega$，利用 EWB 仿真出相电流和中线电流的值。

解 1）首先从基本元件库（Basic）中选取电阻和电感元件，双击元件符号，打开电阻属性（Resistor Properties）对话框，选中“Value”卡，将电阻值均设为 8Ω，电感值均设为 19.1mH。从电源库（Sources）中选取三个交流电压源，双击元件符号，将电压源的有效值设为 120V，频率设为 50Hz，相位分别设为 0°、120°和 240°。同样从指示器件库（Indicators）中选取电流表器件，双击器件符号，将电流表的属性设为交流（AC）。为了使得电路元件排放规则，可以利用工具按钮中的按钮（Rotate、Flip Horizontal 和 Flip Vertical）将水平放置的元件设置为上下翻转、水平转向和垂直放置，然后按照电路结构，连接元

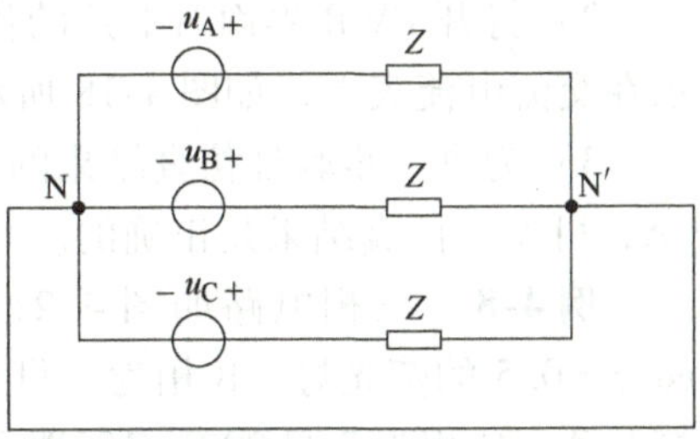

图 4-17 例 4-7 图

器件。图4-17的仿真连线图如图4-18所示。电压源的属性对话框如图4-19所示，电流源的属性对话框如图4-20所示，注意仿真电路必须有接地参考点。

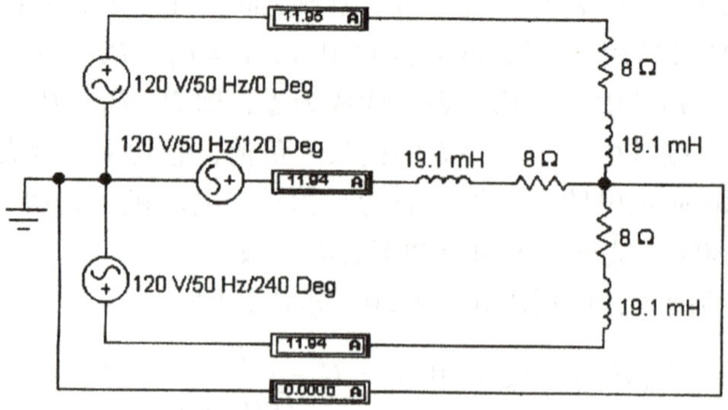

图4-18 图4-17的仿真连线图

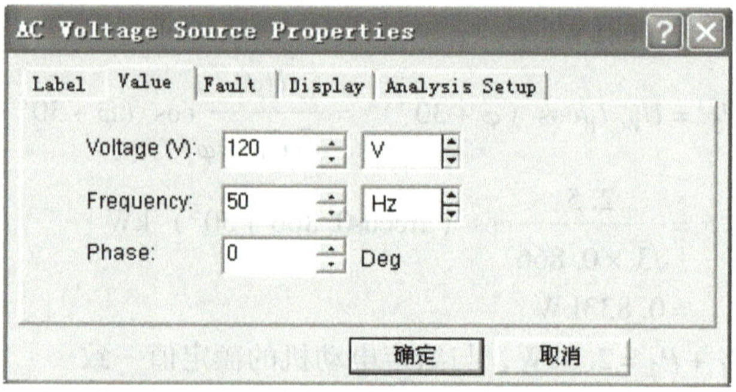

图4-19 电压源的属性对话框

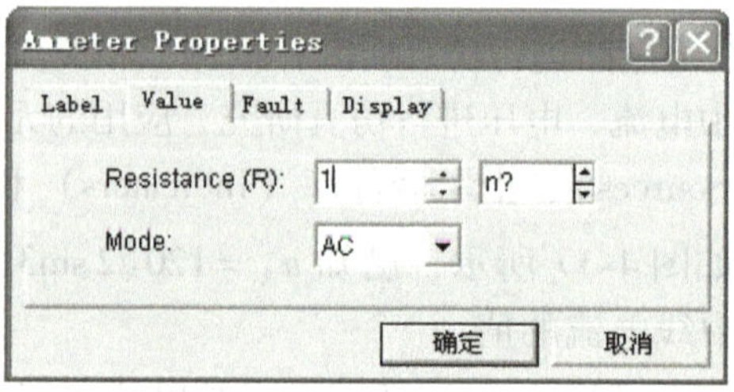

图4-20 电流源的属性对话框

2）打开EWB界面右上角的仿真开关，系统开始仿真，各个支路电流的仿真结果将显示在交流电流表上，如图4-18所示。

3）为进一步验证仿真结果的正确性，可计算图4-17的理论值。$I_1=I_2=I_3=12\text{A}$、$I_N=0\text{A}$，可见，仿真结果是正确的。

例4-8 三相电路如图4-21所示，电源电压为380V/220V。A相为一只220V/40W、$\cos\varphi=0.5$的荧光灯，B相为一只220V/40W、$\cos\varphi=0.5$的荧光灯和220V/40W的一盏白炽灯并联，C相为5只220V/100W的白炽灯并联。利用EWB仿真出：1）S闭合时负载的相电压、相电流和中性点之间的电压、中性线电流；2）S断开时负载的相电压、相电流和中性点之间的电压、中性线电流。

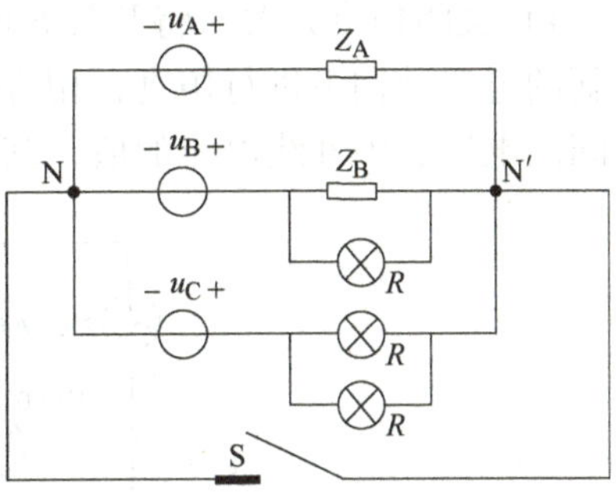

图 4-21　例 4-8 图

解　1）在画出 EWB 的仿真图之前，需计算电路中的参数。荧光灯电路用电阻和电感串联模型来代替，白炽灯用电阻模型来代替。根据已知条件可知，A 相和 B 相荧光灯的等效电感和电阻可通过下式求出：

$$|Z_A| = |Z_B| = \frac{U_p^2\cos\varphi}{P} = \frac{220^2 \times 0.5}{40}\Omega = 605\Omega$$

$$R_A = R_B = |Z_A|\cos\varphi = 605 \times 0.5\Omega = 302.5\Omega$$

$$L = \frac{X_L}{\omega} = \frac{|Z_A|\cos\varphi}{\omega} = \frac{605 \times 0.5}{314}\text{H} = 0.963\text{H}$$

白炽灯的等效电阻为

$$R = \frac{U_p^2}{P} = \frac{220^2}{100}\Omega = 484\Omega$$

由于 C 相为 5 只 220V/100W 的白炽灯并联，所以 C 相的等效阻抗为

$$Z_C = \frac{R}{5} = \frac{484}{5}\Omega = 96.8\Omega$$

2）在 EWB 平面上画仿真图，首先从基本元件库（Basic）中选取电阻和电感元件，双击元件符号，打开电阻属性（Resistor Properties）对话框，选中“Value”卡，将电阻和电感设为相应的值。从电源库（Sources）中选取三个交流电压源，双击元件符号，将电压源的有效值设为 220V，频率设为 50Hz，相位分别设为 0°、120° 和 240°。同样从指示器件库（Indicators）中选取电压表和电流表器件，双击器件，将其属性设为交流（AC）。然后按照图 4-21 的电路结构，连接元器件。仿真连线图如图 4-22 所示。注意仿真电路必须有接地参考点。

3）将开关 S 闭合，打开 EWB 界面右上角的仿真开关，系统开始仿真，各个支路的相电压、相电流以及中性点之间的电压、中性线电流的仿真结果将显示在交流电流表上，如图 4-22所示。

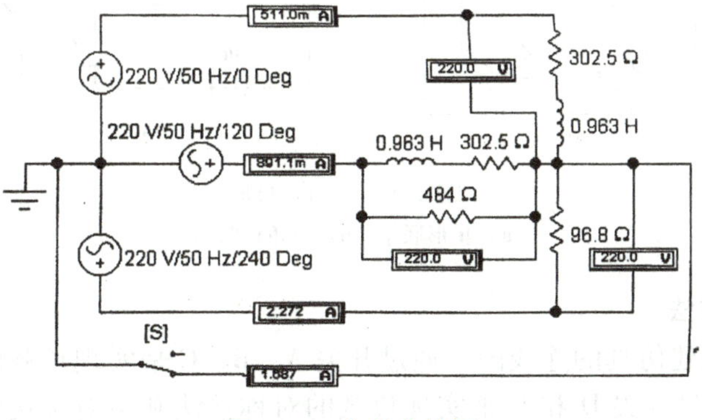

图 4-22　仿真连线图

4）关闭仿真开关，将开关 S 断开，然后打开 EWB 界面右上角的仿真开关，系统开始在新的电路结构下进行仿真，相应的指示仪表显示了各个支路的相电压、相电流以及中性点之间的电压、中性线电流的值，其仿真结果如图 4-23 所示。

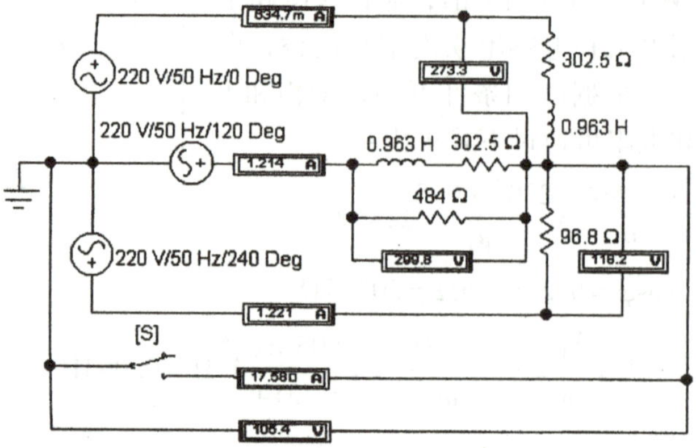

图 4-23 开关断开后的仿真结果

5）为进一步验证仿真结果的正确性，可计算图 4-21 的理论值。这里的计算结果省略。由理论计算结果可知仿真结果的正确性。

下面从验证性实验的角度来介绍利用 EWB 仿真三相交流电路分析方法的具体过程。

例 4-9 用 EWB 验证三相电路中负载对称和不对称时电压和电流的线值与相值关系。

1. 实验目的

1）学习负载的星形和三角形联结方法。

2）学习利用 EWB 验证三相电路中负载对称和不对称时电压和电流的线电压、线电流与相电压、相电流的关系。

3）学习 EWB 中虚拟仪器电压表、电流表的使用方法以及电源库、接地点的使用方法。

2. 实验原理 实验原理如图 4-24 所示。

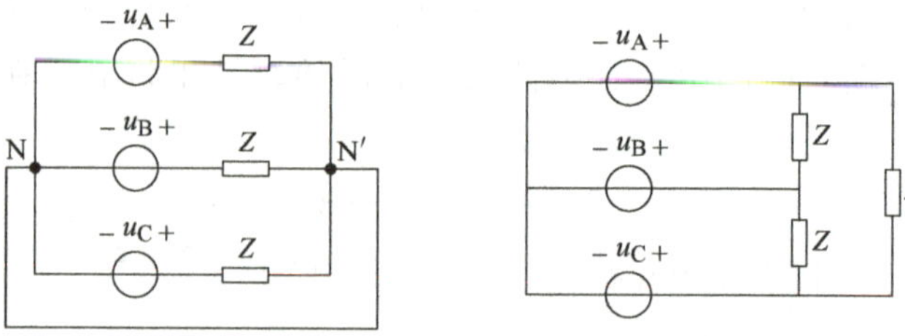

a) b)

图 4-24 实验原理

a）星形联结 b）三角形联结

3. 实验内容和方法

1）在 EWB 中创建仿真的连线图。通过开关 A、B、C 来实现负载的星形联结和三角形联结之间的转换，通过开关 D 和 E 来实现负载的对称接法和不对称接法之间的转换，电路连线及仿真连线如图 4-25 所示。注意，各支路中应串入虚拟的交流电压表和交流电流表，以便测量各支路的电压和电流。

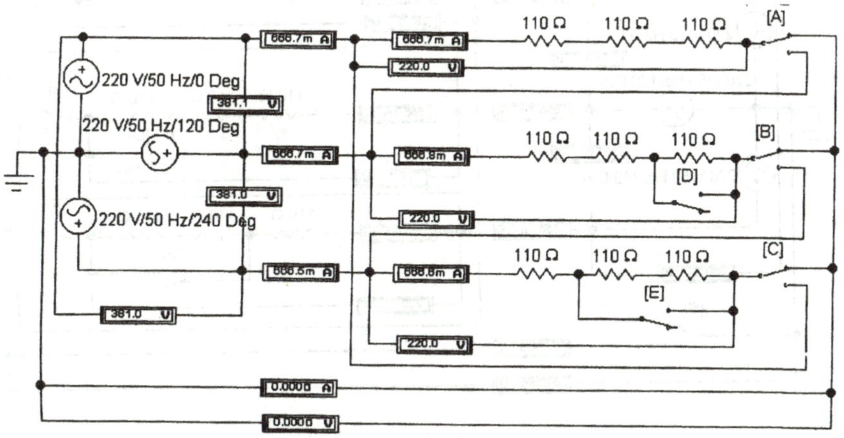

图 4-25　电路连线及仿真连线图

2）将开关 A、B、C 掷于上端，电路作星形联结，同时开关 D、E 掷于下端，负载处于对称运行状态，此时打开仿真开关，仿真结果如图 4-25 所示，同时将仿真结果填入表 4-1 中。

表 4-1　负载星形联结的仿真结果

负载		负载对称		负载不对称	
		有中性线	无中性线	有中性线	无中性线
线电压	U_{AB}/V	381.0	381.0	381.0	381.0
	U_{BC}/V	380.0	380.0	381.0	381.0
	U_{CA}/V	380.0	380.0	381.0	381.0
相电压	U_A/V	220.0	220.0	220.0	274.9
	U_B/V	220.0	220.0	220.0	249.8
	U_C/V	220.0	220.0	220.0	151.0
	$U_{NN'}$/V	0.0	0.0	0.0	72.11
电流	I_A/mA	666.7	666.7	666.8	833.0
	I_B/mA	666.8	666.8	1000.0	1136.0
	I_C/mA	666.6	666.6	2000.0	1373.0
	I_N/mA	0.0	0.0	1202.0	0.001

3）开关 A、B、C、D 和 E 的位置不变，关闭仿真开关，将开关 S 掷于下端，中性线断开，然后再次打开仿真开关，中性线断开时的仿真图如图 4-26 所示，同时将仿真结果填入表 4-1 中。同理，将开关 D、E 掷于上端，可仿真出负载做不对称运行时，有无、中性线两种情况下的结果，见表 4-1。

4）将开关 A、B、C 掷于下端，电路作三角形联结，同时开关 D、E 掷于下端，负载处于对称运行状态，此时打开仿真开关。负载作三角形联结且对称时的仿真图如图 4-27 所示，同时将仿真结果填入表 4-2 中。同理，将开关 D、E 掷于上端，可仿真出负载做不对称运行时的结果，见表 4-2。

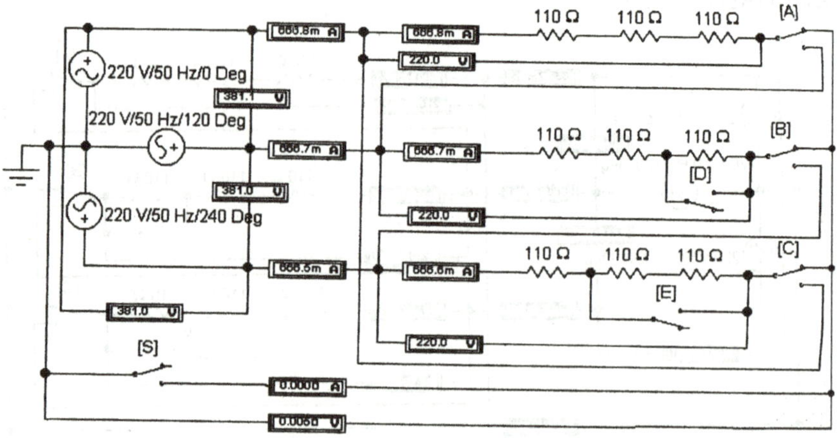

图 4-26 中性线断开时的仿真图

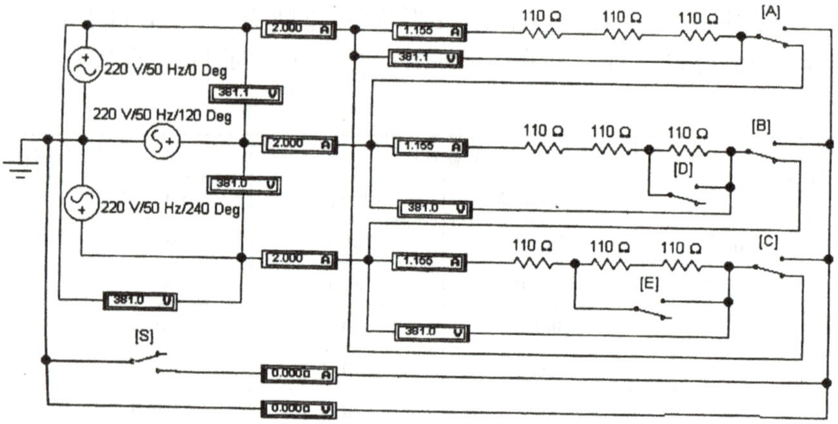

图 4-27 负载作三角形联结且对称时的仿真图

表 4-2 负载三角形联结时的测量值

负载	电压/V			线电流/A			相电流/A		
	U_{AB}	U_{BC}	U_{CA}	I_A	I_B	I_C	I_{AB}	I_{BC}	I_{CA}
负载对称	381.1	381.1	381.1	2.0	2.0	2.0	1.155	1.155	1.154
负载不对称	381.0	381.0	381.1	4.164	2.516	4.583	1.155	1.732	3.465

5）为进一步验证仿真结果的正确性，可计算上述情况的理论值。这里计算结果省略。由理论计算结果可知仿真结果的正确性。

小 结

1. 三相电动势是由三相交流发电机产生的，对称的三相电源是指三相电源的电压幅值相等、频率相同、相位上彼此相差 120°。对称三相负载和对称三相电源组成的电路，称为对称三相电路。在对称三相电路中，其相电压、相电流、线电压及线电流均是对称的。

2. 三相电路的负载及电源的联结均有Y和△联结两种，通常三相电源的联结方式为Y。

3. 负载作Y联结的电路，在对称负载情况下有 $U_l=\sqrt{3}U_p$，相位上 U_l 超前 U_p30°，电流之间的关系为 $I_l=I_p$；若负载不对称，则分别计算。

4. 不对称负载作星形联结时，采用三相四线制，这时负载能获得对应三相电压，中性线的作用是保证每相负载获得与电源电压基本相等的端电压，以确保三相负载能够正常工作。

5. 负载作△联结的电路，在负载对称情况下有 $U_l=U_p$，$I_l=\sqrt{3}I_p$，相位上，线电流滞后相电流 30°；若负载不对称，则逐相计算。

6. 三相电路的功率有平均功率、无功功率、视在功率、瞬时功率。三相电路的瞬时功率之和为一常值，其值等于平均功率。这是对称三相电路的一个优越性能。三相电路功率的测量可采用三表法和二表法。前者适用于三相四线制电路，后者适用于三相三线制电路。若负载对称的三相四线制电路也可以用一表法测量。

7. 三相电路中的支路电压和电流可以采用 EWB 进行仿真。通过仿真可以验证电路分析的正确性。

习　题

4-1　三相电动机的 3 个绕组的 6 个端头分别接在一块接线板上，如图 4-28 所示。每个绕组的额定电压为 220V，问当对称三相电源的线电压为 380V 及 220V 时，各端头与电源线应如何接线？

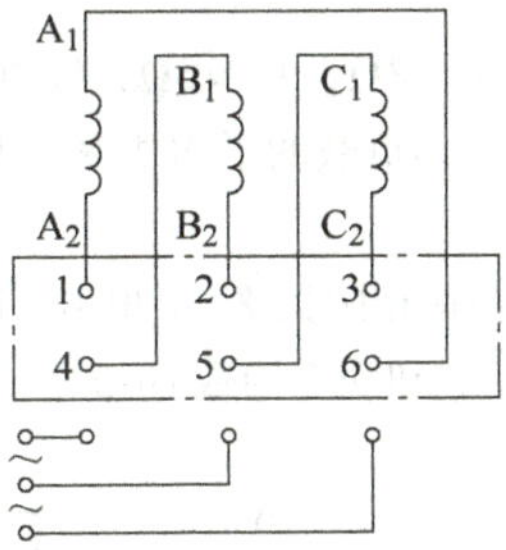

图 4-28　题 4-1 图

4-2　一台三相变压器的三相作绕组作星形联结，每相额定电压为 220V，出厂试验时测得相电压 $U_A=U_B=U_C=220\text{V}$，但线电压却为 $U_{AB}=U_{CA}=220\text{V}$，$U_{BC}=380\text{V}$，试问这种现象是如何造成的？画出相量图并指出改正办法。

4-3　已知对称三相电源的 B 相电压的瞬时值 $u_B=311\sin(\omega t-90°)\text{V}$，试写出其他各相电压的瞬时表达式、相量表达式，并画出相量图。

4-4　已知对称三相电源作星形联结，其线电压 $u_{AB}=380\sqrt{2}\sin(\omega t+60°)\text{V}$，试写出相电压 u_A、u_B 和 u_C 的瞬时表达式和相量表达式。

4-5　某对称三相电路，负载作星形联结时线电压为 380V，负载 $R=10\Omega$，$X_L=15\Omega$，求负载的相电流为多少？

4-6　图 4-29 所示三相电路的电源线电压 $U_l=380\text{V}$，每相负载阻抗均为 10Ω，试问这能否成为对称三相负载和对称三相电路？试计算各相电流和中性线电流，并画出相量图。

4-7 三相对称电路如图4-30所示，线电压 $\dot{U}_{AB}=380\angle 0°$V，$\omega L=76\Omega$，$R=44\Omega$，试求：1）$\dot{I}_A$、$\dot{I}_{A1}$、$\dot{I}_{A2}$；2）电路的总有功功率。

4-8 拟选用额定电压为220V的负载组成三相电路，已知负载阻抗 $Z=20\angle 45°\Omega$，对于线电压为380V和220V的两种电源，负载应如何连接？试求出上述两种情况下的相电流和线电流。

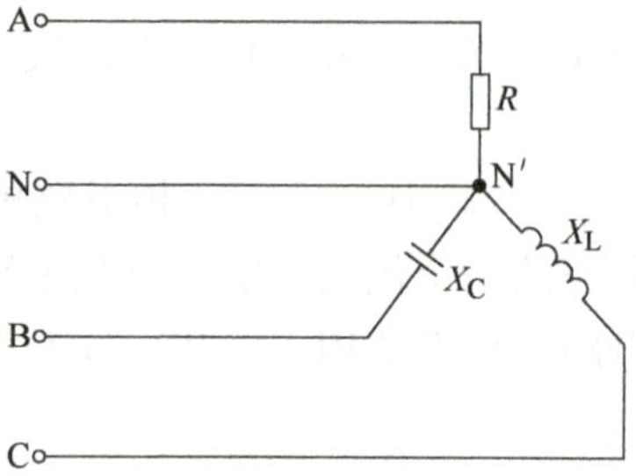

图4-29 题4-6图

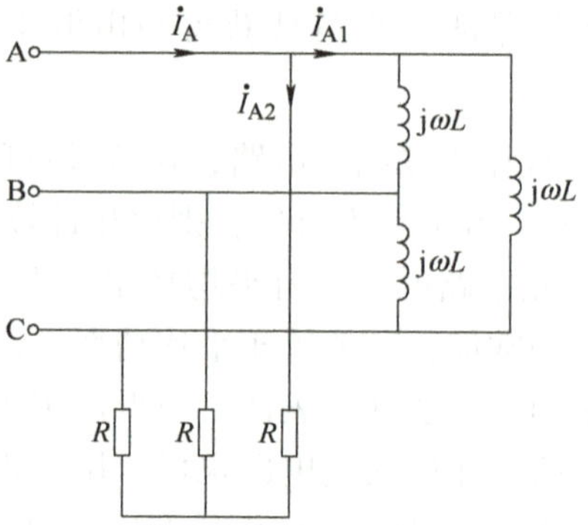

图4-30 题4-7图

4-9 在图4-31所示电路中，已知线电压为380V，$Z=(50+j50)\Omega$，$Z_1=(100+j100)\Omega$，Z_A 为 R、L、C 串联组成，$R=50\Omega$，$X_L=314\Omega$，$X_C=264\Omega$。求：1）开关打开时的线电流；2）开关闭合时的线电流。

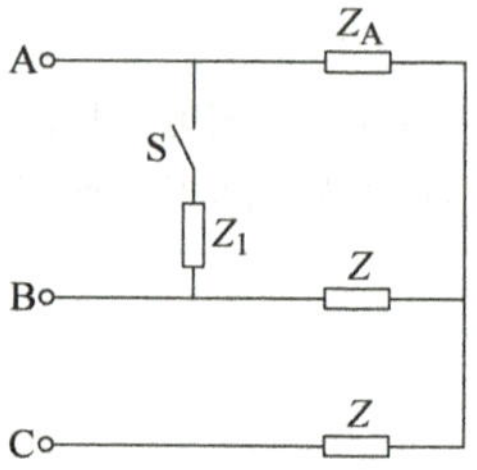

图4-31 题4-9图

4-10 在图4-32所示对称三相电路中，电流表读数为4A，电压表读数为380V，复阻抗 $Z=|Z|\angle 60°\Omega$，试求三相电路的有功功率 P、无功功率 Q 和视在功率 S。

4-11 三相电路如图4-33所示，每相 $R=8\Omega$，$X_L=6\Omega$，线电压为380V。试求：1）每相负载的相电流和线电流；2）三相负载的平均功率、无功功率和视在功率的大小。

4-12 对称三相负载作星形联结，已知每相阻抗 $Z=(30.8+j23.1)\Omega$，电源的线电压 $U_l=380$V。试求三相功率 S、P、Q 和功率因数 $\cos\varphi$。

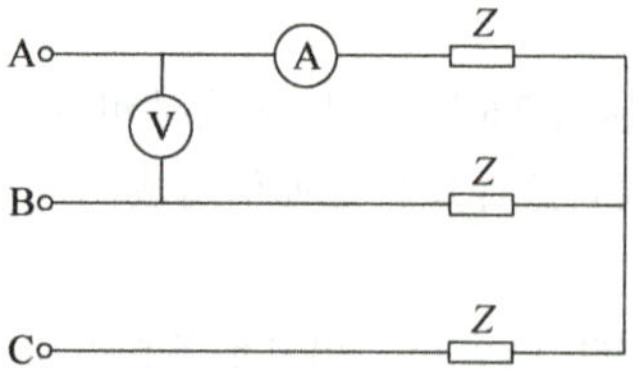

图4-32 题4-10图

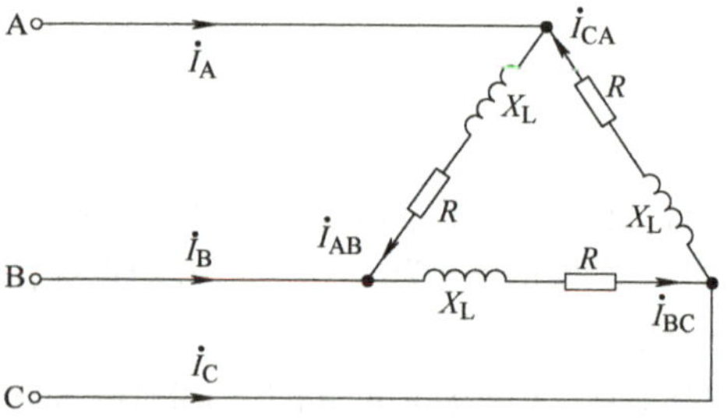

图4-33 题4-11图

4-13 已知负载为三角形联结的对称三相电路，其线电流 $I_l=25.5$A，有功功率 $P=7760$W，功率因数 $\cos\varphi=0.8$，求电源的线电压 U_l、电路的视在功率 S 和负载的每相阻抗 Z。

4-14 线电压为380V的对称工频电源上接一个三角形联结的对称三相电阻炉，电路如图4-34所示，其线电流为10A，在端线A和B之间接有一个功率因数为0.866、电流为5A的感性负载。试求：1）电阻炉每相电阻和感性负载上的 R_1 和 L_1 的值；2）电源A线上的总电流 I_A；3）负载总的有功功率。

4-15　有一台星形联结的发电机，其相电流为1380A，线电压为9300V，功率因数为0.80，求此发电机提供的有功功率、无功功率和视在功率。

4-16　在图4-35中，已知线电压 $U_l=220\text{V}$，复阻抗 $Z=R+\text{j}X$，电流表读数为17.3A，$P=4.5\text{kW}$。试求：1）每相的 R 和 X_L；2）A线断开时各表的读数和总功率 P。

4-17　在图4-36所示电路中，电源线电压 $U_l=380\text{V}$，$Z_Y=(4+\text{j}3)\Omega$，$Z_\triangle=10\Omega$，求端线上的线电流。

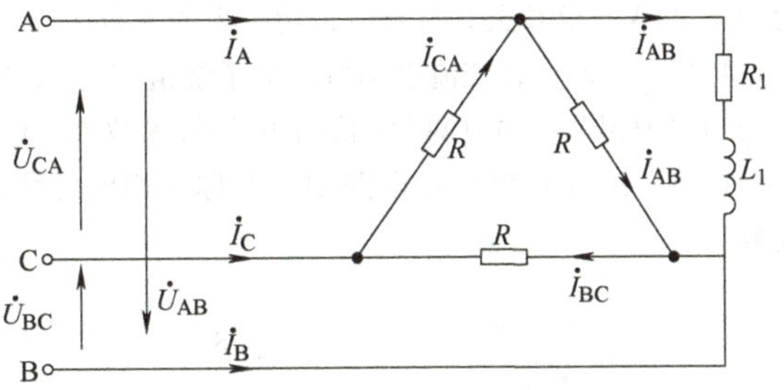

图4-34　题4-14图

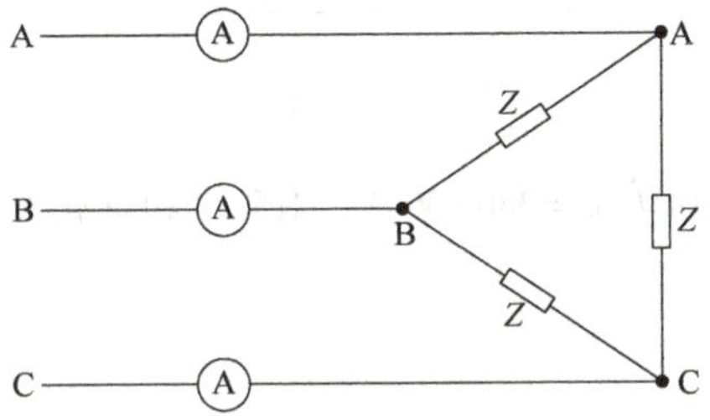

图4-35　题4-16图

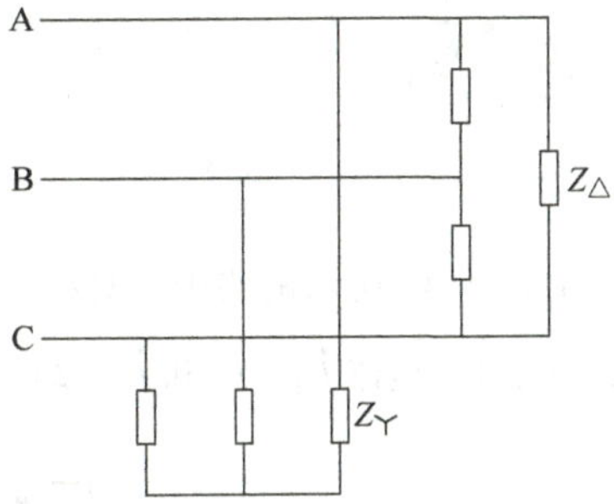

图4-36　题4-17图

4-18　在图4-37所示对称三相电路中，电源线电压 $U_l=380\text{V}$，线电流 $I_l=4\text{A}$，功率表 W_1 的读数为760W，求：1）负载的阻抗角 φ；2）功率表 W_2 的读数 P_2；3）三相负载消耗的总功率 P。

4-19　在图4-38所示电路中，对称三相电源的线电压 $\dot{U}_{AB}=380\underline{/30^\circ}\text{V}$，对称三相负载 $R=300\Omega$，$\dfrac{1}{\omega C}=100\Omega$。求：1）电流 $\dot{I}_{A1}$、$\dot{I}_{A2}$ 和 $\dot{I}_A$；2）功率表的读数。

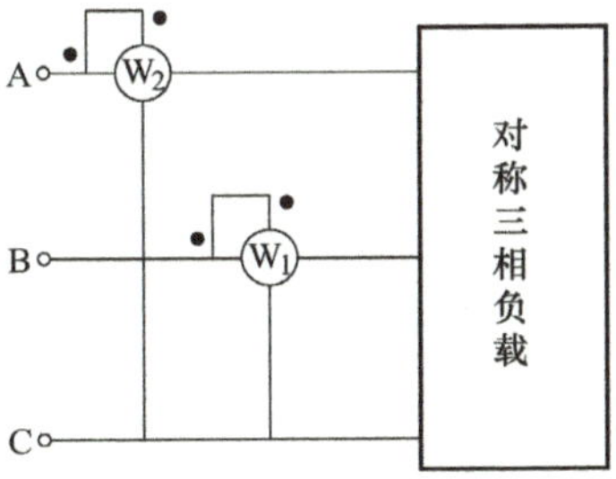

图4-37　题4-18图

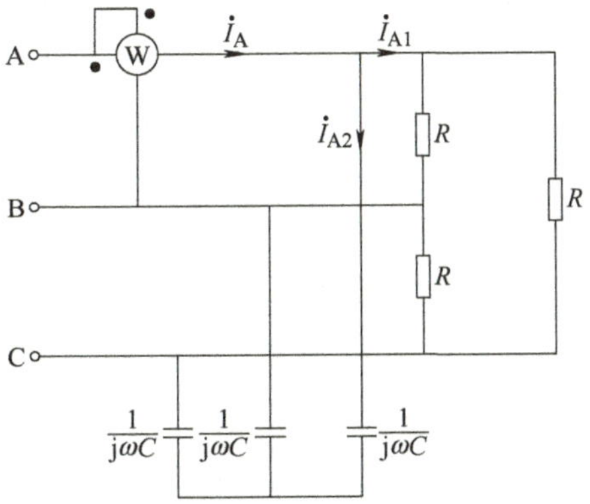

图4-38　题4-19图

4-20　某三角形联结的不对称三相负载接于线电压为380V的对称电源上，负载 $Z_{AB}=(5+\text{j}5\sqrt{3})\Omega$，$Z_{BC}=(5+\text{j}5\sqrt{3})\Omega$，$Z_{CA}=(5-\text{j}5\sqrt{3})\Omega$。试求各相电流和各线电流。

4-21　在图4-39所示电路中，对称Y-△三相电路，$U_{AB}=380\text{V}$，功率表 W_1 读数为782W，W_2 读数

为1976.44W。求开关S打开后，功率表的读数。

4-22　一台三相交流电动机，定子绕组Y联结，接于线电压为380V的三相电源上。测得线电流为6A，有功功率为3kW。试计算每相绕组的等效参数R、X_L的值。

4-23　在图4-40所示电路中，对称三相电源线电压为380V，$Z=50\angle 60°\Omega$。试求电流表和功率表的读数。

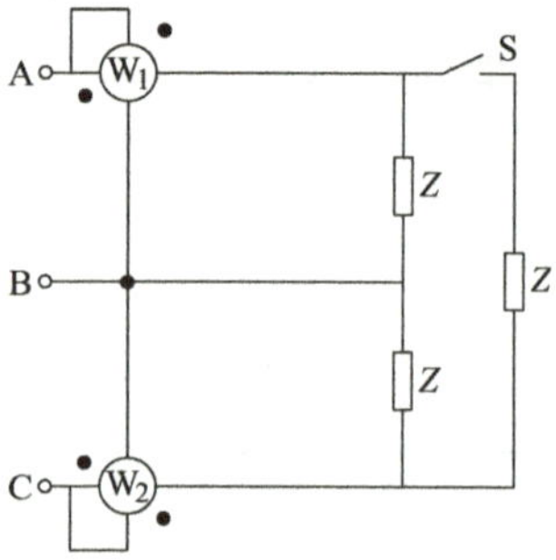

图4-39　题4-21图

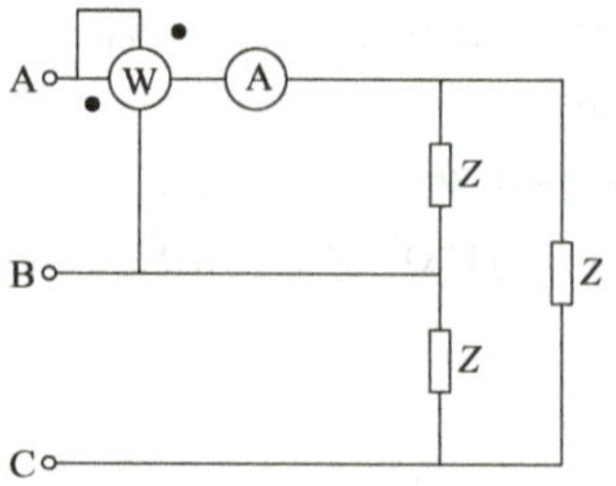

图4-40　题4-23图

4-24　在图4-41所示电路中，对称三相电源的线电压$\dot{U}_{AB}=380\angle 30°$V，对称三相负载$R=100\Omega$，$\frac{1}{\omega C}=100\Omega$。求：1）电流$\dot{I}_{a1}$、$\dot{I}_{a2}$和$\dot{I}_A$；2）功率表的读数。

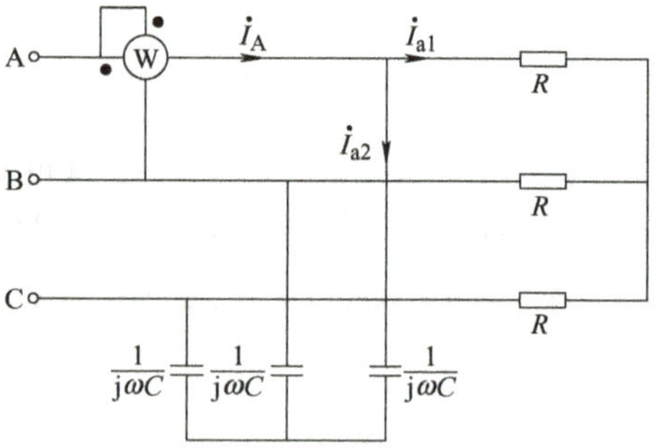

图4-41　题4-24图

第5章　电路的时域分析

本章以电子技术中广泛应用的 RC 一阶电路为例，着重研究换路定律、一阶电路零输入、零状态和全响应、求解一阶电路的三要素法以及 RC 串联电路对矩形波电压的响应。

5.1　概述

5.1.1　时域响应的概念

电路的响应是指电路中的电压、电流等物理量在信号源或电路中储能元件初始储能作用下所发生的变化，引起这些响应的信号源或电路中储能元件的初始储能称为激励。时域响应是指在激励的作用下，电路中的响应随时间变化的规律，即 $u(t)$、$i(t)$ 等。

前几章所讨论的电路，无论是直流电路还是交流电路，都是处于稳定状态的电路。所谓稳定状态，是指电路中的电压和电流等物理量在给定条件下已达到某一稳定值，对于正弦交流电，其稳定状态是指其幅值达到某一稳定值。稳定状态简称稳态。

当电路接通、断开以及电路的参数、结构和激励等突然改变时，电路的运行状态将发生变化。其中，电压、电流等物理量将从原来的稳定值变化到新的稳定值。如图 5-1 所示，当开关 S 合向 b 时，电路未接通电源且处于稳定状态，即电阻 R 中电流 $i=0$，电容两端电压 $u_C=0$，当 $t=0$ 时开关 S 由 b 合向 a，电路与直流电源接通，电压源通过电阻 R 对电容 C 充电，电容两端电压 u_C 由零逐渐上升，最后与 u_s 平衡，即 $u_C=u_s$，而充电电流 i 在 $t=0$ 瞬间突然从零增至 u_s/R，随即逐渐下降至零，充电结束时，$u_C=U_s$，$i=0$，电路达到第二稳定状态。显然，上述电路从一种稳定状态转变到另一种稳定状态需要一个过渡过程，通常称为电路的过渡过程。与稳态相比，电路的过渡过程所经历的时间非常短暂，故又称电路的过渡过程为暂态过程。

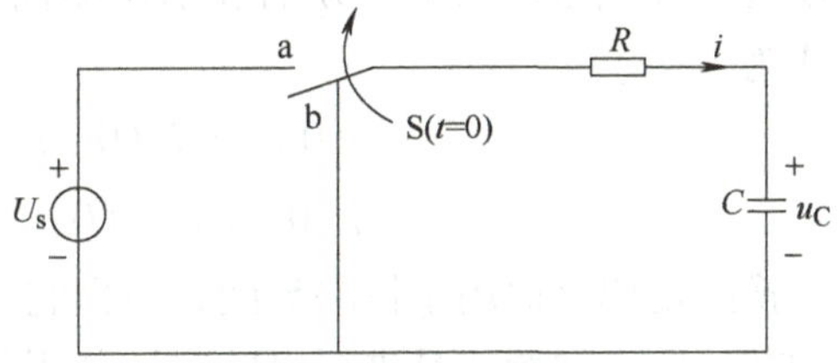

图 5-1　RC 电路的转换

5.1.2　暂态过程的产生

如前所述，电路中的暂态过程是由于电路的接通、断开以及电路的参数、结构和激励的突然改变等原因所致。为叙述方便，将电路状态的这些改变统称为换路。然而并不是所有的电路在换路时都产生暂态过程，换路只是产生暂态过程的外因，内因是电路中存在储能元件：电感 L 和电容 C。

储能元件中的能量不能跃变，是电路产生暂态过程的主要原因。能量既不可能无中生有，也不可能无由消失，它只能从一种形式转换成另一种形式，从一个储能元件传递到另一个储能或耗能元件，在转换和传递过程中，能量的积累或衰减都需要一定的时间，否则将意味着无穷大功率的存在，即 dW/dt 等于无穷大，显然，这是不存在的。功率是有限的，能量只能作连续变化。正如火车、汽车的速度不能跃变，是因为它们的动能不能跃变；电动机的温升(比周围环境温度高出之值)不能跃变，是因为其热能不能跃变等。在电路中，电感线圈储存的磁场能量为 $W_L = Li_L^2/2$，电容器储存的电场能量为 $W_C = Cu_C^2/2$，由于能量不能跃变，所以电感中的电流 i_L 和电容两端的电压 u_C 也都不可能发生跃变。

i_L 和 u_C 不能跃变还可从另外一个角度来证明，如果 i_L 可以跃变，则电感两端的电压 $u_L = L\mathrm{d}i_L/\mathrm{d}t$ 将等于无穷大；如果 u_C 可以跃变，则电容中的电流 $i_C = C\mathrm{d}u_C/\mathrm{d}t$ 将等于无穷大。显然，无穷大的电压和电流是不存在的，所以 i_L 和 u_C 不能跃变。

5.1.3 换路定律与电路初始值的确定

综上所述，电感中的电流 i_L 和电容两端的电压 u_C 不能跃变，它们都是时间的连续函数。设 $t=0$ 为换路瞬间，并以 $t=0_-$ 表示换路前的最终瞬间，$t=0_+$ 表示换路后的初始瞬间，则从 $t=0_-$ 到 $t=0_+$，即换路前后瞬间，电感中的电流和电容两端电压不能跃变，这就称为换路定律。

如果用 $i_L(0_-)$ 和 $i_L(0_+)$ 分别表示换路前后瞬间电感中的电流；用 $u_C(0_-)$ 和 $u_C(0_+)$ 分别表示换路前后瞬间电容两端的电压；$\psi(0_+)$ 和 $\psi(0_-)$ 分别表示换路前后瞬间电感中的磁通链；$q(0_+)$ 和 $q(0_-)$ 分别表示换路前后瞬间电容储存的电荷量；则换路定律的数学表达式为

$$\left.\begin{aligned} i_L(0_+) &= i_L(0_-) \\ u_C(0_+) &= u_C(0_-) \end{aligned}\right\} \quad \text{或} \quad \left\{\begin{aligned} \psi(0_+) &= \psi(0_-) \\ q(0_+) &= q(0_-) \end{aligned}\right. \tag{5-1}$$

换路定律仅适用于换路瞬间，根据它可确定 $t=0_+$ 时电路中的电压、电流值，即暂态过程的初始值。初始值是进行电路时域分析的必要条件。

例 5-1 已知图 5-2 所示电路换路前已处于稳定状态。$t=0$ 时，开关 S 由 b 点合向 a 点，电路与电源接通，求电源接通瞬间各元件上的电压和各支路中的电流。

解 因为换路前电路已处于稳态，则电感中的电流和电容两端电压均为零。根据换路定律则有

$$i_1(0_+) = i_1(0_-) = 0$$
$$i_4(0_+) = i_4(0_-) = 0$$
$$u_{C2}(0_+) = u_{C2}(0_-) = 0$$
$$u_{C4}(0_+) = u_{C4}(0_-) = 0$$

画出 $t=0_+$ 时的等效电路，如图 5-3 所示，再根据欧姆定律求出其他初始值，所求数据见表 5-1。

由表 5-1 可知，虽然电容两端电压不能跃变，但其中的电流 i_C 可以跃变；虽然电感中的电流不能跃变，但其两端的电压 u_L 可以跃变；而电阻元件两端的电压和其中的电流均可跃变。

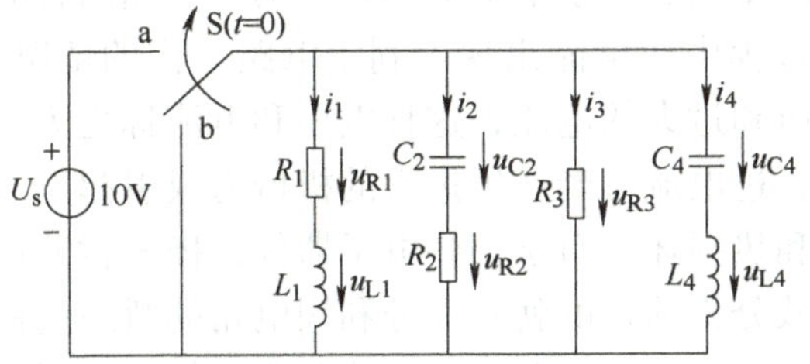

图 5-2　例 5-1 图

R_1、$R_3=1\text{k}\Omega$，$R_2=2\text{k}\Omega$，$C_2=5\mu\text{F}$

$C_4=10\mu\text{F}$，$L_1=0.1\text{H}$，$L_4=0.2\text{H}$

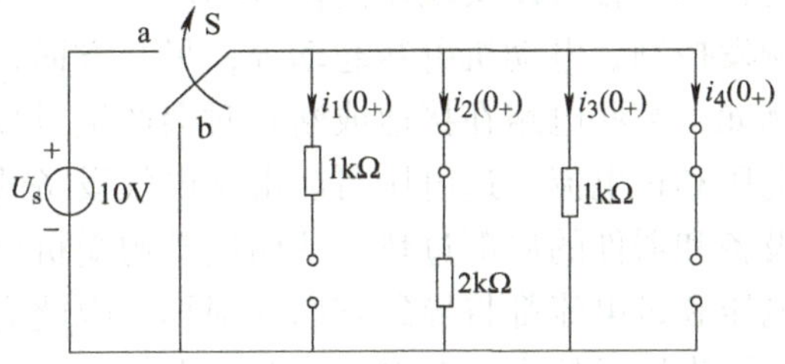

图 5-3　$t=0_+$ 时的等效电路图（例 5-1）

表 5-1　数据表

	i_1	i_2	i_3	i_4	u_{L1}	u_{L4}	u_{C2}	u_{C4}	u_{R1}	u_{R2}	u_{R3}
单位	mA				V						
$t=0_-$	0	0	0	0	0	0	0	0	0	0	0
$t=0_+$	0	5	10	0	10	10	0	0	0	10	10

例 5-2　电路仍如图 5-2 所示。如果 S 由 b 点合向 a 点且电路稳定后 S 再由 a 点合向 b 点，求换路瞬间各元件上的电压及各支路中的电流。

解　开关 S 在 a 点且电路处于稳态时，各电压、电流的稳态值可根据电容对直流相当于断路、电感对直流相当于短路以及电阻电路的欧姆定律等原则来确定；而开关 S 由 a 点合向 b 点的瞬间，各电压、电流的初始值由换路定律和欧姆定律来确定。计算结果见表 5-2。

表 5-2　计算结果

	i_1	i_2	i_3	i_4	u_{L1}	u_{L4}	u_{C2}	u_{C4}	u_{R1}	u_{R2}	u_{R3}
单位	mA				V						
$t=0_-$	10	0	10	0	0	0	10	10	10	0	10
$t=0_+$	10	-5	0	0	-10	-10	10	10	10	-10	0

由上述例题的分析与计算可以看出，当储能元件没有初始储能时，即 $u_C(0_-)=0$、$i_L(0_-)=0$，换路瞬间，电容相当于短路，电感相当于断路；当储能元件有初始储能时，即 $u_C(0_-)=U_0$、$i_L(0_-)=I_0$，换路瞬间，电容可等效成一个电压为 U_0 的恒压源，电感可等效成一个电激流为 I_0 的恒流源。例题 5-2 换路后的瞬间，即 $t=0_+$ 时的等效电路如图 5-4 所示。

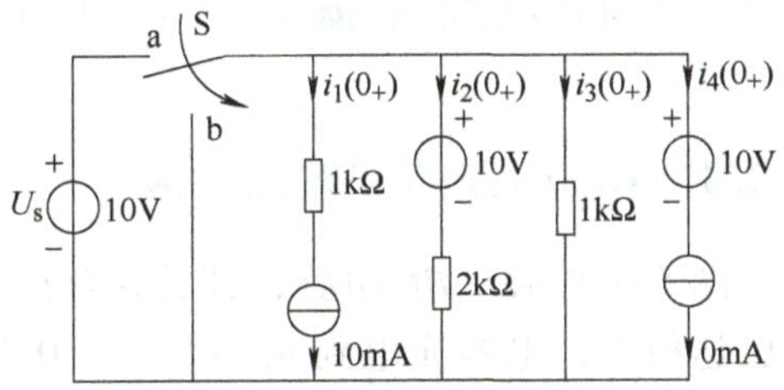

图 5-4　$t=0_+$ 时的等效电路（例 5-2）

5.1.4　时域分析的意义及方法

时域分析主要是研究暂态过程中，在激励作用下电路各部分电压和各支路电流随时间变化的规律。虽然电路中的暂态过程很短暂，但分析暂态过程却十分重要。一方面，利用电路的暂态过程可以实现振荡信号的产生、信号波形的变换、电子继电器的延时动作、晶闸管的触发控制、电动机电容起动等；另一方面，暂态过程中还可能出现不利于电路工作的情况，例如，某些电路在接通或断开时会产生过高的电压和过大的电流，这种电压和电流称之为过电压和过电流。过电压可能击穿电气设备的绝缘，过电流可能产生过大的机械力或引起电气设备和器件的局部过热，从而使其遭受机械损坏和热损坏。对于某些电子器件，极短暂的过电压和过电流都将导致它们的损坏。因此进行时域分析的目的就是充分利用电路的暂态过程特性来满足技术上对电气线路和电气装置的性能要求，同时又要尽量防止和避免暂态过程所产生的危害。

时域分析的最基本方法是经典法。其实质是根据欧姆定律和基尔霍夫定律列写表征该电路运行状态、以时间 t 为自变量的微分方程，然后再利用已知的初始条件求解。只有一种储能元件的电路，其暂态过程可以用一阶微分方程描述，称为一阶电路；而有两种储能元件的电路，其暂态过程可以用二阶微分方程描述，称为二阶电路。没有储能元件的电路，则没有暂态过程。

练习与思考

5-1-1 什么叫换路定律？它的理论基础是什么？

5-1-2 已知图 5-5 所示电路换路前已处于稳态。$t=0$ 时，电路换路。试求换路后电路的初始值。

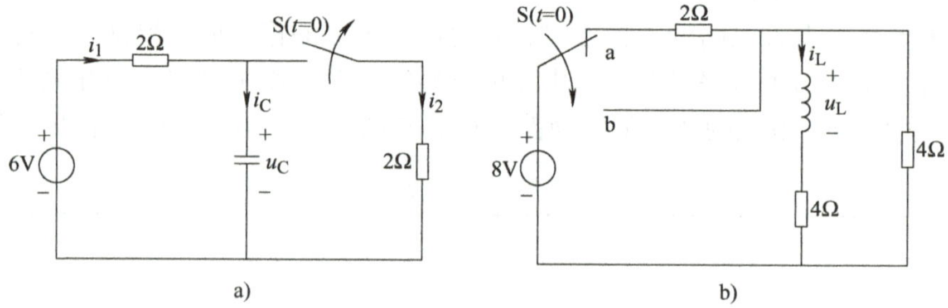

图 5-5 练习与思考 5-1-2 图

5.2 一阶电路零输入、零状态和全响应

5.2.1 RC 电路的零输入响应

图 5-6 所示一 RC 电路，开关 S 合在 a 点时，电路已达稳态，电容充电到 $u_C=U$。$t=0$ 时，将开关 S 从 a 点合向 b 点，这时电容 C 将通过电阻 R 放电，即把原来电容中储存的电场能量释放给电阻并消耗掉，与此同时，放电电流 i 和电容两端电压 u_C 将逐渐减小至零，电路达到新的稳态，这就是 RC 电路的放电过程。由于换路后该电路的响应完全是靠储能元件的初始储能做激励，没有外界能量的输入，

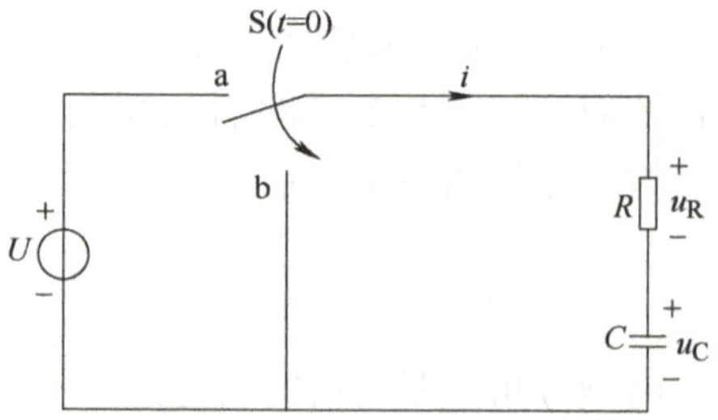

图 5-6 RC 电路

因此，电路中发生的暂态过程称为零输入响应。下面将要讨论的是换路后电路中的电压和电流随时间变化的规律。

根据 KVL 列写换路后表征电路运行状态的方程，即

$$u_C + iR = 0 \tag{5-2}$$

在图 5-6 所示关联参考方向下，i 和 u_C 之间的关系是

$$i = C\frac{\mathrm{d}u_C}{\mathrm{d}t}$$

将 i 代入式（5-2）可得

$$RC\frac{\mathrm{d}u_C}{\mathrm{d}t} + u_C = 0 \tag{5-3}$$

式（5-3）为一阶常系数线性齐次微分方程，该微分方程的通解为

$$u_C = A\exp(pt)$$

其中，A 是积分常数。将 u_C 代入式（5-3）可得到该微分方程的特征方程

$$RCp + 1 = 0$$

其特征根为

$$p = -\frac{1}{RC}$$

因此，式（5-3）的通解为

$$u_C = A\exp\left(-\frac{1}{RC}t\right) \tag{5-4}$$

求出 u_C 的通解表达式后，再定积分常数 A。换路前电路已处稳态，$u_C(0_-) = U$，根据换路定律得

$$u_C(0_+) = u_C(0_-) = U$$

代入式（5-4）可得积分常数

$$A = U$$

所以

$$u_C = U\exp\left(-\frac{1}{RC}t\right) \tag{5-5}$$

令

$$\tau = RC \tag{5-6}$$

则

$$u_C = U\exp\left(-\frac{t}{\tau}\right) \tag{5-7}$$

式中，τ 称为电路的时间常数。

求得 u_C 后，即可求出电阻上的电压和电路中的电流，它们分别为

$$u_R = -u_C = -U\exp\left(-\frac{t}{\tau}\right) \tag{5-8}$$

$$i = \frac{u_R}{R} = -\frac{U}{R}\exp\left(-\frac{t}{\tau}\right) \tag{5-9}$$

式（5-8）、式（5-9）中的负号表示电阻上的电压和放电电流的实际方向与图5-6中选定的参考方向相反。

u_C、u_R 和 i 随时间变化的曲线如图5-7所示。由图可知，在电容 C 通过电阻 R 放电的过程中，u_C 不能跃变，而是随时间按指数规律衰减。

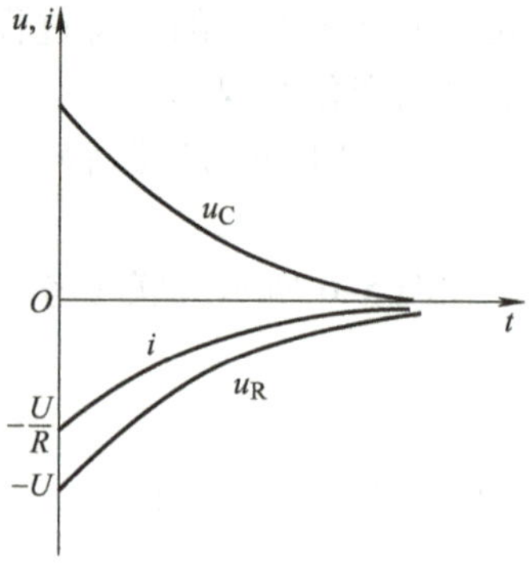

图5-7 u_C、u_R 和 i 随时间变化的曲线

下面着重讨论时间常数 τ 的概念。

当 R 的单位是 Ω，C 的单位是 F 时，$\tau = RC$ 的单位是 s，因为 τ 具有时间的量纲，所以被称为电路的时间常数。τ 值的大小决定了电路的过渡过程进行的快慢，τ 值越大，u_C 衰减越慢，过渡过程所需要的时间越长。

当 $t=\tau$ 时，由式（5-7）得

$$u_C = U\exp\left(-\frac{t}{\tau}\right) = U\exp(-1) = 0.368U$$

这时，电容电压 u_C 衰减到初始值的36.8%。因此，可将时间常数 τ 理解为放电电压 u_C 衰减到其初始值的36.8%所需要的时间。

在放电过程中，时间 t 等于不同 τ 的倍数时，电容两端电压 u_C 值见表5-3。

表5-3 时间 t 等于不同 τ 的倍数时的 u_C 值

t	1τ	2τ	3τ	4τ	5τ
u_C	$0.368U$	$0.135U$	$0.05U$	$0.018U$	$0.007U$

从理论上讲，$t=\infty$ 时，电路才能达到新的稳态，但从表5-3可以看出，当 $t=(3\sim5)\tau$ 时，u_C 已衰减到其初始值的5%～0.7%，通常认为此时暂态过程已经结束，电路进入新的稳态。

对于时间常数 τ，还可以从物理意义上理解。即 τ 与 R 和 C 值有关，如果电阻 R 值越大，则对电流的阻力就越大，放电电流也就越小；而电容 C 值越大，则储存的电荷就越多，放掉电荷所需的时间也就越长，这些都将使放电过程进行缓慢。可见，改变 R 或 C 值，即可改变时间常数 τ，也就是改变电路暂态过程进行的速度。

5.2.2 *RC* 电路的零状态响应

电路如图5-8所示。设开关S断开时，电容 C 中没有储存能量，即 $u_C(0_-)=0$，这种情况叫作电路的零初始状态，简称零状态。在零状态下，$t=0$ 时开关S闭合，直流电源与电路接通并通过电阻 R 对电容 C 进行充电。这时电路的响应称为零状态响应。研究零状态响应，就是研究电路接通后，u_C、u_R 和 i 随时间 t 变化的规律。

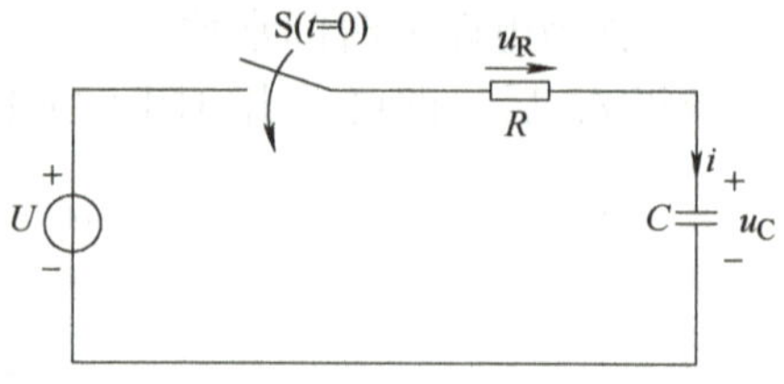

图5-8 *RC* 充电电路

根据KVL列出换路后表征电路运行状态的方程，即

$$Ri + u_C = U \tag{5-10}$$

在图5-8所示关联参考方向下，i 和 u_C 的关系是

$$i = C\frac{\mathrm{d}u_C}{\mathrm{d}t}$$

将 i 代入式（5-10）可得

$$RC\frac{\mathrm{d}u_C}{\mathrm{d}t} + u_C = U \tag{5-11}$$

式（5-11）为一阶常系数线性非齐次微分方程，其通解是由特解 u_C' 和补函数 u_C'' 两部分组成，即

$$u_C = u_C' + u_C''$$

特解 u_C' 即为电路达到稳态时的 u_C 值，即

$$u_C' = u_C(\infty) = U$$

补函数 u_C'' 是与式（5-10）相对应的齐次微分方程的通解，其形式与式（5-4）相同，即

$$u_C'' = A\exp\left(-\frac{t}{RC}\right) = A\exp\left(-\frac{t}{\tau}\right)$$

因此式（5-11）的通解为

$$u_C = U + A\exp\left(-\frac{t}{\tau}\right) \tag{5-12}$$

根据 u_C 的初始值来确定积分常数 A。已知 $u_C(0_-)=0$，根据换路定律得

$$u_C(0_+) = u_C(0_-) = 0$$

代入式（5-12）得

$$u_C(0_+) = U + A = 0$$

所以

$$A = -U$$

将 A 代入式（5-12）便可得到电容 C 上的充电电压

$$u_C = U - U\exp\left(-\frac{t}{\tau}\right) = U\left[1 - \exp\left(-\frac{t}{\tau}\right)\right] \tag{5-13}$$

由此，可求出电路中的充电电流 i 和电阻两端电压 u_R 分别为

$$i = C\frac{\mathrm{d}u_C}{\mathrm{d}t} = \frac{U}{R}\exp\left(-\frac{t}{\tau}\right) \tag{5-14}$$

$$u_R = Ri = U\exp\left(-\frac{t}{\tau}\right) \tag{5-15}$$

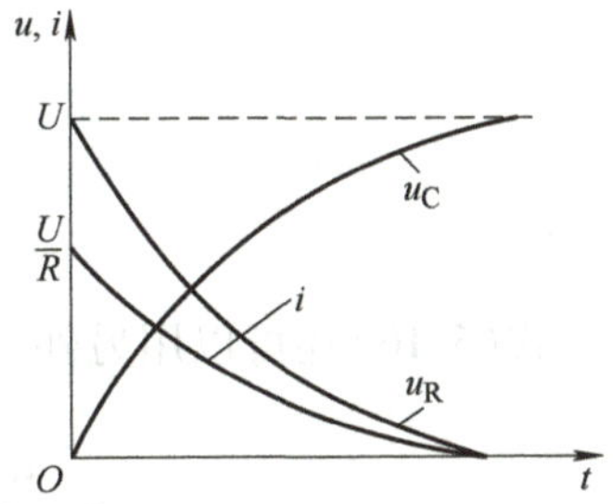

图 5-9 u_C、u_R 和 i 随时间变化的曲线

u_C、u_R 和 i 随时间变化的曲线如图 5-9 所示。其中 u_C 是随时间按指数规律逐渐增大，最后达到电源电压值 U，而 u_R 和 i 则均随时间按指数规律逐渐衰减至零。

式（5-12）~式（5-15）中的 τ 为电路的时间常数。它同样决定了电路暂态过程进行的快慢。当 $t=\tau$ 时，有

$$u_C = U\left[1 - \exp\left(-\frac{t}{\tau}\right)\right] = U[1 - \exp(-1)] = 0.632U$$

因此，可将充电电路的时间常数 τ 理解为电容从零状态开始充电到其稳态值的 63.2% 所需要的时间。

同理，当 $t=(3\sim5)\tau$ 时，$u_C=(0.95\sim0.993)U$，即电容电压 u_C 已接近电源电压值，所以，通常认为经过 $(3\sim5)\tau$ 的时间，电路的暂态过程已经结束，并开始新的稳态运行。

5.2.3 RC 电路的完全响应及其两种分解形式

电路中的储能元件有初始储能的状态，叫非零初始状态，简称非零状态。在非零状态下，电路与电源接通，电路的响应是由电源和储能元件的初始储能这两种激励共同作用的结果，因此称为电路的完全响应。

设图 5-8 所示电路换路前已处稳态，且电容两端电压 $u_C(0_-)=U_0$，根据换路定律得

$$u_C(0_+)=u_C(0_-)=U_0$$

代入式（5-12）得积分常数

$$A=U_0-U$$

再将 A 代入式（5-12），则非零状态下的电容电压

$$\underbrace{u_C}_{\text{完全响应}}=\underbrace{U}_{\text{稳态分量}}+\underbrace{(U_0-U)\exp\left(-\frac{t}{\tau}\right)}_{\text{暂态分量}} \tag{5-16}$$

式中，U 是电路进入第二稳态的电容电压，所以称为稳态分量；$(U_0-U)\exp(-t/\tau)$ 这部分电压将随时间的增长而消失，故称为暂态分量。

可见，完全响应 u_C 是稳态分量与暂态分量的叠加。其变化曲线如图 5-10 所示。

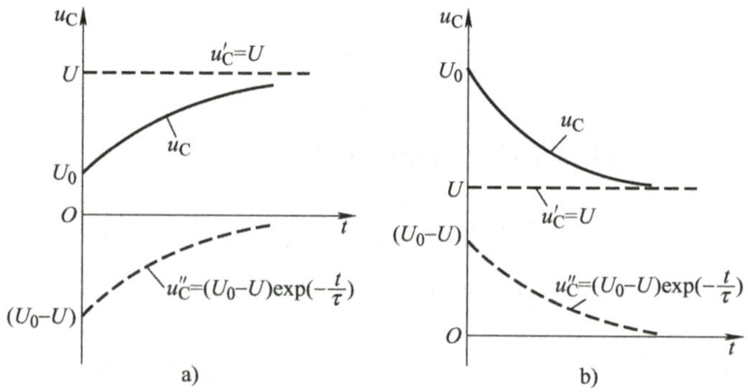

图 5-10 稳态分量与暂态分量叠加的 u_C 变化曲线

a) $U_0<U$，电容充电 b) $U_0>U$，电容放电

式(5-16)还可以用另外一种形式表示，即

$$\underbrace{u_C}_{\text{完全响应}}=\underbrace{U\left[1-\exp\left(-\frac{t}{\tau}\right)\right]}_{\text{零状态响应}}+\underbrace{U_0\exp\left(-\frac{t}{\tau}\right)}_{\text{零输入响应}} \tag{5-17}$$

式中，$U[1-\exp(-t/\tau)]$ 是电容无初始储能时电路与电源接通的情况，即为零状态响应；$U_0\exp(-t/\tau)$ 则是电源不作用（视其短路）、只有电容初始储能作用时的情况，即为零输入响应。

因此，对于一阶线性电路的完全响应又可以表示为零状态响应与零输入响应的叠加，其变化曲线如图 5-11 所示。

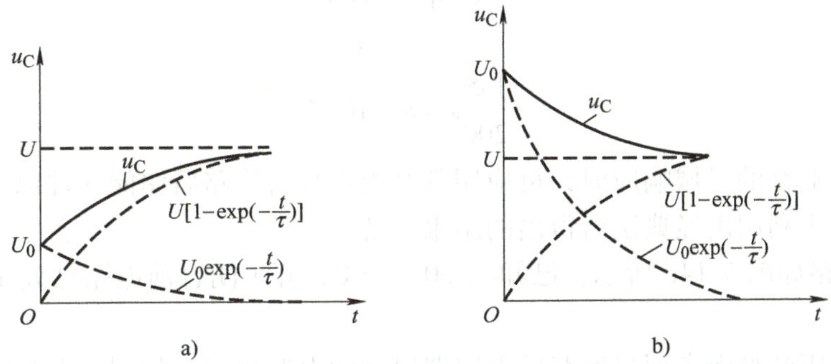

图 5-11　u_C 分解为零状态响应与零输入响应叠加的 u_C 变化曲线

a) $U_0<U$　b) $U_0>U$

例 5-3　电路如图 5-12 所示。设换路前电路已处于稳态，且 $R_1=1\text{k}\Omega$，$R_2=2\text{k}\Omega$，$R_3=5\text{k}\Omega$，$C=1\mu\text{F}$，电流源的电激流 $I_s=5\text{mA}$。当 $t=0$ 时，将开关 S 由 1 合向 2，求：1）$t\geqslant0$时的 u_C；2）u_C 衰减到2V 时所需的时间。

解　换路前　$u_C(0_-)=I_sR_2=5\times2\text{V}=10\text{V}$

根据换路定律　$u_C(0_+)=u_C(0_-)=10\text{V}$

电路的时间常数为

$$\tau=R_3C=5\times10^3\times1\times10^{-6}\text{s}=5\times10^{-3}\text{s}$$

1）换路后电容通过 R_3 放电，即为零输入响应，则电容两端电压

$$u_C=u_C(0_+)\exp\left(-\frac{t}{\tau}\right)=10\exp(-200t)\text{V}$$

其中，电流

$$i=-C\frac{\text{d}u_C}{\text{d}t}=\frac{u_C(0_+)}{R_3}\exp\left(-\frac{t}{\tau}\right)$$

$$=\frac{10}{5}\exp(-200t)=2\exp(-200t)\text{mA}$$

u_C 和 i 随时间变化的曲线如图 5-13 所示。

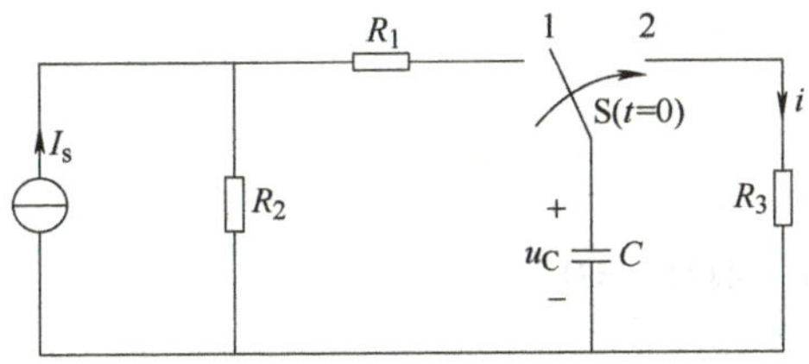

图 5-12　例 5-3 图

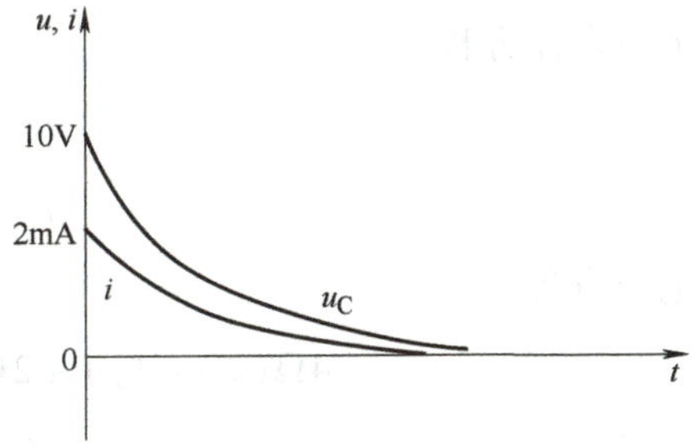

图 5-13　u_C 和 i 随时间变化的曲线（例 5-3）

2）电容电压衰减到2V 时，有

$$2 = 10\exp(-200t)$$

所需的时间为

$$t = \frac{\ln 5}{200}\text{s} = 8\times 10^{-3}\text{s}$$

当分析复杂电路的时域响应时，可应用戴维南定理将换路后储能元件以外的电路用电压源来等效，然后再利用由经典法所得出的结果求解。

例 5-4 电路如图 5-14a 所示，已知 $u_C(0_-)=0$，开关闭合前电路已处于稳态。求 $t\geqslant 0$ 时的 u_C。

解 首先应用戴维南定理将换路后电容器以外的电路化简，如图 5-14b 所示。由于电路中含有受控源，所以应注意等效电阻 R_0 的求法。

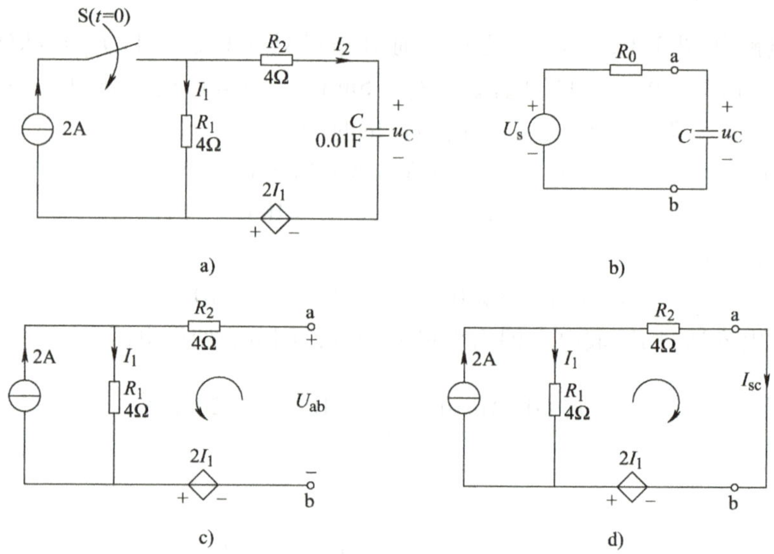

图 5-14 例 5-4 图

1）求图 5-14c 所示电路的开路电压 U_{ab}，即图 5-14b 所示电路中等效电压源电压 U_s

$$U_{ab} = U_s = 4I_1 + 2I_1 = 6I_1 = 6\times 2\text{V} = 12\text{V}$$

2）求图 5-14d 所示电路中的短路电流 I_{sc}

由节点电流方程

$$I_1 + I_{sc} = 2\text{A}$$

得

$$I_1 = 2A - I_{sc}$$

由回路电压方程

$$4\Omega(2\text{A} - I_{sc}) + 2\Omega(2\text{A} - I_{sc}) - 4\Omega I_{sc} = 0$$

得

$$I_{sc} = 1.2\text{A}$$

3）求图 5-14b 所示电路中的等效电阻 R_0

$$R_0=\frac{U_{ab}}{I_{sc}}=\frac{12}{1.2}\Omega=10\Omega$$

4）求电路的时间常数

$$\tau=R_0C=10\times0.01\text{s}=0.1\text{s}$$

5）求 u_C

由于 $u_C(0_-)=0$，换路后电路与电源接通，故为零状态响应，则

$$u_C=u_s\left[1-\exp\left(-\frac{t}{\tau}\right)\right]=12\left[1-\exp\left(-\frac{t}{0.1}\right)\right]\text{V}$$
$$=12[1-\exp(-10t)]\text{V}$$

5.2.4 *RL* 电路的时域响应

对于 *RL* 电路，当发生换路且电感中的磁场能量发生变化时，电路中将产生暂态过程。与 *RC* 电路一样，*RL* 电路也可以分为零输入响应、零状态响应和完全响应，求解的方法也与 *RC* 电路的时域响应求解方法相同，但是电路的时间常数表达式不同。下面以 *RL* 电路的零输入响应为例，介绍 *RL* 电路时间常数的求法及表达式。

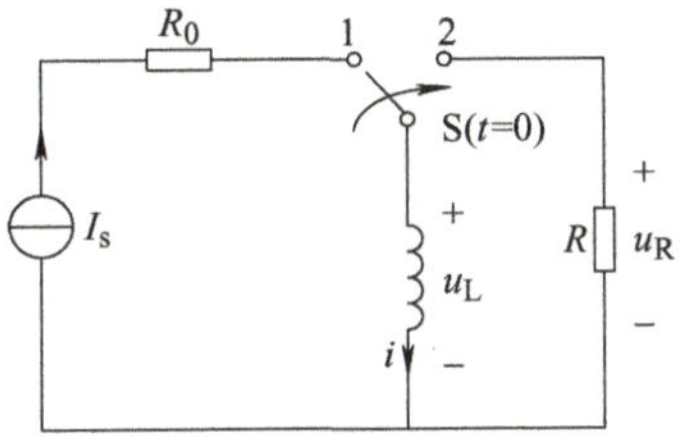

图 5-15　*RL* 电路的零输入响应

图 5-15 所示电路在开关 S 动作之前已经处于稳态，$t=0$ 时开关 S 由 1 合向 2，此时具有初始储能的电感 L 和电阻 R 相连组成闭合电路。

根据换路定律可得

$$i(0_+)=i(0_-)=I_s$$

$t>0$ 时，根据 KVL，得

$$u_R+u_L=0 \tag{5-18}$$

将 $u_R=iR$，$u_L=L\frac{\mathrm{d}i}{\mathrm{d}t}$代入式（5-18）得

$$L\frac{\mathrm{d}i}{\mathrm{d}t}+Ri=0 \tag{5-19}$$

式（5-19）与式（5-3）一样，均为一阶常系数线性齐次微分方程。用相同的微分方程求解方法可得电感中电流 i 的表达式为

$$i=I_s\exp\left(-\frac{R}{L}t\right)=I_s\exp\left(-\frac{t}{\tau}\right) \tag{5-20}$$

由式（5-20）可知，*RL* 电路的时间常数 $\tau=L/R$，其物理意义与 *RC* 电路的时间常数完全相同，即 τ 值的大小决定了电路暂态过程进行的快慢。

换路后电感储存的磁场能量为 $W_L=\frac{1}{2}Li^2$。电路中的电阻 R 越小，能量释放越慢，暂态过程持续的时间越长；电感 L 越大，电感中储存的磁场能量越大，暂态过程持续的时间越

长，因此 RL 电路的时间常数 τ 与电感 L 成正比，与电阻 R 成反比。当电阻的单位为 Ω，电感的单位为 H 时，时间常数 τ 的单位为 s。

求出电流后，可得电感电压和电阻电压表达式为

$$u_L = L\frac{\mathrm{d}i}{\mathrm{d}t} = -I_sR\exp\left(-\frac{t}{\tau}\right) \tag{5-21}$$

$$u_R = iR = I_sR\exp\left(-\frac{t}{\tau}\right) \tag{5-22}$$

i、u_L 和 u_R 随时间变化的曲线如图 5-16 所示。

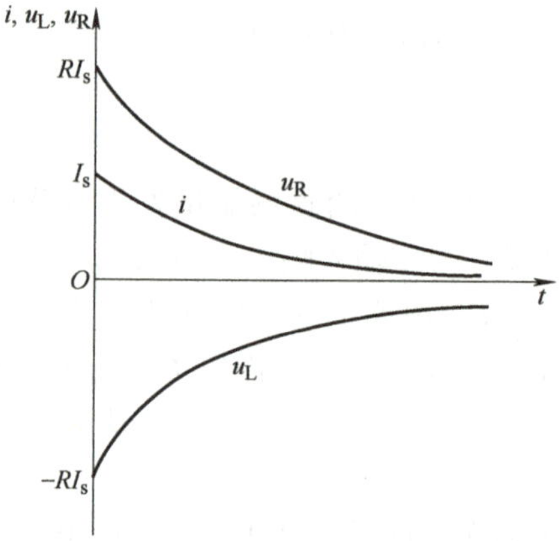

图 5-16 i、u_L 和 u_R 随时间变化的曲线

例 5-5 电路如图 5-17 所示，已知 $U_s=10\text{V}$，$R_1=2\text{k}\Omega$，$R_2=R_3=4\text{k}\Omega$，$L=200\text{mH}$，换路前，电路已处于稳态，$t=0$ 时开关 S 断开，求 $t\geqslant 0$ 时的 u_L 和 i_L。

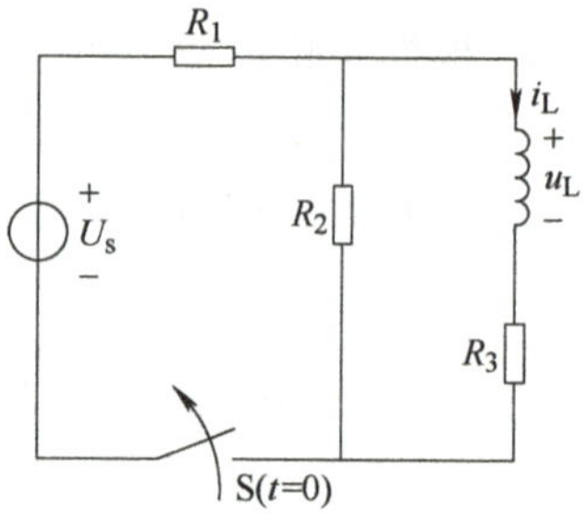

图 5-17 例 5-5 图

解 由图 5-17 可知，该电路为 RL 电路的零输入响应。

换路前 $i_L(0_-)=\frac{1}{2}\times\frac{u_s}{R_1+R_2/\!/R_3}=\frac{1}{2}\times\frac{10}{2+4/\!/4}\text{mA}$

$=1.25\text{mA}$

根据换路定律 $i_L(0_+)=i_L(0_-)=1.25\text{mA}$

时间常数 $\tau=\frac{L}{R}=\frac{L}{R_2+R_3}=\frac{200\times10^{-3}}{4+4}\text{ms}=0.025\text{ms}$

电感电流

$$i_L=i_L(0_+)\exp\left(-\frac{t}{\tau}\right)=1.25\exp\left(-\frac{t}{0.025}\right)\text{mA}=1.25\exp(-4\times10^4t)\text{mA}$$

电感中电压

$$u_L=L\frac{\mathrm{d}i}{\mathrm{d}t}=-10\exp(-4\times10^4t)\text{V}$$

练习与思考

5-2-1　完全响应有哪两种分解形式？试写出它们的数学表达式。

5-2-2　在 RC 串联电路中，欲使过渡过程进行的速度不变又要使初始电流小些，下述 4 种方法哪个正确？

1）加大电容并减小电阻；2）加大电阻并减小电容；3）加大电阻和电容；4）减小电阻和电容。

5-2-3　有一个 100μF 的电容器，当用万用表的“$R\times1000$”档来检查其质量时，如果出现下列现象：1）指针满偏转，2）指针不动，3）指针偏转后慢慢返回，4）指针偏转后不能返回原刻度（∞）处，试评价其质量好坏，并说明原因。

5.3　求解一阶电路的三要素法

无论是简单的还是复杂的线性电路，只要其中只含一种储能元件，其时域响应就可用一阶常系数线性微分方程来描述。这种电路称为一阶电路。

由前面分析可知，当 RC 电路与恒定电压接通或脱离电源时，电路中各部分电压和各支路电流都是由稳态分量和暂态分量两部分叠加而成。如果用 $f(t)$ 表示随时间变化的电压或电流（统称为电路的完全响应），$f(0_+)$ 表示换路后电压或电流的初始值，$f(\infty)$ 表示换路后电压或电流的稳态值（又称第二稳态值），则电路的时域响应由式(5-16)可写成

$$f(t)=f(\infty)+[f(0_+)-f(\infty)]\exp\left(-\frac{t}{\tau}\right) \tag{5-23}$$

式（5-23）是分析一阶电路时域响应的一般表达式。只要电路中电压或电流的初始值、稳态值和时间常数这三个要素确定了，那么，电路的时域响应也就确定了。利用三个要素求解一阶线性电路的方法叫作三要素法。

例 5-6　已知图 5-18 所示电路中，$u_C(0_-)=0$，$U=6\text{V}$，$R_1=10\text{k}\Omega$，$R_2=20\text{k}\Omega$，$C=10^3\text{pF}$，求 $t\geqslant0$ 时的 u_C、u_o 和 i。

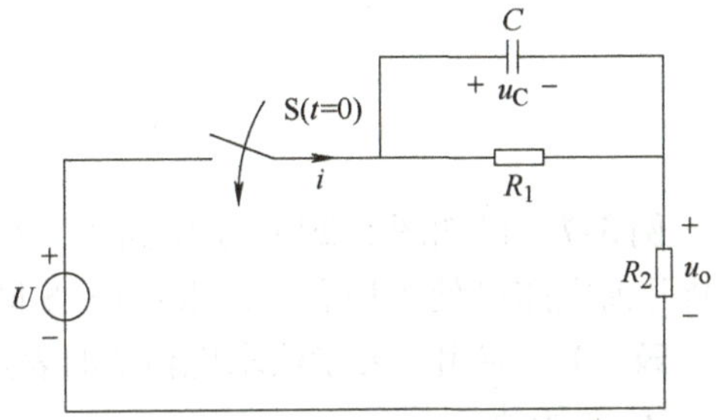

图 5-18　例 5-6 图

解　1）确定初始值

根据换路定律得 $u_C(0_+)=u_C(0_-)=0$，即换路瞬间电容相当于短路，所以

$$u_o(0_+)=U=6\text{V}$$

$$i(0_+)=\frac{U}{R_2}=\frac{6}{20}\text{mA}=0.3\text{mA}$$

2）确定第二稳态值

$$u_C(\infty)=\frac{R_1}{R_1+R_2}U=\frac{10}{10+20}\times6\text{V}=2\text{V}$$

$$u_o(\infty)=U-u_C(\infty)=(6-2)\text{V}=4\text{V}$$

$$i(\infty)=\frac{U}{R_1+R_2}=\frac{6}{10+20}\text{mA}=0.2\text{mA}$$

3）确定电路的时间常数

$$\tau = R_0 C = \frac{R_1 R_2}{R_1 + R_2} C = \frac{10 \times 20}{10 + 20} \times 10^3 \times 10^3 \times 10^{-12}\mathrm{s} = \frac{2}{3} \times 10^{-5}\mathrm{s}$$

式中，R_0 为储能元件以外电路的等效电阻。

4）将以上求出的三要素值代入式（5-23），得

$$\begin{aligned} u_C &= [2 + (0-2)\exp(-1.5 \times 10^5 t)]\mathrm{V} \\ &= [2 - 2\exp(-1.5 \times 10^5 t)]\mathrm{V} \\ u_o &= [4 + (6-4)\exp(-1.5 \times 10^5 t)]\mathrm{V} \\ &= [4 + 2\exp(-1.5 \times 10^5 t)]\mathrm{V} \\ i &= [0.2 + (0.3 - 0.2)\exp(-1.5 \times 10^5 t)]\mathrm{mA} \\ &= [0.2 + 0.1\exp(-1.5 \times 10^5 t)]\mathrm{mA} \end{aligned}$$

因此可得 u_C、u_o 和 i 的变化曲线如图 5-19 所示。

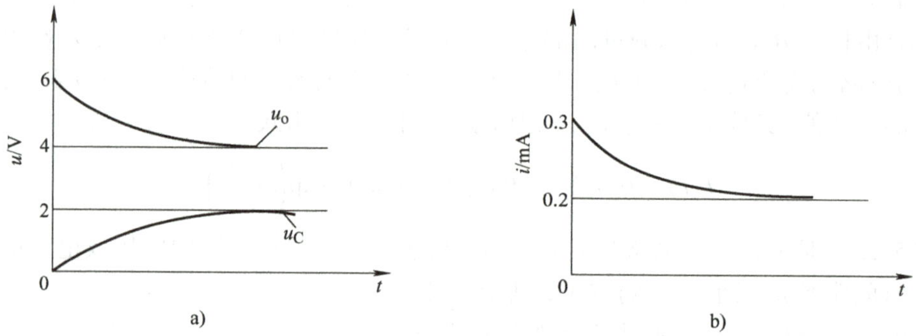

图 5-19　u_C、u_o 和 i 的变化曲线（例 5-6）

例 5-7　已知图 5-20 所示电路中，$U = 220\mathrm{V}$，$R_1 = 24\Omega$，$R_2 = 20\Omega$，$L = 0.22\mathrm{H}$。设开关 S 断开前电路已处于稳态。试求：1）S 断开后的电流 i；2）经过多长时间电流降至 8A。

解　1）应用三要素法求电流 i 的表达式

① 初始值

$$i(0_+) = i(0_-) = \frac{U}{R_2} = \frac{220}{20}\mathrm{A} = 11\mathrm{A}$$

② 稳态值

$$i(\infty) = \frac{U}{R_1 + R_2} = \frac{220}{24 + 20}\mathrm{A} = 5\mathrm{A}$$

③ 电路的时间常数

$$\tau = \frac{L}{R_0} = \frac{L}{R_1 + R_2} = \frac{0.22}{24 + 20}\mathrm{s} = 0.5 \times 10^{-2}\mathrm{s}$$

式中，R_0 为储能元件以外电路的等效电阻。

将 $i(0_+)$、$i(\infty)$ 和 τ 值代入式（5-23）得

$$i=\left[5+(11-5)\exp\left(-\frac{1}{0.5\times10^{-2}}t\right)\right]\text{A}=[5+6\exp(-200t)]\text{A}$$

电流 i 的变化曲线如图 5-21 所示。

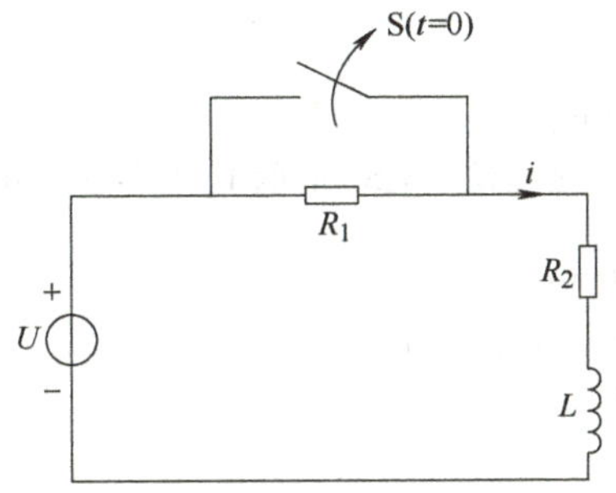

图 5-20 例 5-7 图

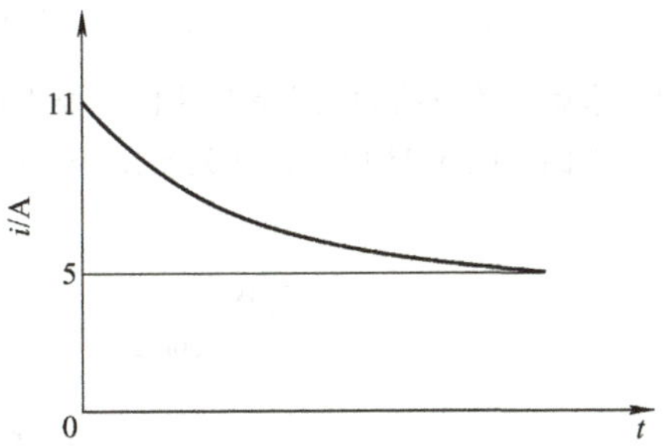

图 5-21 例 5-7 电流 i 的变化曲线

2）当电流变化到 8A 时，由上式得

$$8\text{A}=5\text{A}+6\exp(-200t)\text{A}$$

$$t=\frac{\ln 2}{200}\text{s}=0.0035\text{s}=3.5\text{ms}$$

即电流 i 由初始值 11A 下降到 8A 所需要的时间是 3.5ms。

例 5-8 已知图 5-22 所示电路中，$R=2\Omega$，电压表的内阻 $R_V=1.5\text{k}\Omega$，$L=1\text{mH}$，电源电压 $U=4\text{V}$，换路前电路已处稳态，$t=0$ 时开关 S 断开。试求换路后电压表两端的电压 u_{ab}。

解 换路前通过 RL 支路的电流为

$$i_L(0_-)=\frac{U}{R}=\frac{4}{2}\text{A}=2\text{A}$$

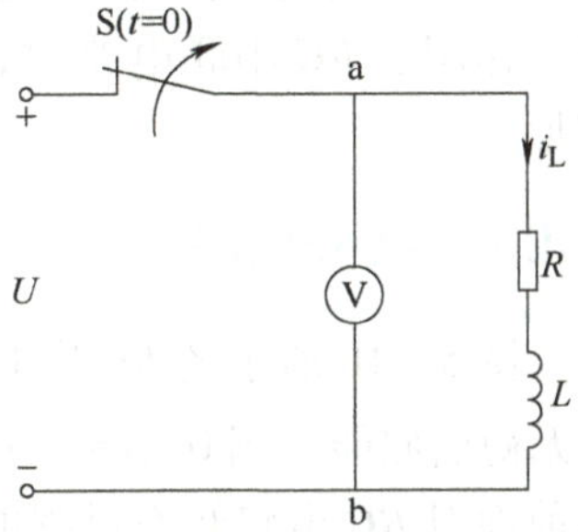

图 5-22 例 5-8 图

根据换路定律有

$$i_L(0_+)=i_L(0_-)=2\text{A}$$

S 断开后，由于 i_L 不能跃变且流经电压表，所以电压表两端的初始电压为

$$u_{ab}(0_+)=-i_L(0_+)R_V=-2\times1500\text{V}=-3000\text{V}$$

由于储存在电感 L 中的能量总是要放完的，所以电压 u_{ab} 的稳态值为

$$u_{ab}(\infty)=0$$

电路的时间常数为

$$\tau=\frac{L}{R+R_V}=\frac{1\times10^{-3}}{2+1500}\text{s}\approx0.67\times10^{-6}\text{s}$$

根据三要素法即可求得 u_{ab} 的时域响应为

$$u_{ab}=u_{ab}(\infty)+[u_{ab}(0_+)-u_{ab}(\infty)]\exp\left(-\frac{t}{\tau}\right)=0+(-3000-0)\exp\left(-\frac{1}{0.67\times10^{-6}}t\right)\text{V}$$

$$\approx-3000\exp(-1.5\times10^6t)\text{V}$$

通过对上题的分析计算可知，换路瞬间电压表两端承受了3000V的高压，尽管时间很短暂（τ 为微秒级），但也能使电压表损坏。因此，在具有电感线圈的电路中，要防止和避免过电压的出现，以免损坏电气设备。

练习与思考

5-3-1 求解一阶电路的三要素法中的三要素指的是哪三个量？

5-3-2 电路如图5-23所示，开关S在 $t=0$ 时闭合，试用三要素法求 $t \geqslant 0$ 时的 V_a 及各支路电流。

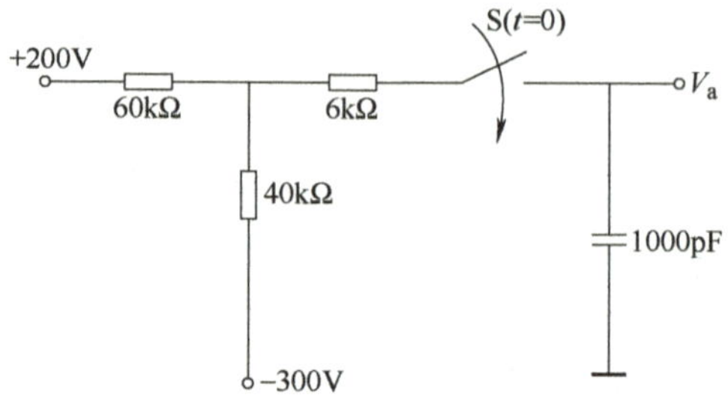

图5-23 练习与思考5-3-2图

5.4 *RC* 串联电路对矩形波电压的响应

在数字电路中，经常会遇到图5-24a所示的矩形波电压，通常又称矩形脉冲电压。该电压的脉冲幅度为 U_s，脉冲宽度为 t_p，如果脉冲是周期性变化的，则脉冲周期为 T。当矩形波电压作用于 RC 串联电路时，若选取不同的时间常数和输出端，将会产生不同的输出电压波形。

5.4.1 微分电路

图5-24b所示的 RC 串联电路，输入电压 u_i 为一矩形脉冲电压，输出电压 $u_o=u_R$，电容 C 无初始储能。当 $0 \leqslant t \leqslant t_p$ 时，相当于 RC 电路与恒定电压接通的情况，即零状态响应，根据前面对 RC 电路暂态过程的分析可得

$$u_o = U_s \exp\left(-\frac{t}{\tau}\right) \qquad 0 \leqslant t \leqslant t_p$$

若时间常数 $\tau \ll t_p$，则接通电源后电容 C 迅速充电，其电压值很快增长到 U_s，同时，输出电压 u_o 也由 U_s 很快衰减至零。这样便在输出端输出一个峰值为 U_s 的正尖顶脉冲，如图5-25所示。

当 $t=t_p$ 时，输入电压 $u_i=0$，输入端相当于短路，电路换路。当 $t \geqslant t_p$ 时，电路的状态为零输入响应，即电容 C 通过电阻 R 迅速放电，输出电压为

$$u_o = u_R = -U_s \exp\left(-\frac{t-t_p}{\tau}\right) \qquad (t \geqslant t_p)$$

由输出端输出一个峰值为 U_s 的负尖顶脉冲。

正、负尖顶脉冲用途很广泛，通常用做触发器和晶闸管的触发信号。

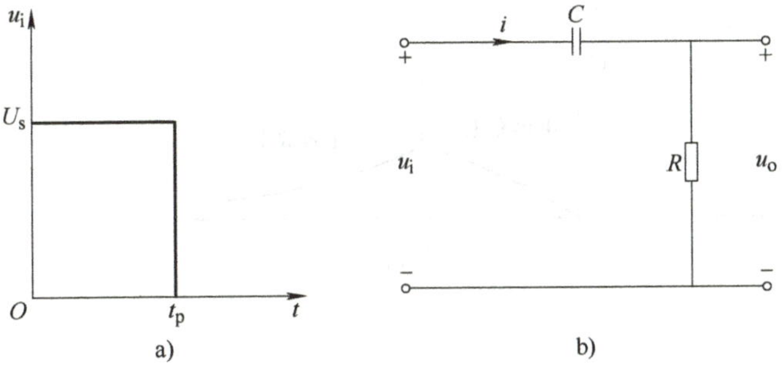

图 5-24　矩形波电压和微分电路

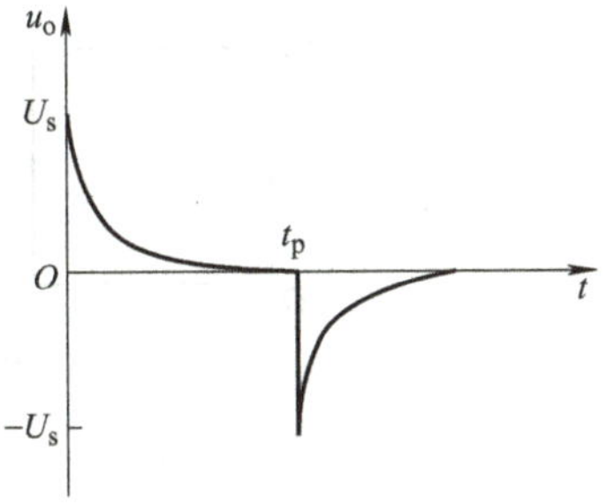

图 5-25　尖顶脉冲电压

由于 $\tau \ll t_p$，电容 C 的充、放电进行得很快，除去电容充电和放电这段极短的时间外，可以认为

$$u_i = u_C + u_R \approx u_C$$

所以

$$u_o = Ri = RC\frac{du_C}{dt} \approx RC\frac{du_i}{dt}$$

上式表明，输出电压 u_o 与输入电压 u_i 对时间的微分近似成比例，因此称其为微分电路。

必须注意，在矩形波电压作用下，RC 串联电路成为微分电路的必要条件是：① $\tau \ll t_p$；②输出电压 u_o 要从电阻 R 两端引出。如果 $\tau \gg t_p$，则输出电压 u_o 将不再是尖顶脉冲，而是接近于输入电压的波形，并且 τ 越大，接近的程度越高，晶体管放大电路中的阻容耦合电路就是此电路的应用。

5.4.2　积分电路

将图 5-24b 所示电路中电阻 R 和电容 C 的位置对调即变为图 5-26 所示电路，输出电压 $u_o = u_C$。若在电路设计时，使 $\tau \gg t_p$，则在图 5-27a 所示的矩形脉冲电压作用下，输出电压将是与时间近似成线性关系的锯齿波电压。具体分析如下：

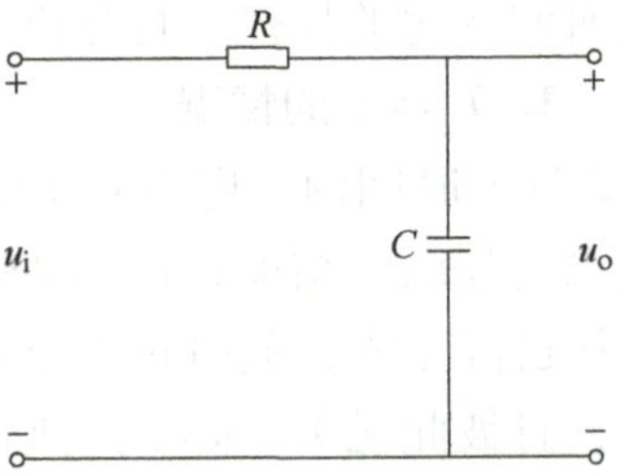

图 5-26　积分电路

在零初始状态下，RC 串联电路与矩形脉冲电压接通，电路的响应为零状态响应，其输出电压为

$$u_o = u_C = U_s\left[1 - \exp\left(1 - \frac{t}{\tau}\right)\right] \qquad (0 \leqslant t \leqslant t_p)$$

由于 $\tau \gg t_p$，故电容 C 的充电过程进行得很慢，当 $t = t_p$ 时，$u_o(u_C)$ 比其稳态值要小得多，因此输出电压近似于线性增长，如图 5-27b 所示。

当 $t = t_p$ 时，矩形脉冲电压消失，电路换路。当 $t \geqslant t_p$ 时，电路的状态为零输入响应，即电容 C 通过电阻 R 缓慢放电。其输出电压为

$$u_o = U_s\left[1 - \exp\left(-\frac{t_p}{\tau}\right)\right]\exp\left(-\frac{t - t_p}{\tau}\right) \qquad (t \geqslant t_p)$$

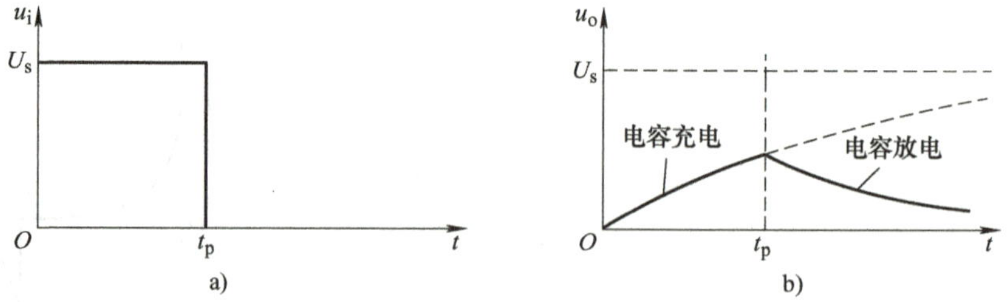

图 5-27 锯齿波电压

由于充电过程进行得很慢，$u_o = u_C$ 一直很小，即 $u_C \ll u_R$，于是

$$u_i = u_C + u_R \approx u_R = Ri$$

或者

$$i \approx \frac{u_i}{R}$$

则输出电压

$$u_o = \frac{1}{C}\int i\mathrm{d}t \approx \frac{1}{RC}\int u_i \mathrm{d}t$$

上式表明，输出电压 u_o 与输入电压 u_i 对时间的积分近似成比例，因此称其为积分电路。

必须注意，在矩形脉冲电压作用下，RC 串联电路成为积分电路的必要条件是：①$\tau \gg t_p$；②输出电压 u_o 从电容 C 两端引出。否则不能称其为积分电路，也就不能产生锯齿波电压。

5.4.3 脉冲序列分析

在电子电路中，经常会遇到一系列周期为 T 的矩形脉冲电压，简称脉冲序列。图 5-28a 即是这种脉冲序列波形。下面就脉冲序列电压作用于 RC 串联电路时的时域响应，即 u_C、u_R 随时间变化的规律进行分析。

1. $T \gg \tau$ 的情况 在这种情况下，RC 串联电路的时域响应与微分电路相同。在 $0 \leqslant t \leqslant T/2$ 这段时间内，电容 C 被迅速充电，当 $t = T/2$ 时，电容 C 上的电压已上升到其稳态值 U_s，充电过程已经结束；在 $T/2 \leqslant t \leqslant T$ 这段时间内，电容 C 迅速放电，当 $t = T$ 时，电容 C 上的电压已降至零，放电过程已经结束。随着后续矩形脉冲的到来，电路的响应将重复上述过程，且彼此无关。u_C 的波形如图 5-29b 所示。根据 $u_i = u_C + u_R$ 和 $u_R = Ri$，不难得到 u_R 和 i 的波形。图 5-29c 所示的波形是以一定比例画出的，既代表 u_R，又代表 i。

2. $T \ll \tau$ 的情况 在这种情况下，RC 串联电路的时域响应与积分电路相同。在 $0 \leqslant t \leqslant T/2$ 这段时间里，电容 C 被缓慢充电，当 $t = T/2$ 时，电容 C 上的电压远没有充电到其稳态值 U_s；在 $T/2 \leqslant t \leqslant T$ 这段时间里，电容 C 又缓慢放电，同样，由于 $\tau \gg T$，放电进行得很慢，所以当 $t = T$ 时，电容 C 上的电荷并没有放完，即电容电压还没有降为零，此时，输入电压 u_i 又变为 U_s，又开始了新的充电过程。可以证明，在矩形脉冲序列接入 RC 电路后的若干个周期内，每次充电时，u_C 的初始值和充电结束值都较前一次相应的 u_C 值有所提高。同样，每次放电时，u_C 的初始值和放电结束值也都较前一次相应的 u_C 值有所提高。经过若干个周期之后，每次充电时 u_C 的上升值和每次放电时 u_C 的下降值将会变得彼此相等，这时，就认为电路的暂态过程已经结束并进入稳定运行状态。这里所说的“稳态”是指 u_C 变化的幅值进入稳态，对于每个周期来说，u_C 总是处于充电和放电的状态，电路并不是稳态。u_C 和 u_R 的波形如图 5-30 所示。

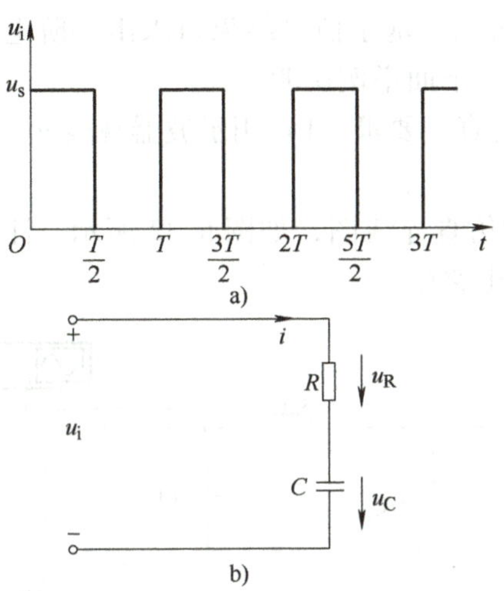

图 5-28　脉冲序列波形及 RC 串联电路

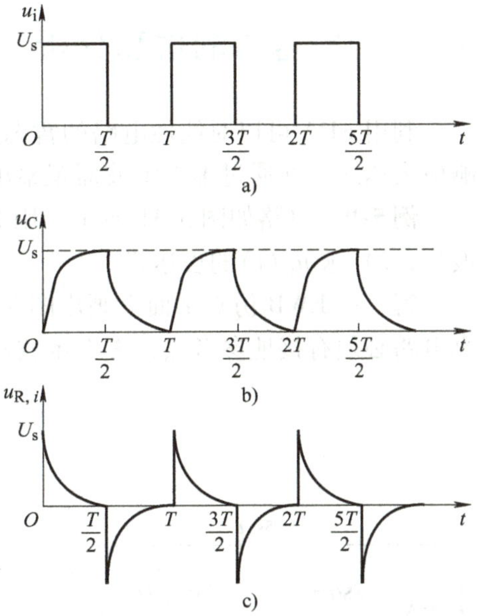

图 5-29　$T>>\tau$ 时脉冲序列作用下的 RC 电路时域响应曲线

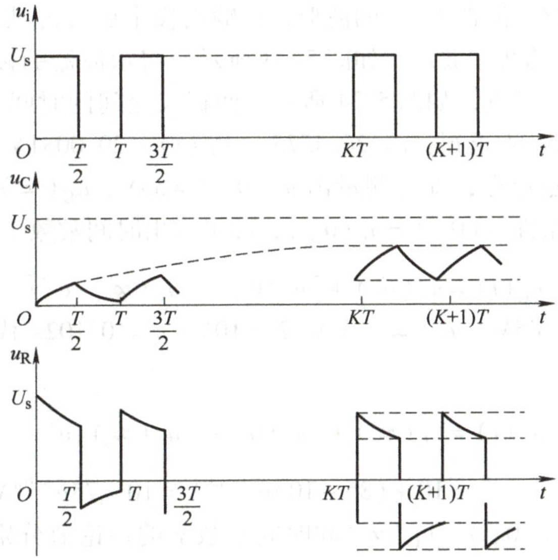

图 5-30　$T<<\tau$ 时脉冲序列作用下的 RC 电路时域响应曲线

练习与思考

5-4-1 什么叫积分电路？什么叫微分电路？*RC* 组成积分电路和微分电路的条件是什么？

5-4-2 分析当 $T \ll \tau$ 时矩形脉冲序列作用下的 *RC* 串联电路的时域响应曲线。

5.5 一阶电路的仿真分析

利用 EDA 可以对线性电路的暂态过程进行仿真研究，基于仿真结果可求出一阶电路的响应表达式，并通过虚拟示波器观察出动态响应波形，下面举例说明。

例 5-9 电路如图 5-31 所示，用 EDA 进行电路仿真，要求：1）用示波器观察 $u_C(t)$ 的波形；2）求 $u_C(t)$ 的表达式。

解 在 EWB 仿真平面上画出图 5-31 所示电路的仿真连线图，如图 5-32 所示。注意仿真电路必须有接地参考点，虚拟示波器也接入相应的电路中。

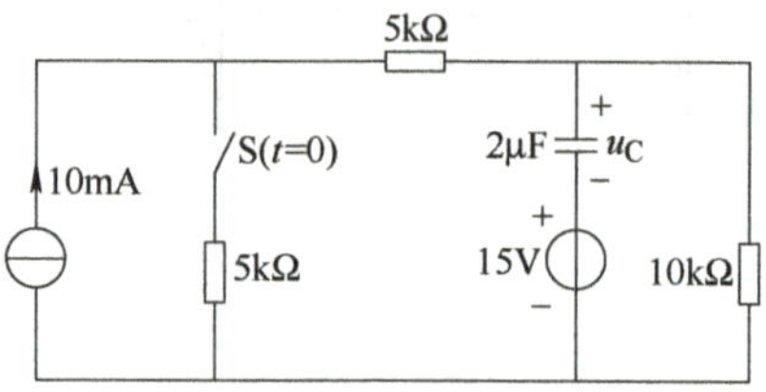

图 5-31 例 5-9 图

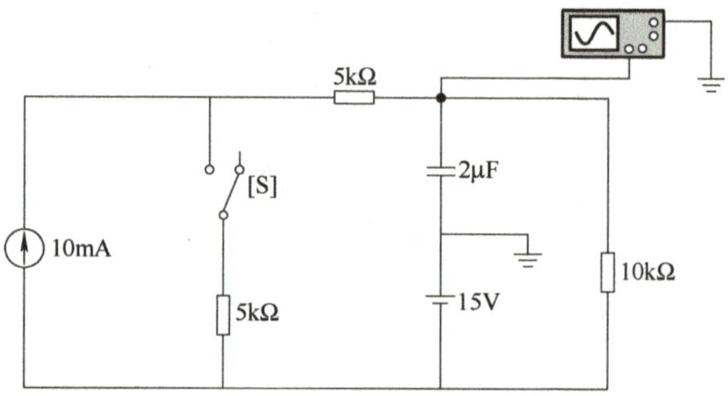

图 5-32 例 5-9 仿真连线图

打开仿真开关，观察示波器上 u_C 的波形，待输出稳定后（u_C 是一条直线），开关 S 换路，在示波器上观察 u_C 的暂态波形，如图 5-33 所示。将示波器的标尺 1 拖到换路时间点，标尺 2 放在暂态曲线的任意点，如图 5-34 所示，两标尺之间的时间差即为动态响应时间 t，此时的 t、$u_C(t)$ 值由图 5-34 求得：$t=26.4575\text{s}$，$u_C(t)=20.0031\text{V}$。将标尺分别放在换路前的稳定点和换路后的稳定点，即可测量出 $u_C(0_-)=85\text{V}$、$u_C(\infty)=10\text{V}$，将 t、$u_C(t)$ 的值代入下式并考虑换路条件 $u_C(0_-)=u_C(0_+)$，即可求出时间常数 $\tau=0.102\text{s}$。

$$u_C(t)=u_C(\infty)+[u_C(0_+)-u_C(\infty)]e^{-\frac{t}{\tau}}$$

将 $u_C(0_-)=\text{VA1}=85\text{V}$、$u_C(\infty)=\text{VA2}=10\text{V}$、$\tau=0.102\text{s}$ 代入上式得 $u_C(t)$ 的表达式为

$$\begin{aligned}u_C(t)&=u_C(\infty)+[u_C(0_+)-u_C(\infty)]e^{-\frac{t}{\tau}}\\&=10+(85-10)e^{-\frac{t}{0.102}}\text{V}=10+75e^{-10t}\text{V}\end{aligned}$$

由理论计算可知，$u_C(0_-)$、$u_C(\infty)$ 和时间常数 τ 的理论值分别为 85V、10V 和 0.1s，仿真结果等于或接近理论值，可见仿真是正确的。

下面介绍利用 EWB 研究 *RC* 电路对矩形脉冲序列的响应方法。

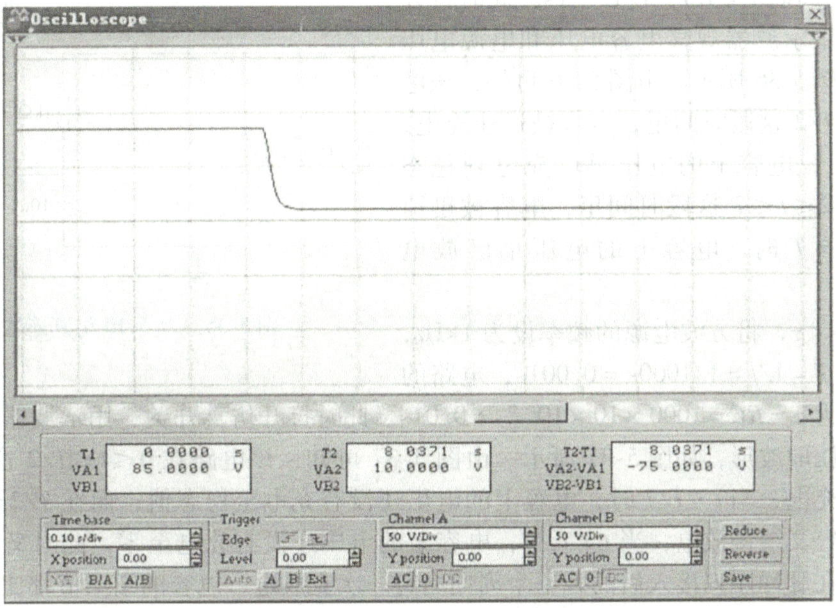

图 5-33　电容电压仿真波形图

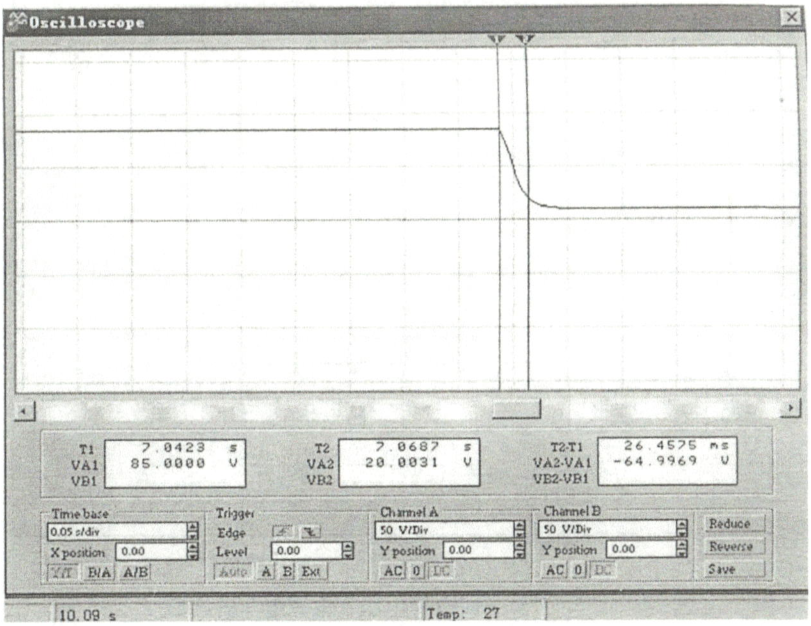

图 5-34　电容电压测量图

例 5-10　利用 EWB 研究 RC 电路对矩形波脉冲序列的响应。要求：1）当 $T >> \tau$ 时，u_C 和 u_s 的波形；2）当 $T << \tau$ 时，u_C 和 u_s 的波形；3）当 $T = \tau$ 时，u_C 和 u_s 的波形。

解　首先在 EWB 工作平台上画出电路的仿真连线图，如图 5-35 所示。由图 5-35 可知，电路的时间常数 $\tau = RC = 1000 \times 10 \times 10^{-6}\text{s} = 0.01\text{s}$。为使 $T >> \tau$，将方波电源的频率设为

1Hz，则它的周期 $T=1/f=1/1\text{s}=1\text{s}$。此时打开仿真开关，用示波器观察电容电压和电源电压的波形，如图5-36所示。由图5-36可知，该电路在 $0\leqslant t\leqslant T/2$ 这段时间里，电容被迅速充电，当 $t=T/2$ 时，电容上的电压早已充电到稳态值；而在 $T/2\leqslant t\leqslant T$ 这段时间里，电容被迅速放电，当 $t=T$ 时，电容上的电压早已放电至零。

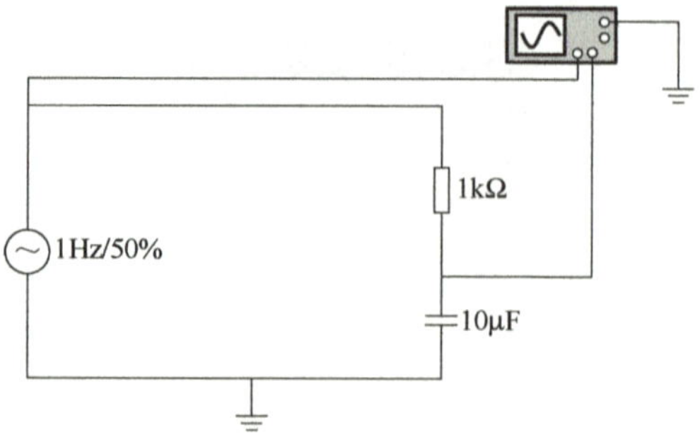

图5-35 例5-10仿真连线图

为使 $T \ll \tau$，将方波电源的频率设为1kHz，则它的周期 $T=1/f=1/1000\text{s}=0.001\text{s}$，电路的时间常数仍为 $\tau=RC=1000\times10\times10^{-6}\text{s}=0.01\text{s}$。此时打开仿真开关，用示波器观察电容电压和电源电压的波形，如图5-37所示。由图5-37可知，该电路在 $0\leqslant t\leqslant T/2$ 这段时间里，电容被缓慢充电，当 $t=T/2$ 时，电容上的电压还没有充电至稳态值；而在 $T/2\leqslant t\leqslant T$ 这段时间里，电容又缓慢放电，当 $t=T$ 时，电容上的电压还没有放电至零，此时又开始了新的充电过程。在脉冲序列接入后的若干个周期内每一次充放电，电容的结束值都比初始值有所增加，所以电容电压的总体趋势是上升的，最终达到稳态值。

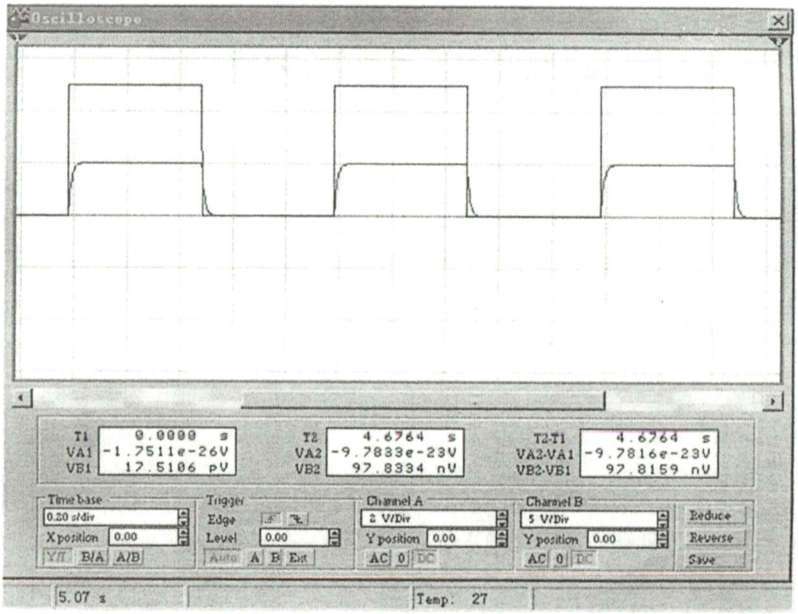

图5-36 $T \gg \tau$ 时电容电压和电源电压的波形

为使 $T=\tau$，将方波电源的频率设为100Hz，则它的周期 $T=1/f=1/100\text{s}=0.01\text{s}$，电路的时间常数仍为 $\tau=RC=1000\times10\times10^{-6}\text{s}=0.01\text{s}$。此时打开仿真开关，用示波器观察电容电压和电源电压的波形如图5-38所示。由图5-38可知，该电路经过2~3个周期后，电容电压的充电和放电达到了稳定值。

读者还可以自己设计方波电源的周期和电路的时间常数，通过上面介绍的方法来观察 RC 电路对矩形脉冲序列响应的情况。

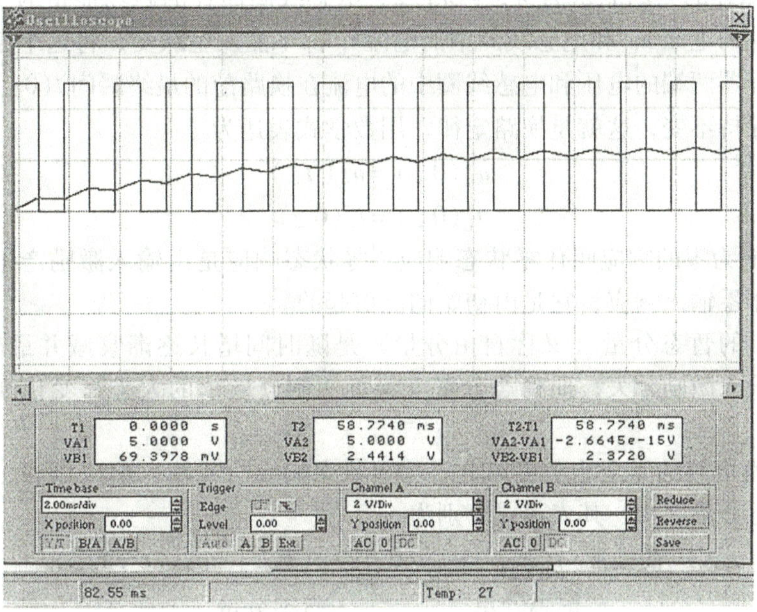

图 5-37　$T \ll \tau$ 时电容电压和电源电压的波形

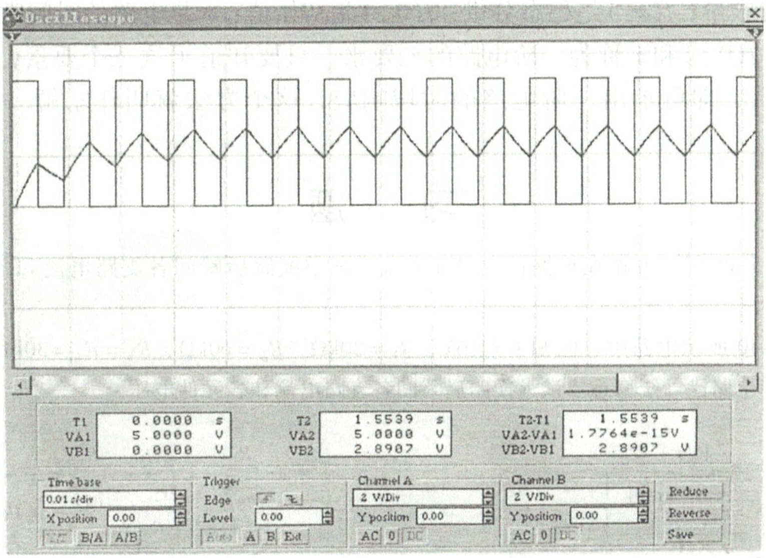

图 5-38　$T = \tau$ 时电容电压和电源电压的波形

小　结

1. 当电路中含有储能元件时，它从一个稳定状态转变到另一个稳定状态需要经历一个过程，这个过程就叫作电路中的暂态过程。产生暂态过程的原因是能量不可能发生跃变。

2. 电容器储存的电场能量为 $W_E = Cu_C^2/2$，电感线圈储存的磁场能量为 $W_M = Li_L^2/2$，因此，电容器两端的电压 u_C 和电感线圈中的电流 i_L 都不能发生跃变，将这个原则应用到换路的瞬间就是电容器两端的电压和电感线圈中的电流在换路前的最终瞬间 $t(0_-)$ 和换路后的最初瞬间 $t(0_+)$ 保持不变，这就是换路定律，用数学式表达为

$$u_C(0_+) = u_C(0_-)$$

$$i_L(0_+) = i_L(0_-)$$

3. 初始储能为零的响应叫作零状态响应，零状态响应是由输入激励产生的；输入激励为零的响应叫作零输入响应，它是由初始储能引起的。

暂态过程中的暂态分量（又称自由分量）是随时间增长逐渐衰减并最后为零的分量，其变化规律与输入激励无关；而稳态分量（又称强制分量）的大小和变化规律则是由输入激励所决定的。

4. 一阶线性电路的完全响应可以分解为零状态响应与零输入响应之和，也可以分解为暂态分量与稳态分量之和，其表达式分别为

$$f(t) = \underbrace{f(\infty)}_{\text{稳态分量}} + \underbrace{[f(0_+) - f(\infty)]\exp(-t/\tau)}_{\text{暂态分量}} \tag{a}$$

$$f(t) = \underbrace{f(\infty)[1-\exp(-t/\tau)]}_{\text{零状态响应}} + \underbrace{f(0_+)\exp(-t/\tau)}_{\text{零输入响应}} \tag{b}$$

式中，$f(t)$ 为待求量；$f(\infty)$ 是稳态分量；$f(0_+)$ 是初始值；τ 是电路的时间常数。

5. $f(\infty)$、$f(0_+)$ 和 τ 称为一阶电路的三要素。只要知道了这三个要素，把它们代入上两式中的任一式，即可求出一阶电路的时域响应，这个方法就叫作求解一阶电路的三要素法。

习 题

5-1 已知图 5-39 所示电路在换路前已处于稳态。试求换路后瞬间各支路电流和各储能元件电压。设 $u_C(0_-)=0$。

5-2 在图 5-40 所示电路中，已知 $U=16V$，$R_1=20k\Omega$，$R_2=60k\Omega$，$R_3=R_4=30k\Omega$，$C=1\mu F$，$L=1.5mH$，且换路前电路已处于稳态。试求换路后瞬间各支路电流和各元件电压。

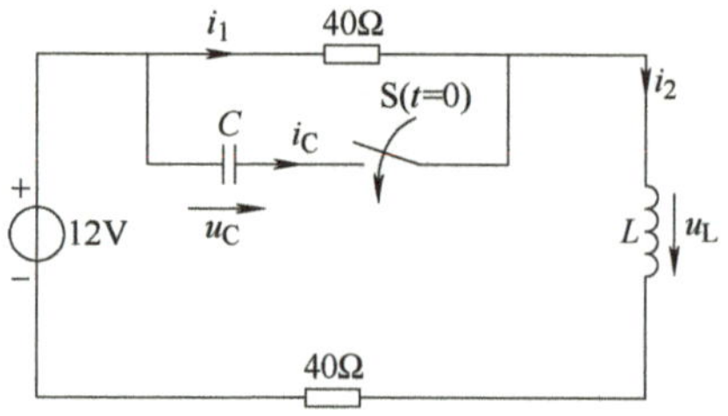

图 5-39 题 5-1 图

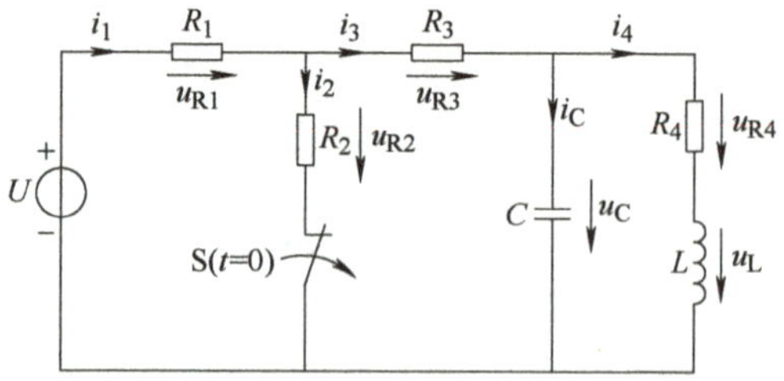

图 5-40 题 5-2 图

5-3 求图 5-41 所示电路中开关 S 接通与断开时的时间常数。已知 $R_1=R_2=R_3=1k\Omega$，$C=1000pF$。

5-4 求图 5-42 所示电路中开关 S 在“1”和“2”位置时的时间常数。已知 $R_1=3k\Omega$，$R_2=2k\Omega$，$L=2.5mH$。

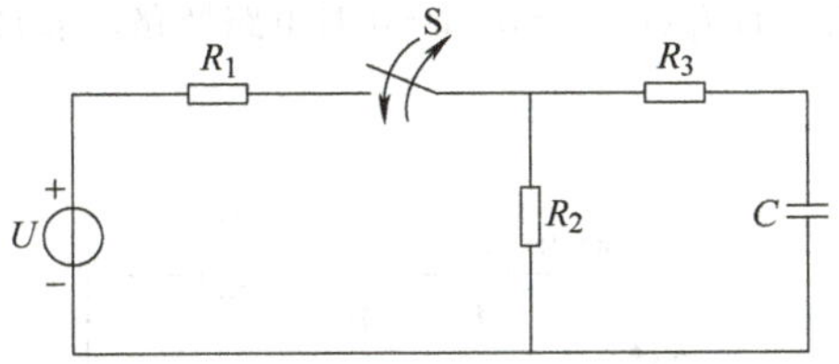

图 5-41　题 5-3 图

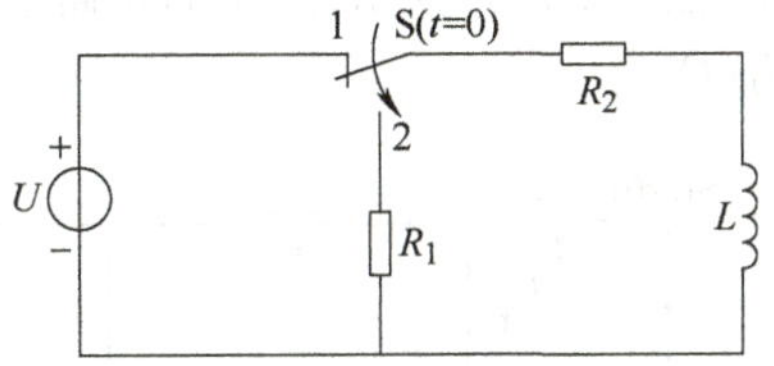

图 5-42　题 5-4 图

5-5　求图 5-43 所示电路在开关 S 闭合时的时间常数。已知 $R_1=R_2=10\text{k}\Omega$，$C=10\mu\text{F}$。

5-6　已知图 5-44 所示电路中，$E=9\text{V}$，$R_1=6\Omega$，$R_2=3\Omega$，$C=1000\mu\text{F}$，且电路原已处于稳态。$t=0$ 时开关 S 闭合，试求 S 闭合后的 $i(t)$ 和 $u(t)$。

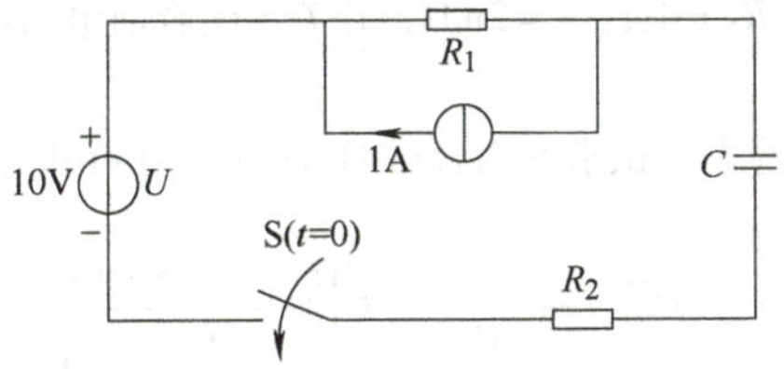

图 5-43　题 5-5 图

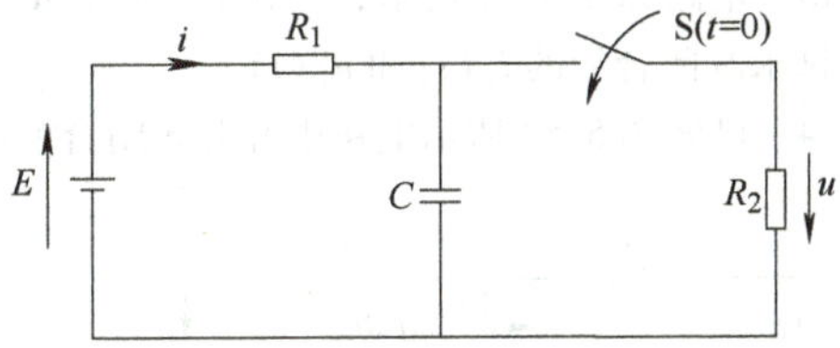

图 5-44　题 5-6 图

5-7　已知图 5-45 所示电路原已处于稳态，$R_1=200\Omega$，$R_2=400\Omega$，$C_1=0.1\mu\text{F}$，$C_2=0.05\mu\text{F}$，$U=25\text{V}$，$t=0$ 时电路换路。求 $t\geqslant0$ 时的 $u_{C1}(t)$、$u_{C2}(t)$ 和 $i(t)$。

5-8　已知图 5-46 所示电路中，$E_1=10\text{V}$，$E_2=5\text{V}$，$R_1=R_2=4\text{k}\Omega$，$R_3=2\text{k}\Omega$，$C=100\mu\text{F}$，开关 S 在位置 a 时电路已处于稳态。求开关 S 由 a 合向 b 后的 $u_C(t)$ 和 $i_0(t)$。

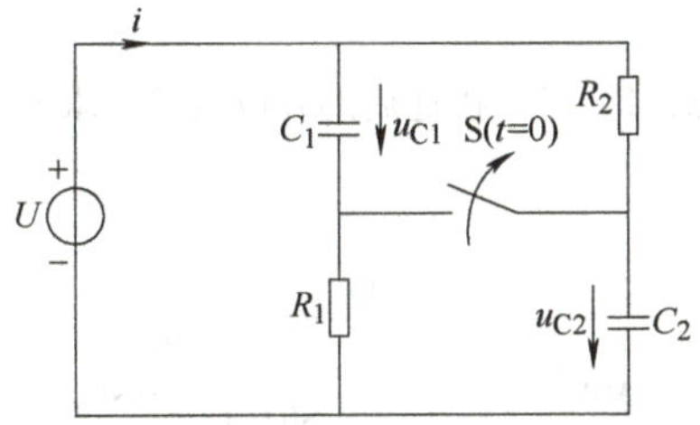

图 5-45　题 5-7 图

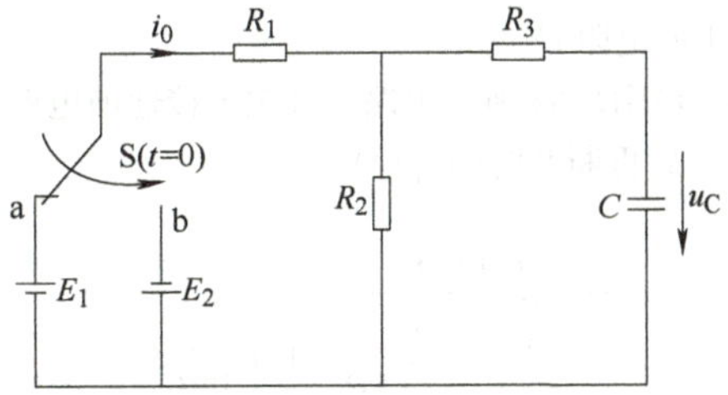

图 5-46　题 5-8 图

5-9　已知图 5-47 所示电路换路前已处于稳态。试求换路后的 $u_C(t)$。

5-10　电路如图 5-48 所示，电路原已达到稳定状态，$t=0$ 时开关 S 打开，求换路后 $t\geqslant0$ 的 $i_L(t)$。

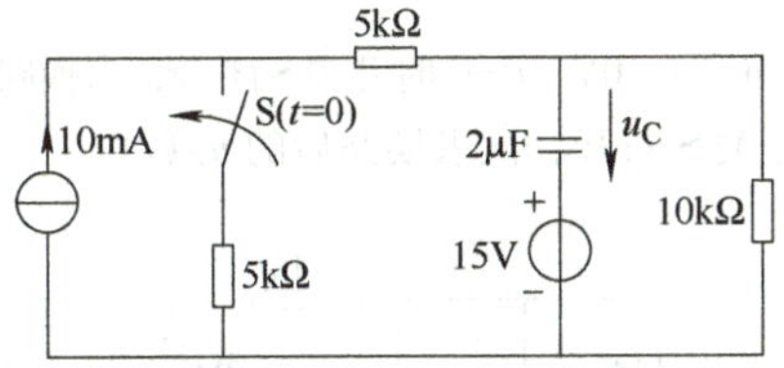

图 5-47　题 5-9 图

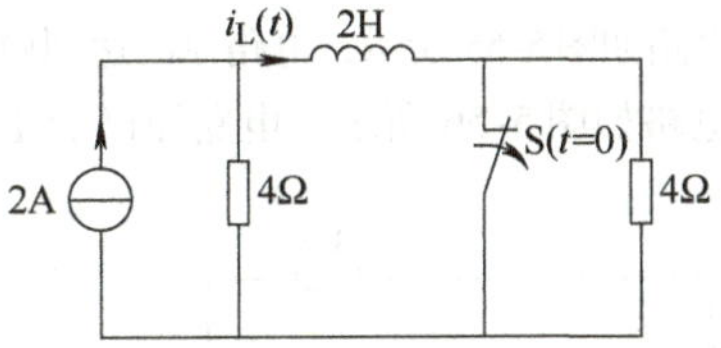

图 5-48　题 5-10 图

5-11　已知图 5-49 所示含受控源电路原已处于稳态，且 $i_s=10\text{A}$，$R_1=1\Omega$，$R_2=2\Omega$，$C=1250\mu\text{F}$，$u_C(0_-)=2\text{V}$，$g_m=0.25\text{s}$，$t=0$ 时电路换路，求 $t\geqslant0$ 时的 $i_1(t)$、$i_C(t)$ 和 $u_C(t)$。

5-12 已知图 5-50 所示含受控源电路原已处于稳态，且 $i_L(0_-)=0$，$t=0$ 时电路换路，求 $t\geqslant 0$ 时的 $i_L(t)$ 和 $i_1(t)$。

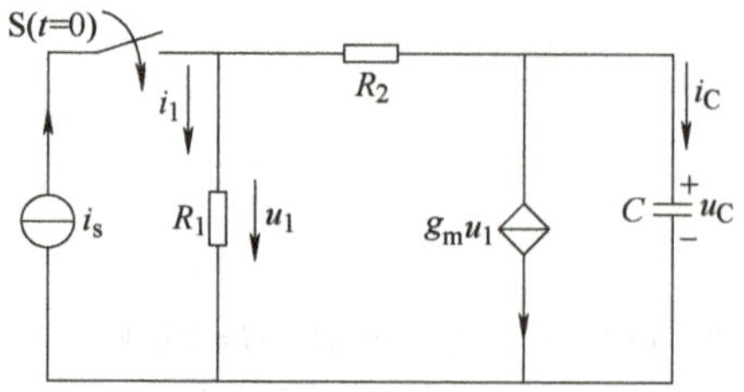

图 5-49 题 5-11 图

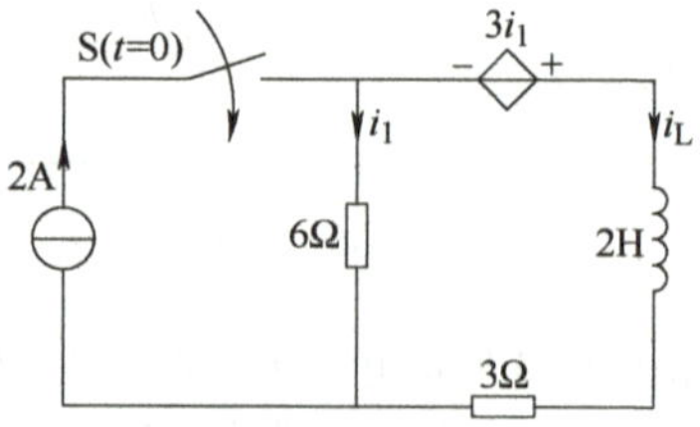

图 5-50 题 5-12 图

5-13 电路如图 5-51 所示，已知 $U=2\text{V}$，$R_1=R_3=2\Omega$，$R_2=4\Omega$，$L=2\text{mH}$，开关 S 闭合前电路已处于稳态。试求 S 闭合后的 $i_L(t)$ 和 $u_L(t)$。

5-14 已知图 5-52 所示电路中开关 S 闭合前电路已处于稳态。试求 S 闭合后的 $i_1(t)$、$i_2(t)$ 和 $i_L(t)$。

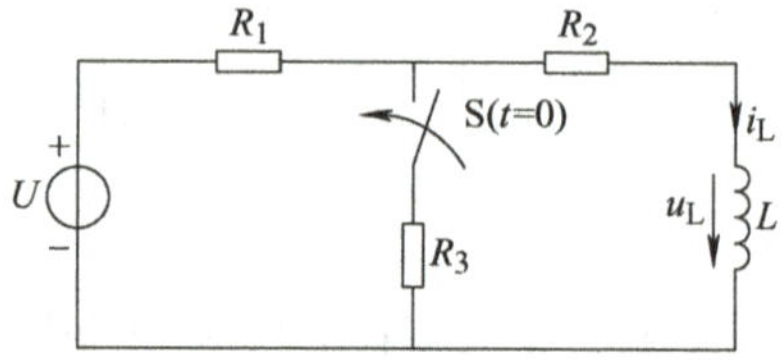

图 5-51 题 5-13 图

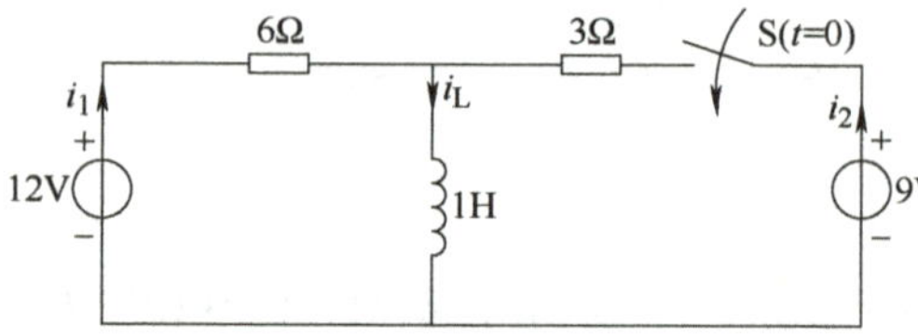

图 5-52 题 5-14 图

5-15 图 5-53 所示电路点画线框起来的部分为直流电动机的励磁绕组电路，为了使电路断开时绕组上的电压不超过 200V，并使电流在 0.03s 内衰减到初始值的 5% 以下，释放电阻 R 的阻值应是多大（忽略二极管 VD 的正向电阻）？

5-16 设图 5-54 所示电路中开关 S 接通前电路已处于稳态，1）求 S 接通后的 $i_L(t)$；2）求开关 S 接通并达到稳定后再断开时的 $i_L(t)$。

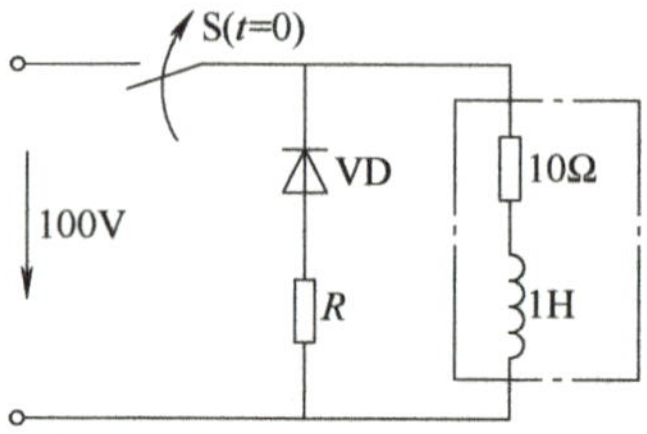

图 5-53 题 5-15 图

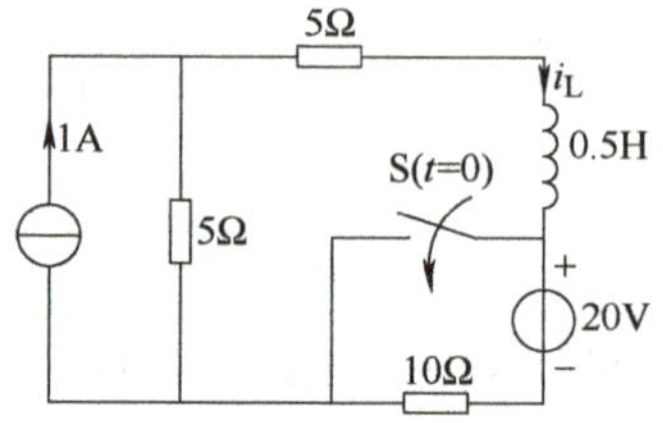

图 5-54 题 5-16 图

5-17 电路如图 5-55 所示，电路原已达到稳定状态，$u_C(0_-)=0\text{V}$，$t=0$ 时开关 S 闭合，求换路后的 $u_C(t)$。

5-18 电路如图 5-56 所示，电路原已稳定，$t=0$ 时开关 S 断开，试求换路后的 $u_C(t)$。

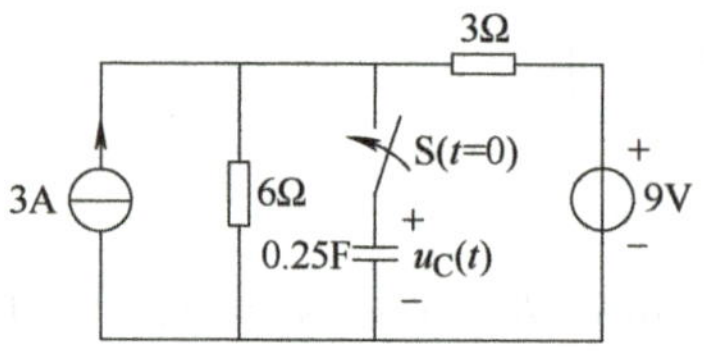

图 5-55 题 5-17 图

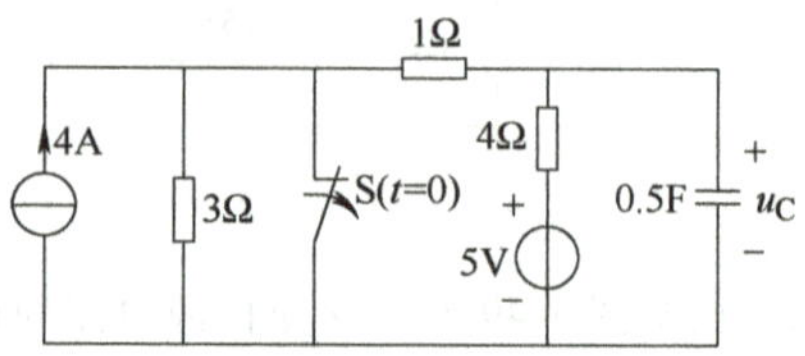

图 5-56 题 5-18 图

5-19　电路如图 5-57 所示，开关 S 在位置 1 时电路已达稳态，$t=0$ 时开关 S 由 1 切换至 2，用三要素法求换路后的电感电流 $i_L(t)$。

5-20　图 5-58 所示电路原已处于稳态，当 $t=0$ 时开关 S 闭合，求 $t \geqslant 0$ 时的 i 和 i_0。

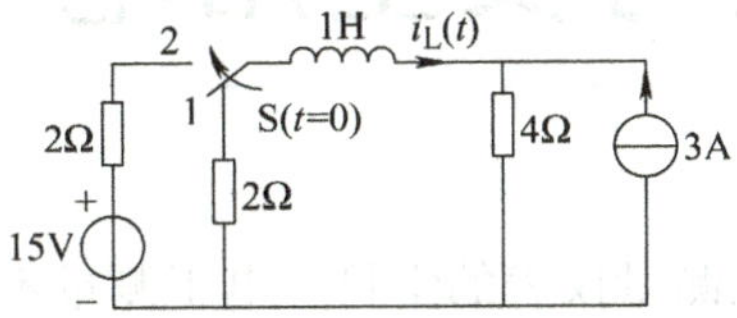

图 5-57　题 5-19 图

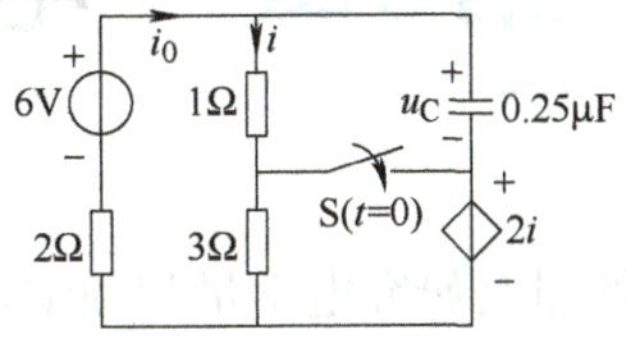

图 5-58　题 5-20 图

5-21　已知图 5-59a 所示电路中，输入信号电压波形如图 5-59b 所示，已知 $R=1\text{M}\Omega$，$C=100\text{pF}$，试求 $t=2\times10^{-4}$s时使输出电压 $u_o=0$ 的负脉冲电压的幅值。设 $u_C(0_-)=0$。

5-22　已知图 5-60a 所示电路中，输入电压 u_i 为脉冲序列，如图 5-60b 所示，试画出 u_o 的波形并作说明。

1）$C=0.01\mu\text{F}$，$R=100\Omega$；2）$C=10\mu\text{F}$，$R=100\text{k}\Omega$。

5-23　利用 EDA 仿真题 5-8。

5-24　利用 EDA 仿真题 5-22。

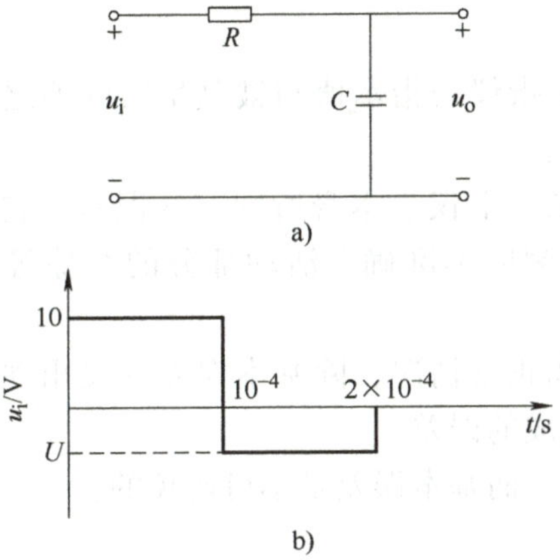

图 5-59　题 5-21 图

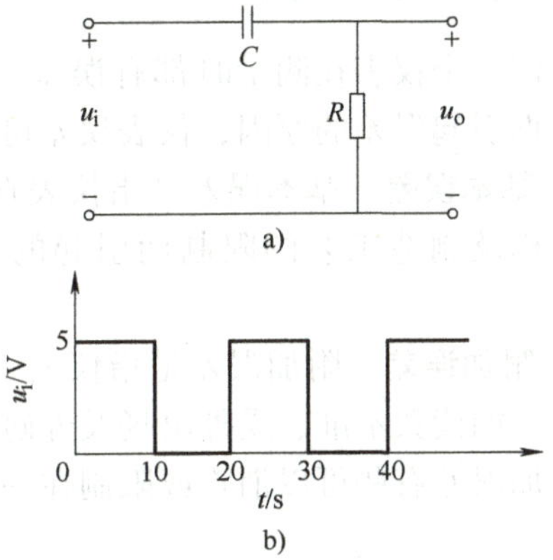

图 5-60　题 5-22 图

第6章　电工测量与安全用电

电工测量是研究电学量和磁学量的测量方法以及测量仪表的学科。电工测量不仅能够对各种电气量（如电压、电流、功率、电能量及电路参数）进行测量，而且能够通过传感器对非电量（如温度、压力、流量、位移、光照度等）进行测量。随着科技的发展，电工测量技术在现代各种测量技术中的地位越来越重要。了解常用电工仪表的功能，掌握正确的使用方法是对工程技术人员的基本要求。在人类社会生活的各个领域，电能的应用日益广泛。为了人身安全和电力系统的正常工作，还必须要懂得一些安全用电的常识和技术。

6.1　测量误差与仪表准确度

6.1.1　指示仪表的误差

任何一个仪表在测量时都有误差。仪表误差是指仪表指示值与被测量实际值之间的差异。根据引起误差的原因，仪表误差可以分为两类：

1. 基本误差　基本误差是指仪表在正常工作条件下仪表本身所固有的误差。它是由仪表的结构及制造工艺的限制而引起的。如标尺的刻度不准确、活动部分的摩擦等造成的误差。

2. 附加误差　附加误差是指仪表工作条件偏离正常情况，除基本误差外又出现的附加的误差。如读数不准、受外电场及外磁场干扰等造成的误差。

附加误差有些可以消除或限制在一定的范围内，而基本误差是不可避免的。

6.1.2　误差的表达形式

1. 绝对误差　绝对误差是指仪表的指示值 A_x 和被测量实际值 A_0 之差，用符号 Δ 表示，即

$$\Delta = A_x - A_0 \tag{6-1}$$

在测量同一个量时，$|\Delta|$ 越小的仪表，测量结果越准确。

2. 相对误差　相对误差是指绝对误差 Δ 与被测量实际值 A_0 之比的百分数，用符号 ν 表示，即

$$\nu = \frac{\Delta}{A_0} \times 100\% \tag{6-2}$$

由于被测量实际值一般难以确定，而仪表指示值与实际值又比较接近，因此在工程中一般用 A_x 代替 A_0。

6.1.3　指示仪表的主要技术指标

1. 准确度　准确度是指仪表的最大绝对误差 Δ_m 与测量上限（电表标尺满刻度）A_m 的百分比，用 $\pm K\%$ 表示，即

$$\pm K\% = \frac{\Delta_m}{A_m} \times 100\% \tag{6-3}$$

根据我国国家标准《电测量指示仪表通用技术条件》规定，电工指示仪表按准确度分为七级，即0.1级、0.2级、0.5级、1.0级、1.5级、2.5级和5.0级。指示仪表在出厂时均要标注它的准确度等级。式（6-3）中的 K 值即为上述的等级数。

一般地，0.1级和0.2级仪表用来进行精密测量或当成标准表校正其他仪表，0.5～1.5级用于实验室，1.5～5.0级用于工程测量。

例 6-1　一只量限为500V、准确度为1.5级的电压表和一只同样量限、准确度为0.1级的标准表，它们所能出现的最大绝对误差分别是多少？

解　$A_m = 500\text{V}$，$K_{1.5} = 1.5$，$K_{0.1} = 0.1$，由式（6-3）可得这两只电压表所能出现的最大绝对误差分别为

1.5级表：$\Delta U_m = \pm 1.5\% \times 500\text{V} = \pm 7.5\text{V}$

0.1级表：$\Delta U_m = \pm 0.1\% \times 500\text{V} = \pm 0.5\text{V}$

例 6-2　用一只准确度为1.5级、量程为50V的电压表分别测量10V和40V电压，它们的最大相对误差各是多少？

解　由式（6-3）可知，此表可能产生的最大绝对误差为

$$\Delta_m = \pm K\% A_m = \pm 1.5\% \times 50\text{V} = \pm 0.75\text{V}$$

由式（6-2）可知，它们的最大相对误差分别是

$$\nu_{10} = \frac{\Delta_m}{A_0} \times 100\% = \frac{\pm 0.75}{10} \times 100\% = \pm 7.5\%$$

$$\nu_{40} = \frac{\Delta_m}{A_0} \times 100\% = \frac{\pm 0.75}{40} \times 100\% = \pm 1.9\%$$

可见，测量值越接近于仪表的量程，其相对误差越小。因此，在选用仪表时，应当根据测量值来选择量程，尽量使测量值在仪表量程的2/3以上。

2. 灵敏度　灵敏度是指仪表转动部分偏转角的变化量 Δd 与被测量 Δx 的比值，用符号 s 表示，即

$$s = \frac{\Delta d}{\Delta x} \tag{6-4}$$

灵敏度反映了仪表对被测量的反应能力，其数值与被测量有关。

3. 变差　仪表在重复测量某一被测量时，由于摩擦等原因，造成两次指示数不同，它们的差值称为变差。仪表的变差应该不超过基本误差的绝对值。

6.2 电工仪表的类型

6.2.1 电工仪表的分类

电工仪表的种类和规格繁多，分类方法各异。按照所用测量方法的不同，一般分为指示式（直读式）仪表和比较式仪表两大类。前者能随时指示出所测量的电气参数，如电压表；后者需将被测量与相应的标准量比较后才能得出结果，如电桥。一般来说，指示式仪表的准确度和灵敏度不如比较式仪表，但因其结构简单、使用方便、价格低廉，被广泛应用。本节主要讨论指示式仪表。

通常用的指示式仪表常按以下几个方面分类：

1）按照电流的种类分类；

2）按照被测量的种类分类；

3）按照工作原理分类；

4）按照准确度分类。

以上几种分类方法见表6-1。常用电工仪表的标记符号大都标记在电工仪表的面板上。

表 6-1 常用电工仪表的标记符号

分类	符号	名称	分类	符号	名称
电流种类	⎓	直流	工作原理		磁电式仪表
	～	交流			整流式仪表
	≃	直流和交流			电磁式仪表
测量对象	Ⓐ	电流表			电动式仪表
	Ⓥ	电压表			磁电式比率计
	Ⓦ	功率表	工作位置	⊓	标尺位置为水平
	kW·h	电能表		⊥	标尺位置为垂直
端钮	+	正端钮	准确度等级	1.5	以标度尺量限的百分数表示
	−	负端钮		(1.5)	以指示值的百分数表示
	*	公共端钮	绝缘实验	☆2（或⚡2kV）	绝缘强度试验电压
调零器	⌒	调零器			

6.2.2 指示式仪表（直读式仪表）

1. 磁电式仪表 磁电式仪表是由固定部分和可动部分组成，如图6-1所示。固定部分包括永久磁铁1、磁极3、圆柱形铁心5等，可动部分包括铝框及线圈4、转轴2、平衡锤6、游丝 8 及指针 7 等。当被测电流 I 通过可动线圈时，与空气隙中磁场相互作用产生转动力矩带动指针偏转。当转动力矩与弹簧的反作用力矩相平衡时，指针停留的位置即为被测量的指示值。仪表的指针偏转角 α 与通过线圈的电流 I 成正比，即

$$\alpha = kI \tag{6-5}$$

按此即可在标度尺上作均匀刻度。当线圈中无电流时，指针应指在零的位置，如果不在零的位置，可用校正器进行调整。

磁电式仪表的优点是刻度均匀；灵敏度和准确度高；阻尼强；消耗功率小；并且由于仪表本身的磁场强，所以受外界磁场的影响很小。其缺点是只能用于直流测量，价格较高，过载能力小。

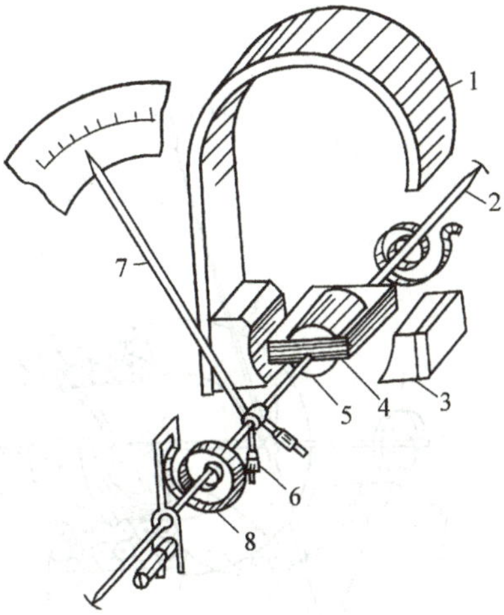

图 6-1　磁电式仪表的结构图

2. 电磁式仪表　电磁式仪表是一种交直流两用的电工仪表，其测量机构主要由固定线圈和可动铁心两部分组成。其结构形式一般有两种，一种为吸入式，另一种为推斥式。

吸入式的结构图如图 6-2 所示，其主要部件是固定线圈 1、可动铁片 2、小室 3、活塞 4、螺旋弹簧 5、游丝 6 和指针 7。当线圈通有电流时，会产生磁场，铁片受磁化而被吸入线圈的狭缝中，固定在转轴上的指针 7 就发生偏转，当偏转到与游丝 6 的反作用力矩相平衡时，指针稳定下来，并且在标尺上指示被测量值。当线圈通交流电时，电流所产生的磁场方向和被磁化的极性同时改变，作用在铁片上的吸力方向仍维持不变。指针的偏转角 α 与通过线圈的直流电流或交流电流有效值的二次方成正比，即

$$\alpha = kI^2 \tag{6-6}$$

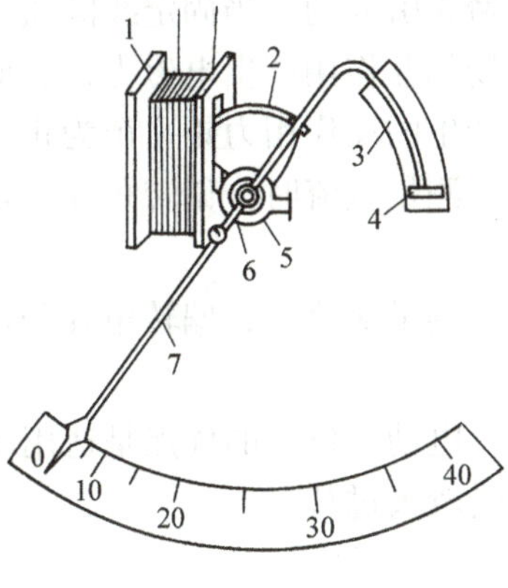

图 6-2　吸入式的结构图

所以，标尺上的刻度是不均匀的。

在这种仪表中，产生阻尼力矩的一般是空气阻尼器，其阻尼作用是由与转轴相连的活塞 4 在小室 3 中移动产生的。

排斥式的结构图如图 6-3 所示，其可动部分的弹簧 1、指针 2、动铁片 3 装在同一转轴上，动铁片和定铁 4 同时置于一个固定线圈 5 中。其基本原理与吸入式相同，不同的是它产生的电磁力是推斥力。指针的偏转角 α 与通过线圈的直流电流或交流电流的有效值的二次方成正比。

电磁式仪表的优点是构造简单，造价低，可用于交、直流，能测量较大电流和允许较大的过载。其缺点是刻度不均匀，灵敏度及准确度低，仪表本身消耗功率大，抗外磁场能力弱，不宜用在高频电路中。

3. 电动式仪表　电动式仪表的结构图如图 6-4 所示。它有两个线圈：固定线圈 1 和

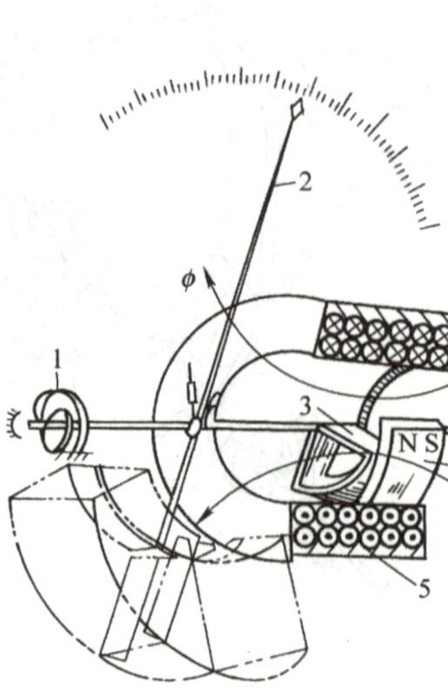

图 6-3 排斥式的结构图

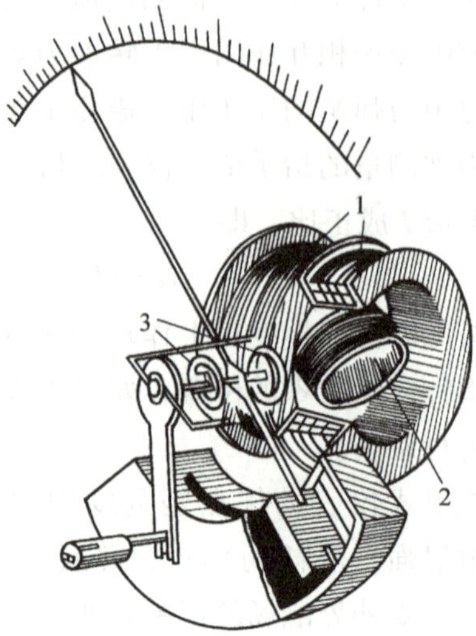

图 6-4 电动式仪表的结构图

可动线圈 2。可动线圈与指针及空气阻尼器的活塞都固定在转轴上，其中的电流是通过螺旋弹簧 3 引入的。当固定线圈通有电流 I_1 时，在其内部产生磁场，可动线圈中的电流 I_2 与此磁场相互作用产生电磁力，进而产生力矩；可动线圈和指针在该力矩作用下偏转，直到与游丝产生的反作用力矩平衡为止。

测量直流时，偏转角 α 与电流 I_1、I_2 的乘积成正比，即

$$\alpha = kI_1 I_2 \tag{6-7}$$

测量交流时，偏转角 α 与电流 $i_1 = I_{1m}\sin\omega t$ 和 $i_2 = I_{2m}\sin(\omega t + \varphi)$ 的关系为

$$\alpha = kI_1 I_2 \cos\varphi \tag{6-8}$$

电动式仪表的优点是适用于交、直流，准确度高。其缺点是受外界磁场影响很大，不能承受较大过载。

6.3 电流、电压和单相功率的测量

6.3.1 电流的测量

测量直流电流通常用磁电式电流表，测量交流电流则主要采用电磁式电流表。测量步骤如下：

第一，电流表应串联在电路中，如图 6-5a 所示。为了使电路的工作状况不因接入电流表而受影响，电流表的内阻必须很小，并且量程越大，内阻应越小。从降低仪表本身的功耗而言，也是希望内阻越小越好。因此，如果将电流表并联在电路的两端，那么电流表将被烧坏。这一点必须特别注意。

第二，在测量直流时，应该注意磁电式仪表的端子极性。

第三，要注意量程的选择。如果被测电流的大小事先不清楚，应该先用大量程，再根据指针偏转情况减小到合适的量程。

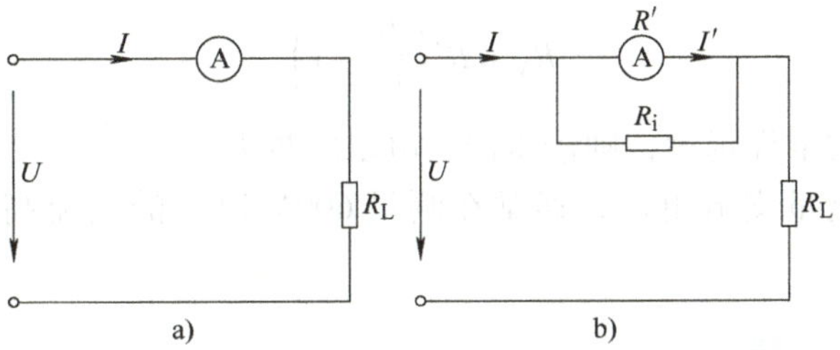

图 6-5　电流表与分流器

采用磁电式电流表测量直流时，因其测量结构允许通过仪表线圈的电流很小，不能直接测量较大的电流。为了扩大量程，应如图 6-5b 所示，在电流表（内阻为 R'）上并联一个分电阻（分流器），其阻值为 R_i，使流经表头的电流 I' 只是被测电流 I 的一部分。两者之间的关系为

$$I' = \frac{R_i}{R' + R_i} I$$

即

$$R_i = \frac{R'}{(I/I') - 1} \tag{6-9}$$

可见，需要扩大的量程越大，则分流器的电阻越小。

用电磁式电流表测量交流电流时，用电流互感器来扩大量程，如图 6-6 所示。

6.3.2　电压的测量

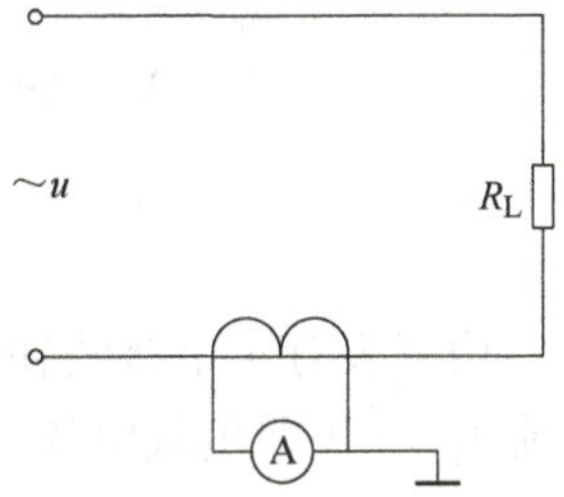

图 6-6　电流互感器

测量直流电压常用磁电式电压表，测量交流电压常用电磁式电压表。

因为电压表是用来测量电源、负载或某段电路两端的电压的，所以必须将它与被测电路并联，如图 6-7a 所示。为了使电路的工作不因接入电压表而受影响，电压表的内阻必须很高，并且量程越大，内阻应越高。从减小仪表本身的功耗而言，也是希望电压表的内阻越大越好。但是，由于仪表表头内阻（阻值为 R'）较小，且只能通过微小电流，也就只能测量较低的电压。为了测量较高的电压，通常在表头中串联一个称为倍压器的附加电阻（阻值为 R_V），如图 6-7b 所示。由图可知：

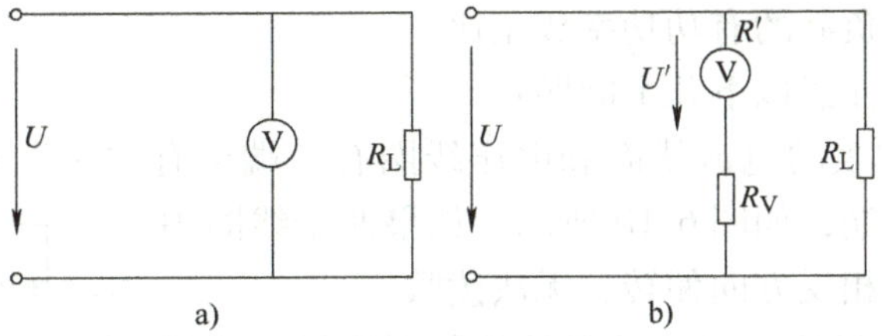

图 6-7　电压表和倍压器

$$\frac{U}{U'} = \frac{R' + R_V}{R'}$$

即
$$R_V = R'\left(\frac{U}{U'} - 1\right) \tag{6-10}$$

可见，需要扩大的量程越大，则倍压器的电阻应越大。

用电磁式电压表测量交流电压，通常在测量600V 以上的交流高电压时采用电压互感器，如图6-8 所示。

6.3.3 单相功率的测量

功率与电压和电流有关。在直流电路中，功率 $P = UI$，在交流电路中，有功功率 $P = UI\cos\varphi$。要测量功率，测量结构必须具有能反映电压和电流的乘积这一特点。电动式仪表有两组线圈 ，具备满足这一要求的条件，所以它是测量功率的理想仪表。

单相功率表内部接线图如图6-9a 所示，电压线圈1、电流线圈2 和附加电阻3。它在电路图上的符号如图6-9b 所示。

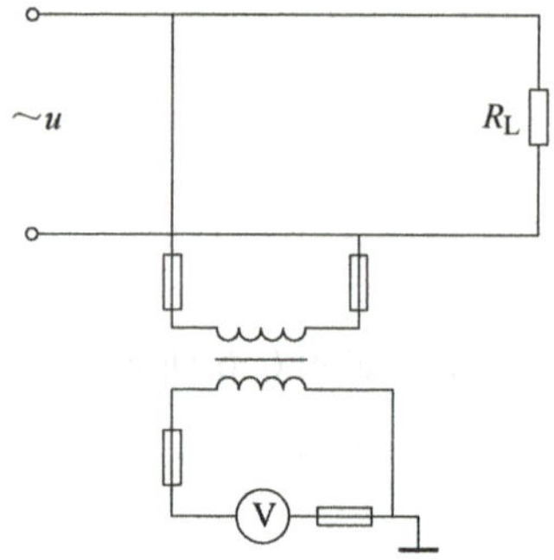

图6-8 电压互感器

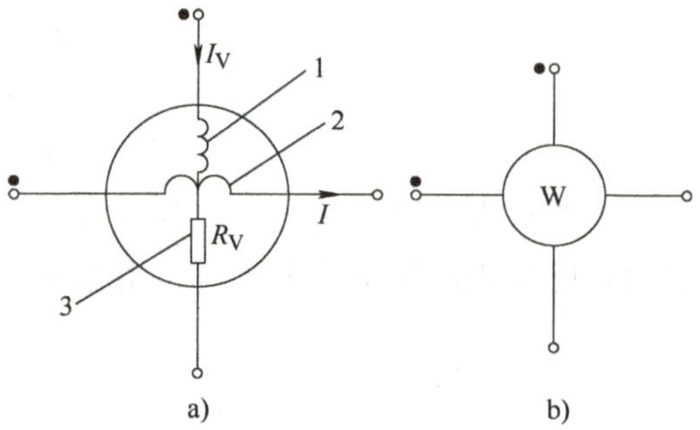

图6-9 单相功率表内部接线图和符号

功率表有4 个接线钮，其中两个是固定线圈（电流线圈）的接线端，与负载串联，其电流 $\dot{I}_1 = \dot{I}$（即负载电流）。另两个是可动线圈（电压线圈）再串一电阻 R_V 的接线端，与负载并联，其电流 $\dot{I}_2$ 正比于负载电压 $\dot{U}$。

因为负载的 $\dot{U}$ 和 $\dot{I}$ 的相位差角为 φ，所以 $\dot{I}_1$ 和 $\dot{I}_2$ 的相位差角也等于 φ，因此，由式（6-8）可知功率表指针偏转角为

$$\alpha = kI_1I_2\cos\varphi = kI_1\frac{U}{R_V}\cos\varphi = K'IU\cos\varphi = K'P \tag{6-11}$$

可见，偏转角的大小与负载的有功功率成正比。

功率表在使用时要注意以下几个问题：

1. 正确连接 功率表的电流线圈和电压线圈有一端标有“·”或“±”，在测量时这两端应连在电源的同一端，如图6-10 所示。如果两个线圈中任一个反接，指针将向相反方向偏转，无法读数。

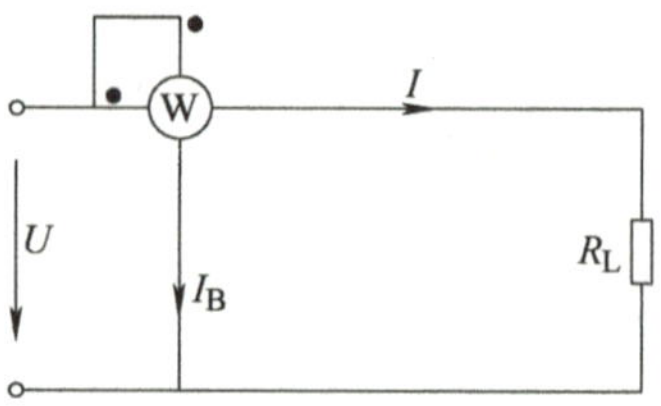

图6-10 单相功率的测量

2. 量限的选择 选择功率表的量限是要分别选择电流量限和电压量限。一定要使电流量限大于最大负载电流，电压量限能承受负载电压，不能只考虑被测功率的大小。

3. 正确的读数 一般多量限的功率表的标度尺不标瓦特

数，只标分格数，可按下式算出每一分格所代表的瓦特数：

$$C = \frac{U_N I_N}{\alpha_m} \tag{6-12}$$

式中，U_N 是所选择的功率表的电压量限；I_N 是电流量限；α_m 是标度尺满刻度的分格数。

测量时，读了指针偏转格数 α 后，再乘以 C 就等于所测功率数值，即

$$P = C\alpha \tag{6-13}$$

6.4　万用表和绝缘电阻表

6.4.1　万用表

万用表可测量多种电量，虽然准确度不高，但是使用简单、携带方便。万用表有磁电式和数字式两种。

1. 磁电式万用表　磁电式万用表由磁电式微安计、若干分流器和倍压器、半导体二极管及转换开关等组成，可以用来测量电阻、直流电流、直流电压和交流电压等。图 6-11 所示为 MF-30 型万用表的面板图。

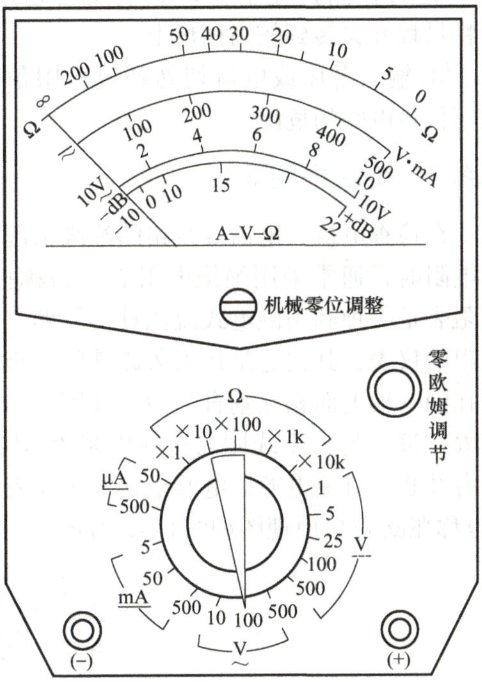

图 6-11　MF-30 型万用表的面板图

磁电式万用表测量交流电压依靠的是电路中装有的半导体整流器，将交流变为直流，刻度为有效值。普通的万用表只适用于测量频率为 45 ~ 1000Hz 的交流电压。

使用万用表时，应注意转换开关的位置和量程，如果用电流档或电阻档去测电压，将会把表烧坏。测电阻时，应先调零，同时绝对不能在带电线路上测量电阻。改变测量量程时，必须先将测量表笔与被测电路分离，用毕将转换开关转到高电压档。

此外，面板上的“+”端接在表内电池的负极，而“-”端接在电池的正极。

2. 数字式万用表　现以 VC9806 型万用表为例来说明它的测量范围和使用方法，其面板图如图 6-12 所示。

（1）测量范围

①直流电压分五档：200mV、2V、20V、200V、1000V。

②交流电压分四档：2V、20V、200V、700V。

③直流电流分四档：2mA、20mA、200mA、10A。

④交流电流分两档：200mA、10A。

⑤电阻分六档：200Ω、2kΩ、20kΩ、200kΩ、2MΩ、20MΩ。

此外，还可对电容、频率、二极管的通断测试及晶体管的电流放大系数 h_{FE} 测试。

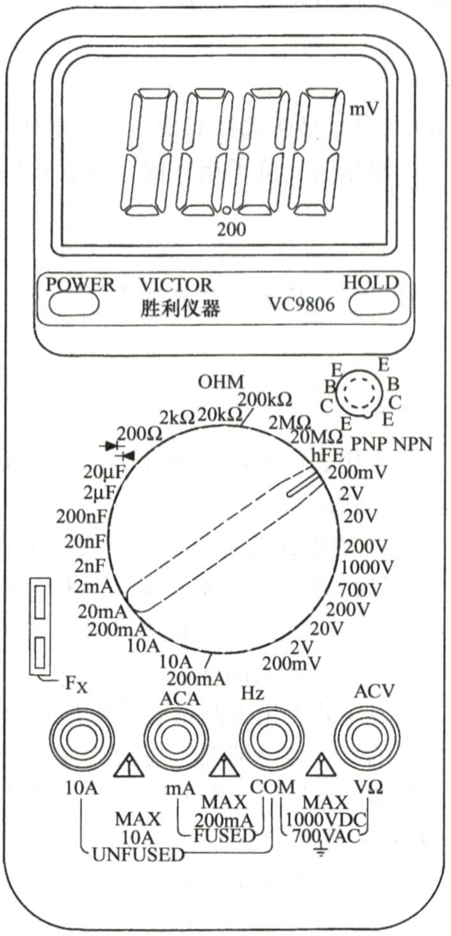

图 6-12 VC9806 型万用表的面板图

（2）操作面板说明

液晶显示器：显示仪表测量的数值及单位。

保持开关。

h_{FE}测试插座：用于测量晶体管的 h_{FE}数值大小。

旋钮（开关）：用于改变测量功能及量程。

电压、电阻及频率插座。

公共地。

小于 200mA 电流测试插座。

10A 电流测试插座。

电容插座。

电源开关：启动及关闭电源。

注意：① 如果事先对被测电压或电流范围没有概念，应将量程开关转到最高档位，然后根据显示值转至相应档位上。

② 若在高位显示“1”，表明已超过量程范围，须将量程开关转到较高档位上。

③ 输入电压或电流切勿超过极限值，否则将有损坏仪表电路的危险。

6.4.2 绝缘电阻表

在检查电机、电器及线路的绝缘情况和测量高阻值电阻时，通常采用绝缘电阻表（俗称摇表）。绝缘电阻表是一种利用磁电式流比计的线路来测量高阻值电阻的仪表，其构造是在永久磁铁的磁极间放置着固定在同一轴上而相互垂直的两个线圈，一个线圈与电阻 R 串联，另一个线圈与被测电阻 R_x 串联，然后将两者并联于直流电源。电源是安置在仪表内的手摇直流发电机，其端电压为 U。绝缘电阻表（也称兆欧表）原理图如图 6-13 所示。

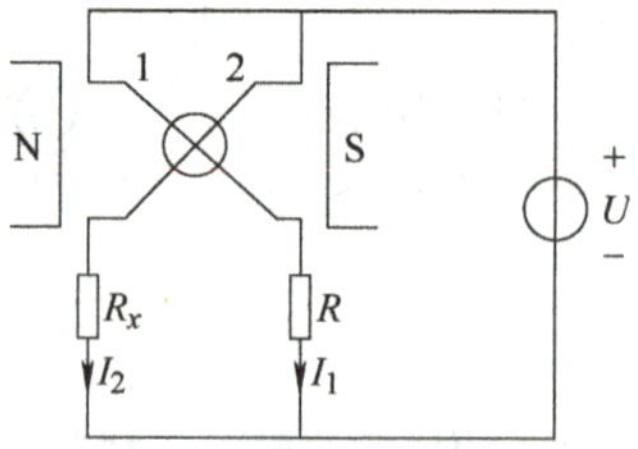

图 6-13 绝缘电阻表原理图

在测量时，两个线圈中通过的电流分别为

$$I_1 = \frac{U}{r_1 + R} \text{和} \ I_2 = \frac{U}{r_2 + R_x}$$

式中，r_1 和 r_2 分别为两个线圈的电阻。

指针（与两个线圈固定在同一轴上）的偏转角 α 与两线圈中电流之比有关（故称流比计），即

$$\alpha = f_1\left(\frac{I_1}{I_2}\right) \tag{6-14}$$

把 I_1、I_2 代入，得

$$\alpha = f_1\left(\frac{r_2 + R_x}{r_1 + R}\right) = f(R_x) \tag{6-15}$$

可见，偏转角 α 与被测电阻 R_x 有一定的函数关系，因此，仪表的刻度尺就可以直接按电阻来分度。这种仪表的读数与电源电压 U 无关，所以手摇发电机转动的快慢不影响读数。

6.5 电桥及电阻、电容和电感的测量

电桥是一种比较式仪表，它的准确度和灵敏度都较高。有直流电桥和交流电桥两种。

6.5.1 直流电桥和电阻的测量

直流电桥有两种型式：单臂电桥，测量范围为 $(1\sim10^5)\Omega$；双臂电桥，测量范围为 $(10^{-4}\sim10)\Omega$。最常用的是单臂直流电桥（也称惠斯通电桥），直流电桥电路如图 6-14 所示。当检流计 P 中的电流为零时，电桥处于平衡状态，平衡条件为

$$R_1R_4 = R_2R_3 \tag{6-16}$$

设 $R_1 = R_x$ 为被测电阻，则

$$R_x = \frac{R_2}{R_4}R_3 \tag{6-17}$$

6.5.2 交流电桥和电容及电感的测量

交流电桥电路如图 6-15 所示。4 个桥臂为复阻抗 Z_1、Z_2、Z_3、Z_4，电源一般是低频信号发生器，指零仪器是交流检流计。

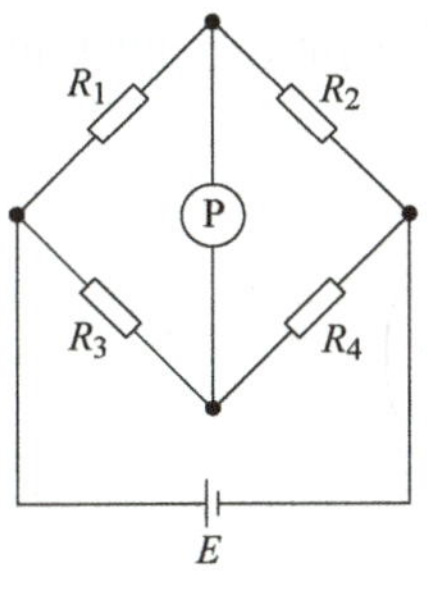

图 6-14 直流电桥电路

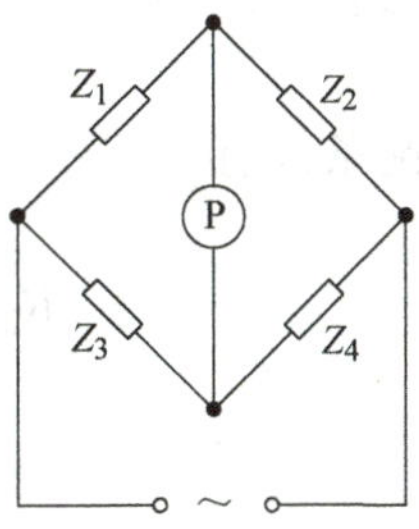

图 6-15 交流电桥电路

当电桥平衡时，有

$$Z_1Z_4 = Z_2Z_3 \tag{6-18}$$

亦即

$$|Z_1||Z_4| = |Z_2||Z_3| \tag{6-19}$$

$$\varphi_1 + \varphi_4 = \varphi_2 + \varphi_3 \tag{6-20}$$

为了便于调节平衡，通常将两个桥臂设计为纯电阻。

设 $\varphi_2 = \varphi_4 = 0$，即 Z_2 和 Z_4 是纯电阻，则 $\varphi_1 = \varphi_3$，即 Z_1 和 Z_3 同为电感性或电容性的。

设 $\varphi_2 = \varphi_3 = 0$，即 Z_2 和 Z_3 是纯电阻，则 $\varphi_1 = -\varphi_4$，即 Z_1 和 Z_4 中一个是电感性的，而另一个则是电容性的。

1. 电容的测量 电路如图 6-16 所示，电阻 R_2 和 R_4 作为两臂，被测电容 C_x 和损耗电阻 R_x 串联后作为一臂，标准电容 C_0 和标准电阻 R_0 串联后作为另一臂。

由电桥平衡条件有

$$\left(R_x - \mathrm{j}\frac{1}{\omega C_x}\right)R_4 = \left(R_0 - \mathrm{j}\frac{1}{\omega C_0}\right)R_2$$

可以得出

$$R_x = \frac{R_2}{R_4}R_0 \tag{6-21}$$

$$C_x = \frac{R_4}{R_2}C_0 \tag{6-22}$$

为了同时满足上述两式的平衡关系，必须反复调节 R_2/R_4 和 R_0（或 C_0），直到平衡为止。

2. 电感的测量 电路如图 6-17 所示，R_x 和 L_x 是被测电感元件的电阻和电感。

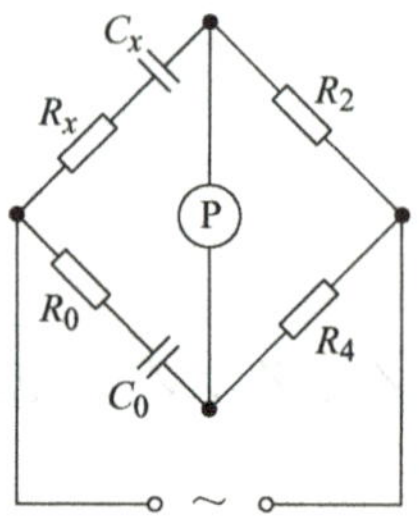

图 6-16 测量电容的电桥电路

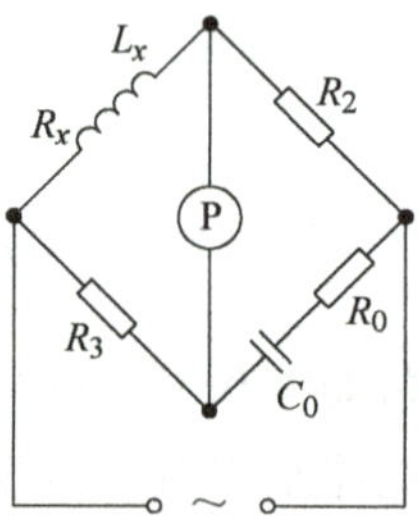

图 6-17 测量电感的电桥电路

由电桥平衡条件有

$$R_2R_3 = (R_x + \mathrm{j}\omega L_x)\left(R_0 - \mathrm{j}\frac{1}{\omega C_0}\right)$$

可以得出

$$L_x = \frac{R_2R_3C_0}{1+(\omega R_0C_0)^2} \tag{6-23}$$

$$R_x = \frac{R_2 R_3 R_0 (\omega C_0)^2}{1 + (\omega R_0 C_0)^2} \tag{6-24}$$

调节 R_2 和 R_0 使电桥平衡。

6.6　安全用电常识

6.6.1　概述

1. 触电及对人体的伤害　当人体触及带电体，带电体与人体之间闪击放电或电弧波及人体时，人体与大地或其他导体构成电流通路，此种情况称为触电。

经验表明：当 1mA 左右的电流通过人体时，人就会感觉发麻；当通过人体的电流不超过 10mA 时，触电者可以自己摆脱电源，不至于造成事故；当电流在 20～25mA 时，触电者会感到剧痛，甚至神经麻痹，肌肉剧烈收缩，已经无法自己摆脱电源，人体电阻会迅速下降，电流上升，有生命危险；如果电流达到 100mA，很短时间就会使人窒息，造成死亡。

7mA 以下的电流为安全电流；而 36V 以下的电压则为安全电压。

2. 人体触电的两种情况

（1）与正常带电部位的接触　如图 6-18 所示，人体触及三相电源中的一根电线，称为单相触电。这时，人体承受的是相电压，电流经人体、大地回到电源，是十分危险的。如图 6-19 所示，人体同时和两根相线接触，称为两相触电。此时，人体承受的是线电压，其触电后果更为严重。

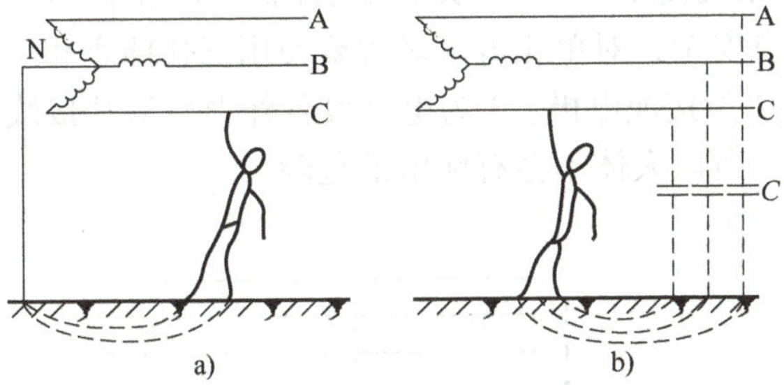

图 6-18　单相触电

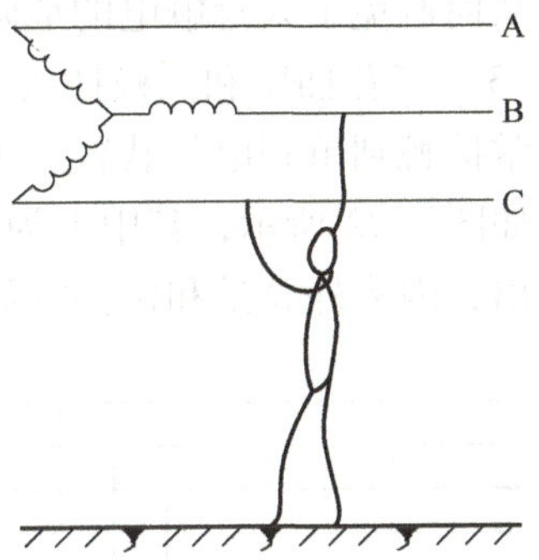

图 6-19　两相触电

（2）与正常时不带电部分的接触　在电气设备中有些部分正常时是不带电的，如电气设备的外壳等。但如果绝缘损坏，则外壳就可能带电，人体触及带电的外壳，将发生触电事故。

3. 触电后的急救　触电事故发生后，首先应使触电者脱离电源，拉开电源开关或用有绝缘手柄的工具、干燥木棒把电线挑开。而当触电者尚未脱离电源时，施救者切不可和触电者的肌体直接接触，以防触电。如果触电者脱离电源后已失去知觉，必须将其安置在空气畅通处，解开衣服，让其平直仰卧，用软衣物垫在触电者的身下，使其头比肩稍低，以免妨碍呼吸，并立即请专业医生进行急救。

4. 接地保护和接零保护

（1）接地保护　把电气设备的金属外壳和接地线连接起来，称为接地保护。接地保护多用于中性点不接地的低压线路系统中。接地电阻 R 不得大于 4Ω。图 6-20 所示为三相交流电动机的接地保护。C 为相线与地之间的分布电容，当电动机某相绕组碰壳时，将出现图中虚线所示的电容电流。当外壳接地时，如图 6-20b 所示，由于人体电阻比接地电阻 R 大得多，所以几乎没有电流经过人体，就不会有触电危险。但是如果外壳不接地，如图 6-20a所示，则碰壳的一相经人体及分布电容形成回路，人体将会有较大的电流通过，就会发生触电危险。

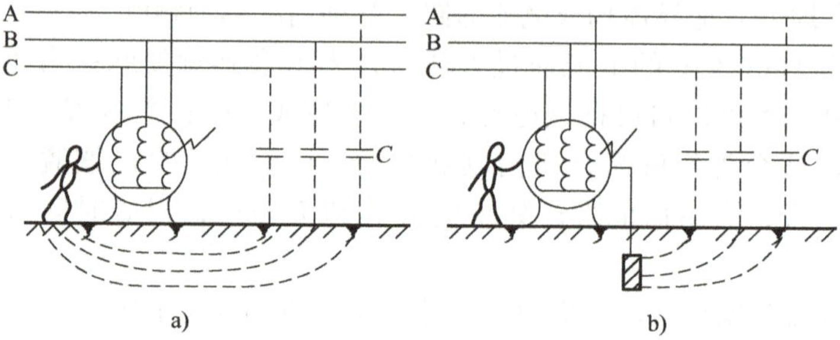

图 6-20　三相交流电动机的接地保护

（2）接零保护　把电气设备的外壳和电源的零线连接起来，称为接零保护。接零保护用于中性点接地的三相四线制低压电路中。图 6-21 所示为三相交流电动机的接零保护。当电动机某相绕组碰壳时，便会有一短路电流从该相流向零线，使熔断器的熔丝熔断，切断电源，从而避免了人身触电的危险。必须注意，在接零导线中，不允许安装熔断器。

（3）三孔插座和三极插头　以上是三相交流电气装置的防触电保护，而在我们日常生活中常接触到单相电气装置。为了保证人身安全，对单相电气装置要使用三孔插座和三极插头。如图 6-22 所示，其中 1 为三孔插座、2 为接地电极、3 为电气设备外壳。从其接线上可以看出，因为外壳是和保护零线相连接的，所以人体不会有触电的危险。

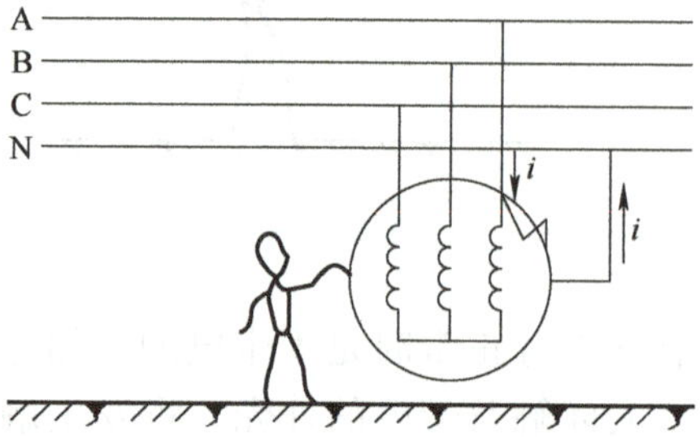

图 6-21　三相交流电动机的接零保护

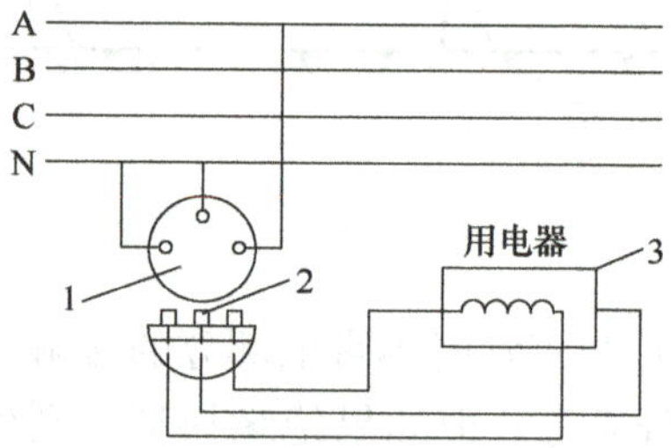

图 6-22　三孔插座和三极插头的保护接地

5. 三相五线制供电和接地方式　三相五线制包括三相电的三个相线（A、B、C 线）、中性线（N 线）以及地线（PE 线）。中性线（N 线）就是零线。图 6-23 所示为三相五线制供电和负载连接方式。

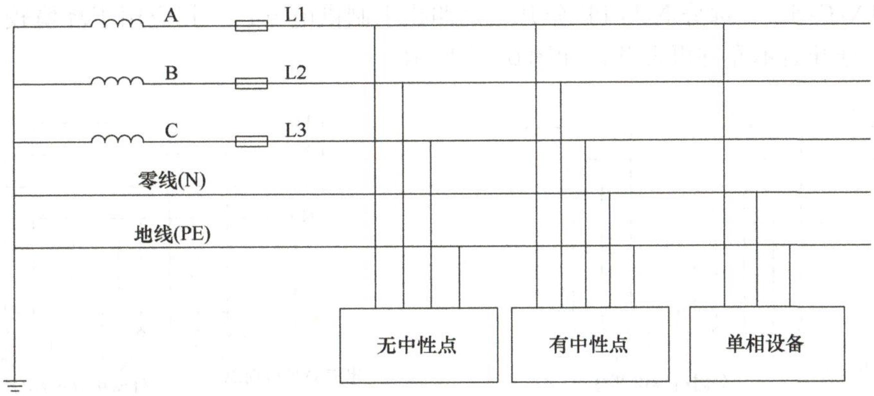

图 6-23 三相五线制供电和负载连接方式

在三相四线制供电中，由于三相负载不对称时和低压电网的零线过长且阻抗过大时，零线将有零序电流通过，零线的电流矢量和不为零，会产生对地电压，致使零线也带有一定的电位，这对安全运行十分不利。在零线断线的特殊情况下，断线以后的单相设备和所有保护接零的设备会产生危险的电压，这是不允许的。若采用三相五线制供电方式，用电设备上所连接的工作零线 N 和保护零线 PE 是分别敷设的，工作零线上的电位不能传递到用电设备的外壳上。这样就能有效隔离三相四线制供电方式所造成的危险电压，使用电设备外壳上的电位始终处在“地”电位，从而消除了设备产生危险电压的隐患。

三相五线制分为 TT 接地方式和 TN 接地方式，其中 TN 又具体分为 TN-S、TN-C 和 TN-C-S 三种方式。

（1）TT　第一个字母 T 表示电源中性点接地，第二个 T 是设备金属外壳接地，这种方法在高压系统中普遍采用，低压系统中有大容量用电器时不宜采用，如图 6-24 所示。

（2）TN-S　字母 S 代表 N 与 PE 分开，设备金属外壳与 PE 相连，设备中性点与 N 相连。其优点是 PE 中没有电流，故设备金属外壳对地电位为零。其主要用于数据处理、精密检测、高层建筑的供电系统，如图 6-25 所示。

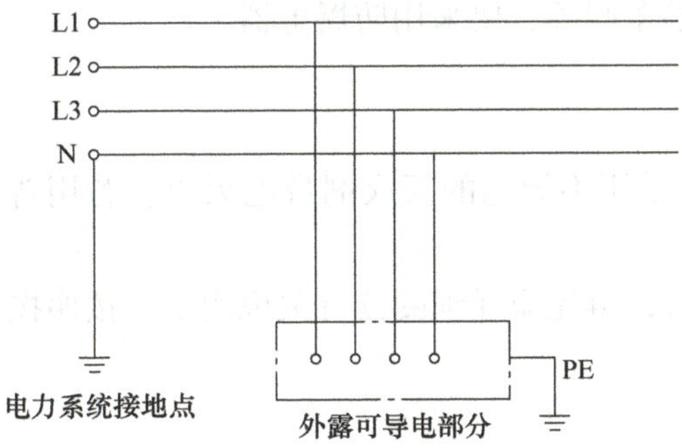

图 6-24 TT 系统

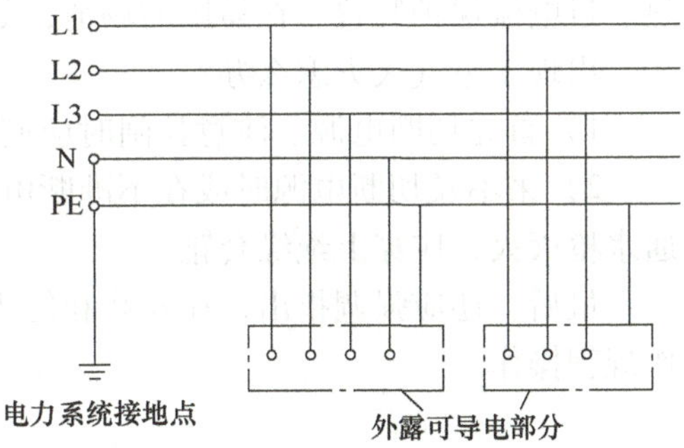

图 6-25 TN-S 系统

（3）TN-C　字母 C 表示 N 与 PE 合并成为 PEN，实际上是四线制供电方式。设备中性点和金属外壳都和 N 相连。由于 N 正常时流通三相不平衡电流和谐波电流，故设备金属外壳正常对地有一定电压，通常用于一般供电场所，如图 6-26 所示。

（4）TN-C-S 一部分 N 与 PE 分开，是四线半制供电方式。其应用于环境较差的场所。当 N 和 PE 分开后不允许再合并，如图 6-27 所示。

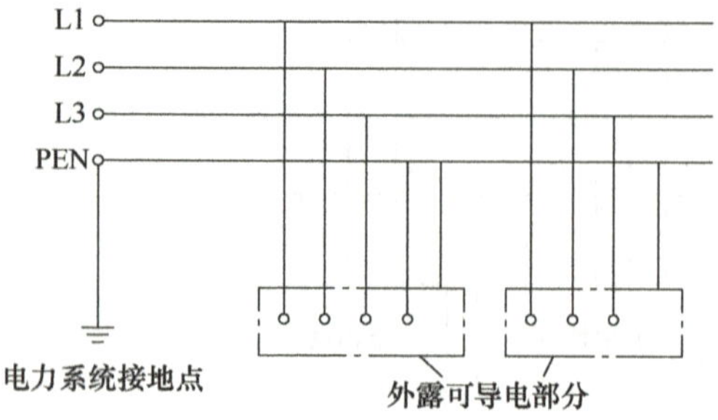

图 6-26 TN-C 系统

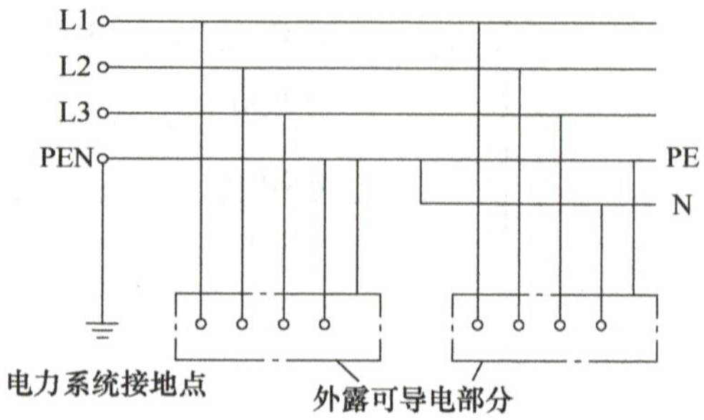

图 6-27 TN-C-S 系统

三相五线制标准导线颜色为：A 线黄色，B 线绿色，C 线红色，N 线淡蓝色，PE 线黄绿色。

国家有关部门规定：凡是新建、扩建的企事业、商业、居民住宅、智能建筑、基建施工现场及临时线路，一律实行三相五线制供电方式，做到保护零线和工作零线单独敷设。对现有企业应逐步将三相四线制改为三相五线制供电，具体办法应按三相五线制敷设要求的规定实施。

6.6.2 静电防护和电气防火、防爆常识

1. 静电防护 首先应设法不产生静电。为此，可在材料选择、工艺设计等方面采取措施。其次是产生了静电，应设法使静电的积累不超过安全限度。其方法有泄漏法、中和法等。前者如接地、增加绝缘表面的湿度、涂上导电涂剂等，使积累的静电荷尽快泄漏掉；后者使用感电中和器、高压中和器等，可使积累的静电荷被中和掉。

2. 电气防火、防爆 引起电气火灾和爆炸的原因是电气设备过热和电火花、电弧。为此，不要使电气设备长期超载运行。要保持必要的防火间距及良好的通风。要有良好的过热、过电流保护装置。在易爆的场地，如矿井、化学车间等，要采用防爆电器。

出现了电气火灾怎么办?

1）首先切断电源。注意拉闸时应使用绝缘工具。

2）来不及切断电源时或在不准断电的场合，可采用不导电的灭火剂带电灭火。若用普通水枪灭火，应穿上绝缘套靴。

最后，还应强调指出，在安装和使用电气设备时，事先应详细阅读有关说明书，按照操作规程操作。

小 结

1. 测量误差按引起误差原因可分为基本误差和附加误差，其表达形式有绝对误差和相对误差。最大绝对误差 Δ_m 与测量上限 A_m 的百分比定义为仪表的准确度 $\pm K\%$。我国的电工指示仪表的准确度分为 0.1 级、0.2 级、0.5 级、1.0 级、1.5 级、2.5 级和 5.0 级，共七级。

2. 电工仪表按测量方法的不同分为指示式仪表和比较式仪表两大类。本章主要介绍磁电式、电磁式和电动式三种电工测量指示仪表。一般使用这三种仪表来对电流、电压和电功率进行测量。

3. 万用表是日常实际工作中最常用的仪表之一。它可以测交直流电压和电流，还可以测电阻，甚至有的万用表还能测电容、电感、电功率及晶体管参数等。而对绝缘电阻的测量需要采用兆欧表。

4. 为了安全用电，应懂一些安全用电的常识和技术。通过人体的电流不能超过7mA；单相触电和两相触电都能对人体造成伤害，尤其是后者，最为危险。

5. 防止触电的安全技术有接地保护和接零保护。对单相电路要使用三孔插座和三极插头。

习　题

6-1　电工仪表的误差有几种表达形式？准确度是如何定义的？分为哪几级？

6-2　用准确度为1.5级、上量限为250V的电压表分别测量220V和110V电压，计算其最大相对误差，并说明仪表量程选择的意义。

6-3　用准确度为2.5级、量程为10A的电流表在正常情况下测得电路的电流为2A时，可能产生的最大相对误差是多少？

6-4　为什么磁电式仪表不能测交流，而电磁式和电动式仪表却可以测交流？

6-5　一磁电式表头的额定电流为250μA，额定电压为50mV，将它并联分流器后制成一个50mA的毫安表，则该分流器的电阻值为多少？

6-6　一台50Hz、110V的电气设备，其工作电流小于2A，用规格为$U_N=150V$、$I_N=2A$、$\cos\varphi_N=0.5$、刻度150格的功率表测得的功率为100W，则其读数为多少格？

6-7　用万用表测量较大阻值的电阻时，如果两只手分别握住两个表笔的笔尖，能否得到正确的结果？为什么？

6-8　接地保护和接零保护分别应用于何种低压供电系统中？

*第7章　非正弦周期信号电路

前面几章阐述了直流电路和正弦交流电路的性质及其分析方法。但在生产实践和科学实验中，通常还会遇到按非正弦规律变化的周期性的电压和电流信号。如实际的交流发电机的电动势波形就不是理想的正弦波，这就导致电路中电流和电压波形虽是周期性的，但不是正弦波。电信工程方面传输的各种信号大多是按照非正弦规律变动的，收音机或电视机所收到的信号电压或电流的波形也是非正弦波。在自动控制、电子计算机领域大量用到的脉冲电路中，电压和电流的波形都是非正弦形。图 7-1 和图 7-2 所示分别为尖脉冲电流和方波电压的波形。另外，如果电路中存在非线性元件，则即使电源电压波形是正弦形，电路中也会产生非正弦电流。图 7-3a 就是在正弦电压作用下非线性电感（带有铁心的线圈）中所产生的电流波形。在整流电路中，利用半导体二极管单向导电的性能，可得到如图 7-3b 所示的电流波形（半波整流电流）。

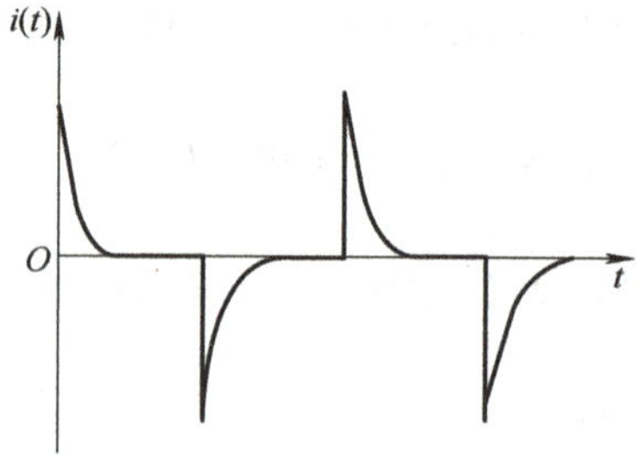

图 7-1　尖脉冲电流的波形

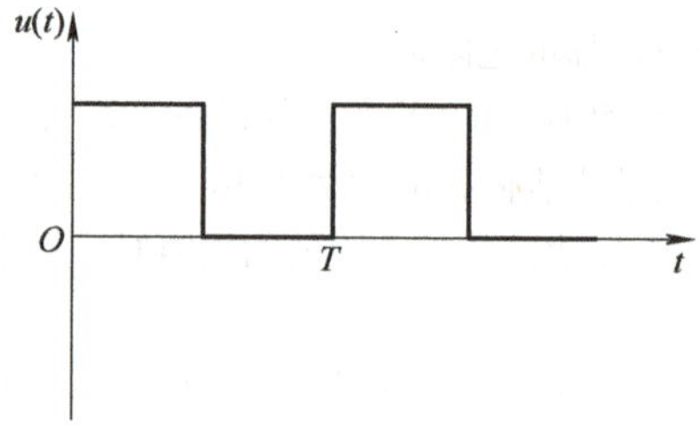

图 7-2　方波电压的波形

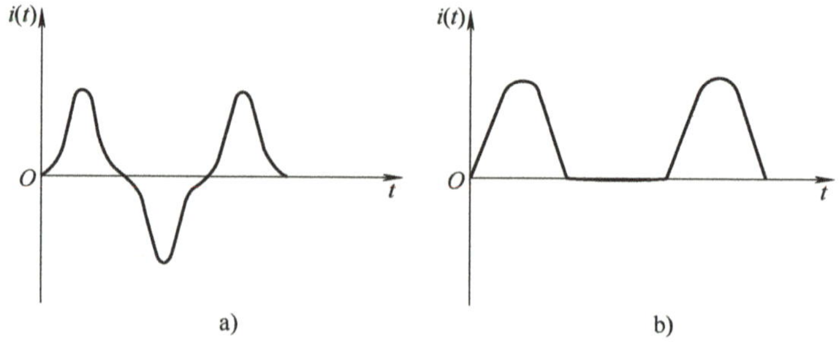

图 7-3　非线性电路中的电流波形

非正弦周期信号有着各种不同的变化规律，计算这种信号激励下线性电路的响应，一般可用傅里叶级数，将非正弦周期信号分解为一系列不同频率的正弦量之和，然后分别计算在各种频率正弦量单独作用下电路中产生的正弦电流分量和电压分量，根据线性电路的叠加原理，把所得的各个分量叠加，就可以得到电路中实际的电流和电压。这种方法称为谐波分析法。

7.1　非正弦周期信号的分解

非正弦周期信号可以用一个周期函数表示，即

$$f(t)=f(t+nT)$$

式中，T 为周期函数的周期；$n=0$，1，2，…。

如果给定的周期函数同时又满足狄里赫利条件，那么它就可以分解为傅里叶级数——收敛级数。狄里赫利条件是指给定的周期函数在有限的区间内，只有有限个第一类间断点和有限个极大值、极小值。电工技术中所遇到的周期函数都满足这个条件。

设给定的周期函数为 $f(t)$，则按上述，$f(t)$ 可展开成

$$\begin{aligned} f(t) &= \frac{a_0}{2}+a_1\cos\omega t+a_2\cos 2\omega t+\cdots+b_1\sin\omega t+b_2\sin 2\omega t+\cdots \\ &= \frac{a_0}{2}+\sum_{n=1}^{\infty}(a_n\cos n\omega t+b_n\sin n\omega t) \end{aligned} \tag{7-1}$$

式中，$\omega=2\pi/T$；T 为 $f(t)$ 的周期。

把式（7-1）同频率的正弦项和余弦项合并，则上式可写成

$$f(t)=A_0+\sum_{n=1}^{\infty}A_{nm}\sin(n\omega t+\varphi_n) \tag{7-2}$$

式中，$A_0=\dfrac{a_0}{2}$；$A_{nm}=\sqrt{a_n^2+b_n^2}$；$\varphi_n=\arctan\dfrac{a_n}{b_n}$。

式（7-2）是非正弦信号的谐波分析表达式。可以看出，非正弦信号可以表达成各次谐波之和。式中第一项 A_0 称为周期函数 $f(t)$ 的恒定分量（即直流分量）；而第二项 $A_{1m}\sin(\omega t+\varphi_1)$ 称为一次谐波（或基波分量），其周期、频率与原周期函数的相同；其他各项统称为高次谐波。由于高次谐波的频率是基波的整数倍，故 $n=2$ 时称为二次谐波，其余就顺序称为三次、四次、……谐波。通常还把 n 为奇数的分量称为奇次谐波，n 为偶数的分量称为偶次谐波。

一些典型的非正弦周期函数的傅里叶级数展开式见表 7-1。大多数电工、电子中的非正弦周期信号，其展开式均可通过查表得到。

表 7-1　一些典型的非正弦周期函数的傅里叶级数展开式

序号	$f(t)$ 的波形图	$f(t)$ 的傅里叶级数展开式
1	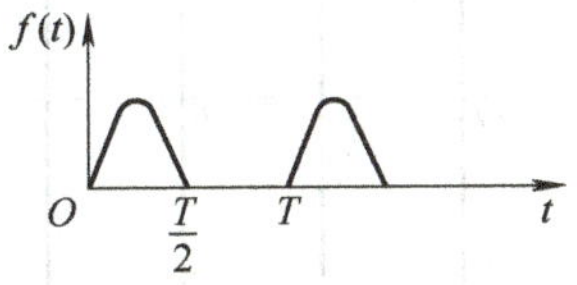	$f(t)=\dfrac{A_m}{\pi}\left(1+\dfrac{\pi}{2}\sin\omega t-\dfrac{2}{3}\cos 2\omega t-\dfrac{4}{15}\cos 4\omega t-\cdots\right)$

（续）

序号	$f(t)$的波形图	$f(t)$的傅里叶级数展开式
2	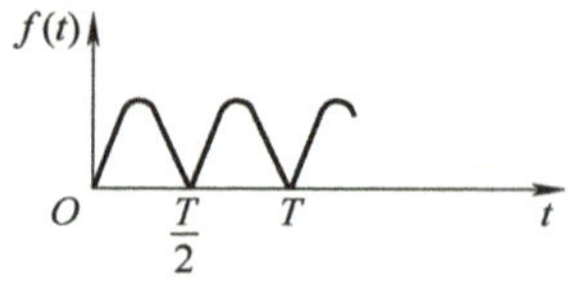	$f(t)=\frac{2}{\pi}A_m\left(1+\frac{2}{3}\cos2\omega t-\frac{2}{15}\cos4\omega t-\cdots\right)$
3	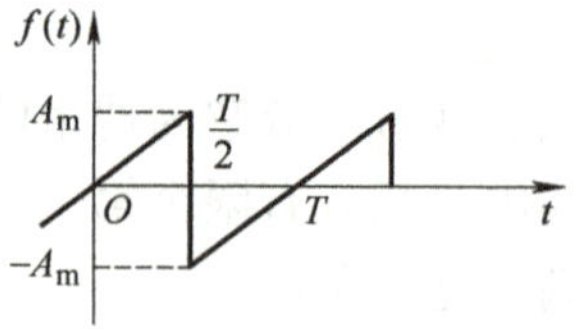	$f(t)=\frac{2}{\pi}A_m\left(\sin\omega t-\frac{1}{2}\sin2\omega t+\frac{2}{3}\sin3\omega t-\cdots\right)$
4	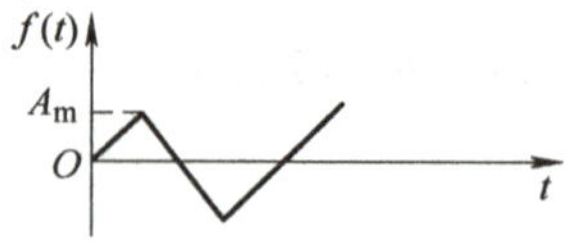	$f(t)=\frac{8}{\pi^2}A_m\left(\sin\omega t-\frac{1}{9}\sin3\omega t+\frac{1}{25}\sin5\omega t-\cdots\right)$
5	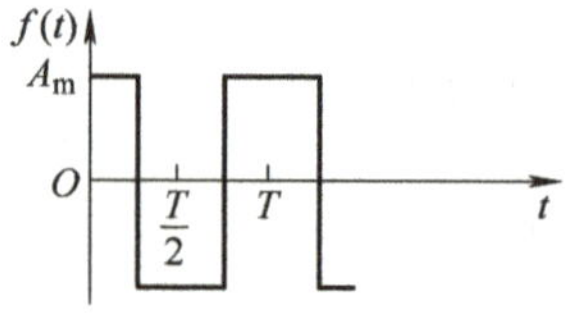	$f(t)=\frac{4}{\pi}A_m\left(\cos\omega t-\frac{1}{3}\cos3\omega t+\frac{1}{5}\cos5\omega t-\cdots\right)$
6	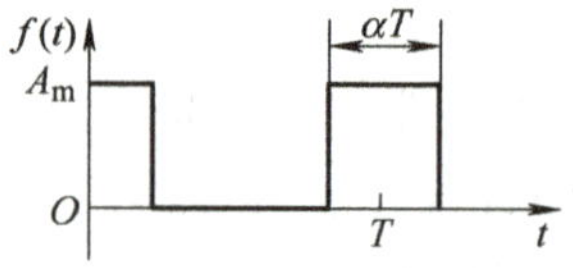	$f(t)=A_m\alpha+\sum_{n=1}^{\infty}\frac{2A_m}{n\pi}\sin(n\pi\alpha)\cos n\omega t$ $n=1,2,3,\cdots$
7	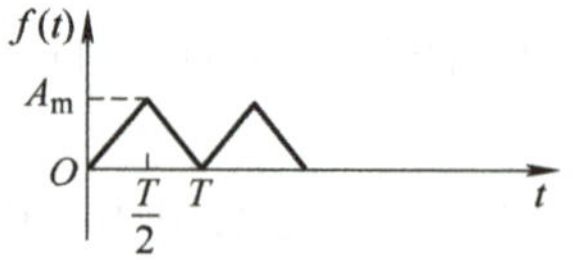	$f(t)=\frac{A_m}{\pi}-\frac{4A_m}{\pi^2}\left(\cos\omega t+\frac{1}{3^2}\cos3\omega t+\frac{1}{5^2}\cos5\omega t+\cdots\right)$

例 7-1　给定一个周期信号 $e(t)$，其波形如图 7-4 所示，是一周期性的矩形波。求此信号 $e(t)$的傅里叶级数展开式。

解　表 7-1 中第 5 个周期函数的傅里叶级数展开式为

$$f(t)=\frac{4}{\pi}A_m\left(\cos\omega t-\frac{1}{3}\cos3\omega t+\frac{1}{5}\cos5\omega t-\cdots\right)$$

而图 7-4 所示信号与表中 $f(t)$ 比较，相位滞后

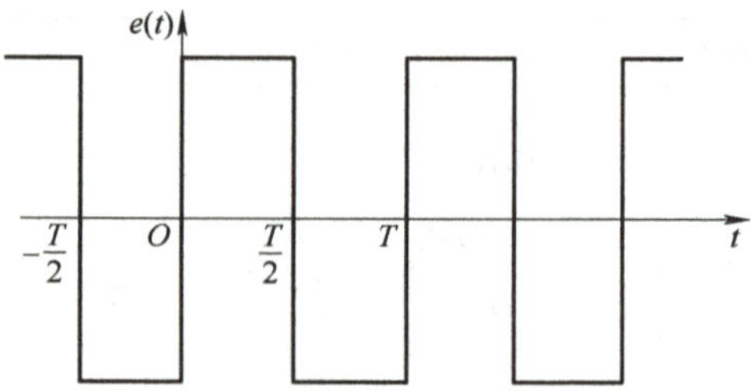

图 7-4　例 7-1 图

$T/4$，所以本例函数 $e(t)$ 的傅里叶级数展开式应为

$$e(t)=\frac{4}{\pi}E_m\left[\cos\omega\left(t-\frac{T}{4}\right)-\frac{1}{3}\cos3\omega\left(t-\frac{T}{4}\right)+\frac{1}{5}\cos5\omega\left(t-\frac{T}{4}\right)-\cdots\right]$$
$$=\frac{4}{\pi}E_m\left[\cos\left(\omega t-\frac{\pi}{2}\right)-\frac{1}{3}\cos\left(3\omega t-\frac{3\pi}{2}\right)+\frac{1}{5}\cos\left(5\omega t-\frac{\pi}{2}\right)-\cdots\right]$$
$$=\frac{4}{\pi}E_m\left(\sin\omega t+\frac{1}{3}\sin3\omega t+\frac{1}{5}\sin5\omega t+\cdots\right)$$

如果取上列展开式中的前 3 项，即只取到 5 次谐波，画出它们的波形后再叠加，就可以得到如图 7-5a 中虚线所示的合成曲线。图 7-5b 中曲线是取到前 6 项，即 11 次谐波时的合成曲线。比较两个图形，显然谐波的项数越多，合成曲线就越接近原函数的波形。

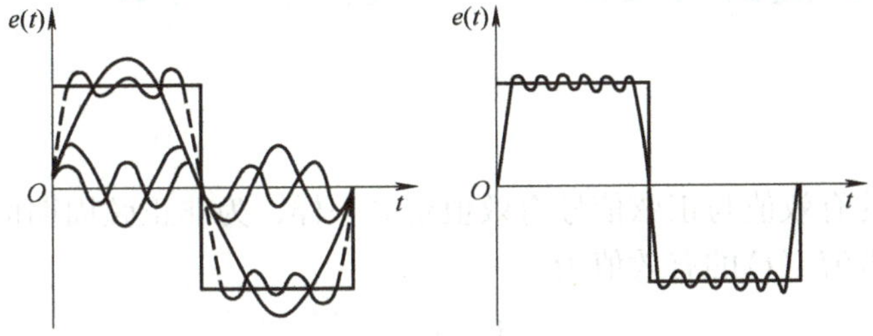

图 7-5　波形合成曲线

例 7-2　取 $E_m=5\sqrt{2}$V、$f=50$Hz，将例 7-1 中周期信号 $e(t)$ 的傅里叶级数展开式用 EDA 仿真合成，观察合成后的波形。

解　将 E_m 和 f 的数值代入例 7-1 的 $e(t)$ 中，则其傅里叶级数展开式为

$$e(t)=6.37\sqrt{2}\sin314t+2.12\sqrt{2}\sin3\times314t+1.27\sqrt{2}\sin5\times314t+\cdots$$

取至 5 次谐波，在 EWB 中创建电路如图 7-6a 所示，用示波器观测的仿真合成波形如图 7-6b 所示。读者可自己仿真合成前 7 次、11 次谐波，会发现所取谐波次数越多，合成的波形越接近矩形波。

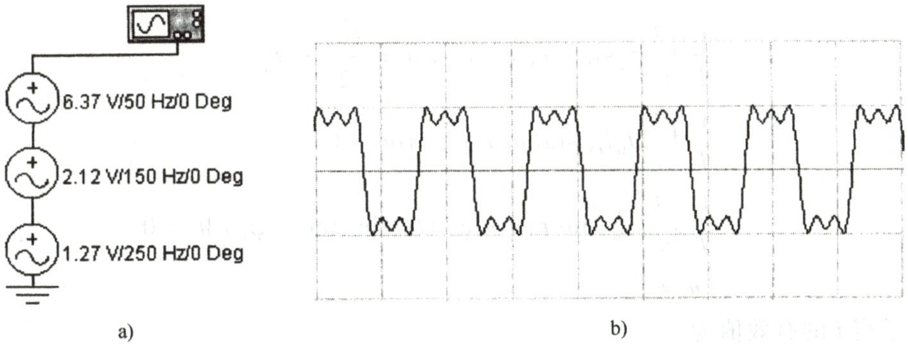

图 7-6　例 7-2 仿真图

以上讨论的是对任意非正弦周期量$f(t)$的分解。显然，$f(t)$可以分别表示一个非正弦周期电流、电压或电动势，因而展开式中的各项也就分别代表电流、电压或电动势的直流分量及各次谐波。

练习与思考

7-1-1 什么是非正弦周期量？

7-1-2 已知某矩形波电压的周期T为5μs，则此矩形波分解后的基波、3次谐波和5次谐波的频率各为多少？

7-1-3 只要电源是正弦的，电路中的各部分电流及电压就都是正弦的。这种说法对不对？为什么？

7-1-4 表7-1中所示各周期量的展开式中，有些信号有直流分量，直流分量是由什么决定的？

7.2 非正弦周期量的有效值、平均值和平均功率

7.2.1 有效值

非正弦周期量的有效值与正弦信号有效值定义一样，为非正弦周期信号的瞬时值的方均根值。例如，周期电流$i(t)$的有效值为

$$I=\sqrt{\frac{1}{T}\int_0^T[i(t)]^2\mathrm{d}t}$$

假设这一非正弦周期电流$i(t)$可分解为傅里叶级数，即

$$i(t)=I_0+\sum_{n=1}^{\infty}I_{nm}\sin(n\omega t+\varphi_n)$$

将此$i(t)$代入上式，则

$$I=\sqrt{\frac{1}{T}\int_0^T\left[I_0+\sum_{n=1}^{\infty}I_{nm}\sin(n\omega t+\varphi_n)\right]^2\mathrm{d}t}$$

上式右边积分号内各项平方展开后，得以下各项

$$\frac{1}{T}\int_0^T I_0^2\mathrm{d}t=I_0^2$$

$$\frac{1}{T}\int_0^T I_{nm}^2\sin^2(n\omega t+\varphi_n)\mathrm{d}t=\frac{I_{nm}^2}{2}=I_n^2$$

$$\frac{1}{T}\int_0^T 2I_0I_{nm}^2\sin(n\omega t+\varphi_n)\mathrm{d}t=0$$

$$\frac{1}{T}\int_0^T 2I_{nm}^2\sin(n\omega t+\varphi_n)I_{km}\sin(k\omega t+\varphi_k)\mathrm{d}t=0$$

$$(n\neq k)$$

这样可以求得i的有效值为

$$I=\sqrt{I_0^2+I_1^2+I_2^2+I_3^2+\cdots}\tag{7-3}$$

式中，I_0为直流分量；I_1、I_2、I_3、…为1次、2次、3次、…谐波分量的有效值。

同理，非正弦周期电压 u 的有效值为

$$U=\sqrt{U_0^2+U_1^2+U_2^2+U_3^2+\cdots} \tag{7-4}$$

可见，非正弦周期电流或电压的有效值，等于它的直流分量和各次谐波分量有效值二次方和的二次方根。

第 n 次谐波分量，其有效值 A_n 与最大值 A_{nm} 之间的关系仍然是

$$A_{nm}=\sqrt{2}A_n$$

而与谐波的频率无关。

7.2.2　平均值

非正弦周期变量在一个周期内的平均值可由式（7-5）求出。例如，周期交变电压 u 的平均值 $\overline{U}$ 为

$$\overline{U}=\frac{1}{T}\int_0^T u(t)\mathrm{d}t \tag{7-5}$$

即非正弦周期量的平均值等于它的直流分量。

对于对称于时间轴的周期量，它的平均值为零。例如正弦周期电压 $u(t)$，由于正负半周对称，所以其平均值为零，即直流分量为零。表 7-1 中所示第 3、4、5 个波形图，其展开式中无直流分量，其平均值为零。

但是上下对称的周期信号，经过全波整流后(即将负半周的各值变成对应的正值)，其平均值不再为零，如图 7-7 所示。

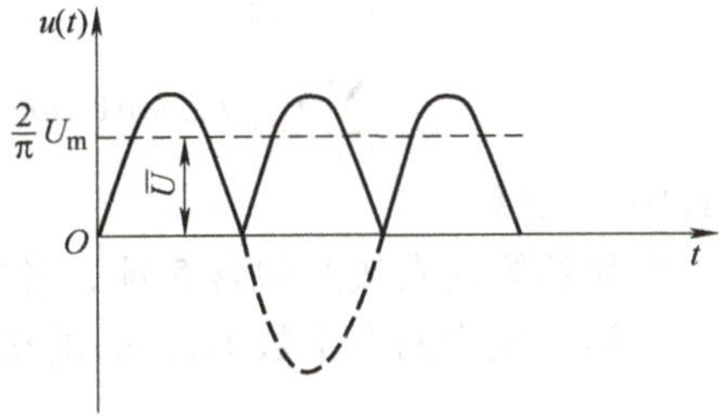

图 7-7　全波整流后的正弦电压波形

对称于时间轴的周期信号，整流后可取半个周期计算平均值。图 7-7 所示电压的平均值应为

$$\overline{U}=\frac{2}{T}\int_0^{\frac{T}{2}}u(t)\mathrm{d}t=\frac{2}{T}\int_0^{\frac{T}{2}}U_\mathrm{m}\sin\omega t\mathrm{d}t=\frac{2}{T\omega}U_\mathrm{m}[-\cos\omega t]_0^{\frac{T}{2}}=\frac{2}{\pi}U_\mathrm{m}=0.898U \tag{7-6}$$

其结果正是表 7-1 中第 2 个波形信号展开式中的恒定分量。

对于同一非正弦周期电流（或电压），当用不同类型的仪表进行测量时，就会得出不同的结果。例如，用磁电系仪表（测直流信号用）测量时，其指示值将是电流（电压）的平均值即电流（电压）的恒定分量。用电磁系或电动系仪表测量时，其结果将是电流（电压）的有效值。用全波整流磁电系仪表测量时，其结果将是电流（或电压）经全波整流后的平均值。因此在测量非正弦周期电流（电压）时，要注意选择合适的仪表，并注意各种不同类型仪表读数表示的含义。

7.2.3　平均功率

非正弦周期电路中的平均功率，仍是按瞬时功率的平均值来定义的。假设一个无源一端口网络的端电压 $u(t)$ 和电流 $i(t)$ 均为非正弦周期量，则该网络的瞬时功率为

$$p(t)=u(t)i(t)$$

平均功率为

$$P = \frac{1}{T}\int_0^T p(t)\mathrm{d}t = \frac{1}{T}\int_0^T u(t)i(t)\mathrm{d}t$$

如果周期电流和电压均可分解为傅里叶级数，即

$$u(t) = U_0 + \sum_{n=1}^{\infty} U_{nm}\sin(n\omega t + \varphi_{nu})$$

$$i(t) = I_0 + \sum_{n=1}^{\infty} I_{nm}\sin(n\omega t + \varphi_{ni})$$

则平均功率为

$$P = \frac{1}{T}\int_0^T \left[U_0 + \sum_{n=1}^{\infty} U_{nm}\sin(n\omega t + \varphi_{nu})\right]\left[I_0 + \sum_{n=1}^{\infty} I_{nm}\sin(n\omega t + \varphi_{ni})\right]\mathrm{d}t$$

将上式积分号内两个级数相乘后，整理成下式：

$$\begin{aligned}P = \int_0^T \Bigg[& I_0U_0 + U_0\sum_{n=1}^{\infty} I_{nm}\sin(n\omega t + \varphi_{ni}) + I_0\sum_{n=1}^{\infty} I_{nm}\sin(n\omega t + \varphi_{nu}) + \\ & \sum_{n=1}^{\infty}\sum_{k=1}^{\infty} U_{nm}I_{km}\sin(n\omega t + \varphi_{nu})\sin(k\omega t + \varphi_{ki}) + \\ & \sum_{n=1}^{\infty} U_{nm}I_{nm}\sin(n\omega t + \varphi_{nu})\sin(n\omega t + \varphi_{ni})\Bigg]\mathrm{d}t\end{aligned}$$

式中，$n \neq k$。

显然等式右边共包含5项，各项分别积分，其结果为

第一项为两个常数 U_0、I_0 的积，其平均功率为

$$P_0 = \frac{1}{T}\int_0^t I_0U_0\mathrm{d}t = I_0U_0$$

第二项与第三项的总和中的任一项都是正弦量，因此积分值等于零，即

$$\frac{1}{T}\int_0^T U_0\sum_{n=1}^{\infty} I_{nm}\sin(n\omega t + \varphi_{ni})\mathrm{d}t = 0$$

$$\frac{1}{T}\int_0^T I_0\sum_{n=1}^{\infty} I_{nm}\sin(n\omega t + \varphi_{nu})\mathrm{d}t = 0$$

第四项中每一项都不是同频率的正弦量的乘积，因此积分值也等于零，即

$$\frac{1}{T}\int_0^T \sum_{n=1}^{\infty}\sum_{k=1}^{\infty} U_{nm}I_{km}\sin(n\omega t + \varphi_{nu})\sin(k\omega t + \varphi_{ki})\mathrm{d}t = 0$$

第五项为同频率的电压电流谐波乘积，其总和的平均值为

$$\begin{aligned}& \frac{1}{T}\int_0^T \sum_{n=1}^{\infty} U_{nm}I_{nm}\sin(n\omega t + \varphi_{nu})\sin(n\omega t + \varphi_{ni})\mathrm{d}t \\ = & \frac{1}{T}\int_0^T \sum_{n=1}^{\infty} U_{nm}I_{nm}[\cos(\varphi_{nu} - \varphi_{ni}) - \cos(2n\omega t + \varphi_{nu} + \varphi_{ni})]\mathrm{d}t \\ = & \sum_{n=1}^{\infty} \frac{1}{2}U_{nm}I_{nm}\cos(\varphi_{nu} - \varphi_{ni}) \\ = & \sum_{n=1}^{\infty} U_nI_n\cos\varphi_n\end{aligned}$$

式中，$\varphi_n=\varphi_{nu}-\varphi_{ni}$。

这样，该网络在非正弦周期信号激励下的平均功率为

$$\begin{aligned}P&=I_0U_0+\sum_{n=1}^{\infty}U_nI_n\cos\varphi_n\\&=I_0U_0+U_1I_1\cos(\varphi_{1u}-\varphi_{1i})+U_2I_2\cos(\varphi_{2u}-\varphi_{2i})+\cdots\end{aligned}\tag{7-7}$$

由此可见，非正弦周期电路中的平均功率，等于各次谐波（包括直流分量）平均功率之和，而不同频率的电压和电流不构成平均功率，即平均功率为零。

例 7-3　电路如图 7-8 所示，周期电压、电流分别为

$$u(t)=[50+60\sqrt{2}\sin(\omega t+30°)+40\sqrt{2}\sin(2\omega t+10°)]\text{V}$$

$$i(t)=[1+0.5\sqrt{2}\sin(\omega t-20°)+0.3\sqrt{2}\sin(2\omega t+50°)]\text{A}$$

求电压、电流的有效值和平均值以及该电路的平均功率。

解　1）电压、电流的有效值

$$U=\sqrt{50^2+60^2+40^2}\text{V}=87.8\text{V}$$

$$I=\sqrt{1^2+0.5^2+0.3^2}\text{A}=1.16\text{A}$$

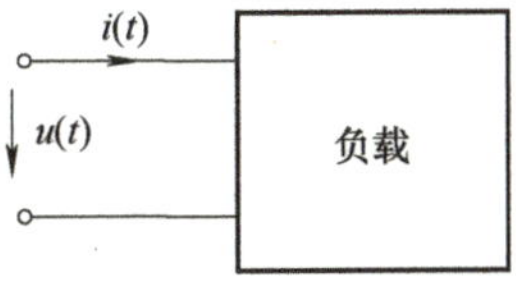

图 7-8　例 7-3 图

2）电压、电流的平均值

$$U=50\text{V}$$

$$I=1\text{A}$$

3）电路的平均功率 P

$$\begin{aligned}P&=U_0I_0+U_1I_1\cos(\varphi_{1u}-\varphi_{1i})+U_2I_2\cos(\varphi_{2u}-\varphi_{2i})\\&=[50\times1+60\times0.5\cos(30°+20°)+40\times0.3\cos(10°-50°)]\text{W}\\&=(50+19.3+9.2)\text{W}\\&=78.5\text{W}\end{aligned}$$

练习与思考

7-2-1　正弦交流电压、电流的有效值等于最大值的 $1/\sqrt{2}$，那么非正弦周期电流、电压的有效值与最大值之间有无类似的固定关系？如何求出有效值？

7-2-2　用不同类型的电压表测量同一个非正弦周期电压，其指示值能否一样？用直流电压表测出的是什么量？用交流电压表呢？

7.3　非正弦周期信号线性电路的谐波分析法

非正弦周期信号线性电路的谐波分析法的理论依据是线性电路的叠加原理。如前所述，电工中的周期信号均可应用傅里叶级数将其分解为一系列谐波分量（其中，直流分量可以看作是零次谐波）之和。所以当这样的周期信号作用于线性电路时，就相当于各次谐波分量同时作用于该电路，并且这一系列谐波信号是串联叠加的。令各次谐波信号分别单独作用于电路，用正弦交流电路的计算方法分别计算相应的各次谐波响应，再把所得结果叠加起来，就是电路对周期信号的响应。这种分析方法称为谐波分析法。

非正弦周期电路的计算步骤如下：

1）将给定的非正弦周期信号分解为傅里叶级数。高次谐波取到哪一项为止，依所需的精度而定。

2）分别计算激励源的直流分量和各次谐波分量单独作用时的待求量。计算中要注意电路中的感抗和容抗均为频率的函数。

3）应用叠加原理，将所求的待求量的各次谐波叠加，便求得实际线性电路对非正弦周期函数的响应。注意，各谐波叠加时应是瞬时值叠加。

下面通过两个具体例子来说明上述步骤。

例 7-4 电路如图 7-9a 所示，已知 $R=0.2\text{k}\Omega$，$C=2.2\mu\text{F}$，$u(t)$为一矩形波，如图 7-9b 所示，$T=2\text{ms}$，$U_m=200\text{mV}$。试求电路中的电流 $i(t)$（计算到 5 次谐波为止）。

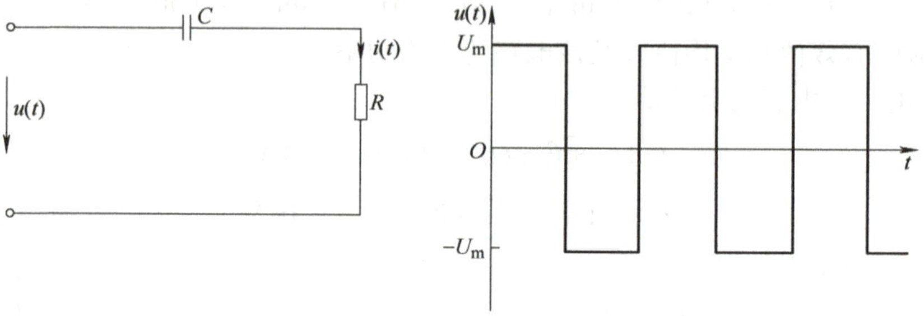

图 7-9 例 7-4 图

解 利用例 7-1 的结果可知矩形波 $u(t)$ 的傅里叶展开式为（取到 5 次谐波）

$$u(t)=\frac{4}{\pi}U_m\left[\sin\omega t+\frac{1}{3}\sin3\omega t+\frac{1}{5}\sin5\omega t\right]$$

式中，$U_m=200\text{mV}$；$\omega=2\pi/T=3140\text{rad/s}$。代入上式得

$$u(t)=[255\sin3140t+85\sin3\times3140t+51\sin5\times3140t]\text{mV}$$

计算各谐波分量单独作用时的电路电流：

基波单独作用，产生响应 $i_1(t)$，有

$$\omega=3140\text{rad/s}$$

$$X_{C1}=\frac{1}{\omega C}=\frac{1}{3140\times2.2\times10^{-6}}\Omega=145\Omega$$

$$Z_1=R-\text{j}X_{C1}=(200-\text{j}145)\Omega=246.9\underline{/-35.9°}\Omega$$

$$\dot{U}_1=\frac{255}{\sqrt{2}}\underline{/0°}=180\underline{/0°}\text{V}$$

$$\dot{I}_1=\frac{\dot{U}_1}{Z_1}=\frac{180\underline{/0°}}{246.9\underline{/-35.9°}}\text{mA}=0.729\underline{/35.9°}\text{mA}$$

$$i_1(t)=0.729\sqrt{2}\sin(\omega t+35.9°)\text{mA}$$

3 次谐波单独作用，产生响应 $i_3(t)$，有

$$X_{C3}=\frac{1}{3\omega C}=\frac{1}{3\times 3140\times 2.2\times 10^{-6}}\Omega=48.33\Omega$$

$$Z_3=R-jX_{C3}=(200-j48.33)\Omega=206\underline{/-13.6°}\Omega$$

$$\dot{U}_3=85/\sqrt{2}\underline{/0°}\text{V}=60\underline{/0°}\text{V}$$

$$\dot{I}_3=\frac{\dot{U}_3}{Z_3}=\frac{60\underline{/0°}}{206\underline{/-13.6°}}\text{mA}=0.29\underline{/13.6°}\text{mA}$$

$$i_3(t)=0.29\sqrt{2}\sin(3\omega t+13.6°)\text{mA}$$

5 次谐波单独作用，产生响应 $i_5(t)$，有

$$X_{C5}=\frac{1}{5\omega C}=\frac{1}{5\times 3140\times 2.2\times 10^{-6}}\Omega=29\Omega$$

$$Z_5=R-jX_{C5}=(200-j29)\Omega=202\underline{/-8.25°}\Omega$$

$$\dot{U}_5=\frac{51}{\sqrt{2}}\underline{/0°}\text{mV}=36\underline{/0°}\text{mV}$$

$$\dot{I}_5=\frac{\dot{U}_5}{Z_5}=\frac{36\underline{/0°}}{202\underline{/-8.25°}}\text{mA}=0.18\underline{/8.25°}\text{mA}$$

$$i_5(t)=0.18\sqrt{2}\sin(5\omega t+8.25°)\text{mA}$$

各谐波响应叠加得电路中电流 $i(t)$ 为

$$\begin{aligned}i(t)&=i_1(t)+i_3(t)+i_5(t)\\&=[0.729\sqrt{2}\sin(\omega t+35.9°)+0.29\sqrt{2}\sin(3\omega t+13.6°)+\\&\quad 0.18\sqrt{2}\sin(5\omega t+8.25°)]\text{mA}\end{aligned}$$

例 7-5　图7-10 所示的 RL 串联电路中，已知 $L=0.75\text{H}$，$R=120\Omega$，激励电压源 $u(t)=(30+100\sin\omega t+64\sin 2\omega t+25\sin 3\omega t)\text{V}$，基波频率 $f=50\text{Hz}$，试求输出电压 $u_R(t)$。

解　激励源的各谐波分量已给出，即

$$\begin{aligned}u(t)&=U_0+u_1(t)+u_2(t)+u_3(t)\\&=(30+100\sin\omega t+64\sin 2\omega t+25\sin 3\omega t)\text{V}\end{aligned}$$

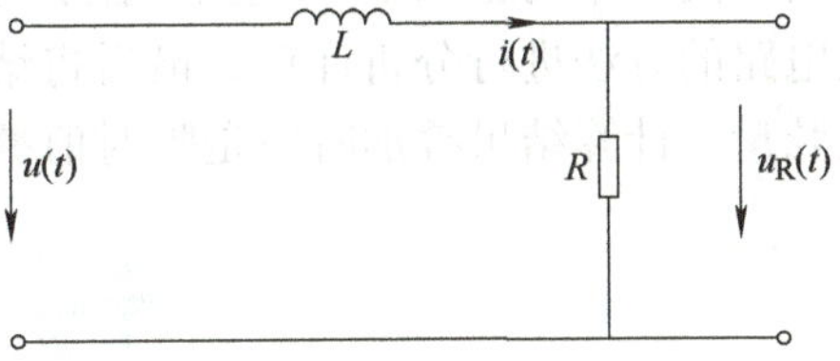

图 7-10　例 7-5 图

计算各分量单独作用时的输出电压：

直流分量 U_0 单独作用时，由于电感对直流相当于短路，所以有

$$U_{R0}=U_0=30\text{V}$$

$u_1(t)$单独作用时，有

$$X_{L1}=\omega L=2\pi fL=2\times 50\times 3.14\times 0.75\Omega=235.5\Omega$$

$$\dot{U}_1=\frac{100}{\sqrt{2}}\underline{/0°}\text{V}=70.7\underline{/0°}\text{V}$$

$$\dot{U}_{R1}=\frac{\dot{U}_1}{R+jX_{L1}}R=\left(\frac{70.7\angle 0^\circ}{120+j235.5}\times 102\right)V=32.1\angle -63^\circ V$$

$$u_{R1}(t)=32.1\sqrt{2}\sin(\omega t-63^\circ)\ V$$

$u_2(t)$单独作用时，有

$$X_{L2}=2\omega L=2X_{L1}=471\Omega$$

$$\dot{U}_2=\frac{64}{\sqrt{2}}\angle 0^\circ V=45.3\angle 0^\circ V$$

$$\dot{U}_{R2}=\frac{\dot{U}_2}{R+jX_{L2}}R=\frac{45.3\angle 0^\circ}{120+j471}\times 120V=11.2\angle -75.7^\circ V$$

$$u_{R2}(t)=11.2\sqrt{2}\sin(2\omega t-75.7^\circ)\ V$$

$u_3(t)$单独作用时，有

$$X_{L3}=3\omega L=706.5\Omega$$

$$\dot{U}_3=\frac{25}{\sqrt{2}}\angle 0^\circ V=17.7\angle 0^\circ V$$

$$\dot{U}_{R3}=\frac{\dot{U}_3}{R+j3\omega L}R=\frac{17.7\angle 0^\circ}{120+j706.5}\times 120V=2.97\angle -80.4^\circ V$$

$$u_{R3}(t)=2.97\sqrt{2}\sin(3\omega t-80.4^\circ)\ V$$

应用叠加原理得输出电压为

$$\begin{aligned}u_R(t)&=U_0+u_{R1}+u_{R2}+u_{R3}\\&=[30+45.4\sin(\omega t-63^\circ)+15.8\sin(2\omega t-75.7^\circ)+\\&\quad 4.2\sin(3\omega t-80.4^\circ)]\ V\end{aligned}$$

由上两例看出，在分析计算线性电路对非正弦周期量的响应时，首先将周期量分解为一系列不同频率的正弦量（包括直流分量）之和，然后分别用已经熟悉的分析直流、正弦交流电路的方法进行分析计算，最后将结果叠加起来。这里应注意，激励与响应乃是同频率的正弦量，计算结果叠加时应是瞬时值叠加。

小 结

随着电子技术的发展，在各种电路的激励与响应中，除了正弦交流电和直流电之外，还广泛应用着非正弦周期信号，如锯齿波信号、脉冲信号、方波信号等。由这些信号作为激励源的电路称为非正弦周期信号电路。如何求解非正弦周期信号电路的响应，将是本章研究的内容。

分析非正弦周期信号电路的方法，是将非正弦周期信号（满足狄里赫利条件的）分解成傅里叶级数，即分解为一系列不同频率的正弦量之和。一般常用的非正弦周期信号的分解式均可通过查表的办法获得，然后分别计算在各种频率正弦量单独作用下的电路响应，最后再根据线性电路的叠加原理，将各响应瞬时值叠加起来，即为非正弦周期信号在电路中的总响应。这种方法称为谐波分析法。

本章还讨论了非正弦周期电压、电流的有效值、平均值及平均功率问题，得出如下结论：

1）非正弦周期电压、电流的有效值为

$$I=\sqrt{I_0^2+I_1^2+I_2^2+I_3^2+\cdots}$$

$$U=\sqrt{U_0^2+U_1^2+U_2^2+U_3^2+\cdots}$$

2）平均值为

$$\bar{I}=\frac{1}{T}\int_0^T i(t)\,\mathrm{d}t$$

$$\bar{U}=\frac{1}{T}\int_0^T u(t)\,\mathrm{d}t$$

实际上平均值即等于非正弦周期量的傅里叶级数展开式中的直流分量。

3）平均功率为

$$P=U_0I_0+U_1I_1\cos\varphi_1+U_2I_2\cos\varphi_2+U_3I_3\cos\varphi_3+\cdots$$

式中，U_0、I_0 为谐波恒定分量；U_n、$I_n(n=1,\ 2,\ 3,\ 4,\ \cdots)$ 均为谐波有效值；而 $\varphi_n=\varphi_{nu}-\varphi_{ni}$，为第 n 次谐波电压和第 n 次谐波电流的相位差。

习　题

7-1　已知图 7-11a 所示的波形表达式为

$$f_1(t)=\frac{4}{\pi}A_m\left(\frac{1}{2}-\frac{1}{3}\cos2\omega t-\frac{1}{15}\cos4\omega t-\frac{1}{35}\cos6\omega t-\cdots\right)$$

试求图 7-11b 所示的全波整流信号 $f(t)$ 的谐波分量表达式。

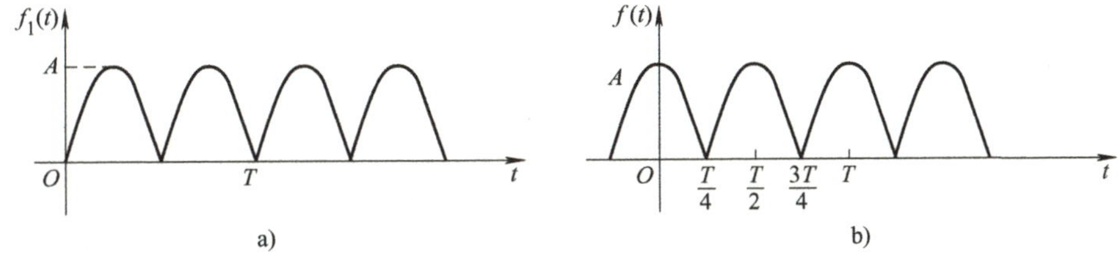

图 7-11　题 7-1 图

7-2　图 7-12 所示为滤波电路，要求负载中不含基波分量，但 $4\omega_1$ 的谐波分量能全部传送至负载。已知 $\omega_1=1000\mathrm{rad/s}$，$C=1\mu\mathrm{F}$，求 L_1 和 L_2。

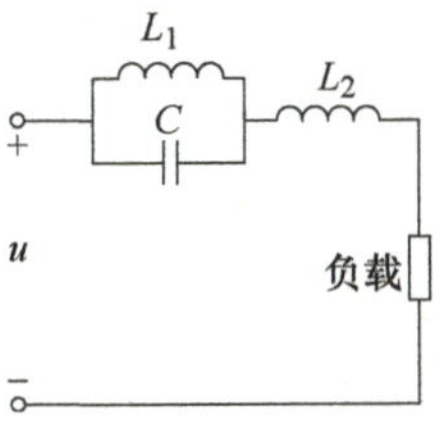

图 7-12　题 7-2 图

7-3　已知一无源单端口网络的端口电压和电流为

$$u(t)=\left[141\sin\left(\omega t-\frac{\pi}{4}\right)+84.6\sin2\omega t+56.4\sin\left(3\omega t+\frac{\pi}{4}\right)\right]\mathrm{V}$$

$$i(t)=\left[10\sin\left(\omega t+\frac{\pi}{4}\right)+56\sin\left(2\omega t+\frac{\pi}{4}\right)+30.5\sin\left(3\omega t+\frac{\pi}{4}\right)\right]\mathrm{A}$$

试求：1）电压、电流的有效值；2）电压、电流的平均值；3）网络消耗的平均功率。

7-4 已知电路如图7-13所示，$R=20\Omega$，$f=50\text{Hz}$，$u(t)=[(25+100\sqrt{2}\sin\omega t+25\sqrt{2}\sin2\omega t+10\sqrt{2}\sin3\omega t)]\text{V}$，$\omega L=20\Omega$。试求电流的有效值$I$、平均值$\bar{I}$及电路消耗的平均功率。

7-5 电路如图7-14所示，$R=10\Omega$，$C=200\mu\text{F}$，$L=100\text{mH}$，$f=50\text{Hz}$，$u(t)=[20+20\sin\omega t+10\sin(3\omega t+90°)]\text{V}$。试求：1）$i(t)$、$u_C(t)$；2）总电压和电流的有效值、平均值；3）电路中消耗的功率。

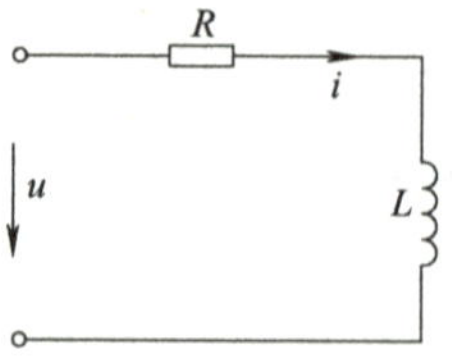

图7-13 题7-4图

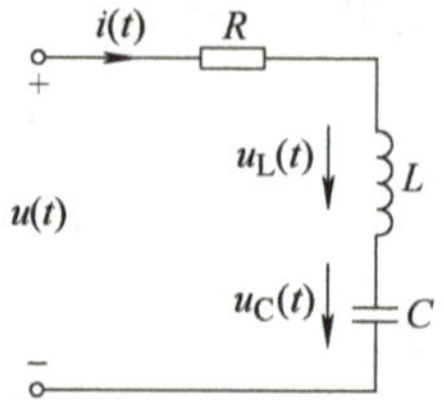

图7-14 题7-5图

7-6 已知某信号的傅里叶级数展开式为$f(t)=7.64\left(\cos\omega t-\frac{1}{3}\cos3\omega t+\frac{1}{5}\cos5\omega t-\frac{1}{7}\cos7\omega t+\frac{1}{9}\cos9\omega t-\cdots\right)$，其中取$\omega=314\text{rad/s}$。1）用EDA软件中的虚拟示波器观测前5次谐波作用时合成的波形，它近似什么信号？周期是多少？打印(或画出)此波形。2）画出前9次谐波作用时合成的波形，周期是多少？比较1)、2）波形有何不同。

7-7 对习题7-4，取$\omega=314\text{rad/s}$，$L=63.7\text{mH}$，利用EDA观察电压合成的波形。

7-8 对习题7-5，利用EDA观察电压合成的波形。

第2篇　应用部分

第8章　铁心线圈与变压器

在很多电气设备中，如变压器、电机、电磁仪表、继电器等，既有电路问题，又有磁路问题，因此必须全面掌握电路和磁路的基本理论和基本方法，才能对各种电气设备进行分析和综合。

8.1　磁路的基本概念和定律

为了使较小的励磁电流产生足够大的磁通（或磁感应强度），在电机、变压器及各种铁磁元件中常用磁性材料做成一定形状的铁心。铁心的磁导率比周围空气或其他物质的磁导率高得多，因此磁通的绝大部分经过铁心而形成一个闭合通路。这种人为造成的磁通的路径，称为磁路。

磁路的问题是局限在一定路径内的磁场问题。因此，磁场的基本性质、基本物理量和基本定律是研究磁路的理论基础。例如，磁场的基本物理量，如磁力线、磁通 $\boldsymbol{\Phi}$、磁感应强度 $\boldsymbol{B}$、磁场强度 $\boldsymbol{H}$，以及磁通的连续性原理、安培环路定律等都适用于磁路。

8.1.1　磁场的基本物理量

1. 磁感应强度　具有外部磁场的物体称为磁体（也称为磁钢或磁铁）。研究结果表明，磁体对运动的电荷有力的作用，它是通过一种特殊形态的物质——磁场来传递的。磁场中的任何一点，都存在特定的方向。当电荷 q 垂直于该方向运动时，则要受到力 f 的作用。f 的大小与电荷 q 及它的运动速度 v 成正比，即

$$f \propto qv$$

实验证明，在磁场中的同一点上，对于不同的 q 和 v，比值 $f/(qv)$ 都相同。可见，这一比值反映了该点磁性的本质，称为磁感应强度 $\boldsymbol{B}$。

$\boldsymbol{B}$ 是一个矢量。在国际单位制中，$\boldsymbol{B}$ 的单位为 T（特斯拉，$1\text{T} = \text{Wb/m}^2$）。在工程计算中也采用 Gs（高斯），它们的换算关系为

$$1\text{T} = 10^4\text{Gs}$$

2. 磁通　在工程上通常用磁力线来形象地描述空间磁场的强弱和方向，磁力线上各点的方向与该点 $\boldsymbol{B}$ 的方向一致，大小则用磁力线的疏密来表示。通过一个面的磁力线总数叫作磁通量，简称磁通 $\boldsymbol{\Phi}$。即

$$\Phi = \int_S B \cdot dS$$

在均匀的磁场中则有

$$\Phi = BS$$

磁通不是矢量。在国际单位制中，Φ 的单位为 Wb（韦伯），S 的单位为 m^2。在工程计算中，常用 Mx（麦克斯韦）作磁通单位，它同韦伯的关系为

$$1\text{Mx} = 10^{-8}\text{Wb}$$

3. 磁场强度、磁导率 表征磁场性质的另一个基本物理量是磁场强度，用 $\boldsymbol{H}$ 表示。它也是一个矢量，其单位为 A/m（安/米）。

磁场的两个基本物理量之间存在下列关系

$$B = \mu H$$

式中，μ 称为磁导率，由磁场该点处的介质性质所决定，其单位为 H/m（亨/米）。

磁导率的数值随介质的性质而异，变化范围很大。真空中的磁导率 μ_0 为 $4\pi\times10^{-7}$H/m。通常把某种物质的磁导率 μ 与 μ_0 之比称为该物质的相对磁导率 μ_r。表 8-1 列出了几种常用物质的相对磁导率。

表 8-1 几种常用物质的相对磁导率

材料名称	组　别	相对磁导率 μ_r
钛	抗磁性物质	0.99983
银	抗磁性物质	0.99998
铅	抗磁性物质	0.999983
铜	抗磁性物质	0.999991
铋	抗磁性物质	0.999991
真空	顺抗磁性物质	1
空气	顺抗磁性物质	1.0000001
铝	顺磁性物质	1.00002
钯	顺磁性物质	1.0008
2-81 坡莫合金粉（81Ni2Mo）	铁磁性物质	130
镍	铁磁性物质	600
锰锌铁氧体	铁磁性物质	1500
软钢（0.2C）	铁磁性物质	3000
铁（0.2 杂质）	铁磁性物质	5000
硅钢（4Si）	铁磁性物质	7000
78 坡莫合金（78Ni）	铁磁性物质	100000
纯铁（0.05 杂质）	铁磁性物质	200000
导磁合金（5Mo79Ni）	铁磁性物质	1000000

8.1.2 磁性材料的磁性能

磁性材料又称为铁磁材料，主要是指铁、镍、钴及其合金，它们具有下列性能。

1. 高导磁性 磁性材料的磁导率很高，$\mu >> \mu_0$，两者之比可达数百到数万，即磁性材料具有被强烈磁化的特性。

当把磁性材料放在磁场强度为 H 的磁场内时，磁性材料会被磁化，这是由其内部的结构决定的。磁性材料是由许多小磁畴组成的，在没有外磁场作用时，小磁畴排列无序，对外部不显示磁性。在外磁场作用下，一些小磁畴就会顺着外磁场方向而形成规则的排列，此时磁性材料对外显示出磁性。随着外磁场的增强，大量磁畴都转到与外磁场相同的方向，这样便产生了一个很强的与外磁场同方向的磁化磁场，使磁性材料内的磁感应强度大大增强。磁性材料的磁化如图 8-1 所示。

磁性材料的高导磁性能被广泛地应用于电工设备中，如在电机、变压器以及各种铁磁元件的线圈中都放有用铁磁材料作成的铁心。由于高导磁性，在具有闭合铁心的线圈中通入不大的励磁电流，便可产生足够大的磁通和磁感应强度，这就解决了既要磁通大，又要励磁电流小的矛盾。利用这一性质可使同一容量的电机的重量和体积大大减轻和减小。

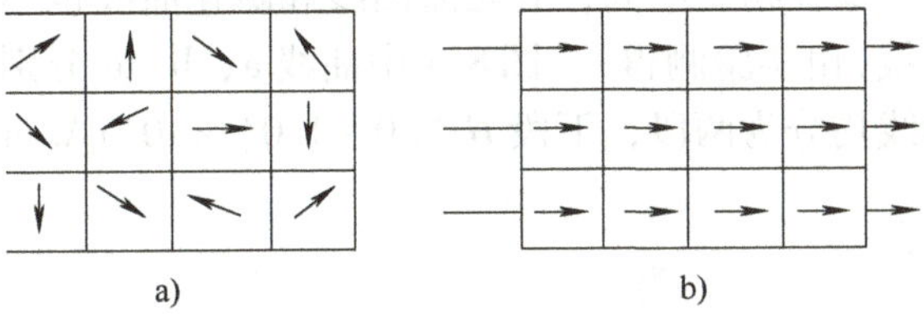

图 8-1 磁性材料的磁化
a）磁化前 b）磁化后

2. 磁饱和性 磁性材料由于磁化所产生的磁化磁场不会随着外磁场的增强而无限地增强。当外磁场增大到一定程度时，磁性物质的全部磁畴的磁场方向都转向与外部磁场方向一致，磁化磁场的磁感应强度将趋向某一定值。各种磁性材料的磁化曲线（B-H 曲线）是用实验方法测验出来的，如图 8-2 所示。其中 B_J 是磁场内磁性物质的磁化磁场的磁感应强度曲线，B_0 是磁场内不存在磁性物质时的磁感应强度直线，B 是 B_J 曲线和 B_0 直线的纵坐标相加，即磁场的 B-H 磁化曲线。当 H 比较小时，B 与 H 近似成正比地增加，当 H 增加到一定值后，B 的增加趋缓，最后趋于磁饱和。

根据式 $B=\mu H$ 知 $\mu=B/H$，由于 B 与 H 不成正比，所以磁性材料的 μ 值不是常数，而是随 H 而变。B 和 μ 与 H 的关系曲线如图 8-3 所示。

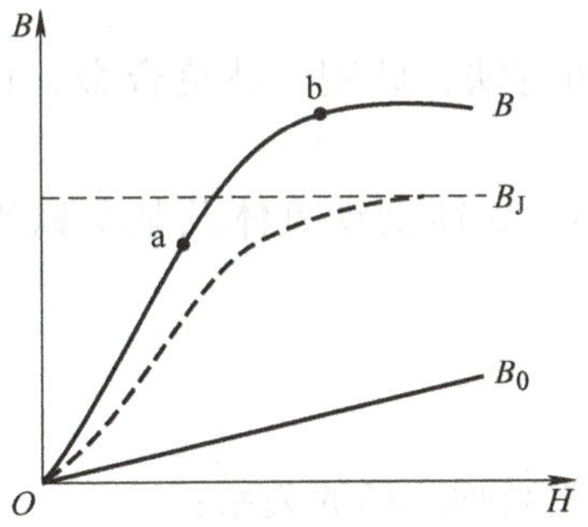

图 8-2 磁化曲线

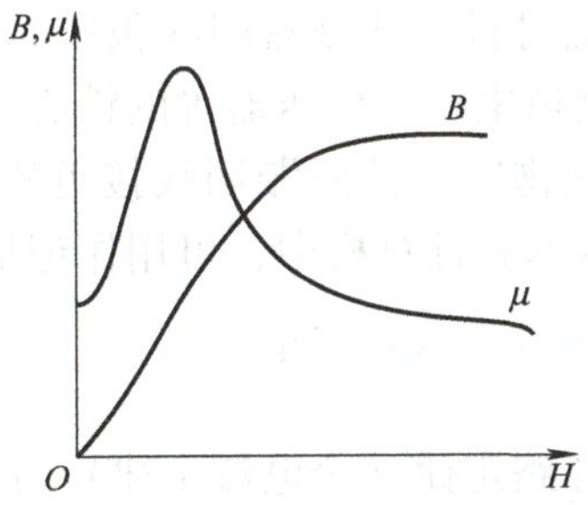

图 8-3 B 和 μ 与 H 的关系曲线

由于磁通 Φ 与 B 成正比，产生磁通的励磁电流 I 与 H 成正比，因此，在存在磁性物质的情况下，Φ 与 I 也成正比。

3. 磁滞性 磁性材料被磁化时，磁感应强度滞后于磁场强度变化的性质称为磁性材料的磁滞性。

当铁心线圈中通入交流电时，铁心就受到交变磁化。磁性材料在交变磁场中反复磁化，其 B-H 关系曲线是一条回形闭合曲线，称为磁滞回线，如图 8-4 所示。

由图可见，当磁场强度 H 减小到 0 时，B 并未回到零值，此时的 B_r 称为剩磁感应强度，简称剩磁。例如，永久磁铁的磁性就是由剩磁产生的；自励直流发电机的磁极，为了能产生感应电动势，也必须具有剩磁。

若要去掉剩磁，应改变线圈中励磁电流的方向，使铁磁材料反向磁化。当磁场强度为 $-H_c$ 时，$B=0$，H_c 称为矫顽磁力。

磁性物质不同，其磁滞回线和磁化曲线也不同。图 8-5 给出了几种常见磁性物质的磁化曲线（由实验测得）。图 8-5 中曲线 a、b、c 分别是铸铁、铸钢和硅钢片的磁化曲线。这三条曲线均分为两段，下段 H 为 $0 \sim 1.0(\times 10^3)$ A/m，上段 H 为 $1 \sim 10(\times 10^3)$ A/m。

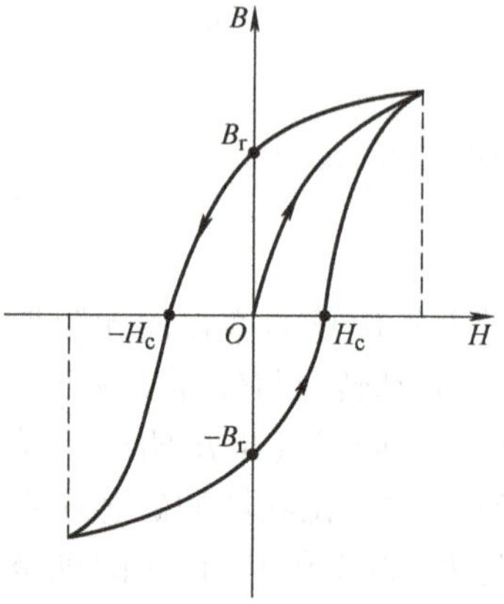

图 8-4 磁滞回线

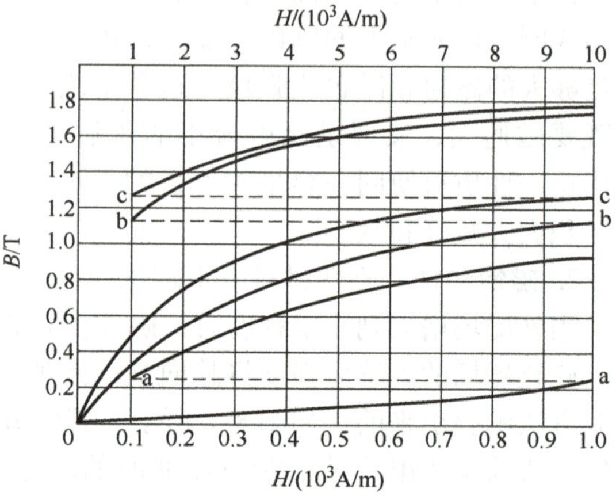

图 8-5 几种常见磁性物质的磁化曲线

按磁性物质的磁性能，磁性材料可分为三种类型。

（1）硬磁材料（永磁材料） 其磁滞回线很宽，B_r 和 H_c 都很大，如钴钢、铝镍钴合金等，常用来制造永久磁铁。

（2）软磁材料 其磁滞回线很窄，B_r 和 H_c 很小，如铸铁、硅钢、坡莫合金、铁氧体等，常用来制造电机、变压器等的铁心。

（3）矩磁物质 其磁滞回线接近矩形，B_r 大，H_c 小，如镁锰铁氧体及某些铁镍合金等，在电子技术和计算机中，可用作记忆元件和逻辑元件。

8.1.3 磁路的基本定律

1. 安培环路定律（全电流定律） 该定律反映了由电流激励磁场的关系：

$$\oint_l H \mathrm{d}l = \sum_{k=1}^{n} I_k \tag{8-1}$$

积分回路的绕行方向和产生该磁场的电流方向符合右手螺旋定则。

2. 磁路的欧姆定律 图 8-6 所示为一个环形铁心线圈磁路，其平均（中心线）长度为 l，截面积为 S，励磁线圈匝数为 N，励磁电流为 I。设磁路的平均长度比截面积的尺寸大得

多，则可认为截面内的磁场是均匀的，沿中心线上各点磁场强度矢量的大小相等，其方向又与积分路径一致，由安培环路定律有

$$\oint H\mathrm{d}l = \sum I$$

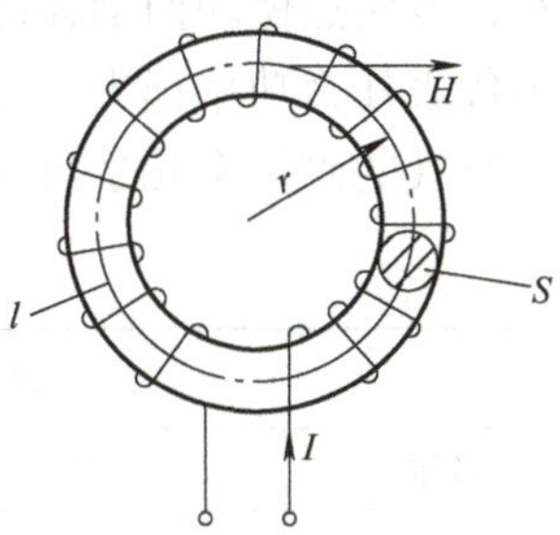

图 8-6 环形铁心线圈磁路

得出

$$IN = Hl = \frac{B}{\mu}l = \frac{\Phi}{\mu S}l$$

或

$$\Phi = \frac{IN}{\dfrac{l}{\mu S}} = \frac{F_m}{R_m} \tag{8-2}$$

式中

$$R_m = \frac{l}{\mu S}$$

式（8-2）是磁路的欧姆定律，与电路的欧姆定律相似。磁路中的磁通 Φ 与电路中的电流 I 对应；磁路中的磁动势 $F_m(=NI)$ 对应电路中的电动势 E；磁路中的磁阻 R_m 对应电路中的电阻。

这里磁动势 F_m 的单位为 A；磁阻 R_m 的单位为 H^{-1}；ΦR_m 是磁压降，单位为 A。

由于铁磁物质的磁导率 μ 不是常数，磁阻 R_m 难以算出确定值，因此，磁路欧姆定律一般仅用于磁路的定性分析，而磁路的定量计算要用全电流定律辅以物质的磁化曲线来进行。

3. 磁路的基尔霍夫定律

（1）磁路的基尔霍夫磁通定律　图 8-7 所示为有分支的磁路，在节点 A，流入节点的磁通 Φ_1、Φ_2 取正号，流出节点的 Φ_3 取负号，代数和为零，即 $\Phi_1+\Phi_2-\Phi_3=0$，写成一般形式为

$$\sum \Phi = 0 \tag{8-3}$$

因此磁路节点基尔霍夫磁通定律为：在磁路的节点处，磁通的代数和恒等于零。

（2）磁路基尔霍夫磁压降定律　在磁路的任一闭合回路中，磁压降的代数和等于磁动势的代数和，即

$$\sum \Phi R_m = \sum NI \text{ 或 } \sum Hl = \sum NI \tag{8-4}$$

其中，磁通的方向与回路绕行方向一致时，Hl 取正号，反之取负号；电流的方向与回路绕行方向符合右手螺旋关系时，NI 取正号，反之取负号。

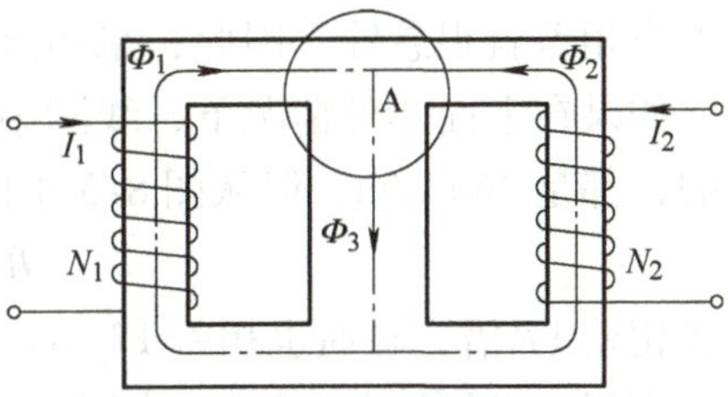

图 8-7 有分支的磁路

磁路与电路各量的对应关系见表 8-2。由表可见，二者之间虽然有着诸多相似之处，但是磁路和电路之间有着本质的区别：①电流表示带电质点的运动，它在导体中运动时，电场

力对带电质点做功而消耗能量，其功率损失为 RI^2；磁通并不代表某种质点的运动，$R_m\Phi^2$ 也不代表什么功率损失；②自然界存在有良好的电绝缘材料，但却尚未发现对磁通绝缘的材料。空气的磁导率几乎可以看作是最低的了，因此磁路中没有断路情况，但有漏磁现象。

表 8-2　磁路与电路各量的对应关系

磁　路			电　路		
名称	符号	单位	名称	符号	单位
磁通	Φ	Wb	电流	I	A
磁压	$\Phi R_m(Hl)$	A	电压	IR	V
磁动势	F_m	A	电动势	E	V
磁阻	$R_m=\dfrac{l}{\mu S}$	1/H	电阻	$R=\dfrac{l}{\gamma S}$	Ω
磁感应强度	$B=\dfrac{\Phi}{S}$	T	电流密度	$J=\dfrac{I}{S}$	A/mm²
磁通定律	$\Sigma\Phi=0$		KCL	$\Sigma I=0$	
磁压降定律	$\Sigma Hl=\Sigma F$		KVL	$\Sigma IR=\Sigma E$	
欧姆定律	$\Phi=\dfrac{F_m}{R_m}$		欧姆定律	$I=\dfrac{U}{R}$	

例 8-1　一个具有闭合的均匀铁心线圈，其匝数为 300，铁心中的磁感应强度为 0.9T，磁路的平均长度为 45cm。试求：1）铁心材料为铸铁时线圈中的电流；2）铁心材料为硅钢片时线圈中的电流。

解　先从图 8-5 中的磁化曲线查出磁场强度 H，然后再根据式（8-4）算出电流。

$$H_1=9000\text{A/m},\ I_1=\frac{H_1 l}{N}=\frac{9000\times0.45}{300}\text{A}=13.5\text{A}$$

$$H_2=260\text{A/m},\ I_2=\frac{H_2 l}{N}=\frac{260\times0.45}{300}\text{A}=0.39\text{A}$$

可见，由于所用铁心材料不同，要得到同样的磁感应强度，所需要的磁动势或励磁电流的大小相差就很悬殊。因此，采用磁导率高的铁心材料，可使线圈的用铜量大为降低。

如果在上面两种情况下，线圈中通有同样大小的电流 0.39A，则铁心中的磁场强度是相等的，都是 260A/m。但从图 8-5 中的磁化曲线可查出：

$$B_1=0.05\text{T},\ B_2=0.9\text{T}$$

两者相差 17 倍，磁通也相差 17 倍。在这种情况下，如果要得到相同的磁通，那么铸铁铁心的截面积就必须增加 17 倍。因此，采用磁导率高的铁心材料，可使铁心的用铁量也大为降低。

例 8-2　有一环形铁心线圈，其内径为 10cm，外径为 15cm，铁心材料为铸钢。磁路中含有一空气隙，其长度等于 0.2cm。设线圈中通有 1A 的电流，若要得到 0.9T 的磁感应强度，试求线圈匝数。

解　磁路的平均长度为

$$l=\frac{10+15}{2}\pi\text{cm}=39.2\text{cm}$$

从图 8-5 中所示的铸钢的磁化曲线查出，当 $B=0.9\text{T}$ 时，$H_1=500\text{A/m}$，于是

$$H_1l_1=500\times(39.2-0.2)\times10^{-2}\text{A}=195\text{A}$$

空气隙中的磁场强度为

$$H_0=\frac{B_0}{\mu_0}=\frac{0.9}{4\pi\times10^{-7}}\text{A/m}=7.2\times10^5\text{A/m}$$

于是

$$H_0\delta=7.2\times10^5\times0.2\times10^{-2}\text{A}=1440\text{A}$$

总磁动势为

$$IN=\sum(Hl)=H_1l_1+H_0\delta=(195+1440)\text{A}=1635\text{A}$$

线圈匝数为

$$N=\frac{IN}{I}=\frac{1635}{1}=1635$$

可见，当磁路中含有空气隙时，由于其磁阻较大，磁动势差不多都用在空气隙上面。

8.2　直流铁心线圈与直流电磁铁

线圈可分为空心线圈（视为理想电感）和铁心线圈，铁心线圈又可分为直流铁心线圈和交流铁心线圈。

1. 直流铁心线圈　图 8-8 所示为一直流铁心线圈原理图。励磁线圈有 N 匝绕在静铁心上，动铁心（衔铁）由压缩弹簧支撑与静铁心间有一气隙 δ。当励磁线圈通一直流电流 I 时，就有恒定磁动势 IN，因而沿铁心产生恒定的主磁通 Φ，另有一部分磁通经过部分铁心经空气闭合，称为漏磁通 Φ_σ，由于空气的磁导率比铁心的小得多，因而 Φ_σ 很小，其影响常常可忽略。由以上的电磁关系可知，直流铁心线圈有以下特点：

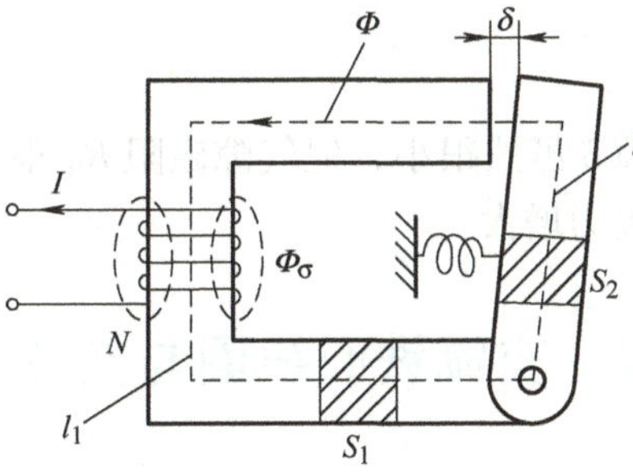

图 8-8　直流铁心线圈（电磁铁）原理图

1）由于励磁电流是直流，磁动势和磁通是恒定的，因而在励磁线圈两端不会产生感应电动势。

2）当励磁线圈外加电压 U，线圈的电阻为 R 时，励磁电流为

$$I=\frac{U}{R}$$

在稳态情况下，励磁电流 I 与外加电压成正比，与气隙的有无和大小无关。

3）由于铁心中的磁通是恒定的，因而在铁心中没有能量损耗（无铁损耗），直流铁心线圈的功率损耗为

$$P = I^2R$$

4）磁路中储存的磁场能量对衔铁将产生电磁吸力，通电后将使衔铁迅速吸合。因此直流铁心线圈最基本的应用是直流继电器和直流电磁铁等电磁器件。

2. 直流电磁铁 直流电磁铁、直流继电器的基本结构如图 8-8 所示。其主要由静铁心、线圈和衔铁三部分构成，它是通过电磁吸力工作的。直流继电器通电吸合后，其动铁心所带动的触点可实现电路的接通或断开；直流电磁铁利用其通电后的电磁吸力可制造成医用的电磁吸盘及电磁起重机等。

电磁吸力的大小是各种电磁设备的重要指标。利用图 8-8 可推导出衔铁在气隙处受到的电磁吸力为

$$F = 4B_0^2S_0 \times 10^5 \tag{8-5}$$

式中，B_0 是气隙中的磁感应强度（T）；S_0 是空气隙的总面积（m^2）；F 是吸力（N）。

由此可见，电磁吸力的大小与空气隙的总面积及空气隙中的磁感应强度的平方成正比。

直流继电器、直流电磁铁除了具有上述直流铁心线圈的电磁特性外，还有两点应当注意：①直流电磁器件、设备的铁心多用整块的铸铁、铸钢制成；②铁心吸合前后，磁动势 IN 不变（指稳定状态），而磁路的磁阻由有气隙的 $R_m + R_0$ 变为无气隙的 R_m，因此主磁通由

$$\Phi = \frac{IN}{R_m + R_0}$$

变为

$$\Phi' = \frac{IN}{R_m}$$

气隙 δ 虽然很小，但气隙磁阻 R_0 很大（参见例 8-2），衔铁吸合后的 Φ' 将增大，B' 增大，电磁吸力增大。

8.3 交流铁心线圈与交流电磁铁

8.3.1 交流铁心线圈的电磁关系与电压平衡方程式

图 8-9 所示为交流铁心线圈原理图。线圈加交变电压 u，则线圈中产生了交变电流 i 及与之相应的交变磁动势 iN。和直流磁动势一样，交变的磁动势 iN 也要产生两种磁通：主磁通 Φ 和漏磁通 Φ_σ。但它们都是交变的。两种交变磁通在线圈中又分别产生了交变电动势 e 和 e_σ。上述关系表述如下：

$$u \to i(iN) \begin{cases} \Phi \to e = -N\dfrac{\mathrm{d}\Phi}{\mathrm{d}t} \\ \Phi_\sigma \to e_\sigma = -N\dfrac{\mathrm{d}\Phi_\sigma}{\mathrm{d}t} = -L_\sigma\dfrac{\mathrm{d}i}{\mathrm{d}t} \end{cases}$$

在图 8-9 中，e、e_σ 与产生的感应磁通的参考方向符合右手螺旋定则。根据基尔霍夫电压定律列出铁心线圈电路的电压方程为

$$u = -e - e_\sigma + Ri \tag{8-6}$$

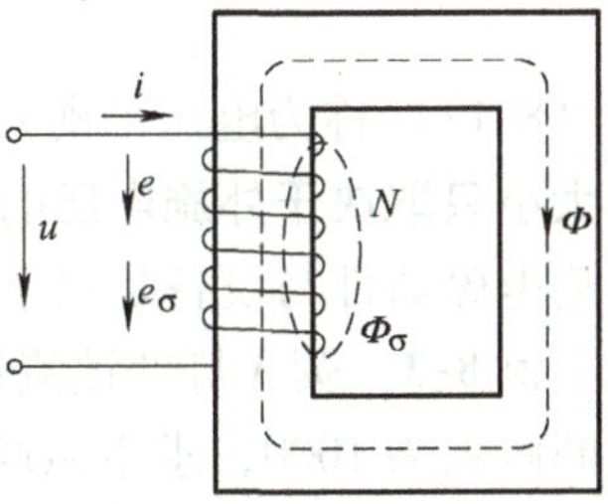

图 8-9　交流铁心线圈（电磁铁）原理图

下面分析漏感电动势 e_σ。由于空气的磁阻比铁心的磁阻大得多，漏磁通 Φ_σ 的大小和性质主要由空气的磁阻来决定，因此 Φ_σ 与电流之间成线性关系。根据自感系数 L 的定义，有

$$L_\sigma = \frac{N\Phi_\sigma}{i} \tag{8-7}$$

式中，L_σ 为**漏感系数**或简称**漏感**，它的性质和交流电路中的纯电感是一样的，因此有

$$e_\sigma = -N\frac{\mathrm{d}\Phi_\sigma}{\mathrm{d}t} = -L_\sigma\frac{\mathrm{d}i}{\mathrm{d}t} \tag{8-8}$$

将式（8-8）和 $e = -N\dfrac{\mathrm{d}\Phi}{\mathrm{d}t}$代入式（8-6）中，得

$$u = N\frac{\mathrm{d}\Phi}{\mathrm{d}t} + L_\sigma\frac{\mathrm{d}i}{\mathrm{d}t} + Ri \tag{8-9}$$

这里，由于铁心的非线性，主磁通 Φ 和电流 i 之间不是线性关系，对应的电感参数 L 是非线性的，因此 e 只能表示成 $e = -N\dfrac{\mathrm{d}\Phi}{\mathrm{d}t}$。

线圈电路的电压方程式（8-6）也可写成相量形式，即

$$\dot{U} = -\dot{E} - \dot{E}_\sigma + R\dot{I} = -\dot{E} + \mathrm{j}X_\sigma\dot{I} + R\dot{I} \tag{8-10}$$

式中，X_σ 为线圈的**漏感抗**，$X_\sigma = \omega L_\sigma$。

通常，线圈的电阻压降 Ri 和漏感电动势 e_σ 均很小，往往可以忽略不计，这时，式（8-6）又可近似地写为

$$u \approx -e = N\frac{\mathrm{d}\Phi}{\mathrm{d}t} \tag{8-11}$$

假定磁通 Φ 是时间的正弦函数，即

$$\Phi = \Phi_\mathrm{m}\sin\omega t$$

则

$$e = -N\frac{\mathrm{d}\Phi}{\mathrm{d}t} = -\omega N\Phi_\mathrm{m}\cos\omega t = 2\pi fN\Phi_\mathrm{m}\sin(\omega t - 90°)$$

$$= E_m \sin(\omega t - 90°) = \sqrt{2} E \sin(\omega t - 90°)$$

式中

$$E_m = 2\pi f N \Phi_m$$

所以

$$U \approx E = \frac{E_m}{\sqrt{2}} = 4.44 f N \Phi_m \tag{8-12}$$

式（8-12）称为电压平衡方程式，它表示当线圈匝数 N 及频率 f 一定时，**主磁通最大值 Φ_m 的大小只取决于外施电压的有效值 U**。这个方程式对分析变压器、交流电机、交流接触器等交流电磁器件与设备是很重要的。

例 8-3 荧光灯的镇流器是个交流铁心线圈，测得某荧光灯镇流器的线圈电压是 192V，线圈匝数为 1000，求主磁通最大值 Φ_m。

解 根据式（8-12）并考虑到荧光灯都是用在工频电源上，即 $f = 50\text{Hz}$，从而可求得主磁通最大值为

$$\Phi_m = \frac{U}{4.44 f N} = \frac{192}{4.44 \times 50 \times 1000} \text{Wb} = 8.65 \times 10^{-4} \text{Wb}$$

例 8-4 若上题中镇流器铁心的截面积为 7cm²，铁心的平均长度为 20cm，铁心由硅钢片叠成，求磁感应强度最大值 B_m 和励磁电流 I。

解 铁心中磁感应强度的最大值为

$$B_m = \frac{\Phi_m}{S} = \frac{8.65 \times 10^{-4} \text{Wb}}{7 \times 10^{-4} \text{m}^2} = 1.24\text{T}$$

查该硅钢片的平均磁化曲线得

$$H_m = 0.6 \times 10^3 \text{A/m}$$

因此，铁心中的磁压降为

$$H_m l = 0.6 \times 10^3 \times 20 \times 10^{-2} \text{A} = 120\text{A}$$

根据全电流定律，可得励磁电流的有效值为

$$I = \frac{H_m l}{\sqrt{2} N} = \frac{120}{\sqrt{2} \times 1000} \text{A} = 0.085\text{A}$$

8.3.2 交流铁心线圈的功率损耗

在交流铁心线圈中，除线圈电阻 R 上有功率损耗 I^2R（所谓铜损 ΔP_{Cu}）外，处于交变磁化下的铁心中也有功率损耗（所谓铁损 ΔP_{Fe}）。铁损是由磁滞和涡流产生的。

由磁滞所产生的铁损称为磁滞损耗 ΔP_h。可以证明，交变磁化一周在铁心的单位体积内所产生的磁滞损耗能量与磁滞回线所包围的面积成正比。

磁滞损耗会引起铁心发热（磁畴在交变磁场作用下反复改变方向摩擦生热）。为了减小磁滞损耗，应选用磁滞回线狭小的磁性材料制造铁心。硅钢就是变压器和电机中常用的铁心材料，其磁滞损耗较小。

由涡流所产生的铁损称为涡流损耗 ΔP_e。

在图 8-10a 中，当线圈中通有交流电时，它所产生的磁通也是交变的。因此，不仅要在线圈中产生感应电动势，而且在铁心内也要产生感应电动势和感应电流。这种感应电流称为涡流，它在垂直于磁通方向的平面内环流着。

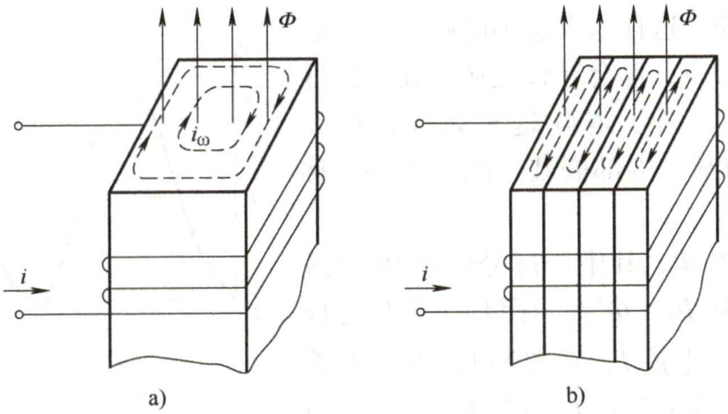

图 8-10 涡流的形成和抑制

涡流损耗也会引起铁心发热。为了减小涡流损耗，在顺磁场方向，铁心可由彼此绝缘的钢片叠成（见图 8-10b），这样可以限制涡流只能在较小的截面内流通。此外，通常所用的硅钢片中含有少量的硅（0.8% ~4.8%），因而电阻率较大，这也可以使涡流减小。

涡流虽有有害的一面，但在另外一些场合下也有有利的一面。对其有害的一面应尽可能地加以限制，而对其有利的一面则应充分加以利用。例如，利用涡流的热效应来冶炼金属，利用涡流和磁场相互作用而产生电磁力的原理来制造感应式仪器、电磁调速异步电动机（即滑差电机）及涡流测距器等。

综上可知，交流铁心线圈的功率损耗由铜损耗 ΔP_{Cu} 和铁损耗 ΔP_{Fe} 构成，ΔP_{Fe} 又由磁滞损耗 ΔP_h 和涡流损耗 ΔP_e 构成。铁心线圈的输入电功率与这些损耗的总和相等，即

$$P = UI\cos\varphi = \Delta P_{Cu} + \Delta P_{Fe} \tag{8-13}$$

8.3.3 交流电磁铁

交流电磁铁由线圈、铁心和衔铁三部分构成，结构形式如图 8-9 所示。其在工业部门应用极为广泛，如冶金工业中用于提放钢材的电磁起重机，机床上用于夹持工件的电磁工作台，传递动力的电磁离合器，液压传动中的电磁阀，自动控制系统中用于接通电路的交流继电器和接触器等。

交流电磁铁的线圈通的励磁电流是交变的，因此磁通和电磁吸力也是随时间交变的。

设空气隙处的磁感应强度为

$$B_0 = B_m \sin\omega t$$

代入式（8-5）得到电磁吸力的瞬时值为

$$f = 4B_0^2 S_0 \times 10^5 = 4B_m^2 \sin^2\omega t S_0 \times 10^5 = 4B_m^2 S_0 \times 10^5 \left(\frac{1-\cos 2\omega t}{2}\right) = F_m \left(\frac{1-\cos 2\omega t}{2}\right) \tag{8-14}$$

式中，$F_m = 4B_m^2 S_0 \times 10^5$ 为电磁吸力的最大值。电磁吸力在一个周期内的平均值为

$$F = \frac{1}{T}\int_0^T f\mathrm{d}t = \frac{1}{2}F_m = 2B_m^2 S_0 \times 10^5 \tag{8-15}$$

由式（8-14）可知，交流电磁铁吸力的瞬时值如图 8-11 所示，在零与最大值 F_m 之间以两倍电源频率脉动。这种忽大忽小的吸力会引起衔铁的颤动，产生噪声，也会导致机械磨损，降低电磁铁的使用寿命。为了消除这种现象，可在图 8-12a所示铁心的某一端部嵌装一闭合铜环，称为短路环或分磁环。

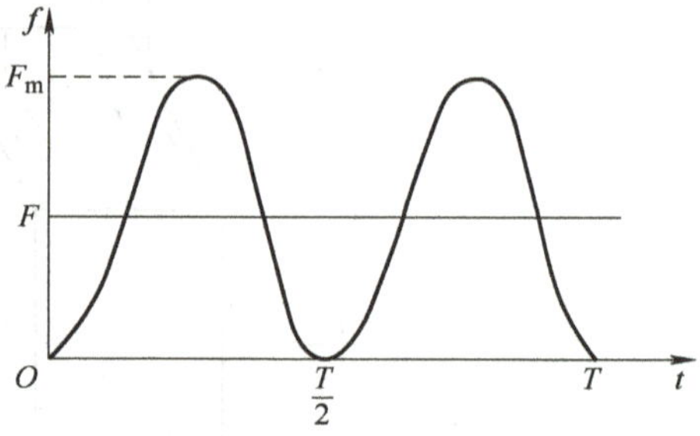

图 8-11 交流电磁铁的吸力

设磁路的磁通为 Φ，其中一部分磁通 Φ'穿过短路环，另一部分为 Φ_2。Φ'在短路环中产生感应电动势 $\dot{E}$ 并引起感应电流 $\dot{I}$，在图 8-12b 中，$\dot{E}$ 滞后 Φ'90°，而感应电流 $\dot{I}$ 滞后 $\dot{E}$ 一个角 α，感应电流又产生磁通 Φ''，它和磁通 Φ'合成为磁通 Φ_1。这样穿过短路环的磁通 Φ_1 和原来磁通 Φ_2 之间产生一个相位差 β 角，于是两部分磁通产生的吸力就不会同时为零，从而消除了交流电磁铁衔铁的颤动。

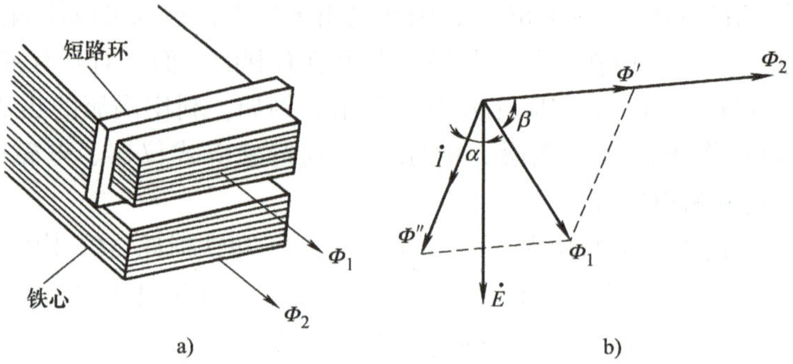

图 8-12 短路环及其作用

交流电磁铁有如下特点：

1）吸力 F 是交变的，为防止颤动，铁心要嵌加短路环。

2）当外加电压的有效值不变时，主磁通的最大值也几乎不变。只要外加电压的有效值不变，磁感应强度最大值也几乎不变，根据式（8-15）有，衔铁吸合前、后的吸力的平均值并不像直流电磁铁那样有很大变化。但是，衔铁吸合前磁阻大（因有空气隙），吸合后磁阻小，所以吸合前的磁动势要比吸合后的磁动势大，即励磁电流在衔铁吸合前大，吸合后小。由于交流电磁铁的这个特点，当线圈通电后，要防止衔铁受阻卡住或吸合不紧的情况发生，否则会由于电流过大而烧毁线圈。

3）交流电磁铁的铁心和衔铁是用硅钢片叠装而成的，目的是减少磁滞损耗和涡流损耗。

8.4 变压器

变压器是一种静止的电气设备，它利用电磁感应原理，将一种交流电压等级的电能转换成同频率的另一种交流电压等级的电能。电力系统中采用高电压输电，用升压变压器将发电机发出的电压（通常为10.5～20kV）逐级升高到220～500kV，来减少线路损耗。而在用户端，用电设备又必须使用低电压，这要用降压变压器将输送过来的高压电能转换成低压电能来供应电力用户。在电子线路中，变压器除了用作电源变压器外，还用作耦合元件传递信号，实现阻抗匹配。此外，还有一些专用的或特种的变压器。总之，变压器既可传输能量，又能传递信息，品种繁多，应用也很广泛，是一种常见的电磁装置。

8.4.1 变压器的分类和构造

1. 分类 变压器可以按用途、绕组数目、相数、冷却方式分别进行分类。

按用途分类：电力变压器、互感器、特殊用途变压器。

按绕组数目分类：双绕组变压器、三绕组变压器、自耦变压器。

按相数分类：单相变压器、三相变压器。

按冷却方式分类：干式变压器、油浸变压器。

2. 构造 变压器主要由铁心和绕组两大部分构成。铁心是变压器的磁路部分，为了提高磁路的磁导率和降低铁心损耗，铁心通常用厚度为0.27mm、0.3mm、0.35mm的硅钢片叠成。

绕组是变压器的电路部分，它是由圆形或矩形截面的绝缘导线，绕在绝缘材料做的框架上而制成的一定形状的线圈。接电源的绕组称为一次绕组；接负载的绕组称为二次绕组。铁心、一次绕组和二次绕组相互间要很好地绝缘。

变压器的结构型式有两类。一类是心式变压器，如图8-13a所示，其特点是绕组包围着铁心。心式变压器用铁量较少，构造简单，绕组的安装和绝缘比较容易，多用于容量较大的变压器中。另一类是壳式变压器，如图8-13b所示，它的特点是铁心包围着绕组，这种变压器用铜量较少，多用于小容量的变压器中。

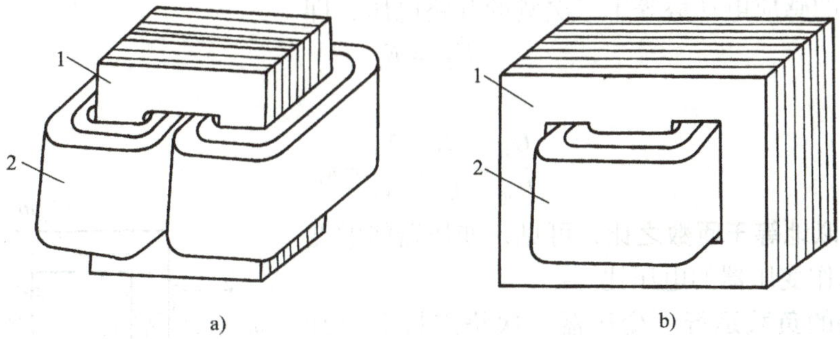

图8-13 单相变压器的外形图

1—铁心 2—线圈

除了干式变压器以外，电力变压器的器身都放在油箱中，为了提高绝缘强度和加强散热，油箱内充满变压器油。同时，变压器的引线从油箱内穿过油箱盖时，必须经过绝缘套管，以使高压引线和接地的油箱绝缘。

8.4.2　变压器的工作原理

1. 变压器的空载运行　为方便计算，我们先来分析变压器的**空载运行情况**。图8-14所示为二次绕组未接负载的状态，也就是空载运行状态。

空载时变压器二次绕组不通电流，对一次绕组的工作状态没有任何影响，因此一次绕组中各物理量的情况以及它们相互间的关系与交流铁心线圈完全一样。一次绕组电路的基尔霍夫电压定律方程为

$$u_1 = -e_1 + R_i i_0 + L_{\sigma 1}\frac{\mathrm{d}i_0}{\mathrm{d}t}$$

写成相量形式为

$$\dot{U}_1 = -\dot{E}_1 + R_1\dot{I}_0 + \mathrm{j}X_{\sigma 1}\dot{I}_0$$

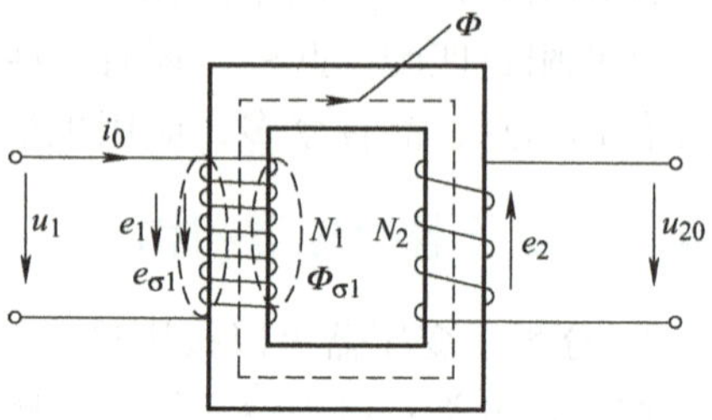

图8-14　变压器的空载运行

式中，u_1、$\dot{U}_1$ 为电源电压；i_0、$\dot{I}_0$ 为空载状态下的一次电流；R_1 为一次绕组的等效电阻；$L_{\sigma 1}$ 为一次绕组的漏电感；$X_{\sigma 1}$ 为一次绕组的漏感抗，$X_{\sigma 1} = \omega L_{\sigma 1}$。

同样，当忽略掉微不足道的 $R_1\dot{I}_0 + \mathrm{j}X_1\dot{I}_0$ 时，有

$$\dot{U}_1 \approx -\dot{E}_1$$

从而有

$$U_1 \approx E_1 = 4.44fN_1\Phi_m \tag{8-16}$$

式中，N_1 为一次绕组的匝数。

主磁通 Φ 不仅穿过一次绕组，同时还要穿过二次绕组，并引起感应电动势

$$e_2 = -N_2\frac{\mathrm{d}\Phi}{\mathrm{d}t}$$

同样有

$$E_2 = 4.44fN_2\Phi_m \tag{8-17}$$

式中，N_2 为二次绕组的匝数。

二次绕组的感应电动势等于二次侧的开路电压，即

$$\dot{U}_{20} = \dot{E}_2$$

空载运行时

$$\frac{U_1}{U_{20}} \approx \frac{E_1}{E_2} = \frac{N_1}{N_2} = k_u \tag{8-18}$$

即电压之比近似地等于匝数之比，可见，变压器能够变换电压。k_u 称作变压器的电压比。

2. 变压器的负载运行　变压器二次绕组接上负载的运行状态就叫变压器的负载运行状态，如图8-15所示。图中各物理量都是负载情况下的。

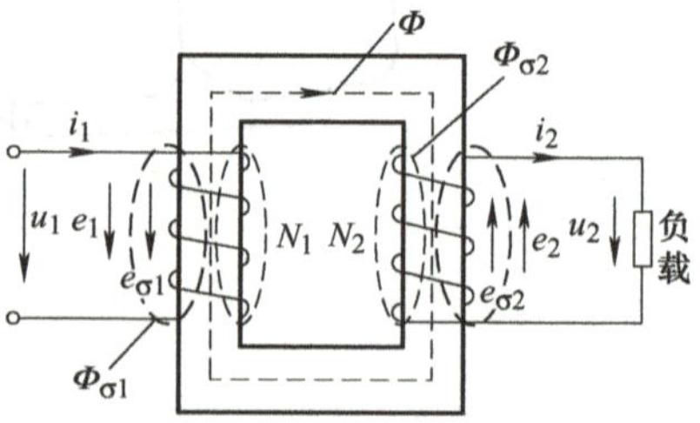

图8-15　变压器的负载运行

接上负载后，二次绕组中就有电流 i_2 通过并流向

负载。i_2 的出现，就要在二次绕组中产生电阻压降 $R_2 i_2$，产生漏磁通 $\Phi_{\sigma 2}$，并引起二次漏感电动势 $e_{\sigma 2}$。若用 $L_{\sigma 2}$ 表示二次绕组的漏电感、$X_{\sigma 2}$ 表示二次绕组的漏感抗，则二次各物理量之间的关系可由二次电压平衡方程式表示出来，即

$$u_2 = e_2 + e_{\sigma 2} - R_2 i_2$$

或

$$\dot{U}_2 = \dot{E}_2 - R_2 \dot{I}_2 - \mathrm{j} X_{\sigma 2} \dot{I}_2 \tag{8-19}$$

二次电流 i_2 的出现，当然也要产生既穿过二次绕组，也穿过一次绕组的磁通，并在一次绕组中产生感应电动势。这就破坏了一次绕组原来的电压平衡状态，从而使一次电流也要发生变化。但我们又知道，当电源电压不变时，铁心中的主磁通最大值 Φ_{m} 基本不变，那么产生该磁通的磁动势也就应该保持恒定。所以，二次侧出现电流后，一次电流也必然发生变化，使得它们的合成总磁动势仍保持原来的数值，这就是磁动势平衡方程式

$$\dot{I}_1 N_1 + \dot{I}_2 N_2 = \dot{I}_0 N_1 \tag{8-20}$$

该方程式也可理解为变压器负载时，一次绕组电流所建立的磁动势 $\dot{I}_1 N_1$ 可以分解成两部分，一部分是用来产生主磁通的磁动势 $\dot{I}_0 N_1$，另一部分是用来补偿 $\dot{I}_2 N_2$ 的。

一次电流既然已从 $\dot{I}_0$ 变化到 $\dot{I}_1$，则电压平衡方程式也应改为

$$\dot{U}_1 = -\dot{E}_1 + R_1 \dot{I}_1 + \mathrm{j} X_{\sigma 1} \dot{I}_1 \tag{8-21}$$

一次电压平衡方程式（8-21）、二次电压平衡方程式（8-19）和磁动势平衡方程式（8-20）是用来描述变压器运行情况的三个基本方程式。

为了分析方便，通常把 R_1、$X_{\sigma 1}$、R_2、$X_{\sigma 2}$ 集中画在绕组之外并和绕组串联起来，如图 8-16所示。这时不考虑 R_1、$X_{\sigma 1}$、R_2、$X_{\sigma 2}$ 的那一部分就叫作理想变压器了。

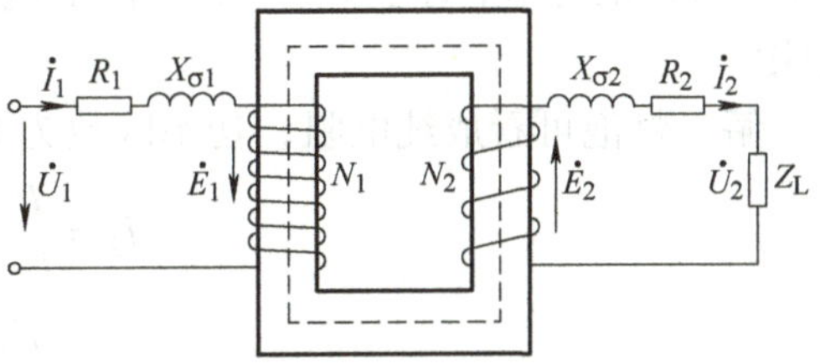

图 8-16　参数集中的变压器电路

3. 变压器的功能

（1）电压变换　变压器空载运行时，已给出

$$\frac{U_1}{U_{20}} \approx \frac{E_1}{E_2} = \frac{N_1}{N_2} = k_u$$

这一公式说明，一、二次侧的电压之比近似地等于其匝数之比。实际上，当正常负载运行时，由于 $R_1 \dot{I}_1 + \mathrm{j} \dot{I}_1 X_{\sigma 1}$ 在 U_1 中所占的比重和 $R_2 \dot{I}_2 + \mathrm{j} \dot{I}_2 X_{\sigma 2}$ 在 $\dot{U}_2$ 中所占的比重仍然很小，可以忽略，因此有

$$\frac{U_1}{U_2} \approx \frac{E_1}{E_2} = \frac{N_1}{N_2} = k_u \tag{8-22}$$

仍然成立，即电压之比近似地等于匝数之比，这就是变压器变换电压的功能。

（2）电流变换　理论和实践证明，磁动势平衡方程式中的 $\dot{I}_0 N_1$ 通常总是比 $\dot{I}_1 N_1$ 小得多，空载电流 $\dot{I}_0$ 往往是正常负载时电流 $\dot{I}_1$ 的百分之几。因此变压器在正常负载下工作时，$\dot{I}_0 N_1$ 可以忽略，从而有

$$\dot{I}_1 N_1 \approx -\dot{I}_2 N_2$$

只考虑电流大小时，有

$$\frac{I_1}{I_2}\approx\frac{N_2}{N_1}=\frac{1}{k_u} \tag{8-23}$$

即一、二次绕组中电流之比等于其匝数的反比，这就是变压器变换电流的功能。

（3）阻抗变换　当把阻抗为 Z_L 的负载接到变压器的二次侧时（见图8-17），则

$$|Z_L|=\frac{U_2}{I_2}$$

而对电源来讲，输入端子的右部可以看成一个二端网络，它应该具有的等效阻抗为

$$|Z_L'|=\frac{U_1}{I_1}\approx\frac{U_2k_u}{I_2/k_u}=k_u^2\frac{U_2}{I_2}$$

即

$$|Z_L'|=k_u^2|Z_L| \tag{8-24}$$

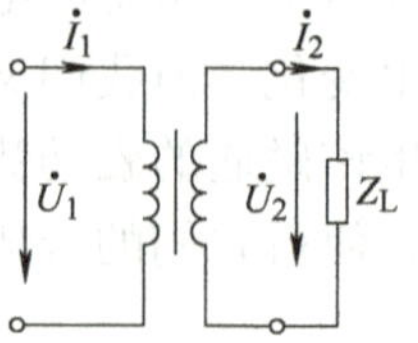

图8-17　变压器的阻抗变换

式中，Z_L'叫作负载阻抗 Z_L 在一次侧的等效阻抗，它等于实际负载阻抗 Z_L 的 k_u^2 倍。根据变压器的这一功能，电子线路中常用变压器作为阻抗变换器。

例8-5　有一台降压变压器，一次电压 $U_1=380V$，二次电压 $U_2=36V$，如果接入一个36V、60W的灯泡，求：1）一、二次的电流各是多少？2）相当于一次侧接上一个多少欧的电阻？

解　灯泡可看成纯电阻，功率因数为1，因此二次电流为

$$I_2=\frac{P}{U_2}=\frac{60}{36}A=1.67A$$

由于

$$k_u=\frac{U_1}{U_2}=\frac{380}{36}=10.56$$

则一次电流可求得为

$$I_1=\frac{I_2}{k_u}=\frac{1.67}{10.56}A=0.158A$$

灯泡的电阻为

$$R_L=\frac{U_2^2}{P}=\frac{36^2}{60}\Omega=21.6\Omega$$

则一次侧的等效电阻为

$$R_L'=k_u^2R_L=(10.56)^2\times21.6\Omega=2407\Omega$$

或

$$R_L'=\frac{U_1}{I_1}=\frac{380}{0.158}\Omega=2407\Omega$$

例8-6　在图8-18中，交流信号源的电动势 $E=120V$，内阻 $R_0=800\Omega$，负载电阻 $R_L=8\Omega$。1）当 R_L 折算到一次侧的等效电阻$R_L'=R_0$ 时，求变压器的匝数比和信号源输出的功率；2）当将负载直接与信号源连接时，信号源输出多大功率？

解　1）变压器的匝数比应为

$$\frac{N_1}{N_2}=\sqrt{\frac{R_L'}{R_L}}=\sqrt{\frac{800}{8}}=10$$

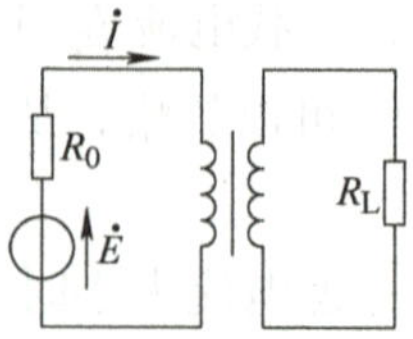

图8-18　例8-6图

信号源的输出功率为

$$P=\left(\frac{E}{R_0+R_L'}\right)^2 R_L'=\left(\frac{120}{800+800}\right)^2\times 800\text{W}=4.5\text{W}$$

2）当将负载直接接在信号源上时，有

$$P=\left(\frac{120}{800+8}\right)^2\times 8\text{W}=0.177\text{W}$$

此例说明了变压器的阻抗变换功能可实现负载阻抗与信号源阻抗相匹配，从而使负载得到最大输出功率。

8.4.3 变压器的外特性和技术参数

根据前面分析可知，当变压器带负载运行且电源电压 U_1 不变时，负载电流 I_2 增加，一、二次绕组阻抗上的压降也要随之增加，因而二次绕组的端电压 U_2 会降低。

1. 变压器的外特性 在电源电压 U_1 和负载的功率因数不变的情况下，二次电压 U_2 随 I_2 的变化关系 $U_2=f(I_2)$ 称为变压器的外特性，如图 8-19 所示。

对电阻性或电感性负载来说，变压器的外特性是一条稍微向下倾斜的曲线。变压器外特性的变化情况可用电压调整率来表示。电压调整率是指变压器从空载到额定负载（二次电流等于额定电流）时，二次绕组电压的相对变化量，可表示为

$$\Delta U\%=\frac{U_{20}-U_2}{U_{20}}\times 100\% \tag{8-25}$$

一般变压器的绕组电阻及漏磁感抗较小，电压调整率不大，约为5%。

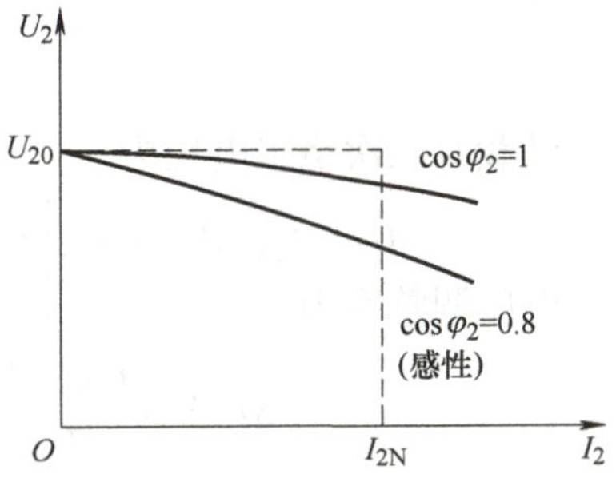

图 8-19　变压器的外特性

2. 变压器的效率 变压器并不是百分之百地传递电能。变压器的功率损耗有两部分，铜损（ΔP_{Cu}）与铁损（ΔP_{Fe}）。铜损是一、二次绕组中的电流在绕组电阻上产生的损耗，铜损与负载大小（正比于电流的二次方）有关。铁损是交变的主磁通在铁心中产生的磁滞损耗及涡流损耗，由于变压器工作时，主磁通基本上不变，所以铁损的大小与负载大小无关。变压器的效率为

$$\eta=\frac{P_2}{P_1}=\frac{P_2}{P_2+\Delta P_{Cu}+\Delta P_{Fe}} \tag{8-26}$$

式中，P_2 为变压器输出的有功功率；P_1 为输入的有功功率。

由于变压器的铜损和铁损较小，所以它的效率很高，大型电力变压器的效率可达99%，小型变压器的效率为60%～90%。通常变压器在额定负载的60%～80%时效率最高，任何变压器在轻载时效率都较低。

3. 变压器的技术参数 正确地使用变压器，不仅能保证变压器正常工作，还能使其具有一定的使用寿命。因此，必须了解变压器的技术指标和额定值。

（1）额定电压 U_{1N}、U_{2N}　U_{1N}是指一次绕组应当施加的正常电压；U_{2N}是指一次侧为额定电压 U_{1N}时二次侧的空载电压。U_{1N}、U_{2N}对三相变压器是指其线电压。由于变压器带负载运行时有内阻抗压降，变压器二次侧的输出额定电压应比负载所需的额定电压高5%～10%。

（2）额定电流 I_{1N}、I_{2N}　一次侧额定电流 I_{1N}是指在 U_{1N}作用下一次绕组允许通过电流

的限额；I_{2N}是指一次侧为额定电压时，二次绕组允许长期通过的电流限额。

（3）额定容量S_N　S_N是指变压器输出的额定视在功率。它表示变压器在额定工作条件下输出最大功率的能力，单位为V·A（伏安）或kV·A（千伏安）。

单相变压器：$$S_N = U_{2N}I_{2N} \approx U_{1N}I_{1N}$$

三相变压器：$$S_N = \sqrt{3}U_{2N}I_{2N} \approx \sqrt{3}U_{1N}I_{1N}$$

（4）额定频率f_N　f_N是指电源的工作频率。我国的工业频率是50Hz。

例8-7　一单相变压器，额定容量为50kV·A，额定电压为10000V/230V，当该变压器向$R=0.83\Omega$、$X_L=0.618\Omega$的负载供电时，正好满载。试求变压器一次绕组和二次绕组的额定电流，变压器满载时的二次绕组电压和电压调整率。

解　二次绕组的额定电流为

$$I_{2N} = \frac{S_N}{U_{2N}} = \frac{50000}{230}\text{A} = 217\text{A}$$

一次绕组的额定电流为

$$I_{1N} = \frac{S_N}{U_{1N}} = \frac{50000}{10000}\text{A} = 5\text{A}$$

满载时二次绕组电压为

$$U_2 = I_{2N}|Z_2| = I_{2N} \times \sqrt{R^2 + X_L^2} = 217 \times \sqrt{0.83^2 + 0.618^2}\text{V} = 224.5\text{V}$$

电压调整率为

$$\Delta U\% = \frac{U_{20} - U_2}{U_{20}} \times 100\% = \frac{230 - 224.5}{230} \times 100\% = 2.4\%$$

8.4.4 常用变压器

变压器的种类很多，除了前面讨论的双绕组单相变压器外，还有三相变压器以及特殊用途的变压器，如可以得到多种不同输出电压的多绕组变压器，实验室里常用的自耦调压器，工业上常用的具有陡峭外特性的电焊变压器，测量用的电压互感器、电流互感器。这些变压器的工作原理与前面讨论的变压器相类似，但又各有自己的特点。

1. 三相变压器　变换三相电压可采用三相变压器。图8-20和图8-21所示分别为三相组式变压器和三相心式变压器。

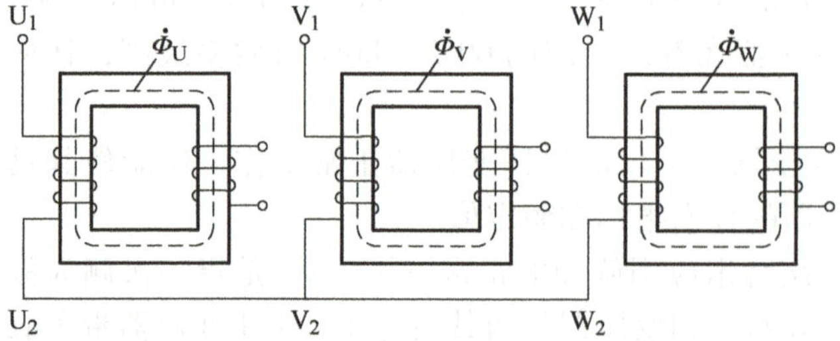

图8-20　三相组式变压器

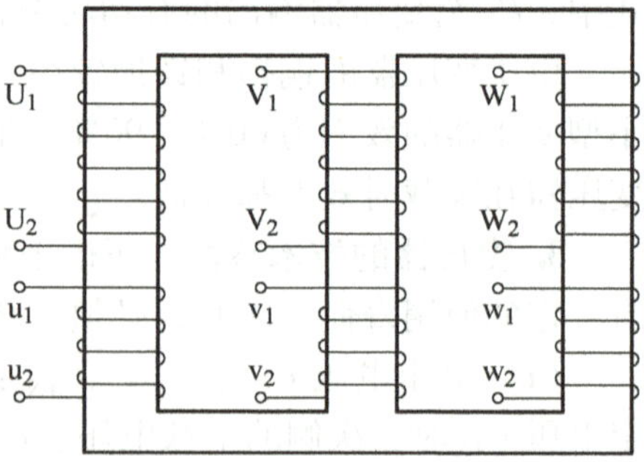

图8-21　三相心式变压器

三相组式变压器即三单相变压器组，是由三台同样的单相变压器组成。其特点是三相之间只有电的联系，没有磁的联系。根据电源电压和各一次绕组的额定电压，可把一次绕组和二次绕组接成星形或三角形。

三相心式变压器的特点是三相之间既有电的联系，又有磁的联系。它是使用最广泛的用来变换三相电压的变压器。U_1U_2、V_1V_2、W_1W_2 分别为三个相的高压绕组，u_1u_2、v_1v_2、w_1w_2 分别为三个相的低压绕组。三相变压器的每一相，都相当于一个单独的单相变压器，三相变压器的一、二次绕组可分别接成星形或三角形。

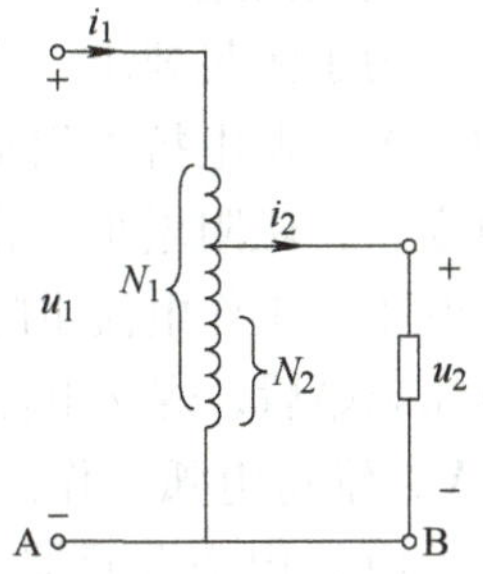

图 8-22 自耦变压器的电路原理图

2. 自耦变压器 实验室中常用自耦变压器来平滑地变换交流电压，其电路原理图如图 8-22 所示。自耦变压器只有一个绕组，其二次绕组是一次绕组的一部分，二次绕组匝数可调，两者同在一个磁路上，所以自耦变压器的一、二次电压之比与双绕组变压器相同。改变二次绕组的匝数，就可以获得不同的输出电压 U_2。一、二次绕组电压之比和电流之比分别为

$$\frac{U_1}{U_2}=\frac{N_1}{N_2}=k \qquad \frac{I_1}{I_2}=\frac{N_2}{N_1}=\frac{1}{k}$$

单相自耦变压器，其二次绕组抽头往往做成能沿线圈自由滑动的触头形式，以达到平滑均匀地调节电压的目的，故又称作自耦调压器，其外形图和电路图如图 8-23 所示。自耦变压器在使用中应注意以下几点：

1）与双绕组的变压器相比较，自耦变压器虽然节约了一个独立的二次绕组，但是由于一、二次绕组间有直接的电联系，在不当的接线或公共绕组部分断开的情况下二次侧会出现高电压，这将危及操作人员的安全。

2）自耦变压器的一次侧和二次侧不可接错，否则可能造成电源短路或烧坏变压器。

3）在使用自耦变压器时，二次绕组的输出电压位置应从零开始逐渐调到负载所需电压值。

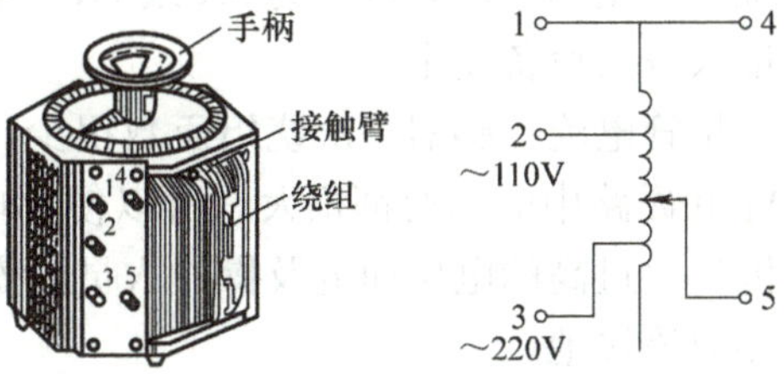

图 8-23 自耦调压器的外形图和电路图

3. 电焊变压器 电焊变压器是交流电焊机的主要组成部分，它实质上是一种特殊的降压变压器，其接线图如图 8-24 所示。电弧焊是通过电弧放电的热量熔化焊条和金属以达到焊接的目的。为了保证焊接质量和电弧燃烧的稳定性，对电焊变压器有以下几点要求：

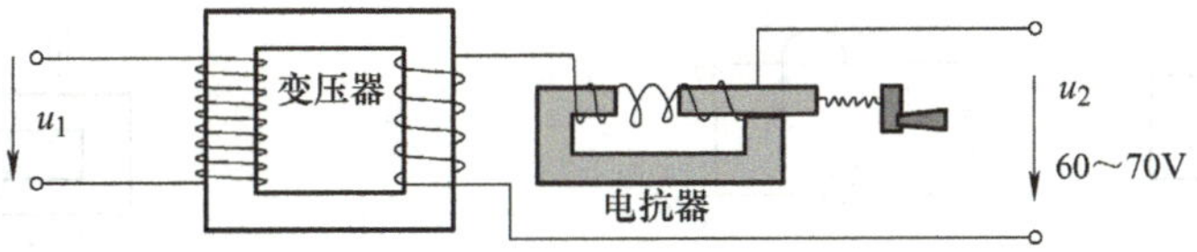

图 8-24 交流电焊机的接线图

1）电焊变压器应具有较高的起弧电压。起弧电压应达到 60 ~ 70V，额定负载时约为 30V。

2）起弧以后，要求电压能够迅速下降，同时在短路时（如焊条碰到工件上时，一次侧输出电压为零），二次电流也不要过大，一般不超过额定值的两倍，即其具有陡降的外特性，如图8-25所示。

3）为了适应不同的焊接要求，要求电焊变压器的焊接电流能够在较大范围内进行调节，而且工作电流要比较稳定。

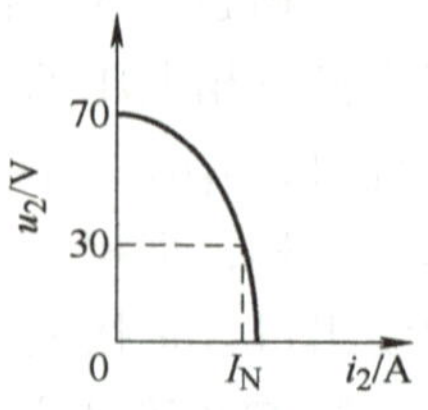

图8-25 电焊变压器的外特性

为了满足要求，交流电焊机的电源由一个能提供大电流的变压器和一个可调电抗器组成。电抗器能够调节可动铁心的气隙大小。若气隙变大，磁阻增加，根据磁路欧姆定律可知，此时的电流增大；若气隙变小，工作电流也随之减小。电焊变压器的空载电压为60～80V，当电弧起燃后，焊接电流通过电抗器产生电压降，使焊接电压降至25～30V，维持电弧工作。通常焊条电弧焊使用的电流范围是40～450A。

（1）电流互感器 电流互感器是根据变压器的变流原理制成的，主要用来扩大测量交流电流的量程。一般用来测量交流大电流，或进行交流高电压下电流的测量。图8-26所示为电流互感器的接线图和符号。

电流互感器的一次绕组的匝数很少，串接在被测电路中，二次绕组的匝数很多，它与电流表或其他仪表及继电器的电流线圈相连接。

$$被测电流(I_1)=电流表读数(I_2)\times N_2/N_1$$

由于电流互感器的一次绕组匝数 N_1 很少，二次绕组匝数 N_2 很多，因此流过电流表的电流 i_2 很小，所以电流互感器实际上是利用小量程的电流表来测量大电流。电流互感器二次绕组使用的电流表规定为5A或1A。采用电流互感器可以使测量仪表与高压电路断开，以保证人身与设备安全。

尽管电流互感器一次绕组匝数很少，但其中流过很大的负载电流，因此磁路中的磁通势 I_1N_1 和磁路中的磁通都很大。所以使用电流互感器时二次绕组绝对不能开路，否则会在二次侧产生过高的电压而危及操作人员的安全。为安全起见，电流互感器的铁心及二次绕组的一端应该接地。

（2）电压互感器 因电压表的量程有限，当要测量交流电路的高电压时可采用电压互感器。电压互感器是一种匝数比较多的仪用变压器，电压互感器的接线图如图8-27所示。它在低压侧进行测量。

$$被测电压(U_1)=电压表读数(U_2)\times N_1/N_2$$

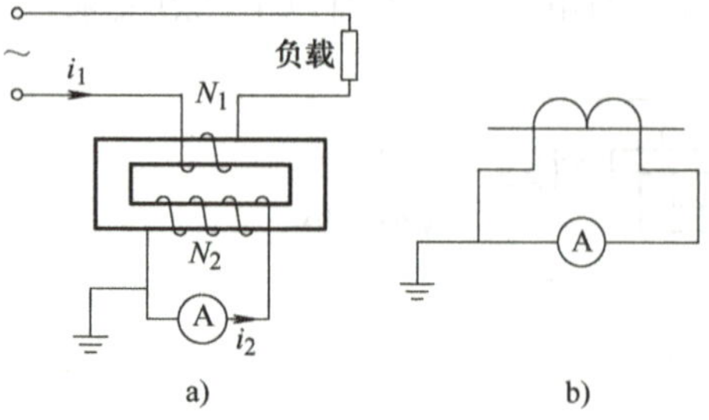

图8-26 电流互感器的接线图和符号

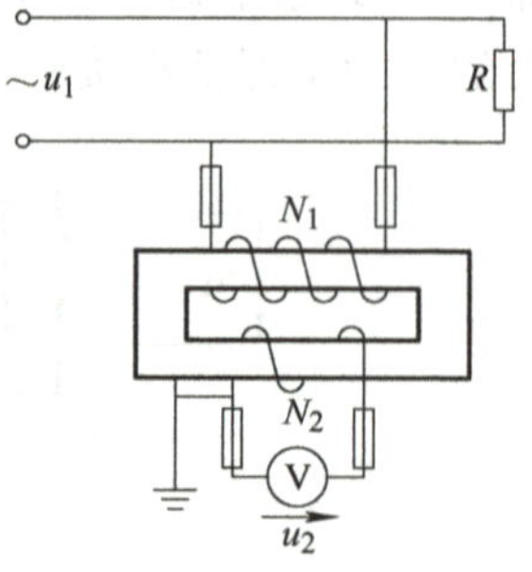

图8-27 电压互感器的接线图

在使用电压互感器时，其二次绕组严禁短路，否则会产生很大的短路电流，烧坏电压互感器，因而，其一、二次绕组都应具有短路保护。另外，为安全起见，电压互感器的铁心、金属外壳及二次绕组一端都必须可靠接地，以防绕组间绝缘损坏时，造成绕组上出现高压。

8.5　三相变压器

8.5.1　三相变压器的极性

现代的电力系统都采用三相制供电，因而广泛采用三相变压器来实现电压的转换，三相变压器可以由 3 台同容量的单相变压器组成，再按需要将一、二次绕组分别接成星形或三角形，其结构和分类已在 8.4.4 节中有所描述。

因为变压器的一、二次绕组绕在同一个铁心上，都被磁通 Φ 交链，因此当磁通交变时，在两个绕组中感应出的电动势有一定的方向关系，即当一次绕组的某一端点瞬时电位为正时，二次绕组也必有一个电位为正的对应端点。这两个对应的端点，称为同极性端或同名端，通常用符号“·”表示。

在使用变压器或其他磁耦合线圈时，经常会遇到两个线圈极性的正确连接问题，如某变压器的一次绕组由两个匝数相等、绕向一致的绕组组成，如图 8-28a 所示的绕组 1-2 和 3-4；若每个绕组的额定电压为 110V，则当电源电压为 220V 时，应把两个绕组串联起来使用，接法如图 8-28b 所示；若电源电压为 110V，则应将它们并联起来使用，接法如图 8-28c 所示。当接法正确时，两个绕组产生的磁通方向相同，它们在铁心中互相叠加。如果接法错误，如图 8-29 所示，则两个绕组产生的磁通方向相反，它们在铁心中相互抵消，铁心中的合成磁通为零，绕组中没有感应电动势产生，相当于短路状态，会把变压器烧毁。因此，同名端的判定对于变压器具有相当重要的作用。

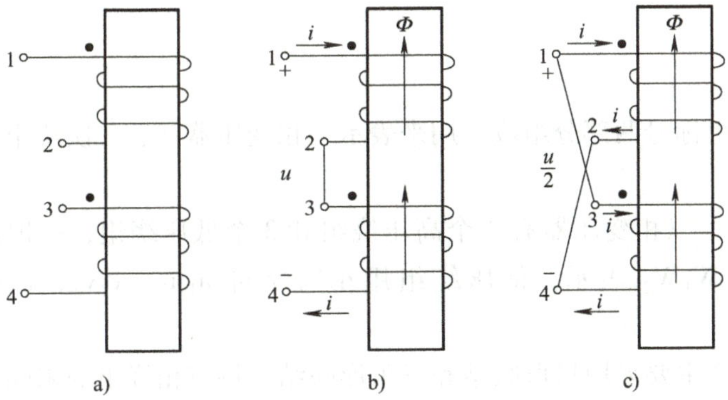

图 8-28　变压器绕组的正确连接

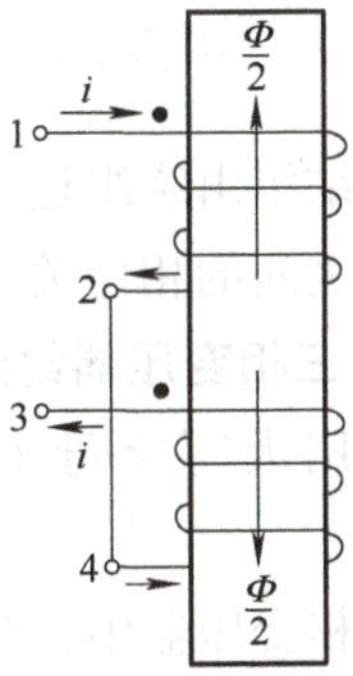

图 8-29　变压器绕组的错误连接

8.5.2　三相变压器极性的判定

（1）对两个绕向已知的绕组　当电流从两个同名端流入（或流出）时，铁心中产生的磁通方向是一致的，如图 8-28 所示，1 端和 3 端为同名端，电流从这两个端点流入时，它们在铁心中产生的磁通方向相同。同样，可判断图8-30中的两个绕组，1端和4端为同名端。

(2) 对一台已经制成的变压器　一台已经制成的变压器无法从外部观察其绕组的绕向，因此无法辨别其同名端，此时可用试验的方法测定，测定的方法有交流法和直流法两种。

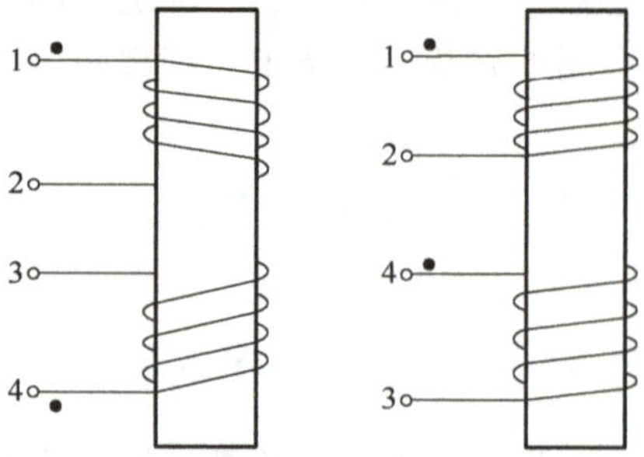

图8-30　同名端的判定

1）交流法。如图8-31所示，将一次、二次绕组各取一个接线端连接在一起，如图中的2端和4端，并在一个绕组上（图中为N_1绕组）加一个较低的交流电压U_{12}，再用交流电压表分别测量U_{12}、U_{13}和U_{34}的值。如果测量结果为$U_{12}=U_{13}=U_{34}$，则说明N_1、N_2绕组为同名端串联，故1端和3端为同名端。如果$U_{13}=U_{12}+U_{34}$，则1端和4端为同名端。

2）直流法。用1.5V或3V的直流电源，按图8-32所示方法连接，直流电源接在高压绕组上，而直流毫伏表接在低压绕组两端。在开关S合上的一瞬间，若毫伏表指针向正方向摆动，则接直流电源正极的端子与接直流毫伏表正极的端子为同名端。

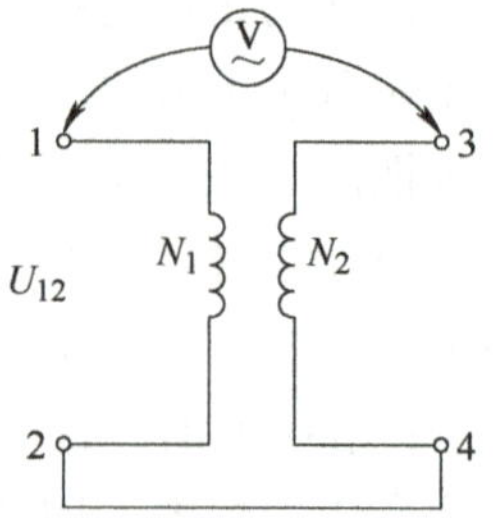

图8-31　交流法测定同名端

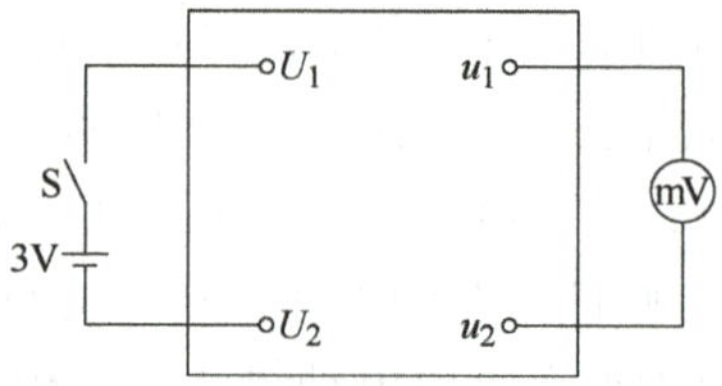

图8-32　直流法测定同名端

8.5.3　三相变压器的联结组

联结组由绕组连接方式和联结组标号两部分组成，用来表示三相变压器一、二次绕组线电动势之间的相位关系。

1. 三相变压器绕组的连接方式　三相变压器有3个高压绕组和3个低压绕组，一般高压绕组用大写字母U_1U_2、V_1V_2、W_1W_2表示，低压绕组用小写字母u_1u_2、v_1v_2、w_1w_2表示。

三相变压器中，绕组的连接方式主要采用星形联结和三角形联结。将三相绕组的末端连接在一起，由3个首端引出，便是星形联结，用字母Y或y表示，如图8-33a所示；将三相绕组的一相绕组首端（或末端）与另一相绕组的末端（或首端）相连而成闭合回路，再由3个首端引出，便是三角形联结，用字母D表示，如图8-33b所示。

2. 三相变压器的联结组　绕组的联结组标号根据电力变压器国家标准中的时钟表示法进行确定。时钟表示法是用时钟表面上的12个数字来表示一、二次线电动势之间的相位差，即把一次线电动势相量当作时钟上的长针，始终指向“12”，二次线电动势相量当作短针，

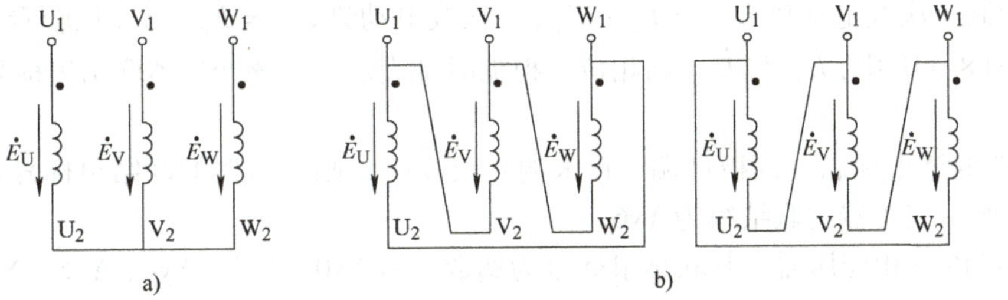

图 8-33　三相变压器绕组的连接方式

a）星形（Y）联结　b）三角形（D）联结

它所指的数字乘以 30°即表示一、二次线电动势之间的相位差。如短针指向“1”，表示二次线电动势落后一次线电动势 30°，其余依此类推。

下面分别对一、二次绕组分别为 Yy 和 Yd 联结的三相变压器分析它们的联结组。

（1）Yy 联结　图 8-34a 为 Yy 联结的三相变压器绕组连接图。图中，位于上、下对应直线上的一、二次绕组表示这两个绕组套在同一铁心柱上，且采用一、二次绕组的同极性端为首端的标注方法。根据图中绕组的连接方式可知，一、二次侧对应各相的相电动势同相位（套在同一铁心柱上的一、二次相电动势要么同相，要么反相），故一次线电动势 $\dot{E}_{UV}$ 与二次线电动势 $\dot{E}_{uv}$ 也同相位。如果把 $\dot{E}_{UV}$ 放在 12 点，则 $\dot{E}_{uv}$ 也指向 12 点，因此这种连接方式的变压器联结组标号为 Yy0。

已知三相变压器绕组连接方式及同极性端，确定变压器联结组标号的方法为：分别绘制一次绕组和二次绕组的电动势相量图，根据一次线电动势 $\dot{E}_{UV}$ 与二次线电动势 $\dot{E}_{uv}$ 的相位关系，便可确定其联结组标号。具体步骤为：

1）在绕组接线图上标出各相电动势相量 $\dot{E}_U$、$\dot{E}_V$、$\dot{E}_W$ 及 $\dot{E}_u$、$\dot{E}_v$、$\dot{E}_w$，如图 8-34a 所示。

2）按照一次绕组接线方式，首先绘制一次绕组电动势相量图，如图 8-34b 所示。

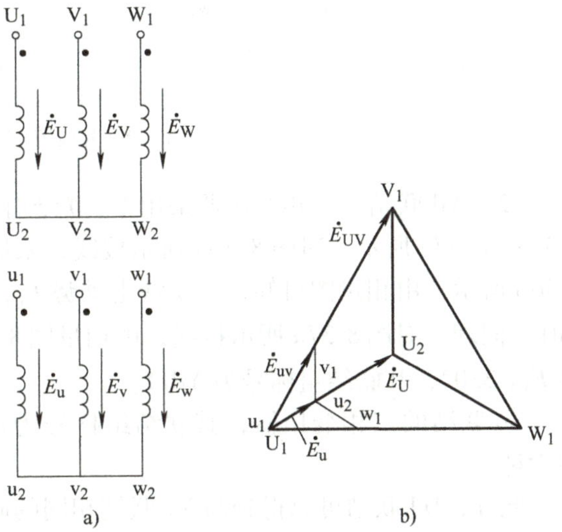

图 8-34　Yy 联结组

a）绕组接线图　b）电动势相量图

3）根据同一铁心柱上一、二次绕组的相位关系，要么同相位，要么反相位，确定二次绕组的相电动势相位，然后按照二次绕组的接线方式，绘制二次绕组电动势相量图。由图 8-34a 可知，一、二次绕组相电动势 $\dot{E}_U$ 和 $\dot{E}_u$ 同相位、$\dot{E}_V$ 和 $\dot{E}_v$ 同相位、$\dot{E}_W$ 和 $\dot{E}_w$ 同相位。为了使一、二次线电动势的相位关系表现得更直观，可使二次绕组 u 相的首端 u_1 与一次绕组 U 相的首端 U_1 重合，先画 $\dot{E}_u$ 相量，定出 u_1、u_2 两点，这样 $\dot{E}_u$ 与 $\dot{E}_U$ 不仅同方向，而且共起点。二次绕组也是 Y 联结，其电动势相量图如图 8-34b 所示。

4）绘制一次线电动势 $\dot{E}_{UV}=\dot{E}_U-\dot{E}_V$、二次线电动势 $\dot{E}_{uv}=\dot{E}_u-\dot{E}_v$，比较看 $\dot{E}_{uv}$ 落后 $\dot{E}_{UV}$ 多少度。图 8-34b 中，$\dot{E}_{uv}$ 与 $\dot{E}_{UV}$ 同相位，根据时钟表示法，该变压器联结组标号为 0，表示为 Yy0。

变压器的绕组标志（同极性端、首末端）改变时，则变压器的联结组标号也随之改变。如图 8-35 所示变压器的联结组为 Yy6。

Yy 联结的三相变压器，其联结组标号为偶数，有 Yy0、Yy2、Yy4、Yy6、Yy8、Yy10 共六种。

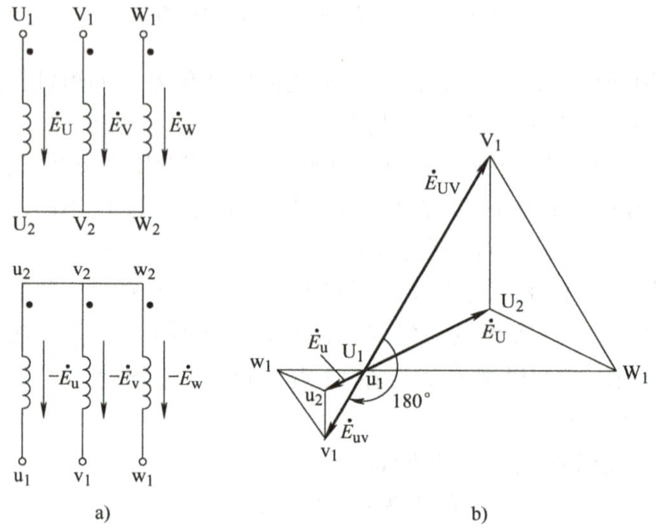

图 8-35 Yy6 联结组

a）绕组接线图 b）电动势相量图

（2）Yd 联结 三相变压器采用 Yd 联结时，二次绕组的 D 联结方式有两种，分别如图 8-36a、8-37a 所示。对图 8-36a 所示接线，采用前面介绍的步骤可绘出电动势相量图，如图 8-36b 所示。由相量图可知，二次线电动势 $\dot{E}_{uv}$ 滞后一次线电动势 $\dot{E}_{UV}$ 30°，其联结组标号为 Yd1。同理，对图 8-37a 所示接线，由相量图 8-37b 可知，二次线电动势 $\dot{E}_{uv}$ 滞后一次线电动势 $\dot{E}_{UV}$ 330°，其联结组标号为 Yd11。

Yd 联结的三相变压器，其联结组标号为奇数，有 Yd1、Yd3、Yd5、Yd7、Yd9、Yd11 共六种。

此外，Dd 联结可以得到与 Yy 联结相同的联结组标号；Dy 联结可以得到与 Yd 联结相同的联结组标号。

（3）标准联结组 为了方便制造和使用，对单相变压器通常采用 I, i0 联结组；对三相双绕组电力变压器，一般采用 Yyn0、Yd11、YNd11、YNy0、Yy0 五种标准联结组。Yyn0 主要用作配电变压器，二次绕组有中性线引出作为三相四线制供电，即可用于照明负载，也可用于动力负载。Yd1 常用在二次电压超过 400V 的线路中。YNd1 一般用在 110kV 以上的高压输电线路中，其高压侧可通过中性点接地。YNy0 常用于一次侧需要接地的场合。Yy0 一般用作三相动力负载的配电变压器。

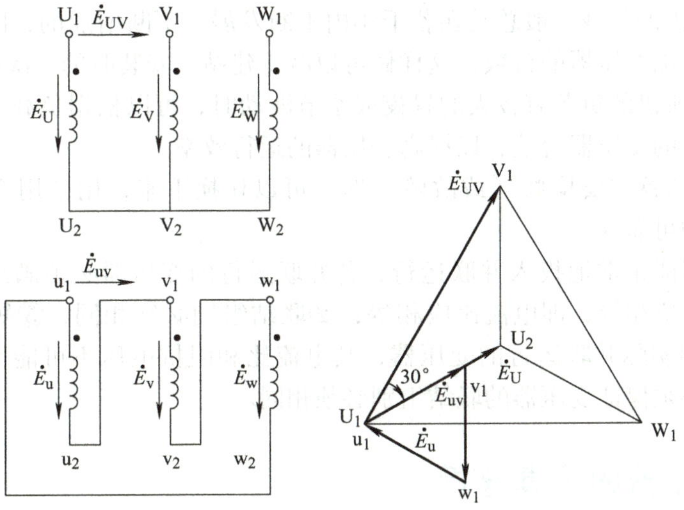

a)　　　　b)

图 8-36　Yd1 联结组

a）绕组接线图　b）电动势相量图

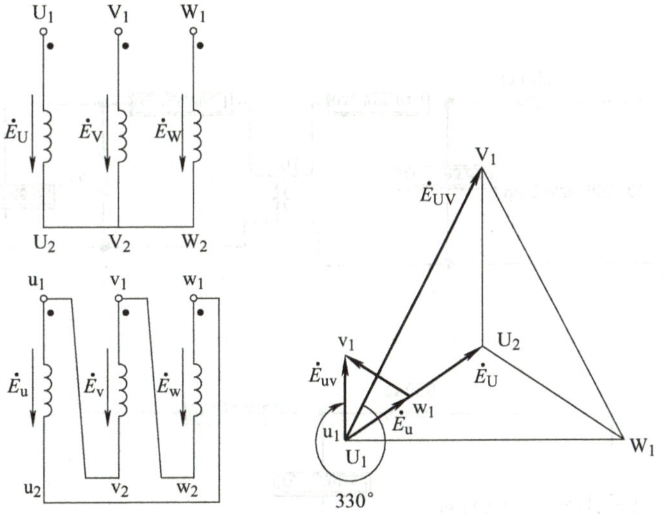

a)　　　　b)

图 8-37　Yd11 联结组

a）绕组接线图　b）电动势相量图

8.5.4　三相变压器的并联运行

三相变压器的并联运行是指两台或两台以上三相变压器的一、二次绕组分别并联到公共母线上，共同向负载供电的运行方式。

在变电站中，总的负载经常由两台或多台三相变压器并联供电，其原因如下：

1）变电站所供的负载一般总是在若干年内不断发展、不断增加的，随着负载的不断增加，可以相应地增加变压器的台数，这样做可以减少建站、安装时的一次投资。

2）当变电站所供的负载有较大的昼夜或季节波动时，可以根据负载的变动情况，随时调整投入并联运行的变压器台数，以提高变压器的运行效率。

3）当某台变压器需要检修（或故障）时，可以切换下来，用备用变压器投入并联运行，以提高供电的可靠性。

为了使变压器能正常地投入并联运行，各并联运行的变压器必须满足以下条件：①一次、二次绕组电压应相等，即电流比应相等；②联结组别必须相同；③短路阻抗（即阻抗电压）应相等。但实际并联运行的变压器，其电流比和阻抗电压不可能完全相等，允许有极小的差别，但必须保证变压器的联结组别必须相同。

8.6 理想变压器的仿真分析

可以用 EDA 软件对理想变压器进行仿真分析。

对例 8-6 进行分析。取变压器的变比为 10，分别将信号源通过变压器带负载和不通过变压器直接带负载进行仿真，仿真图如图 8-38 和图 8-39 所示。由仿真结果可知，通过变压器的阻抗变换，实现了负载阻抗与信号源阻抗的匹配，在负载上得到大电流和大电压，从而得到大的输出功率。

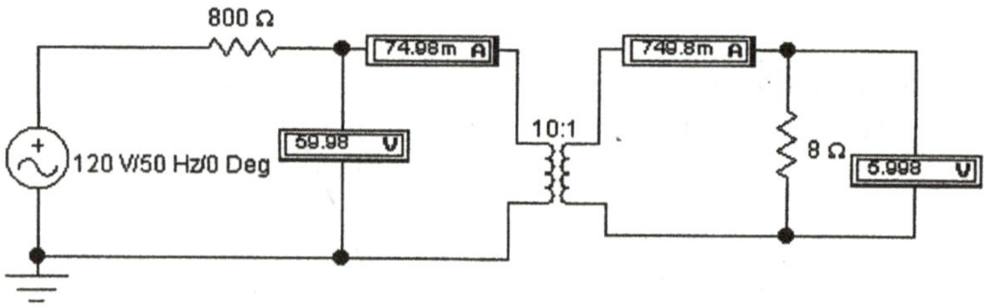

图 8-38 信号源通过变压器带负载

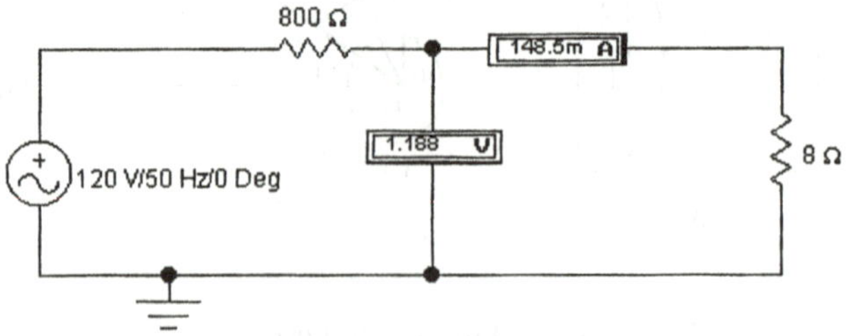

图 8-39 信号源直接带负载

小 结

1. 磁路是磁通集中通过的路径，由磁性材料制成。它可分为硬磁材料，用来创造永久磁铁和直流励磁的铁心；软磁材料，用作交流励磁铁心。

2. 磁路欧姆定律 $\Phi = F_m/R_m$，其中 $F_m = NI$、$R_m = l/(\mu S)$，对定性分析和粗略估算磁路有用。

3. 磁路的基尔霍夫两定律

$$\Sigma\Phi_i = 0,$$
$$\Sigma\Phi R_m = \Sigma NI \text{ 或 } \Sigma Hl = \Sigma NI$$

4. 直流铁心线圈中励磁电流 I 由欧姆定律 $U = RI$ 决定；磁通由 $\Phi = NI/R_m$ 决定且为恒定磁通；直流铁心线圈无铁损耗，功率损耗为线圈电阻 R 上的损耗 $P = I^2R$。直流铁心线圈的基本应用是直流电磁铁，吸力 $F = 4B_0^2S_0 \times 10^5$。

5. 交流铁心线圈的主磁通最大值 $\Phi_m = U/4.44fN$，与电压 U 成正比，励磁电流与磁路状况（尺寸、材料、空气隙等）有关。

交流铁心线圈的功率损耗 $P = P_{Cu} + \Delta P_h + \Delta P_e$。

交流铁心线圈的最基本应用是交流电磁铁，其平均吸力 $F = 2B_m^2S_0 \times 10^5$。

6. 变压器的运行由三个基本方程式决定

$$\dot{U}_1 = -\dot{E}_1 + R_1\dot{I}_1 + jX_{\sigma1}\dot{I}_1 \quad \text{一次电压平衡方程}$$
$$\dot{U}_2 = \dot{E}_2 - R_2\dot{I}_2 - jX_{\sigma2}\dot{I}_2 \quad \text{二次电压平衡方程}$$
$$\dot{I}_1N_1 + \dot{I}_2N_2 = \dot{I}_0N_1 \quad \text{磁动势平衡方程}$$

变压器有变换电压、变换电流、变换阻抗三种功能，即

$$\frac{U_1}{U_2} = k_u, \frac{I_2}{I_1} = k_u, |Z_L'| = k^2|Z_L|$$

式中，k_u 是匝数比或电压比，$k_u = N_1/N_2$。

变压器的功率损耗 ΔP 由可变损耗 $\Delta P_{Cu} = I_1^2R_1 + I_2^2R_2$ 和不变损耗 $\Delta P_{Fe} = \Delta P_h + \Delta P_e$ 构成，其效率为

$$\eta = \frac{P_2}{P_2 + \Delta P} = \frac{P_2}{P_1} = \frac{P_2}{U_1I_1\cos\varphi_1}$$

习 题

8-1 在电压相等情况下，交流铁心线圈误接到直流电源上会怎样？直流铁心线圈误接到交流电源上又会怎样？

8-2 一个铁心线圈，当铁心的磁路平均长度不变，截面积变大，下述情况下的励磁电流怎样变化？

1）直流励磁；2）交流励磁，励磁电压不变。

8-3 交流铁心线圈在下面情况下，其磁感应强度和线圈中电流怎样变化？

1）电源电压大小和频率不变，线圈匝数增加；2）电源电压大小不变，频率减小；3）电源电压大小不变，铁心截面积减小；4）电源电压大小不变，铁心中气隙增加；5）电源电压增大，其他不变。

8-4 根据磁动势平衡关系，说明电源的能量怎样通过磁通的耦合作用传递给负载。

8-5 变压器能否用来传递直流功率？为什么？若把变压器一次侧接到与交流额定电压相等的直流电源上，将会怎样？

8-6 交流电磁铁接通电源后，如果衔铁长时间不能吸合，会怎样？如果是直流电磁铁，又将如何？

8-7 有一台220V/110V变压器的一次和二次电压，匝数为 $N_1 = 2000$ 匝，$N_2 = 1000$ 匝，有人为了节省

铜钱，将匝数减少为400匝和200匝，可行否？为什么？

8-8 有台电压为110V/36V的变压器，有人想得到二次电压72V，把它接到同频率220V电源上，结果如何？为什么？

8-9 一台单相变压器的额定容量 $S_N=50kV \cdot A$，额定电压为10kV/230V，满载时二次电压为220V，则其额定电流 I_{1N} 和 I_{2N} 各是多少？

8-10 已知信号源的内电阻 $R_0=10k\Omega$，用输出变压器带一个电阻为 $R_L=3.2\Omega$ 的扬声器，为使扬声器获得最大的功率，输出变压器的匝数比应该是多少？

8-11 输出变压器一次绕组匝数为 N_1，二次绕组有匝数为 N_2 和 N_3 的两个抽头。将16Ω的负载接 N_2 抽头，或将4Ω的负载接 N_3 抽头，它们换算到一次侧的阻抗相等，达到阻抗匹配，那么 $N_2:N_3$ 应是多少？

8-12 有一线圈匝数 $N=1000$ 匝，绕在由铸钢制成的闭合铁心上，铁心截面积 $S=20cm^2$，平均长度 $l=50cm$，在铁心中产生磁通 $\Phi=0.002Wb$，线圈中应通入多大的直流电？

若铁心有一段空气隙，长度为 $L_0=0.2cm$，保持铁心中磁感应强度不变的话，应通入多大的直流？

8-13 铸钢制成的均匀螺线环，见图8-6，已知其截面积 $S=2cm^2$，平均长度 $l=40cm$，线圈匝数 $N=800$ 匝，要求磁通 $\Phi=2\times10^{-4}Wb$，铸钢材料的 B-H 曲线数据见下表。求线圈中的电流 I。

B/T	0.5	0.6	0.7	0.8	0.9	1.0	1.2	1.3	1.4
$H/(A \cdot m^{-1})$	380	470	550	680	800	920	1280	1570	2080

8-14 一铁心线圈加在频率为50Hz的正弦交流电压上，铁心中交变磁通最大值 $\Phi_m=2.25\times10^{-3}$ Wb，为使线圈得到有效值为100V的电动势，线圈的匝数应是多少？

8-15 为了求出铁心线圈的铁损，先将它接在直流电源上，测得线圈的电阻为1.75Ω；然后接在交流电源上，测得电压 $U=120V$、功率 $P=70W$、电流 $I=2A$，求铁损和线圈的功率因数？

8-16 有一变压器，额定电压为10000V/230V，额定电流为5A/215A。空载时，高压绕组自10000V电源上取用功率340W、电流0.43A。试求：1）变压器的电压比；2）空载电流占额定电流的百分数；3）空载时一次绕组的功率因数。

8-17 有一额定容量为 $50kV \cdot A$、额定电压为6000V/230V的单相变压器。试求：1）变压器的电压比；2）当变压器在满载情况下向功率因数为0.85的负载供电时，测得二次绕组端电压为220V，求输出的有功功率、视在功率和无功功率。

8-18 一台容量 $S_N=20kV \cdot A$ 的照明变压器，它的电压为6600V/220V，问它能够正常供应220V、40W的白炽灯多少盏？能供应 $\cos\varphi=0.6$、电压为220V、功率为40W的荧光灯多少盏？

8-19 已知直流电磁铁的两个磁极的面积均为 $1cm^2$，主磁通最大值 $\Phi_m=10^{-4}Wb$，求电磁吸力？

8-20 有一交流电磁铁，铁心两个磁极的面积均为 $1cm^2$，励磁线圈的额定电压 $U=220V$，匝数 $N=10^4$ 匝，求最大电磁吸力？

8-21 有一单相照明变压器，容量为 $10kV \cdot A$，电压为3300V/220 V，今欲在二次侧接上60W、220V的白炽灯，如果变压器在额定情况下运行。求：1）这种电灯可接多少盏；2）一、二次绕组的额定电流。

8-22 某三相变压器，一次绕组每相匝数 $N_1=2080$ 匝，二次绕组每相匝数 $N_2=80$ 匝，如果一次绕组端加线电压 $U_1=6000V$。求：1）在Y/Y联结时，二次绕组端的线电压和相电压；2）在Y/D联结时，二次绕组端的线电压和相电压。

第9章　异步电动机

电动机是将电能转换为机械能的电磁能量转换装置。按驱动电流和工作原理的不同，电动机可分为交流电动机、直流电动机和控制电动机等。

异步电动机也被称为感应电动机，是交流电动机的一种，它具有构造简单、运行可靠、维护方便、效率较高、价格低廉等优点。随着电力电子技术的发展，异步电动机的运行性能日趋完善，其多种调速方法已进入实用阶段。因此，异步电动机是国民经济各领域应用最广泛的电动机。据统计，在电力拖动系统中，交流异步电动机约占85%。

本章将介绍三相异步电动机的构造、工作原理、机械特性、起动、调速、反转和制动以及三相异步电动机的选择等，并简要介绍单相异步电动机。

9.1　三相异步电动机的构造及工作原理

9.1.1　三相异步电动机的构造

三相异步电动机主要由定子（固定部分）和转子（转动部分）构成，它们之间有空气隙。图9-1所示为一台笼型转子三相异步电动机的构造。

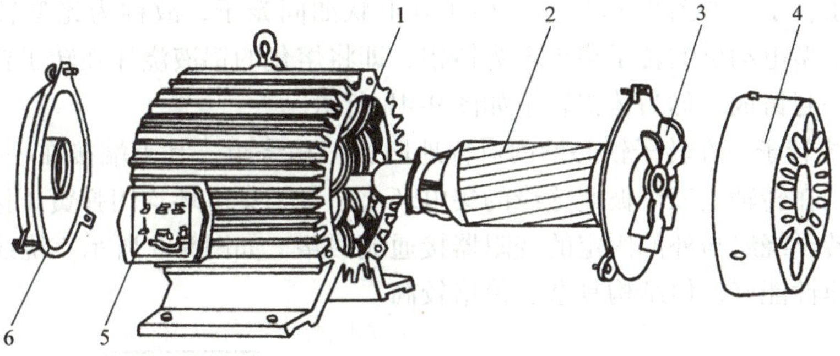

图9-1　笼型转子三相异步电动机的构造

1—定子　2—转子　3—风扇　4—风扇罩　5—接线盒　6—端盖

1. 定子　三相异步电动机的定子主要由以下三部分组成。

（1）机座　电动机的外壳（圆桶形）和底座等固定部分组成机座，机座由铸铁、铸钢或铝合金制成，底座上有安装螺孔。

（2）定子铁心　定子铁心通常由0.5mm厚的硅钢片叠成，固定在圆筒形机座内。其内圆周上有均匀分布的嵌线槽，用于嵌入定子绕组。图9-2所示为定子与转子单片铁心硅钢片。

（3）定子绕组　定子绕组由带有绝缘层的导线（漆包线或纱包线）绕制而成，按一定规律嵌入定子槽内，并将其连接成三组，使之对称地分布于定子铁心槽内。每组绕组称为一相，每相有两个出线端，它们的首、末端都可从机座上的接线盒中引出，记为 U_1、V_1、W_1 和 U_2、V_2、W_2，利用连接线板可以方便地将定子绕组连接成Y或△，如图 9-3 所示。

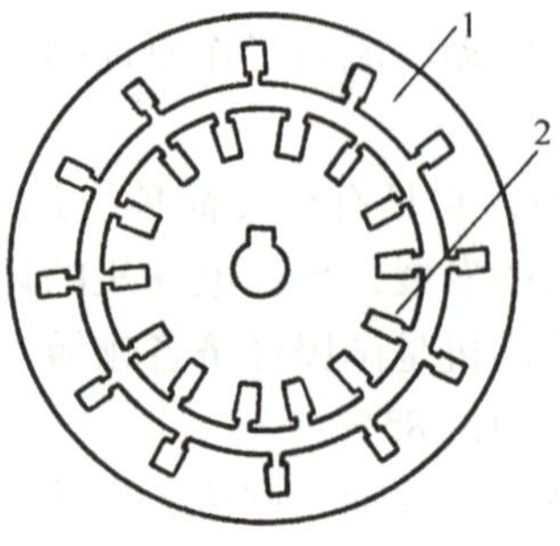

图 9-2 定子与转子单片铁心硅钢片

1—定子 2—转子

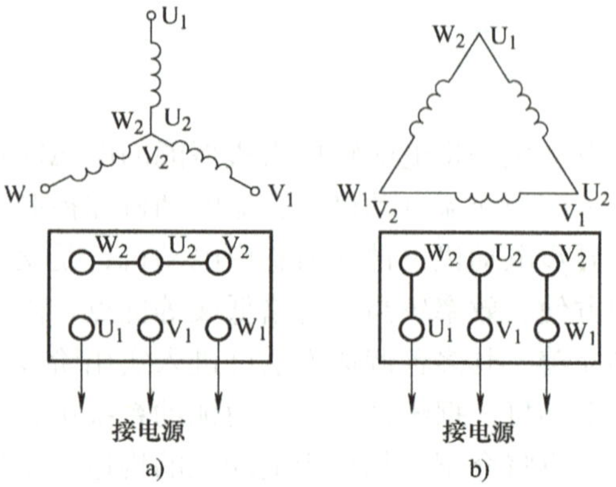

图 9-3 三相异步电动机定子绕组联结

a) Y联结 b) △联结

2. 转子 异步电动机的转子由转轴、转子铁心、转子绕组及风扇等组成。

转子铁心是一个圆柱体，由相互绝缘的硅钢片叠压而成，并固定在电动机的转轴上。转子铁心的外表面上有均匀分布的平行线槽，用于安置转子绕组。按转子绕组结构的不同，三相异步电动机可分为笼型转子和绕线式转子两种。

（1）笼型转子 转子绕组是穿入转子铁心槽内的铜条，铜条的两端分别焊接在两个铜环上，称为铜条转子，如图 9-4a 所示。由于其形状如同笼子，故称为笼型转子。为节省铜材，一般中、小型电动机的转子绕组多为铸铝，即将熔化的铝液浇注在转子铁心槽内，同时端环和风叶也一起铸成，称为铸铝转子如图 9-4b 所示。

（2）绕线式转子 在转子铁心槽内对称地嵌放三相绕组，其末端接在一起成星形联结，首端引出并联结在转轴上三个彼此绝缘的集电环上，每个集电环均用弹簧压接着电刷，通过电刷使转动的转子绕组与外部固定的变阻器接通成回路，如图 9-5 所示。绕线式转子异步电动机起动和调速性能好，但结构复杂、价格较高。

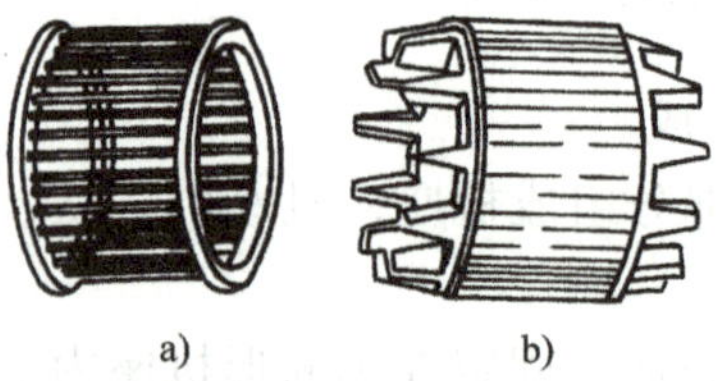

图 9-4 笼型转子

a）铜条转子 b）铸铝转子

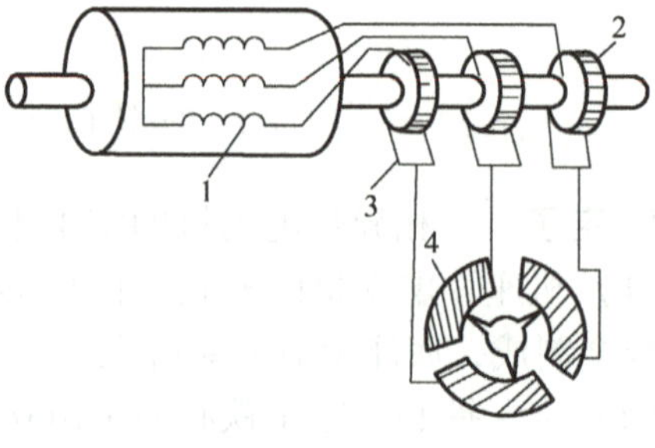

图 9-5 绕线式转子的结构示意图

1—绕组 2—集电环 3—电刷 4—变阻器

9.1.2　三相异步电动机的工作原理

当异步电动机的定子三相绕组通入三相对称电流时，在电动机中将产生一个旋转磁场，这个旋转磁场切割转子绕组，在转子导体中将产生感应电动势及感应电流，有电流的转子导体在磁场中将受到电磁力的作用，该电磁力作用在转轴上则变成转矩，于是电动机的转子便旋转起来，这样，定子从电源引入的电能，通过旋转磁场，传递到转子，转变为动能（机械能），实现了机电能量的转换。由此可知，三相异步电动机旋转的先决条件是产生一个旋转磁场。下面先来分析旋转磁场的产生，然后再讨论转子的转动。

1. 旋转磁场的产生与旋动方向　为分析方便，假设定子绕组的每一相均由一个线圈组成。三相绕组 U_1U_2、V_1V_2、W_1W_2 在定子槽内彼此相隔 120°的空间角度，并将末端 U_2、V_2、W_2 连接成一点，首端 U_1、V_1、W_1 接三相电源，即三相定子绕组星形联结，如图 9-6a 所示。若三相电流的参考方向如图 9-6b 所示，即从首端 U_1、V_1、W_1 流入，从末端 U_2、V_2、W_2 流出，则三相对称电流的表达式为

$$i_U = I_m \sin\omega t$$
$$i_V = I_m \sin(\omega t - 120°)$$
$$i_W = I_m \sin(\omega t + 120°)$$

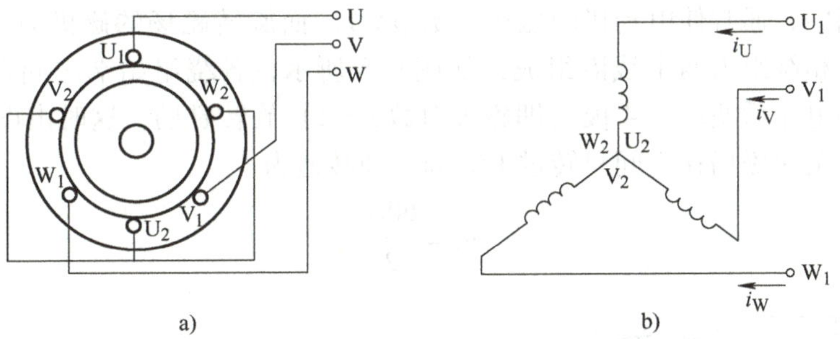

图 9-6　三相定子绕组的分布及星形联结

三相对称电流的波形及旋转磁场的产生如图 9-7 所示。

当 $\omega t = 0°$时，$i_U = 0$，i_V 为负值，i_W 为正值，此时三相电流的实际方向如图 9-7a 所示，图中⊗表示电流流入；⊙表示电流流出。依右手螺旋定则，其合成磁场如图中虚线所示，它具有 N、S 两个磁极（一对磁极），且与 U 相绕组平面重合。当 $\omega t = 120°$时，如图 9-7b 所示，合成磁场与 V 相绕组平面重合，此时合成磁场在空间上顺时针转过了 120°，恰与通入定子电流的电角度相等。同理可得 $\omega t = 240°$、$\omega t = 360°$时的合成磁场如图 9-7c、d 所示。可见，当定子绕组通入对称三相电流后，在定、转子铁心中将产生旋转磁场，并且旋转磁场的转向与通入定子绕组的三相电流相序一致。因此，只要改变通入定子绕组三相电流的相序（任意对调两相接线），旋转磁场将反向旋转。学生可自行画出改变通入定子绕组三相电流相序后不同时刻的磁场分布图。

2. 旋转磁场的转速　由以上两极（即磁极对数 $p = 1$）旋转磁场的分析可知，电流变化一周，磁场也正好在空间旋转一周。若电流频率为 f_1，则两极旋转磁场每分钟的转速（单位为 r/min）为 $n_1 = 60f_1$。

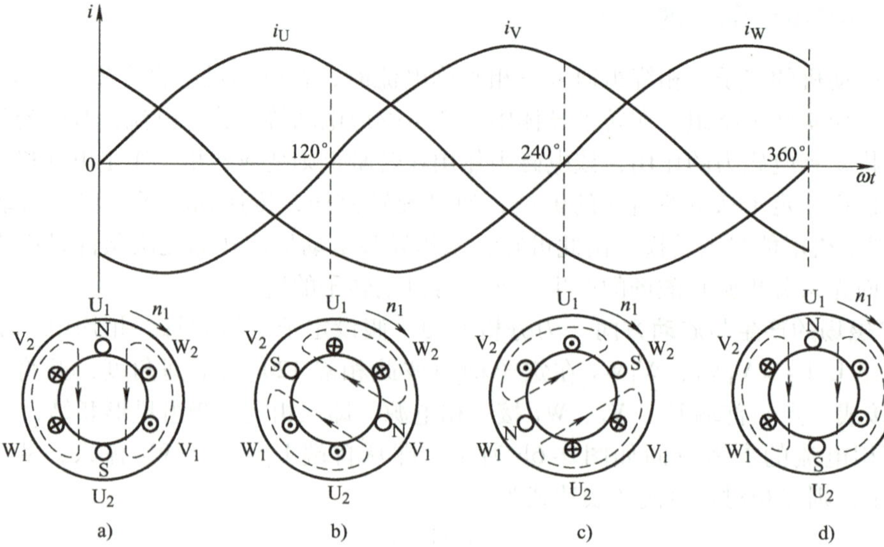

图 9-7 三相对称电流的波形及旋转磁场的产生

a）$\omega t=0°$ b）$\omega t=120°$ c）$\omega t=240°$ d）$\omega t=360°$

在实际应用中，通常使电动机的磁极对数 $p>1$。而旋转磁场的磁极对数与定子绕组的安排有关。若每相绕组由两个线圈组成，如图 9-8 所示，各绕组始端之间在空间相差 60°，则通入对称三相电流后便产生 4 极（即磁极对数 $p=2$）旋转磁场，这时由图 9-9 分析可知，电流变化一周，旋转磁场在空间只转过 1/2 周，即转速为

$$n_1=\frac{60f_1}{2}$$

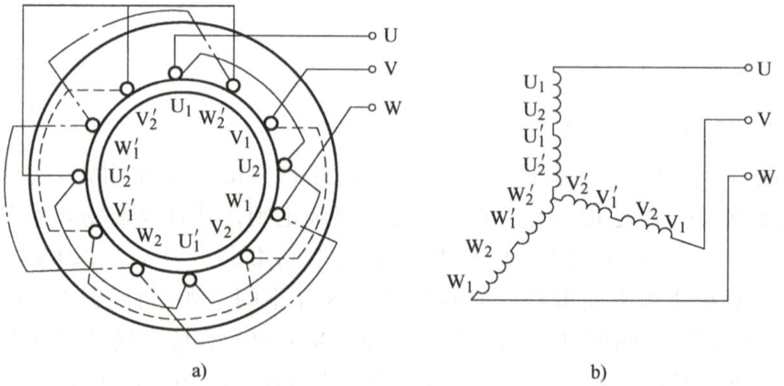

图 9-8 两对磁极定子绕组的分布与联结

由此可见，只要按一定规律安排和联结定子绕组，就可获得不同磁极对数、不同转速的旋转磁场，其关系为

$$n_1=\frac{60f_1}{p} \tag{9-1}$$

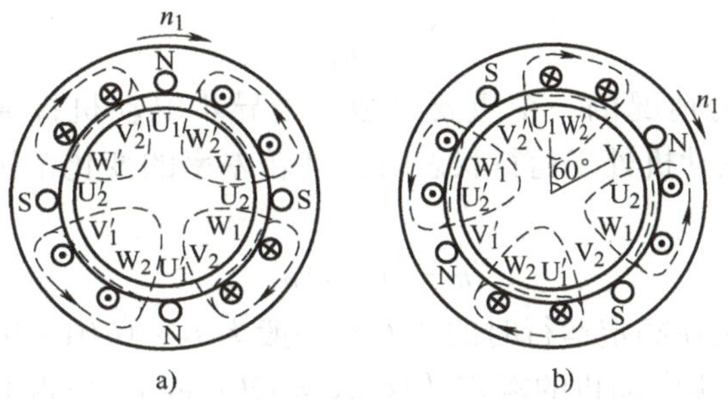

图 9-9 两对磁极旋转磁场的产生

a) $\omega t=0°$ b) $\omega t=120°$

在我国，工频交流电频率 $f_1=50\text{Hz}$。不同磁极对数的旋转磁场转速（又称同步转速）见表 9-1。

表 9-1 不同磁极对数的旋转磁场转速

磁极对数 p	1	2	3	4	5	6
磁场转速 n_1/(r/min)	3000	1500	1000	750	600	500

3. 转动原理 当电动机定子三相绕组接通三相交流电源时，电动机内部将产生一个旋转磁场，假设某瞬间的定子电流产生的两极磁场如图 9-10 所示。当旋转磁场以 n_1 速度顺时针旋转时，由于转子导体与旋转磁场间的相对运动而在转子导体中产生感应电动势，若把旋转磁场视为静止，则相当于转子导体逆时针方向切割磁力线，可用右手定则来判定转子感应电动势的方向。因为转子绕组是闭合的，便产生与感应电动势同方向的感应电流，上半部转子导体中的电流是流出来的，下半部则是流入的。

正如所知，通电（载流）导体在磁场中要受到电磁力作用，故载有感应电流的转子导体与旋转磁场相互作用便产生电磁力 F，其方向可用左手定则判断。此力对转轴形成一个与旋转磁场同向的电磁转矩，使得转子沿着旋转磁场的方向以转速 n 旋转起来。

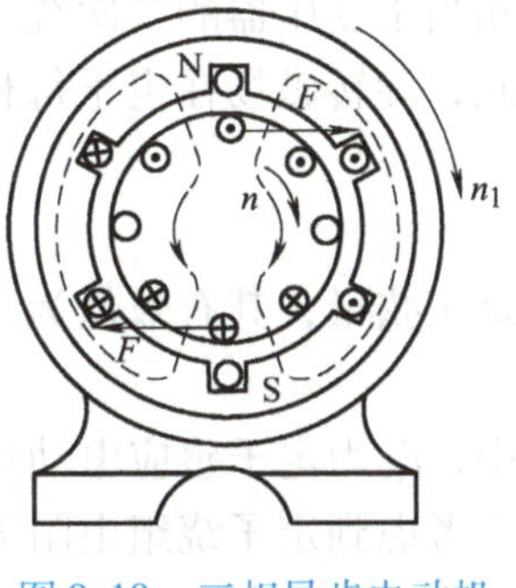

图 9-10 三相异步电动机转动原理示意图

4. 转差率 三相异步电动机转子的转速 n 永远低于旋转磁场的转速 n_1。因为如果 $n=n_1$，转子与旋转磁场就没有相对运动，转子导体就不切割磁力线，则转子感应电动势、转子感应电流及电磁转矩都不存在，转子也就不能转动了。$n \neq n_1$，正是异步电动机名称的由来。又因为转子电动势和电流是由电磁感应产生的，故异步电动机又称为感应电动机。

转子的转速是随着轴上机械负载的变化而变化的。当电动机拖动的机械负载转矩增大时，转子的转速 n 将下降。

旋转磁场与转子转速存在着转速差(n_1-n)是异步电动机工作的一个特点。通常，将转速差与同步转速 n_1 的比值称为转差率，用 s 表示，即

$$s = \frac{n_1 - n}{n_1} \tag{9-2}$$

它是反映异步电动机运行情况的一个重要参数。当异步电动机接通电源起动瞬间，$n=0$、$s=1$，转差率最大；当电动机处于运行状态时，其转差率的变化范围为 $0 \leqslant s < 1$。电动机的转速为

$$n = (1-s)n_1 \tag{9-3}$$

中、小型三相异步电动机在额定运行时的转差率一般为 $s_N \approx 0.01 \sim 0.05$。

例 9-1 已知一台异步电动机的额定转速 $n_N = 720\text{r/min}$、电源频率 $f = 50\text{Hz}$，试求电动机磁极对数和额定转差率。

解 由于电动机的额定转速应接近于同步转速，所以可知

$$n_1 = 750\text{r/min}$$

根据公式

$$n_1 = \frac{60f_1}{p}$$

得磁极对数

$$p = \frac{60f_1}{n_1} = \frac{60 \times 50}{750} = 4$$

额定转差率

$$s_N = \frac{n_1 - n}{n_1} = \frac{750-720}{750} = 0.04$$

9.2 三相异步电动机的等效电路

9.2.1 等效电路

三相异步电动机的电磁关系与变压器相似，定子绕组相当于变压器的一次绕组，转子绕组相当于变压器的二次绕组。旋转磁场通过定子每相绕组的磁通近似正弦，即 $\Phi = \Phi_m \sin\omega t$。因此，旋转磁场在定子每相绕组产生的感应电动势

$$e_1 = -N_1 \frac{d\Phi}{dt}$$

也是正弦量，其有效值为

$$E_1 = 4.44 f_1 N_1 \Phi_m$$

式中，f_1 为定子感应电动势 e_1 的频率；N_1 为定子每相绕组的匝数。

考虑到定子绕组电阻 R_1 和漏磁通 $\Phi_{\sigma1}$ 产生的漏磁感抗 $X_1 = 2\pi f_1 L_{\sigma1}$，定子每相绕组上的电压 u_1 的相量表达式为

$$\dot{U}_1 = \dot{I}_1 R_1 + j\dot{I}_1 X_1 - \dot{E}_1$$

旋转磁场在转子每相绕组中产生的感应电动势为

$$e_2 = -N_2 \frac{d\Phi}{dt}$$

其有效值为

$$E_2 = 4.44 f_2 N_2 \Phi_m \tag{9-4}$$

式中，f_2 为转子感应电动势 e_2 或转子电流 i_2 的频率；N_2 为转子每相绕组的匝数。

考虑到转子绕组电阻 R_2 和漏磁通 $\Phi_{\sigma 2}$ 产生的漏磁感抗 $X_2=2\pi f_2 L_{\sigma 2}$，转子每相绕组的相量表达式为

$$\dot{E}_2=\dot{I}_2 R_2+\mathrm{j}\dot{I}_2 X_2 \tag{9-5}$$

由式（9-4）、式（9-5）可画出三相异步电动机一相等效电路，如图9-11所示。其中，图9-11a所示为定子等效电路，图9-11b所示为转子等效电路。

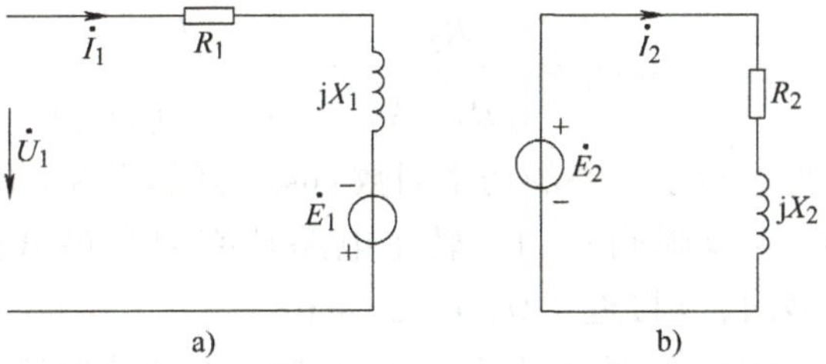

图9-11 三相异步电动机一相等效电路

9.2.2 主要运行参数

1. 定子与转子电流频率 旋转磁场与定子间的相对转速为 n_1，由式（9-1）可知，定子电流 i_1 的频率为

$$f_1=\frac{pn_1}{60}$$

旋转磁场与转子的相对转速为（n_1-n），故转子电流 i_2 的频率为

$$f_2=\frac{p(n_1-n)}{60}=\frac{n_1-n}{n_1}\frac{pn_1}{60}=sf_1 \tag{9-6}$$

可见，转子电流频率 f_2 与转差率 s 有关，也就是与转速 n 有关。电动机起动瞬间，$n=0$，$s=1$，此时转子电流频率 f_2 与定子电流频率 f_1 相同，即 $f_2=f_1$；当异步电动机额定运行时，$f_2=0.5\sim4.5\mathrm{Hz}$。

2. 转子电动势 将式（9-6）代入式（9-4），得

$$E_2=4.44sf_1 N_2\Phi_{\mathrm{m}} \tag{9-7}$$

令起动瞬间的转子电动势为 $E_{2\mathrm{s}}$，此时 $s=1$，$f_2=sf_1=f_1$，则

$$E_{2\mathrm{s}}=4.44f_1 N_2\Phi_{\mathrm{m}} \tag{9-8}$$

将式（9-8）代入式（9-7）得

$$E_2=sE_{2\mathrm{s}} \tag{9-9}$$

可见，转子电动势 E_2 也与转差率 s 有关。

3. 转子漏磁感抗 由于 $X_2=2\pi f_2 L_{\sigma 2}=2\pi sf_1 L_{\sigma 2}$，令起动瞬间的转子感抗为 $X_{2\mathrm{s}}$，则

$$X_{2\mathrm{s}}=2\pi f_1 L_{\sigma 2} \tag{9-10}$$

此时 $f_2=f_1$，转子漏磁感抗达到最大值。同时有

$$X_2=sX_{2\mathrm{s}} \tag{9-11}$$

4. 转子每相电流 由图9-11可得转子每相电流的有效值为

$$I_2=\frac{E_2}{\sqrt{R_2^2+X_2^2}}=\frac{sE_{2\mathrm{s}}}{\sqrt{R_2^2+(sX_{2\mathrm{s}})^2}} \tag{9-12}$$

可见，转子电流 I_2 随转差率 s 的减小而减小，起动瞬间（$s=1$），起动电流 $I_{2\mathrm{s}}$ 达到最大值；稳定运行以后，s 将减小至一个较小的转差率点上，I_2 也逐渐减小；空载时，$s\approx0$，$I_2\approx0$。

5. 转子功率因数 由于转子电路中存在漏电抗 X_2，因此转子电动势 e_2 和转子电流 i_2 之间，存在一个相位差 φ_2（i_2 滞后），转子电路的功率因数为

$$\cos\varphi_2 = \frac{R_2}{\sqrt{R_2^2 + X_2^2}} = \frac{R_2}{\sqrt{R_2^2 + (sX_{2s})^2}} \quad (9\text{-}13)$$

可见，转子电路的功率因数 $\cos\varphi_2$ 随转差率的增大而减小，起动瞬间 $s=1$，转子电路功率因数最低；空载或轻载时，s 接近于0，$\cos\varphi_2 \approx 1$。

图9-12所示为 I_2、$\cos\varphi_2$ 随 s 的变化曲线。

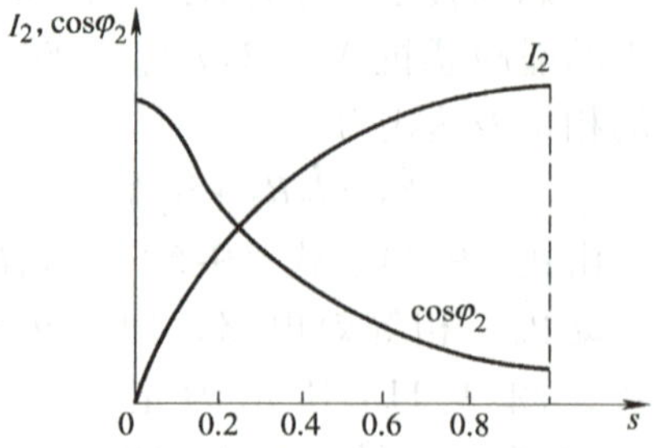

图9-12 I_2、$\cos\varphi_2$ 随 s 的变化曲线

6. 定子感应电动势和主磁通 由图9-11可知，定子绕组内的感应电动势与电源电压只差一个由绕组阻抗 $Z_1 = R_1 + jX_1$ 引起的很小的电压降，可忽略不计，因此工程上认为 E_1 是一个近乎不变的量，即

$$\dot{U}_1 \approx -\dot{E}_1 \text{ 和 } U_1 \approx E_1$$

根据 $e_1 = -N_1 \mathrm{d}\Phi/\mathrm{d}t$，$E_1$ 不变则主磁通 Φ 也应该是一个幅值不变的正弦量。不论电动机是空载还是负载运行，Φ_m 均为恒定值。

7. 定子电流和定子功率因数 电动机空载时，轴上所受到的摩擦阻力和风阻极小，转速 n 接近于同步转速 n_1，可以认为旋转磁场不切割转子绕组，因此 $e_2 \approx 0$ 和 $i_2 \approx 0$。此时，旋转磁场仅由定子电流 i_{10} 建立，空载时的主磁通 Φ_0 与之相对应。

电动机带上机械负载时，$n < n_1$，转子电流 i_2 不再为零，旋转磁场由 i_1 和 i_2 共同建立。为简化分析，通常认为定子电流 i_1 由两部分组成，一部分为励磁分量 i_{10}，其作用是产生气隙主磁通 $\Phi = \Phi_0$；另一部分是负载分量，其作用是抵消（或平衡）转子电流所产生的去磁效应。

在定子绕组中，由于 $\dot{U}_1$ 和 $\dot{I}_1$ 的相位不同，即 $\dot{I}_1$ 滞后于 $\dot{U}_1$ 一个角度 φ_1，所以定义 $\cos\varphi_1$ 为定子功率因数，即电动机的功率因数。

练习与思考

9-2-1 比较变压器的一、二次侧电路和三相异步电动机的等效电路中各参数和电压方程，指出相似处与区别。

9-2-2 当异步电动机的定子绕组接通电源后，转子因某种原因被堵转，是否会对电动机产生不利影响？应采取什么措施？

9-2-3 为什么说不论异步电动机是空载状态还是负载状态，其气隙主磁通都近乎不变？

9-2-4 为什么说转子电动势、转子电流、转子漏磁感抗和转子功率因数等参数都与转速 n 有关？

9-2-5 某笼型异步电动机的额定转速为2970r/min，定子绕组△联结、工频、380V。其 E_1 = ________，n_1 = ________，s = ________，f_1 = ________，f_2 = ________。

9.3 三相异步电动机的电磁转矩与机械特性

9.3.1 电磁转矩

根据三相异步电动机的转动原理，电磁转矩是由旋转磁场的主磁通 Φ 与转子电流的有功分量 $I_2\cos\varphi_2$ 相互作用产生的，由此可得电磁转矩的表达式为

$$T = K_m \Phi I_2 \cos\varphi_2 \tag{9-14}$$

式中，K_m 是与电动机结构有关的常数。

利用式（9-14）可对电动机的运行特性进行定性分析。

若将式（9-12）、式（9-13）代入式（9-14），可得电磁转矩的另一表达式为

$$T = K\frac{sR_2 U_1^2}{R_2^2 + (sX_{2s})^2} \tag{9-15}$$

式中，K 为常数。

由式（9-15）可知，电磁转矩 $T \propto U_1^2$，且与 s 和 R_2 都有关。

9.3.2 机械特性

在电源电压 U_1 和转子电阻 R_2 一定时，将电动机的转速 n 与转矩 T 之间的关系 $n=f(T)$ 称为机械特性，可由式（9-2）和式（9-15）求得，三相异步电动机的机械特性曲线如图9-13所示。图中还画出了与转速 n 对应的转差率 s 的坐标。

由图9-13可知，机械特性曲线上有4个特殊点，这些特殊点所对应的数值可以基本确定机械特性的曲线形状和电动机的主要性能。

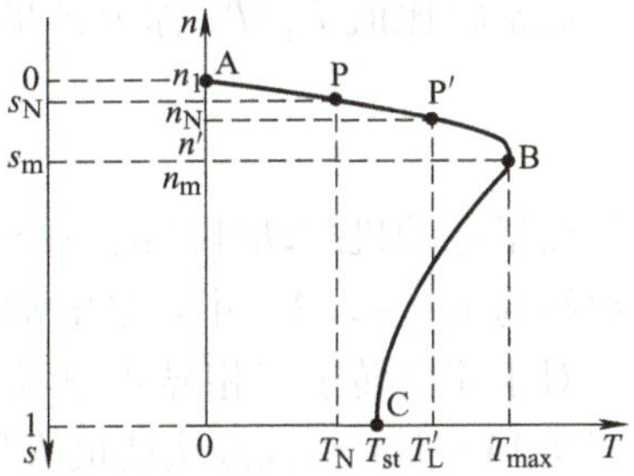

图9-13 三相异步电动机的机械特性曲线

1）A点：$n=n_1(s=0)$，$T=0$。实际上电动机转速 n 不可能等于旋转磁场转速 n_1，故称该点为理想空载点，即假设电动机空载时工作于该点。

2）P点：$n=n_N(s=s_N)$，$T=T_N$。此时电动机轴上输出的转矩为额定转矩 T_N，其转速为额定转速 n_N，故称该点为额定工作点。根据电动机铭牌上的额定功率即电动机轴上输出的功率 P_{2N}，可求得

$$T_N = 9550\frac{P_{2N}}{n_N} \tag{9-16}$$

式中，P_{2N}的单位为kW；n_N 的单位为r/min；T_N 的单位为N·m。

三相异步电动机额定运行时，电磁转矩与其拖动的负载反转矩相等，即 $T_N = T_L$，拖动系统以转速 n_N 稳定运行在工作点P。在机械特性曲线的AB段，若负载转矩增大至 T_L'时，电动机转速将降低，同时电磁转矩将增大，直至与 T_L'相平衡，电动机又以 n'转速在P′点稳定运行。同理，当负载转矩减小时，电动机转速将增加，电磁转矩将减小，电动机将在新的转矩平衡点运行。由于工作在AB段时，电动机能自动适应负载转矩的变化，如图9-13所示，故称AB段为稳定工作区。三相异步电动机的稳定工作区比较平坦，即转速随转矩的变化不大，这样的机械特性称为硬特性。

3）B点：$n=n_m(s=s_m)$、$T=T_{max}$。此时异步电动机具有最大的电磁转矩 T_{max}，也称为临界转矩，故称该点为临界工作点。对式（9-15）求导，并令 $dT/ds=0$，可求得 $s=s_m=R_2/X_{2s}$时，可获得最大转矩，即

$$T_{max} = K\frac{U_1^2}{X_{2s}} \tag{9-17}$$

可见，临界转差率 s_m 与转子电阻成正比；最大转矩 T_{max} 与 U_1^2 成正比，而与转子电阻 R_2 无关。

三相异步电动机运行时，具有承受瞬时超过额定转矩的能力，通常用最大转矩与额定转矩的比值 T_{max}/T_N 来表示其过载能力，比值 T_{max}/T_N 称为过载系数 λ，即

$$\lambda = \frac{T_{max}}{T_N} \tag{9-18}$$

一般 Y 系列异步电动机的过载系数 $\lambda = 1.8 \sim 2.2$，某些特种用途电动机的 λ 可达 3 以上。

4）C 点：$n=0(s=1)$、$T=T_{st}$。该点为起动工作点。T_{st}称为起动转矩。将 $s=1$ 代入式（9-15）得

$$T_{st} = K\frac{R_2 U_1^2}{R_2^2 + X_{2s}^2} \tag{9-19}$$

因此，T_{st}也与 U_1^2 成正比；另外，起动时 $f_2=f_1$，$X_2=X_{2s}$达最大值，$X_{2s}>R_2$，在一定范围内，人为增大转子电阻 R_2，会增大 T_{st}。

通常将比值 T_{st}/T_N 称为异步电动机的起动系数，记为 K_{st}，即

$$K_{st} = \frac{T_{st}}{T_N} \tag{9-20}$$

它是衡量电动机起动性能的一个重要参数，可从产品目录上查到。Y 系列异步电动机的起动系数约为 1.4 ~ 2.2，小容量电动机的起动系数要大些。

对于笼型转子三相异步电动机，改变定子绕组电压 U_1（R_2 不变），可改变起动转矩，如图 9-14a 所示，该方法使最大转矩随之改变，机械特性较硬；对于绕线型转子三相异步电动机，可在 U_1 不变时改变转子电阻 R_2 以获取较大的起动转矩，如图 9-14b 所示，该方法保持最大转矩不变，但机械特性变软，适于起动过程采用。

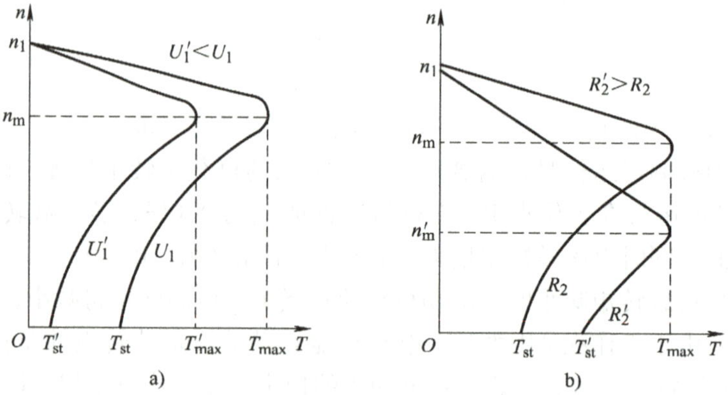

图 9-14 U_1 和 R_2 对机械特性的影响

例 9-2 已知 Y225M-2 型三相异步电动机的有关技术数据如下：$P_N=45\text{kW}$、$f=50\text{Hz}$、$n_N=2970\text{r/min}$、$\eta_N=91.5\%$、起动系数 K_{st}为 2.0、过载系数 $\lambda=2.2$。求该电动机的额定转差率、额定转矩、起动转矩、最大转矩和额定输入电功率。

解 由型号可知该电动机是两极的，其同步转速为 $n_1=3000\text{r/min}$，所以额定转差率为

$$s_N = \frac{n_1 - n_N}{n_1} = \frac{3000 - 2970}{3000} = 0.01$$

额定转矩为 $$T_N = 9550\frac{P_{2N}}{n_N} = 9550 \times \frac{45}{2970}\text{N}\cdot\text{m} = 144.7\text{N}\cdot\text{m}$$

起动转矩为 $$T_{st} = 2T_N = 2 \times 144.7\text{N}\cdot\text{m} = 289.4\text{N}\cdot\text{m}$$

最大转矩为 $$T_{max} = \lambda T_N = 2.2 \times 144.7\text{N}\cdot\text{m} = 318.3\text{N}\cdot\text{m}$$

额定输入电功率为 $$P_{1N} = \frac{P_{2N}}{\eta_N} = \frac{45}{0.915}\text{kW} = 49.18\text{kW}$$

练习与思考

9-3-1 三相异步电动机在某负载转矩下运行时，若电源电压降低，电动机的转矩、电流及转速将如何变化？

9-3-2 三相异步电动机在正常运行时，如果转子突然被卡住而不能转动，试问这时电动机的电流有何变化？对电动机有何影响？

9-3-3 为什么三相异步电动机不在最大转矩 T_{max} 及其附近处运行？

9-3-4 某三相异步电动机的额定转速为1460r/min。当负载转矩为额定转矩的一半时，电动机的转速约为多少？

9-3-5 三相异步电动机的起动转矩 T_{st}、最大转矩 T_{max} 与定子绕组相电压 U_1 有何关系？

9.4 三相异步电动机的起动、调速、反转和制动

9.4.1 三相异步电动机的起动

从电动机定子绕组接通电源，电动机转子由静止加速到稳定运行状态的过程称为起动。一般中、小型异步电动机起动时间很短，通常是几秒至几十秒钟。

1. 起动性能 电力拖动系统对电动机的起动要求是足够大的起动转矩和比较小的起动电流。这样既可以减小起动时供电线路的电压降，又可缩短起动时间，提高生产效率。

然而，电动机实际的起动性能却恰好与要求相反。起动电流很大，一般为额定电流的5~7倍，这样大的起动电流虽然因为起动时间较短而不至于引起电动机过热，但将造成供电线路的电压降很大，影响同一电网上其他用电设备的正常工作；起动转矩不大，只有额定转矩的1~2倍。所以，通常要改善其起动性能，即减小起动电流和增大起动转矩，根据实际情况可采用不同的起动方法。

2. 起动方法 以三相异步电动机起动时是否采取降低电源电压的措施为依据可分为全压起动和减压起动两类。

（1）全压起动 全压起动也称直接起动，它是利用开关将电动机直接接到具有额定电压的电源上，方法简便、经济，常被采用。但必须满足以下有关规定才能直接起动。若照明和动力共用同一电网，则电动机起动时引起的电网电压降不应超过额定电压的5%；动力线路用专用变压器供电时，对于频繁起动的电动机，其容量不应超过变压器容量的20%；不经常起动的电动机，其容量不应大于变压器容量的30%。否则，必须采用减压起动以减小

起动电流 I_{st}。

(2) 减压起动 减压起动的目的是减小起动电流对电网的影响，但同时又降低了起动转矩，所以减压起动仅适用于空载或轻载起动。常用以下两种方法：

1) 星三角（Y-△）换接起动。这种方法只适用于正常运转时，定子三相绕组是△联结的电动机。可用Y-△起动器或三刀双投开关直接操作，如图9-15所示。先合上电源开关 S_1，然后将 S_2 从中间位置投向“起动”位置，这时定子三相绕组作Y联结，每相绕组电压为额定电压的 $1/\sqrt{3}$，相电流也为△联结时的 $1/\sqrt{3}$，所以线电流为直接起动时的1/3。因为 $T_{st}\propto U_1^2$，起动转矩也降低到直接起动的1/3。待转速接近额定转速时，再将 S_2 合向“运行”位置，把定子三相绕组改成△联结，转入正常工作状态。Y-△换接起动设备简单、工作可靠，但只适用于正常工作时定子三相绕组为△联结的电动机，所以，目前4kW以上的电动机都已设计为380V△联结。

2) 自耦变压器减压起动。它是利用自耦变压器（也称起动补偿器）控制的减压起动电路，如图9-16所示。它适用于容量较大或不能采用Y-△换接起动的三相笼型异步电动机。起动过程如下：首先合上电源开关 S_1，再将起动补偿器的控制手柄 S_2 拉到“起动”位置，作减压起动，待电动机接近额定转速时把手柄推向“运行”位置，使自耦变压器脱离电源，而电动机接入电源正常运转。为了适应不同要求，通常自耦变压器的抽头有73%、64%、55%或80%、60%、40%等规格。

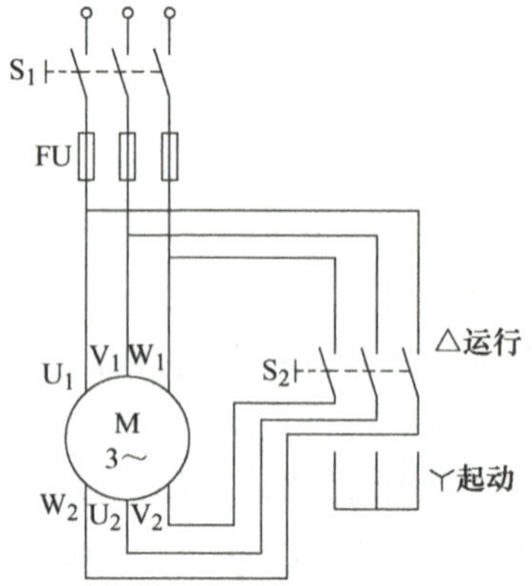

图9-15 手动Y-△换接起动电路

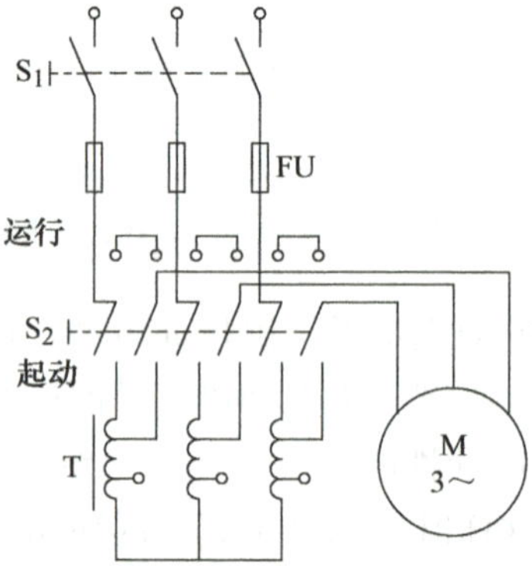

图9-16 自耦变压器控制的减压起动电路

上述减压起动方法均在减小起动电流的同时也降低了起动转矩，所以只能用于空载或轻载起动。对于像起重机、锻压机等带负载起动的生产机械就不适用了，这就要使用绕线型转子异步电动机。

3. 绕线型转子异步电动机的起动 绕线型转子异步电动机的起动常采用转子串电阻或串频敏变阻器两种方法，现分述如下：

如果在绕线型转子异步电动机转子电路中串入适当的起动电阻 R_{st}，如图9-17所示，由式（9-12）可知，这时 I_2 将减小，定子电流 I_1 也将随之减小；同时，由图9-14b可知，起动转矩相应地得到了提高。起动后，随着转速的上升，起动电阻逐渐减小，最后将起动电阻全部短路，起动过程结束。这种控制方法所用控制设备比较复杂，起动电阻占地面积较大。仅适用于要求起动转矩大的生产机械。

在转子电路中串接频敏变阻器起动，如图 9-18 所示，该控制设备简单、操作方便、运行可靠，但起动过程中由于感抗的影响，使功率因数降低，起动转矩也不太高。

频敏变阻器是一种无触点的电磁元件。实际上就是一种三相铁心电抗器，特殊之处在于其铁心是由较厚的铸铁板或铸钢板叠装而成的，其等效阻抗 $Z = R_p + jX_p$。在起动瞬间，$n=0$，$s=1$，$f_2=f_1$，铁心的涡流最大，表征涡流损耗的等效电阻 R_p 最大，同时等效感抗 X_p 也最大，所以起动电流很小。若频敏变阻器参数适当，T_{st} 可大于 T_N。随着转速的升高，s 减小，f_2 也减小，涡流作用也逐渐减小，所以起到了随转速的升高而自动减小 R_p 和 X_p 的作用。起动结束时将转子绕组短接，切除频敏变阻器。

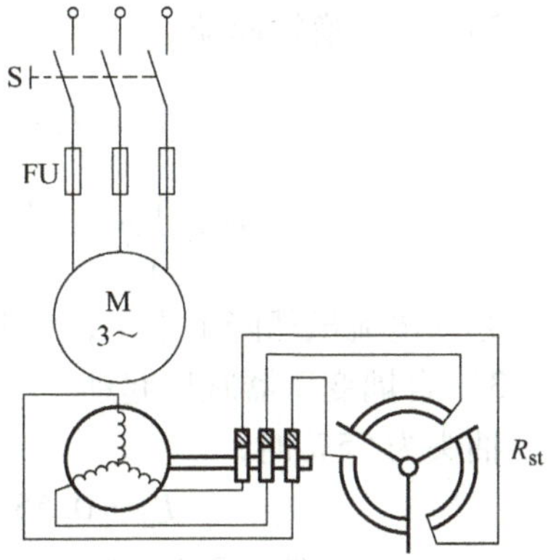

图 9-17 绕线型转子异步电动机转子串电阻起动

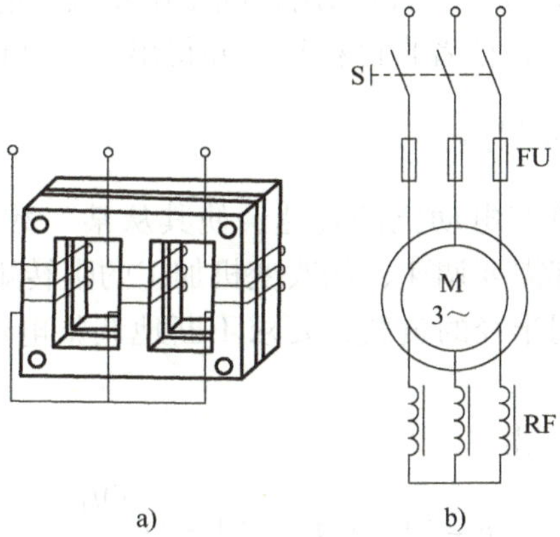

图 9-18 串接频敏变阻器起动

a）频敏变阻器结构图 b）起动电路图

例 9-3 有一台笼型三相异步电动机，△联结，额定功率 $P_{2N}=28kW$、$U_{1N}=380V$、$I_{1N}=58A$、$\cos\varphi_{1N}=0.88$、$n_N=1445r/min$、起动电流倍数为 6、起动能力 $K_{st}=1.1$、过载系数 $\lambda=2.3$。供电变压器要求起动电流 I_{st} 不大于 150A、负载转矩为 73.5N · m。试问采用何种起动方法。

解 分别考虑直接起动、Y-△换接起动和自耦变压器减压起动三种方法，根据起动电流和起动转矩的相应数值来确定起动方法。

1）直接起动

$$I_{st}=6I_{1N}=6\times58A=348A>150A$$

$$T_{st}=1.1T_N=1.1\times9550\times\frac{P_{2N}}{n_N}=1.1\times9550\times\frac{28}{1445}N\cdot m$$

$$=203.56N\cdot m>73.5N\cdot m$$

虽然起动转矩足够大，但因起动电流过大，故不能采用该方法。

2）Y-△换接起动

$$I'_{st}=\frac{1}{3}I_{st}=\frac{1}{3}\times 348\text{A}=116\text{A}<150\text{A}$$

$$T'_{st}=\frac{1}{3}T_{st}=\frac{1}{3}\times 203.56\text{N}\cdot\text{m}=67.85\text{N}\cdot\text{m}<73.5\text{N}\cdot\text{m}$$

起动电流虽然降下来了，但起动转矩不足，该方法也不能采用。

3）自耦变压器减压起动

抽头为55%时，

$$I'_{st1}=0.55^2I_{st}=0.55^2\times 348\text{A}=105.27\text{A}<150\text{A}$$

$$T'_{st1}=0.55^2T_{st}=0.55^2\times 203.56\text{N}\cdot\text{m}=61.58\text{N}\cdot\text{m}<73.5\text{N}\cdot\text{m}$$

不能采用。

抽头为64%时，

$$I'_{st2}=0.64^2\times I_{st}=0.64^2\times 348\text{A}=142.5\text{A}<150\text{A}$$

$$T'_{st2}=0.64^2T_{st}=0.64^2\times 203.56\text{N}\cdot\text{m}=83.40\text{N}\cdot\text{m}>73.5\text{N}\cdot\text{m}$$

由于 I'_{st2} 和 T'_{st2} 均符合要求，所以可以采用自耦变压器减压起动，取抽头为64%。

对于抽头为73%的情况，请读者自己核算，并得出正确结论。

9.4.2 三相异步电动机的调速

在同一负载下，人为地改变电动机的转速，使其从某一数值改变为另一数值，即为调速。工业生产中的许多场合都需要调速，如改变机加工的阻转矩就需要改变转速；在各类卷曲式传动机构中，为适应不同半径的负载，要求不断地调整电动机的转速。采用电气调速，可以简化机械变速机构。

由式（9-3）和式（9-1）得

$$n=(1-s)n_1=(1-s)\frac{60f_1}{p} \tag{9-21}$$

可见，改变磁极对数 p，或改变电源频率 f_1，或改变转差率 s 都能达到改变电动机转速的目的。

1. 改变磁极对数调速 此种调速方法称为变极调速，仅限于笼型异步电动机。其方法是把定子绕组的各出线端均接到机外，改变它们的联结方式，从而改变磁极对数和转速。具有这种调速功能的电动机多用于机床上，而且只能做到有级调速。

2. 改变电源频率调速 改变电源频率调速简称为变频调速。异步电动机的变频调速具有调速范围广、平滑性好、机械特性硬的优点，可方便实现恒转矩或恒功率调速。若在工频 f_1 以下调速，为维持气隙磁通 Φ_m 不变，由 $U_1\approx E_1=4.44f_1N\Phi_m$ 可知：定子电压 U_1 也将随之降低，使得 $U_1/f_1=$ 常数。这种恒电压频率比的调速方式保证了气隙磁通不变，从而使得电动机的转矩近似不变，因此属于恒转矩调速。若在工频 f_1 以上调速，由于定子电压 U_1 受额定电压的限制保持不变，即 U_1 为常数，此时频率越高，磁通 Φ_m 越小，这种情况相当于直流电动机的弱磁调速，属于恒功率调速。

变频调速需要一组频率可变的电源，即变频器。变频器的主要功能是将电压幅值和频率均不变的交流电变换成二者均可调节的交流电，实现 VVVF（Variable Voltage Variable Frequency）调速控制。

变频器有交—交和交—直—交两种基本形式。交—交变频器可将工频交流直接变换成电压幅值和频率均可以控制的交流电；而交—直—交变频器则先把工频交流电通过整流变成直流电，然后再将直流电逆变成电压幅值和频率均可以控制的交流电。交—交变频器一般只用于低速、大容量的场合，如电力机车和大型轧钢设备等。交—直—交变频器应用的场合比较广泛，如泵类负载、吊车、翻斗车类负载、破碎机类负载、空调类负载等，变频器除了可以用于调速外，还可作为稳频稳压交流电源和不间断交流电源等。

交—直—交变频器主要有三种结构：第一种，用可控整流调压，用逆变器变频；第二种，用不可控整流器整流，用斩波器调压，用逆变器变频；第三种，用不可控整流器整流，用脉宽调制（Pulse Width Modulation，PWM）逆变器同时调压变频。第三种结构的交—直—交变频器，由于采用不可控整流，功率因数高；用脉宽调制（PWM）逆变，产生的谐波减小，同时采用可控的全关断绝缘栅双极型晶体管 IGBT（Insulated-Gate Bipolar Transistor，IGBT），提高了开关频率，输出波形非常接近正弦波。正弦波脉宽调制（Sinusoidal Pulse Width Modulation，SPWM）逆变器已成为目前最有前途的主流逆变器结构。

目前，交流变频调速已成为三相异步电动机的主要调速方式，随着新技术和新理论在三相异步电动机变频调速中的应用，如矢量控制、无速度传感器技术等，交流变频调速将向更高性能、更大容量以及智能化等方向发展。

3. 转子电路串电阻调速 在绕线型转子电动机转子电路中串入一个调速电阻（和起动电阻接入方式相同），就减小了转子和定子电流，转矩和转速也势必相应降低，转差率 s 升高，所以转子电路串电阻调速即是改变转差率调速。改变调速电阻的大小，可得到平滑调速。从图 9-19 可以看出，在负载转矩 T_L 不变的情况下，加大调速电阻，可使机械特性越来越软，从而改变工作点，并得到越来越低的转速。由于电阻耗能和不能使机械特性过软，调速电阻不能过大，故使得这种调速的范围比较小。由于它的简便易行，使其仍广泛应用在起重设备中。

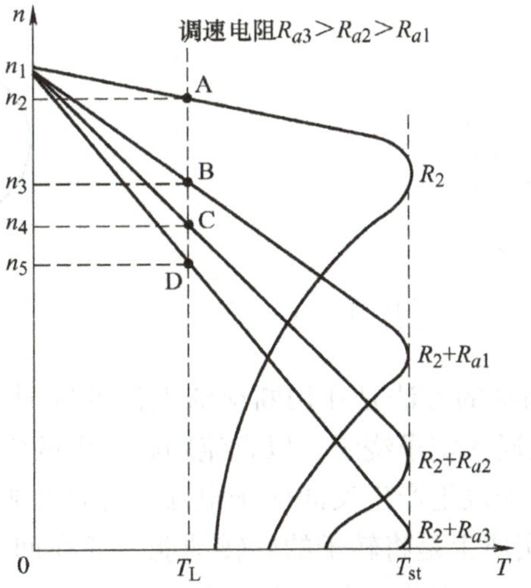

图 9-19 绕线型转子串电阻调速（T_L 不变）

9.4.3 三相异步电动机的反转和制动

1. 三相异步电动机的反转 改变三相交流电源的相序，例如，由 U-V-W 改为 U-W-V，则旋转磁场的方向也随着改变。三相异步电动机转子的旋转方向总是与旋转磁场相同，故此时电动机反转。图 9-20 所示为用刀开关实现正、反转控制电路，它将接至电源的 3 根导线中的任意两根的一端对调位置。

2. 三相异步电动机的制动 为实现提高工作效率和安全生产等目的，要求电动机及其所拖动的负载能在短时间内停止转动，而由于惯性，即使在切断电源后，电动机也不可能立即停转，因此需要采取制动措施，使其迅速停转。

制动方法有机械制动和电气制动两大类。

常用的机械制动方法有杠杆式电磁抱闸，利用闸轮与闸瓦间的摩擦力制动和靴式的液压制动机构等。

常用的三相异步电动机电气制动方法有三种。虽然工作原理不同，但都是使转子获得一个与原来旋转方向相反的制动转矩，从而使电动机减速和停转。

（1）反接制动（$s>1$） 反接制动时，断开原来的电源再改接成逆相序电源，图 9-20 所示就是一种改接的方法。图 9-21a 所示为正常运转时转子的受力图，n_1 与 n 同向。相序改变后，旋转磁场反向旋转，转差（n_1+n）很大，转差率$s=(n_1+n)/n_1>1$，转子绕组中感应电动势和感应电流很大（定子线电流也将很大，应加以限制），并对转子产生制动转矩，如图 9-21b 所示。在制动转矩作用下，转速迅速接近为零，此时切断电源。这种制动方法速度快、制动时间短，但制动力矩较大、不平稳、能量损耗大，且容易反向起动。

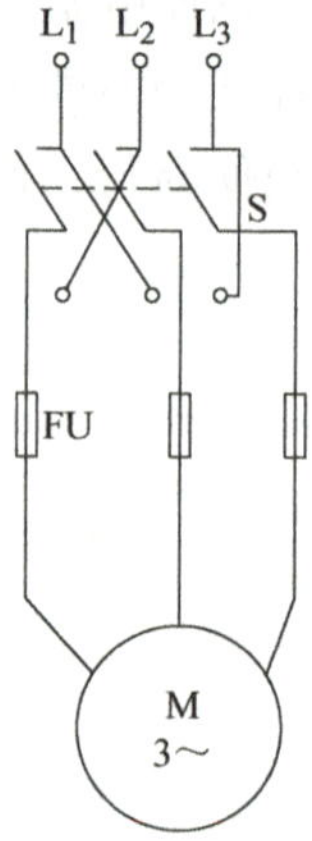

图 9-20 用刀开关实现正、反转控制电路

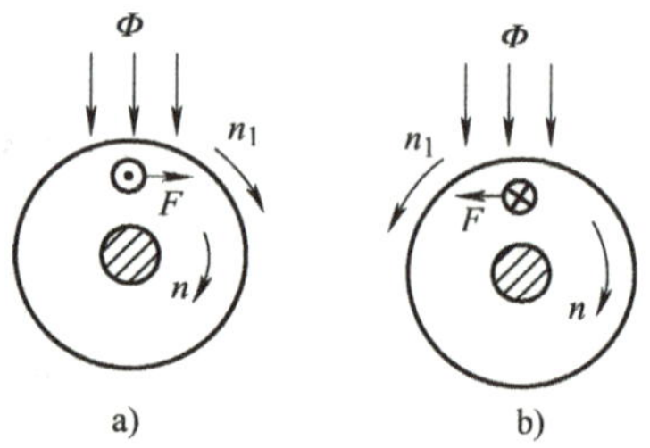

图 9-21 反接制动原理图

（2）能耗制动 能耗制动的方法是在切断交流电源的同时，将定子绕组的两个端钮与直流电源接通，使直流电流通入定子绕组。以直流励磁产生的定子绕组磁场是静止的，由于惯性继续沿原方向旋转的转子绕组产生反向转子电流，并产生制动转矩，使转子迅速停转，如图 9-22 所示。这种方法实质上是将转子的旋转动能消耗在回路电阻 R 上，故称为能耗制动。能耗制动平稳、耗能少，但需要一个直流电源。

（3）发电反馈制动（$s<0$） 在起重机下放重物时，在重力作用下，可能使转速 $n>n_1$，这会改变转子电流和转矩的方向，制动转矩使得重物等速下降，电动机此时转入发电机运行。重物的位能转换为电能反馈到电网中去。图 9-23 中比较了 $n<n_1$ 和 $n>n_1$ 两种运行状态。利用发电反馈制动可以稳定地下放重物。$n>n_1$ 时，转差率 $s<0$。

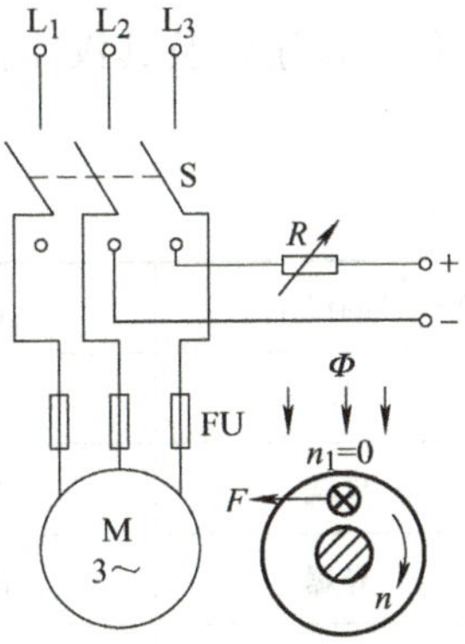

图 9-22　能耗制动原理图

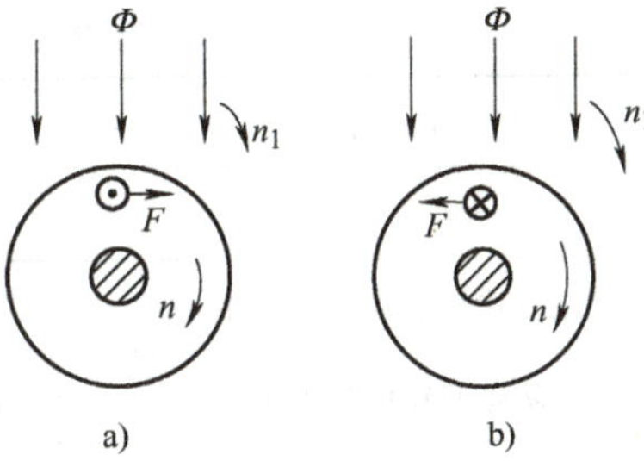

图 9-23　发电反馈制动原理图

a）$n<n_1$　b）$n>n_1$

练习与思考

9-4-1　三相异步电动机满载和空载起动时，起动转矩和起动电流是否一样？

9-4-2　绕线转子电动机采用转子串电阻起动时，所串电阻越大，起动转矩是否也越大？运行时，适当增加转子电路电阻，转速将怎样变化？

9-4-3　三相异步电动机的电气调速方法有哪几种？

9-4-4　三相异步电动机的电气制动方法有哪几种？各有何特点？

9.5　三相异步电动机的选择

三相异步电动机的选择，是指选择电动机的额定功率、类型、结构形式、防护等级、额定电压和额定转速等。选择的原则应该是经济、实用、安全等。

9.5.1　铭牌数据

电动机的铭牌上标有额定运行时的主要技术数据，以便使用者正确选择和使用电动机。

三相异步电动机 Y160M-4 的铭牌如下所示：

三相异步电动机

型　　号	Y160M-4	功率	11kW	频　　率	50Hz
电　　压	380V	电流	22.6A	联 结 法	△
转　　速	1460r/min	温升	80K	绝缘等级	B
防护等级	IP44	质量	120kg	工作方式	S1

××电机厂　　　　年　月

1. 型号 型号说明：

Y 160 M -4

三相异步电动机——Y

机座中心高(mm)——160

M——机座长度代号(L— 长机座,M— 中机座,S— 短机座)

-4——磁极数

目前，我国生产的异步电动机产品名称代号（型号中第一部分）及其汉字意义摘录于表9-2中。

表9-2 异步电动机产品名称代号

产品名称	新代号	新代号的汉字意义	老代号
异步电动机	Y	异	J、JO
绕线式转子异步电动机	YR	异绕	JR、JRO
防爆型异步电动机	YB	异爆	JB、JBS
高起动转矩异步电动机	YQ	异起	JQ、JGQ
起重冶金用异步电动机	YZ	异重	JZ
起重冶金用绕线式转子异步电动机	YZR	异重绕	JZR
多速异步电动机	YD	异多	JD

2. 功率 “11kW”表示电动机额定运行时轴上输出的机械功率，即额定功率，单位用kW表示。

3. 电压和联结法 “电压380V、联结法△”表示外加电源线电压，也称额定电压(380V)，定子绕组应连成△。

4. 电流 “22.6A”表示电动机的额定电流，是指在额定电压、额定频率和额定输出功率情况下的定子绕组线电流。

5. 转速 转速是指额定转速，也就是在额定电压、额定频率和额定输出功率下的转速。

6. 工作方式 异步电动机常用的工作方式有连续工作制（代号为S1）、短时工作制（代号为S2）和断续周期工作制（代号为S3）三种。

7. 温升 电动机运行过程中，各种有功损耗转化成热量，致使绕组温度升高即为温升。“80K”是指绕组温度高出环境温度的允许值。该电动机的运行绕组温度允许达到130℃。

8. 绝缘等级和防护等级 绝缘等级是按电动机绕组所用的绝缘材料在使用时容许的极限温度来分级的。不同绝缘等级材料的极限温度见表9-3。

表9-3 不同绝缘等级材料的极限温度

绝缘等级	120（E）	130（B）	155（F）	180（H）	200（N）
极限温度/℃	120	130	155	180	200

防护等级是电动机外壳防护形式的分级。铭牌中的“IP44”中的“IP”指国际防护标准，前边的“4”表示防止直径大于1mm的固体异物进入，第二位“4”表示防止水滴溅

入，相当于旧型号的封闭式。

9.5.2 其他若干技术数据

除铭牌数据外，在产品样本或手册中，还给出了其他若干重要数据，简要说明如下：

1. 效率和功率因数 额定效率 η_N 指电动机额定运行时，轴上输出机械功率 P_{2N} 与定子输入电功率 P_{1N} 之比，即

$$\eta_N = \frac{P_{2N}}{P_{1N}} \times 100\% \tag{9-22}$$

$$P_{1N} = \sqrt{3}U_{1N}I_{1N}\cos\varphi_{1N} \tag{9-23}$$

式中，U_{1N} 为额定电压；I_{1N} 为额定电流；$\cos\varphi_{1N}$ 为定子电路额定功率因数，产品样本中给出的功率因数即为此值。

电动机的效率与各种损耗有关，η_N 还可表示为

$$\eta_N = \frac{P_{2N}}{P_{2N} + P_{Fe} + P_{Cu} + P_0 + P_\Delta} \tag{9-24}$$

式中，P_{Fe} 为铁损耗；P_{Cu} 为铜损耗；P_0 为机械损耗；P_Δ 为附加损耗。一般笼型电动机额定效率约为 72% ~93%，电动机的容量越大，效率越高。

2. 起动电流倍数（或称“堵转电流/额定电流”） 堵转电流即起动电流 I_{st}。产品样本中给出 I_{st}/I_{1N} 的数值。

3. 起动系数（或称“堵转转矩/额定转矩”） 堵转转矩即起动转矩 T_{st}。产品样本中给出 T_{st}/T_N 的数值。

4. 过载系数（或称“最大转矩/额定转矩”） 最大转矩是电动机运行过程中产生的最大转矩，产品样本中给出 T_{max}/T_N 的比值。

9.5.3 三相异步电动机的选择

1. 类型的选择 在空载或轻载起动、无调速要求的场合，如输运机、搅拌机和功率不大的水泵、风机等，应选用笼型电动机。它结构简单、维护方便、价格低廉，但起动性能较差、调速困难。在要求较大起动转矩并能调速的场合，如起重机、卷扬机等，应选用绕线式转子电动机，它起动性能好，可以在一定范围内调速，但结构复杂、维护不便、价格较贵。

2. 转速的选择 异步电动机在功率相同的条件下，其同步转速越低，其电磁转矩越大，体积也越大，质量越大，价格就越贵。一般情况下，应尽量选用高速异步电动机。要求转速低于 500r/min 的生产机械，可以配置减速装置。

3. 功率的选择 合理选择电动机的功率有重要的经济意义。功率选大了，不仅投资费用增大，而且使电动机在低于额定负载情况下运行，其功率因数和效率都低，增加了运行成本；功率选小了，其运行时的工作电流超过额定值，使电动机过热损坏，甚至降低使用寿命。因此，电动机功率的选择应按照其工作方式采用不同的方法。

连续工作方式：对于连续工作的电动机，只要选择电动机的功率略大于生产机械所需功率即可。

例 9-4 一台 Y180L-4 型三相异步电动机，技术数据如下：

功率	转速	电压	效率	功率因数	I_{st}/I_{1N}	T_{st}/T_N	T_{max}/T_N
22kW	1470r/min	380V	91.5%	0.86	7.0	2.0	2.2

试求：1）额定转差率 s_N；2）额定电流 I_{1N}；3）堵转电流 I_{st}；4）额定转矩 T_N；5）堵转转矩 T_{st}；6）最大转矩 T_{max}。

解 1）$n_1=\dfrac{60f_1}{p}=\dfrac{60\times50}{2}\text{r/min}=1500\text{r/min}$

额定转差率 $s_N=\dfrac{n_1-n_N}{n_1}=\dfrac{1500-1470}{1500}=0.02=2\%$

2）$I_{1N}=\dfrac{P_{2N}\times10^3}{\sqrt{3}U_{1N}\cos\varphi_{1N}\eta_N}=\dfrac{22\times10^3}{\sqrt{3}\times380\times0.86\times0.915}\text{A}=42.5\text{A}$

3）$I_{st}=7.0I_{1N}=7\times42.5\text{A}=297.5\text{A}$

4）$T_N=9550\dfrac{P_{2N}}{n_N}=9550\times\dfrac{22}{1470}\text{N}\cdot\text{m}=142.93\text{N}\cdot\text{m}$

5）$T_{st}=2.0T_N=2\times142.93\text{N}\cdot\text{m}=285.86\text{N}\cdot\text{m}$

6）$T_{max}=2.2T_N=2.2\times142.93\text{N}\cdot\text{m}=314.45\text{N}\cdot\text{m}$

例 9-5 今测得某台 4 极三相异步电动机额定运行参数为：定子线电压为 380V，线电流为 6.8A，输入电功率为 3.64kW，电源频率为 50Hz，转差率为 0.05，铜损耗为 450W，铁损耗为 120W，机械损耗和附加损耗共为 70W。试求这台电动机的效率 η_N、功率因数 $\cos\varphi_N$ 及输出转矩 T_N。

解 $\eta_N=\dfrac{P_{2N}}{P_{1N}}\times100\%=\dfrac{P_{1N}-\Delta P}{P_{1N}}\times100\%=\dfrac{(3.64-0.45-0.12-0.07)\text{kW}}{3.64\text{kW}}\times100\%\approx82.4\%$

$$\cos\varphi_N=\frac{P_{1N}}{\sqrt{3}U_NI_N}=\frac{3.64\times10^3\text{W}}{\sqrt{3}\times380\times6.8\text{W}}\approx0.81$$

$$n_N=(1-s_N)n_1=(1-0.05)\times1500\text{r/min}=1425\text{r/min}$$

$$T_N=9550\frac{P_{2N}}{n_N}=9550\frac{3\text{kW}}{1425\text{r/min}}\approx20.1\text{N}\cdot\text{m}$$

练习与思考

9-5-1 在起重设备中常选用何种型式的异步电动机？

9-5-2 电动机的额定功率是指输出机械功率，还是输入电功率？额定电压是指线电压，还是相电压？额定电流是指定子绕组的线电流，还是相电流？

9-5-3 有些三相异步电动机有 380V/220V 两种额定电压，定子绕组可以连成星形，也可以连成三角形。试问在什么情况下采用哪种联结方法？采用这两种联结时，电动机的额定值（功率、相电压、线电压、相电流、线电流、效率、功率因数、转速等）有无改变？

9-5-4 在电源电压不变的情况下，如果电动机的三角形联结误连成星形联结，或者星形联结误连成三角形联结，其后果如何？

9-5-5 额定电压为 380V/220V 的三相异步电动机，在接成Y-△两种情况下运行时，其额定输出功率有无变化？

*9.6　单相异步电动机

在日常生活和工农业生产中，广泛应用着单相异步电动机。例如，电风扇、洗衣机、电钻等的定子绕组是单相的，转子大多为笼型。

9.6.1　单相异步电动机的工作原理

当单相正弦电流通入单相定子绕组时，就会在空气隙中产生一个交变脉动磁场。它的空间位置是固定的，而磁场的轴线就是定子绕组的轴线，磁场在空间按正弦规律分布，且各点磁场又随时间作正弦规律变动。虽然该磁场与三相异步电动机的旋转磁场不同，但仍可用三相异步电动机的工作原理来分析。

脉动磁场可以分解成大小相等（等于 $\Phi_m/2$）、转速相同（$n_1=60f_1/p$）、旋转方向相反的两个旋转磁场，如图 9-24 所示。

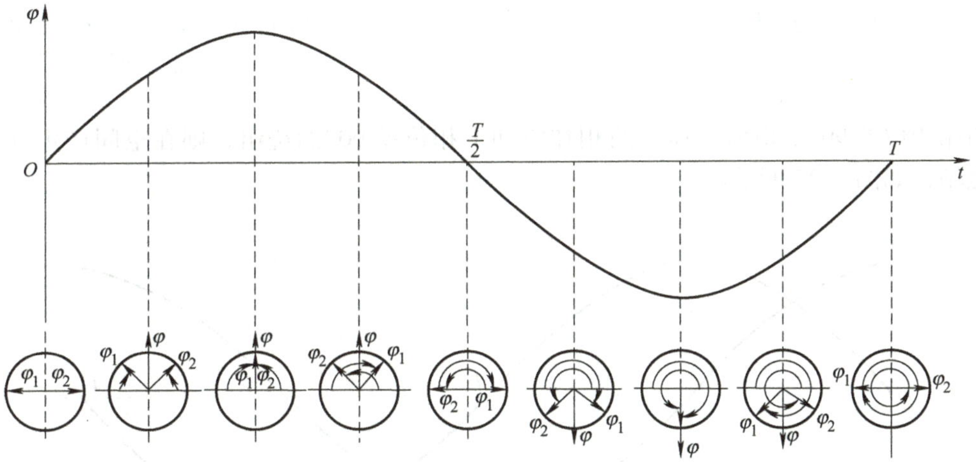

图 9-24　单相脉动磁场分解为两个相反方向的旋转磁场

当转子静止时（$n=0$），这两个旋转磁场在转子中产生两个大小相等、方向相反的转矩，互相抵消，所以转矩为零，因此电动机不能自行起动。

单相异步电动机的 $T=f(s)$ 曲线如图 9-25 中间曲线所示。它可以看成正向旋转磁场 $T_1=f(s_1)$ 和反向旋转磁场 $T_2=f(s_2)$ 曲线的叠加。从图中可以看出，当 $s=1$、转子不动时，$T_1=-T_2$，所以 $T=T_1+T_2=0$，即起动转矩为 0。但若转子在沿着旋转磁场 φ_1 的方向上被推动一下，则 $s_1<1$、$s_2>1$，这时 $T_1>-T_2$，因而 $T=T_1+T_2>0$，转子将顺着 φ_1 的转向运转下去。同理，当施加相反方向的外力时，电动机则反向旋转。

由于单相异步电动机的起动转矩为零，所以要用辅助的起动装置才能使其起动。按起动方法的不同，常用的单相异步电动机有电容分相式和罩极式两种。下面仅介绍前者。

9.6.2　电容分相式单相异步电动机

电容分相式单相异步电动机是在定子上加装一个串有电容 C 的起动绕组 V_1V_2，它与工

作绕组 U_1U_2 在空间上互隔 90°，选择合适的电容可使两绕组电流的相位差接近 90°，分相原理如图 9-26 所示。分相后两相电流的数学表达式可写成

$$i_U = I_m \sin\omega t$$
$$i_V = I_m \sin(\omega t + 90°)$$

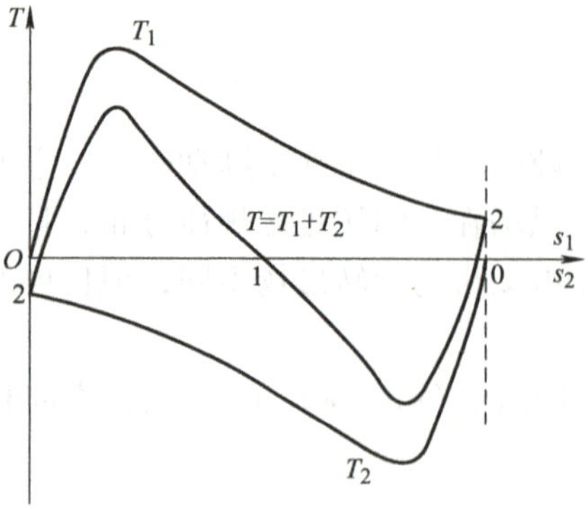

图 9-25 单相异步电动机的 $T=f(s)$ 曲线

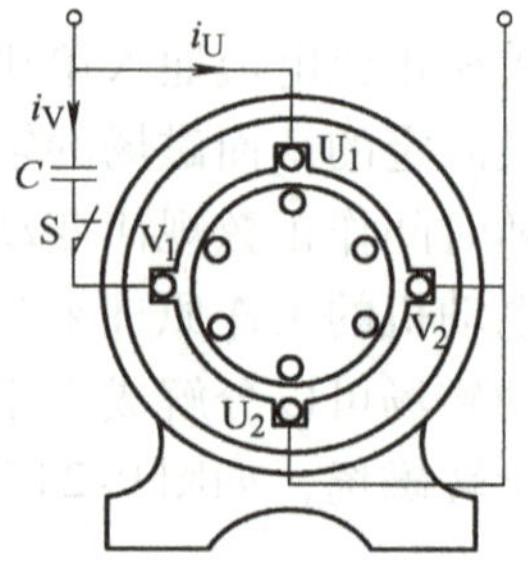

图 9-26 电容分相式单相异步电动机分相原理图

两相相位差 90°的电流，通入两相在空间上相位差 90°的绕组，则在空间产生（两相）旋转磁场，如图 9-27 所示。

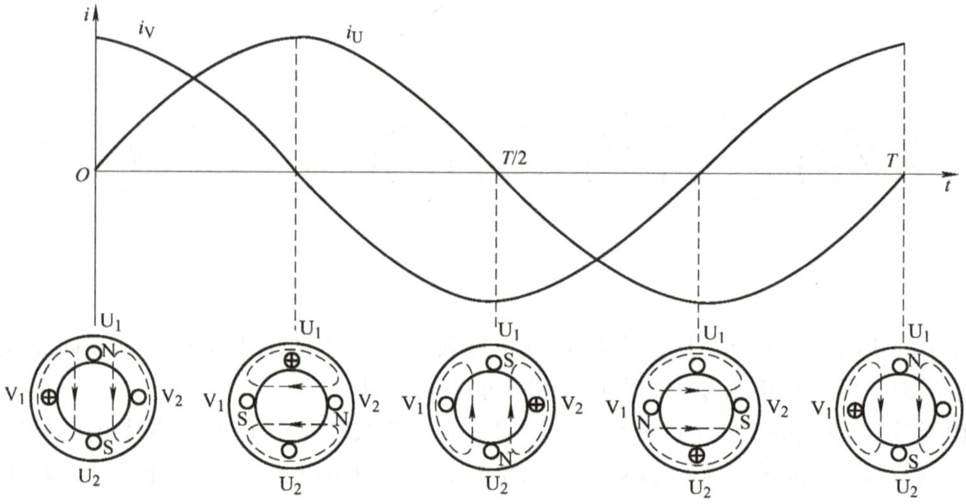

图 9-27 两相电流的旋转磁场

有了旋转磁场之后，转子就能自行起动，起动后待转速升到一定数值，借助于离心开关 S 或其他自动控制电器将起动绕组断开。

运行时电容不断开的电动机称为电容式单相异步电动机，与一般的单相异步电动机相比，它具有较高的功率因数。

若要改变这种单相异步电动机的转向，可由可变电容 C 的串联位置来实现。图 9-28 所示为洗衣机的正、反转控制原理图，S_2 为定时器中的自动转换开关。

通常，分相式单相异步电动机的功率都在0.6kW以下。

单相异步电动机的功率因数和效率都较低，因此主要制成小型电动机，用于电钻、电扇、搅拌器等上面。

三相电动机接到电源的三根导线中，由于某种原因断开了一根，就成为单相电动机运行。如果在起动时就断了一根，则不能起动，只听到嗡嗡声。这时电流很大，时间长了，电动机就会被烧坏。如果在运行中断了一根，则电动机仍将继续转动。若此时还带动额定负载，则势必超过额定电流，时间一长，也会使电动机烧坏。这种情况往往不易察觉（特别在无过载保护的情况下），在使用三相异步电动机时必须注意。

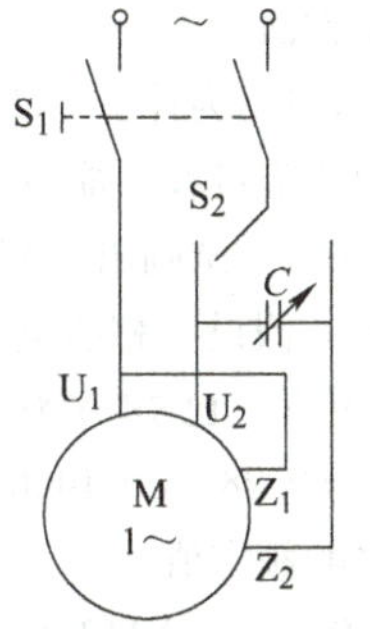

图9-28　洗衣机的正、反转控制原理图

小　结

在了解三相异步电动机构造的基础上，应按以下要点将本章内容贯穿起来。

1. 旋转磁场的产生、转动原理，建立旋转磁场的转速 n_1、电动机转速 n 和转差率 s 的概念，并对式（9-1）~式（9-3）和转矩的公式（9-14）有深刻的理解。

2. 建立三相异步电动机的等效电路后，获得与电动机运行特性密切相关的重要参数，如转子电流频率 f_2、转子感应电动势 E_2、转子漏磁感抗 X_2、转子每相电流 I_2 和转子每相功率因数 $\cos\varphi_2$ 等，这些参数都与转差率 s（或转速 n）有关，见式（9-6）、式（9-9）、式（9-11）、式（9-12）和式（9-13）。

由此得到三相异步电动机的电磁转矩的参数式和机械特性 $n=f(T)$，见式（9-15）和图9-13。这是对三相异步电动机由表及里，再由内到外的认识过程。

3. 机械特性反映了电动机运行时转速 n、转差率 s 和转矩 T 三者的制约关系。①当 $s=0$、$n=n_1$ 时，电动机处于理想的同步运行状态（空载运行时可视为此状态）；②当 $0<s\leqslant1$、$0\leqslant n<n_1$ 时，电动机运行在正常工作区；③当 $s=1$、$n=0$ 时，电动机在起动瞬间；④当 $s<0$、$n>n_1$ 时，电动机运行在发电反馈状态；⑤当 $s>1$、n 与 n_1 方向相反，电动机运行在反接制动状态。

电动机的运行状态不同，电磁转矩也不同，应对额定转矩 T_N、最大转矩 T_{max} 和起动转矩 T_{st} 深入理解，清楚它们与相关参数的关系。见式（9-16）、式（9-17）和式（9-19）。

4. 对三相异步电动机的起动性能、起动方法、电气调速方法、电气制动方法应有所了解。应注意到减压起动时，起动电流和起动转矩都与加于定子每相绕组相电压的平方成正比。

5. 单相正弦电流的磁场是一个沿气隙空间正弦分布、轴线不动、大小随时间正弦交变的脉动磁场，它可以分解为两个旋转方向相反但其他参数相同的旋转磁场，它们对静止转子产生的合成电磁转矩为零，需要配置辅助绕组才能获得单向旋转磁场和电磁转矩。

习　题

9-1　定性说明异步电动机负载增加时电动机定、转子各物理量的变化过程。

9-2　三相异步电动机空载运行时和堵转时相当于变压器何种工作状态？电动机不是变压器主要体现在

几个方面？

9-3 为什么三相异步电动机的定子感应电动势和气隙磁通的值是基本不变的？简述电磁能量在电动机内的传输过程。能量损耗由哪些部分构成？

9-4 试画出三相异步电动机（$p=1$，定子绕组△联结）在 $\omega t=-30°$ 和 $\omega t=-60°$ 时定子旋转磁场的图形（假设三相线电流是对称的）。

9-5 已知 Y90S-4 型异步电动机的下列技术数据：1.1kW、50Hz、380V、△联结、$\eta=78\%$、$\cos\varphi=0.78$、$n=1400\text{r/min}$。试求：1）线电流和相电流的额定值；2）电磁转矩额定值；3）转差率和转子频率的额定值。

9-6 有 Y112M-2 型和 Y160M1-8 型异步电动机各一台，额定功率都是 4kW，但前者转速为 2890r/min，后者为 720r/min。试比较它们的额定转矩，并由此说明电动机的极数、转速及转矩三者之间的大小关系。

9-7 有一台 4 极、50Hz、1425r/min 的三相异步电动机，转子电阻 $R_2=0.02\Omega$，感抗 $X_{2s}=0.08\Omega$，$E_1/E_{2s}=10$。当 $E_1=200\text{V}$ 时，试求：1）电动机起动初始瞬间（$n=0$，$s=1$）转子每相电路的电动势 E_{2s}、电流 I_{2s} 和功率因数 $\cos\varphi_{2s}$；2）额定转速时的 E_2、I_2 和 $\cos\varphi_2$。比较在上述两种情况下转子电路各物理量（电动势、频率、感抗、电流及功率因数）的大小。

9-8 已知 Y132S-4 型三相异步电动机的额定技术数据如下：

功率	转速	电压	效率	功率因数	I_{st}/I_N	T_{st}/T_N	T_{max}/T_N
5.5kW	1440r/min	380V	85.5%	0.84	7	2.2	2.3

电流频率 50Hz，试求额定状态下的转差率 s_N、电流 I_{1N} 和转矩 T_N，以及起动电流 I_{st}、起动转矩 T_{st} 和最大转矩 T_{max}。

9-9 Y180L-6 型电动机额定功率为 15kW，额定转速为 970r/min，频率为 50Hz，最大转矩为 295.36N·m。试求电动机的过载系数 λ。

9-10 一台 4 极三相异步电动机的额定功率为 30kW，额定电压为 380V，三角形联结，频率为 50Hz，在额定负载下运行时，其转差率为 0.02，效率为 90%，线电流为 57.5A。试求：1）转子旋转磁场对转子的转速；2）额定转矩；3）电动机的功率因数。

9-11 上题中电动机的 $T_{st}/T_N=1.2$，$I_{st}/I_N=7$，试求：1）用Y-△换接起动时的起动电流和起动转矩；2）当负载转矩为额定转矩的 60% 和 25% 时，用Y-△换接起动是否可以？

9-12 在习题 9-10、习题 9-11 中，如果采用自耦变压器减压起动，而使电动机的起动转矩为额定转矩的 85%，试求：1）自耦变压器的电压比；2）电动机的每相起动电流和线路上的起动电流各为多少？

9-13 一台三相笼型异步电动机的技术数据如下：△联结、$f_{1N}=50\text{Hz}$、$n_N=1450\text{r/min}$、$U_N=380\text{V}$、$I_N=15.1\text{A}$、$\eta_N=87\%$、$\cos\varphi=0.87$、$T_m/T_N=2$、$T_{st}/T_N=1.4$。求此电动机的起动转矩及额定转子电流的频率。当采用Y-△换接起动时，试问定子每相绕组上的电压是多少？起动转矩又是多少？

9-14 试说明当 s 取下列不同值时，三相异步电动机的运行状态。1）$s<0$；2）$s=0$；3）$0<s\leqslant1$；4）$s=1$；5）$s>1$。

第10章　电动机的继电器-接触器控制

在现代工农业生产过程和日常生活中，广泛应用电动机去拖动各种生产机械，称为电力拖动。电力拖动效率高，控制方便，易于实现自动控制和远距离操作。

电力拖动控制主要就是对电动机的起动、正反转、制动、调速和停止实行自动控制和自动保护。目前，中、小工厂企业仍采用继电器控制方式，称为继电器控制。随着新型元器件和电子技术的迅速发展和微型计算机的推广应用，电力拖动控制水平正在不断提高。

本章主要介绍一些常用的低压控制电器，三相异步电动机的基本控制环节和基本控制原则，以及简单控制线路分析和设计方法，这将给可编程序控制器（简称 PLC）的学习打下基础。

10.1　常用控制电器与电气符号

1. 刀开关　刀开关是一种手动电器，它的结构简单，主要由刀开关本体或刀片（动触头）和刀座（静触头）组成，刀开关的实物图如图 10-1 所示，其结构图和符号分别如图 10-2a、b所示。刀片下端装有熔丝，起保护作用。目前应用较多的是隔离开关，其图形符号与刀开关相同，文字符号也用 QS 表示。

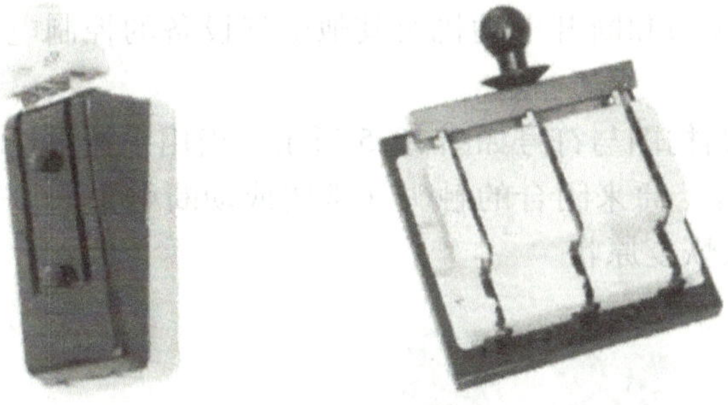

a)　　b)

图 10-1　刀开关的实物图

a）两相刀开关　b）三相刀开关

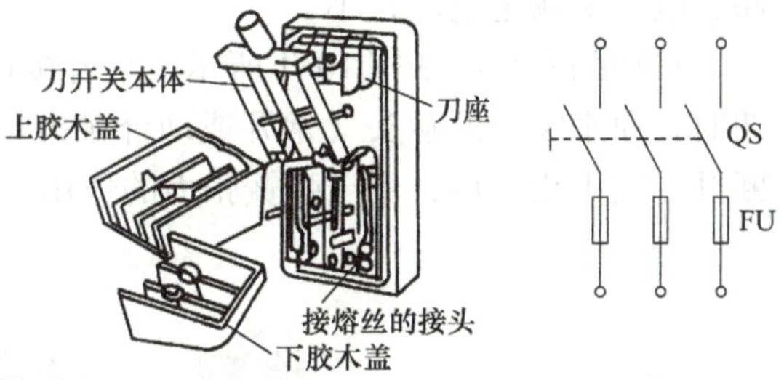

a)　　b)

图 10-2　刀开关的结构图和符号

a）结构图　b）符号

安装时，电源线应与静触头相连，负载与刀片和熔丝一侧相连，这样当断开电源时，刀片不带电。选用刀开关时主要选择其额定电压和额定电流，必须与所控制电路的电压和电流相符合。

2. 熔断器　熔断器（俗称保险丝）是对电气设备进行短路保护的一种最简单有效的电器。它串接在电路中，如果某一用电设备发生短路故障时，电路中产生很大的电流使熔断器的熔丝（或熔体）熔断，使发生故障的电路与电源断开，从而保护了电源及其他用电设备。

熔断器有开启式、半封闭式和封闭式等几种，图 10-3a、b 所示为两种封闭式熔断器。

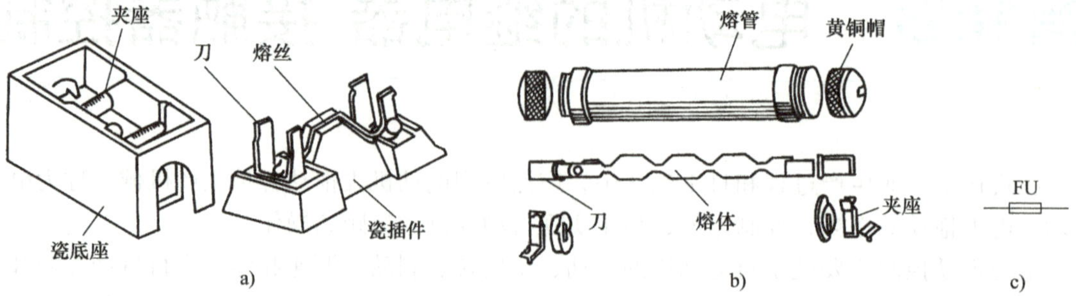

图 10-3 熔断器

a）插入式 b）管式 c）符号

在保护照明线路时，所选择的熔断器的额定电流，要等于或稍大于被保护电路的电流。在保护电动机线路时，对于一台电动机，可按下式估算额定电流（其中 I_N 为电动机的额定电流）：

$$I_{RN}=(1.5\sim2.5)I_N \tag{10-1}$$

对于起动频繁或采用反接制动的电动机，建议熔体的额定电流 I_{RN} 取为电动机额定电流 I_N 的 3.5 ~4 倍。

几台电动机共用的总熔体额定电流可按下式估算：

$$I_{RN}=(1.5\sim2.5)I_{Nm}+\Sigma I_N \tag{10-2}$$

式中，I_{Nm} 为最大容量电动机的额定电流；ΣI_N 为其他电动机的额定电流之和。

熔断器的符号如图 10-3c 所示。

3. 按钮 按钮应用很普遍，其作用主要是接通和断开电动机及其他电气设备的控制电路，故它的额定电流较小。

按钮的实物图如图 10-4 所示，复合按钮的结构图与符号如图 10-5 所示。当用手按下按钮时，原来断开的触头（常开或动合触头）闭合，原来闭合的触头（常闭或动断触头）则断开。当手松开后，由于弹簧张力的作用，触头恢复原状。

图 10-4 按钮的实物图

根据需要，可将按钮做成多个触头，或将多个按钮组装成多联按钮，常用的有单用、双联和三联按钮等。

4. 交流接触器　交流接触器是用来直接控制电动机及其他电气设备的主电路的电磁开关，它是利用电磁铁的吸力来工作的。

交流接触器的实物图如图 10-6 所示，其内部主要结构图、触头和符号分别示于图 10-7 中。

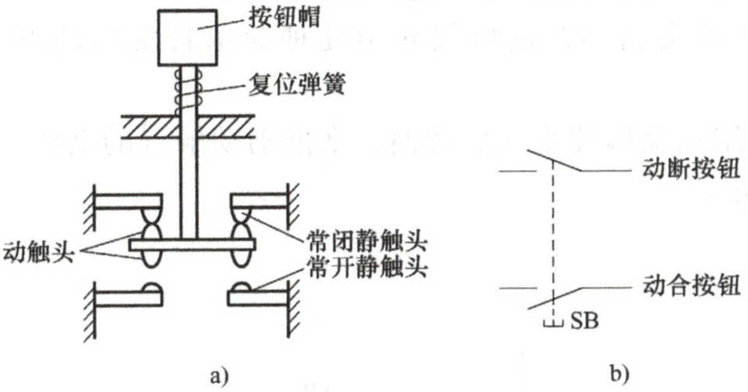

图 10-5　复合按钮的结构图与符号

a）结构图　b）符号

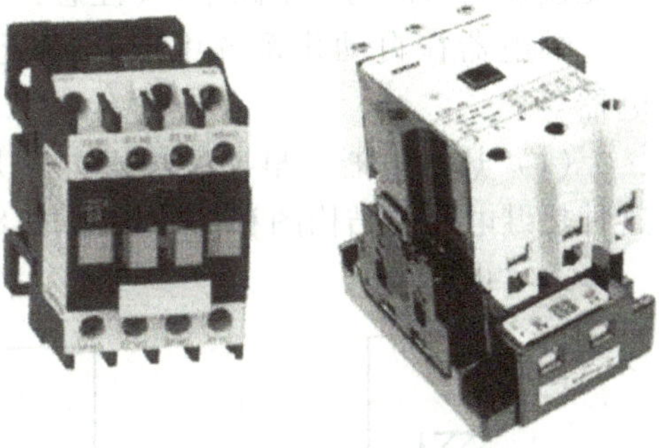

图 10-6　交流接触器的实物图

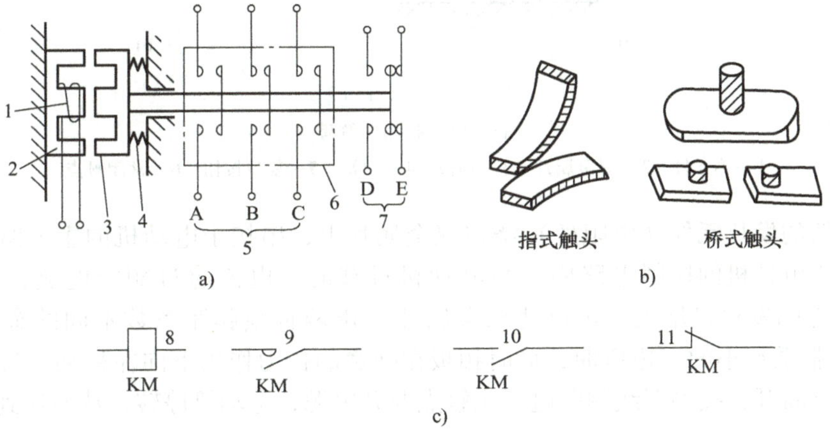

图 10-7　交流接触器

a）结构图　b）触头　c）符号

1—吸引线圈　2—静铁心　3—动铁心（衔铁）　4—弹簧　5—主触点　6—灭弧罩　7—辅助触头

8—吸引线圈符号　9—常开主触头　10—常开辅触头　11—常闭辅触头

交流接触器主要由电磁铁和触头组两部分组成。铁心由硅钢片叠成，分为静铁心和动铁心（衔铁）两部分。静铁心上套装吸引线圈，动铁心上固定装着可动触头。

当吸引线圈通电后，在铁心中产生较大的电磁吸力，吸引衔铁并带动动触头，使动触头和与之对应的静触头接通或断开。

触头有主触头和辅助触头。断开或接通主电路的触头称为主触头，它通常为桥式触头，如图 10-7b 所示。辅助触头是断开或接通控制电路或信号电路的，它通常为指式触头，如图 10-7b所示。

由于主触头流过的是数值较大的主电路的电流，断开瞬间触头间会产生电弧，因此接触器内装有灭弧装置，用来熄灭电弧。

流过辅助触头的电流较小，它有常开和常闭触头之分。当吸引线圈没有通电时，处于断开状态的触头，称为常开触头；处于闭合状态的触头，称为常闭触头。

5. 继电器 继电器的触点电流容量小，通常用来传递信号，一般只能接在控制电路中，不能接在电动机的主电路中，（注意：主要强调其触点不能用于电动机的主电路中）。

继电器在自动化系统中应用广泛。其种类繁多，这里仅介绍几种简单且常用的继电器。

（1）热继电器 早期的热继电器是利用双金属片受热后弯曲，来推动动触点的动作。这种热继电器的结构图和符号如图10-8所示。

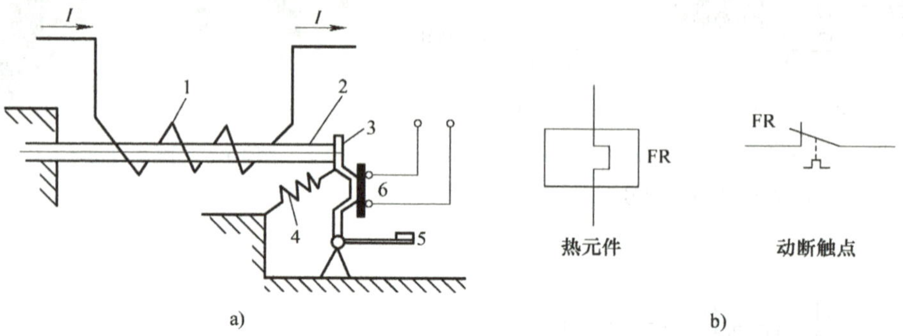

图10-8 热继电器

a）结构图 b）符号

1—热元件 2—双金属片 3—扣板 4—弹簧 5—复位按钮 6—常闭触点

热继电器的发热元件（电阻丝）绕在双金属片上，串接于电动机的主电路中，而动断触点则串联于电动机的控制电路中。当电动机过载时，电流超过额定电流，经一定时间后，发热元件的发热量增大，足以使双金属片（由两种线膨胀系数不同的金属片压制而成）向线膨胀系数小的一边弯曲，此时扣板在弹簧的拉力作用下向左移动，将动断触点断开。控制电路断开，接触器线圈断电，主触点断开电源，电动机停转，从而达到过载保护的目的。

使用热继电器时，要调整整定机构（凸轮旋钮），使热继电器的整定电流等于电动机的额定电流。这样，电动机额定运行时，热继电器长期不动作；当电动机过载，电流为整定电流的1.2倍时，热继电器将在20min内动作；当过载电流为整定电流的1.5倍时，热继电器在2min内动作。由于热惯性，热继电器不能作短路保护，而且电动机起动或短时过载时，热继电器不会动作，保证电动机的正常运行。

自20世纪80年代开始，国内外研制出了电子式热继电器，使得电动机的热过载保护更加精确可靠。

（2）时间继电器 时间继电器是根据所整定的时间进行动作的继电器。按工作原理分类有电磁式、电动式、电子式和空气阻尼式等。由于空气阻尼式（又称气囊式）时间继电器结构简单、延时范围较大（有0.4～60s和0.4～180s两种），所以在机床电气控制线路中得到了广泛的应用。常用的JS_7-A系列空气阻尼式时间继电器有通电延时和断电延时两种类型，这里只介绍通电延时空气阻尼式时间继电器。

通电延时空气阻尼式时间继电器是利用空气阻尼的原理工作的。它主要由电磁系统、工作触点、气室和传动机构 4 部分构成，其结构图如图 10-9 所示。

当线圈 1 通电时，将动铁心 2 吸下，活塞杆在释放弹簧 4 的作用下向下移动。因伞形活塞 5 的表面固定有一层橡皮膜 6，活塞下移时，在膜的上面造成空气稀薄的空间，活塞受到下面空气的压力，只能慢慢下移，当移动到一定位置时，杠杆 11 使微动开关 10 的延时触点动作。延时时间即为自电磁铁线圈通电时起至微动开关 10 的延时触点动作时止的这段时间。通过调节螺钉 9 调节进气孔 8 的大小可以调节延时时间。

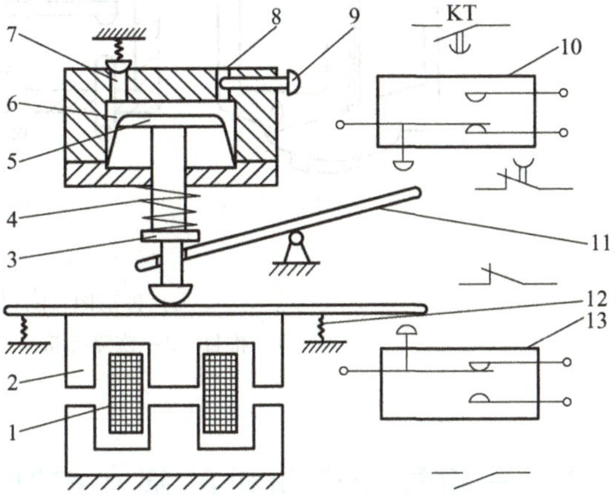

图 10-9 通电延时空气阻尼式时间继电器的结构图

1—线圈 2—动铁心 3—活塞杆 4—释放弹簧
5—伞形活塞 6—橡皮膜 7—排气孔 8—进气孔
9—调节螺钉 10、13—微动开关 11—杠杆
12—恢复弹簧

吸引线圈断电后，在恢复弹簧 12 的作用下动铁心 2 复位，空气经排气孔 7 被迅速排出。

图 10-9 所示的通电延时空气阻尼式时间继电器具有两个延时触点：一个是延时断开的动断（常闭）触点；另一个是延时闭合的动合（常开）触点。还有两个瞬时动作触点：通电时，微动开关 13 的动断触点瞬时断开，动合触点立即闭合。

只要将通电延时空气阻尼式时间继电器的铁心倒装，即将动铁心置于静铁心下面，便可得到断电延时的时间继电器。时间继电器在电气控制电路中的符号如图 10-10 所示。

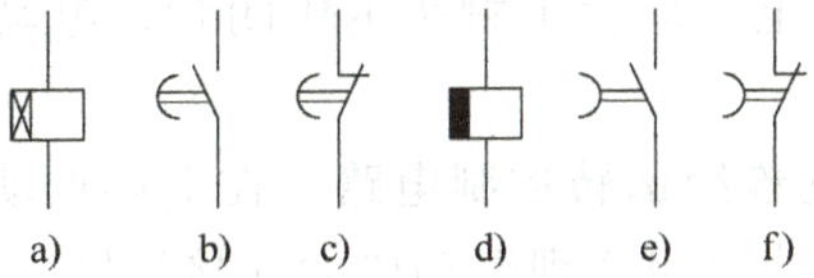

图 10-10 时间继电器的符号

a）通电延时线圈 b）通电延时闭合动合触点 c）通电延时断开动断触点
d）断电延时线圈 e）断电延时断开动合触点 f）断电延时闭合动断触点

随着电子技术的发展，电子式时间继电器、可编程时间继电器和数字式时间继电器已广泛应用。其定时精度更高，定时时间范围更宽，使用更方便。其控制原理和符号与机械式时间继电器相近似。

6. 限位（行程）**开关** 直线式行程开关的外形图和结构图，分别如图 10-11a、b 所示。

首先将行程开关安装在适当位置。当预装在生产机械运动部件上的撞块压下推杆 1 时，行程开关的常闭触头 3 打开，常开触头 4 闭合。撞块离开推杆 1 时，恢复弹簧 2 将推杆和触头恢复原状。

行程开关的常闭触头和常开触头的符号如图 10-11c 所示。

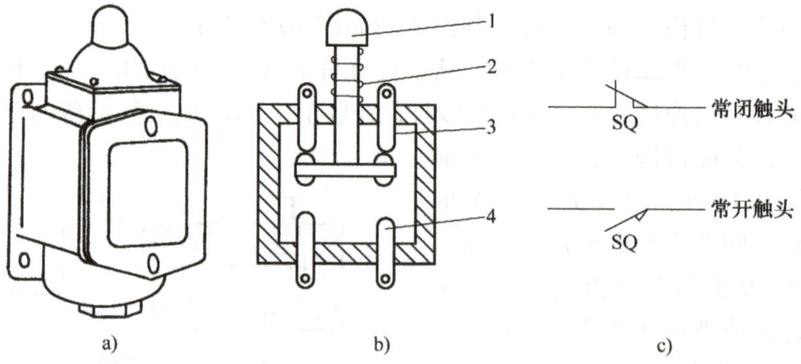

图 10-11 直线式行程开关

a）外形图 b）结构图 c）符号

1—推杆 2—恢复弹簧 3—常闭触头 4—常开触头

10.2 三相异步电动机的基本控制和基本保护环节

三相异步电动机的控制系统由主电路和控制电路组成。下面介绍几个基本控制系统，通过对一些基本控制系统的掌握，进而能对较复杂的控制系统进行分析和设计。

1. 点动控制 许多生产机械在调整试车或运行时要求电动机能瞬时动作一下，这就叫作点动控制。如龙门刨床横梁的上、下移动，摇臂钻床立柱的夹紧与放松，桥式起重机吊钩、大车运行的操作控制等都是点动控制。

用按钮、接触器组成的电动机点动控制电路如图 10-12 所示。合上电源开关 QS，按下 SB_1 按钮，接触器 KM 线圈通电，动合主触头 KM 闭合，电动机 M 通电运行。放开按钮，KM 释放，电动机断电停转。

2. 电动机的直接起动单向连续运转控制电路 在上述点动控制电路中，按钮 SB_1 两端并联接触器的一个动合辅助触点便可实现电动机的连接运转。因为，当接触器线圈通电后，辅助动合触头也闭合，这时放开 SB_1，线圈仍通过辅助触头继续保持通电，电动机继续运行。由于动合辅助触头的这个作用，故称其为自锁触头。要使电动机停止运转，可在控制电路中串联另一按钮的动断触头 SB_2，这样，按下 SB_2 时，线圈断电，电动机也跟着停转，故该按钮称为停止按钮，而 SB_1 则称为起动按钮。

完整的单向连续运转控制电路如图 10-13 所示。该电路中 FU 起短路保护作用，FR 起过载保护作用，KM 还兼有失电压、欠电压保护作用，去掉自锁触头，可实现点动控制。

3. 电动机的正、反转控制电路 很多生产机械都要求有正、反两个方向的运动，如起重机的升降，机床工作台的进退，主轴的正、反转等。这可由电动机的正、反转来实现。

由上一章可知，要使三相异步电动机反转，只要将电动机三相电源线中的任意两根的一端对调连接即可。若在单向运转控制电路基础上再增加一个接触器及其控制电路就可实现这一要求，如图 10-14a 所示。

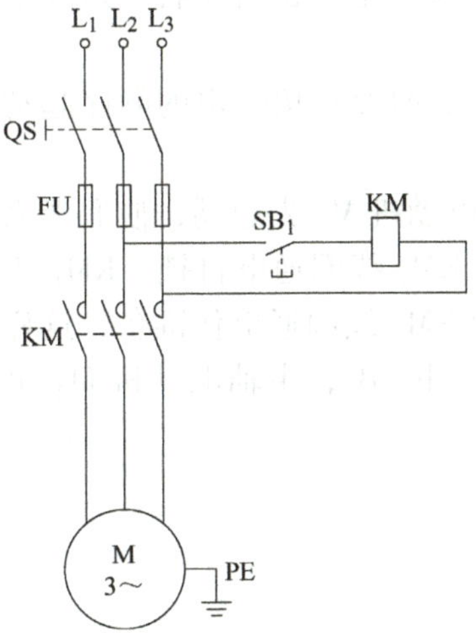

图 10-12 点动控制电路

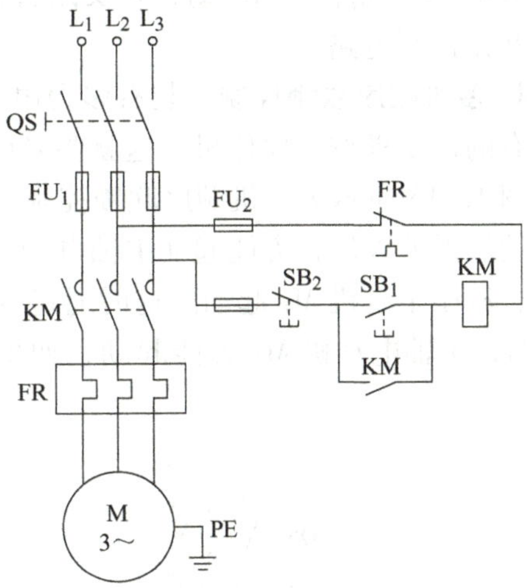

图 10-13 单向连续运转控制电路

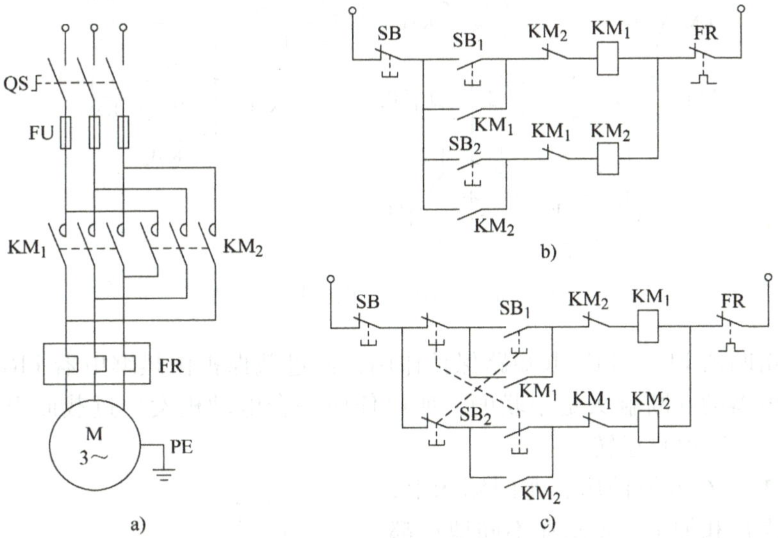

图 10-14 电动机的正、反转控制电路

a）主电路 b）接触器互锁 c）按钮、接触器互锁

由主电路可以看出，若两个接触器同时吸合工作，则将造成电源短路的严重事故，所以在图 10-14b 中，将两个接触器的动断辅助触头分别串联到另一接触器的线圈支路上，达到两个接触器不能同时工作的控制作用，称为互锁或联锁。这两个动断辅助触头因而称为互锁触头，这种互锁叫接触器互锁。但这种控制电路还有个缺点，就是要反转时，必须先按停止按钮后，再按另一转向的起动按钮才能实现。

图 10-14c 中又采用了复合按钮互锁，即将两个起动按钮的动断触头分别串联到另一接触器线圈的控制支路上。这样，若正转时要反转，直接按反转按钮 SB_2，其动断触头断开，正转接触器 KM_1 线圈断电，主触头断开。与此同时，串联于反转接触器线圈支路中的动断

触头 KM_1 恢复闭合，SB_2 动合触头闭合，KM_2 线圈通电自锁，电动机就反转。这种电路叫双重互锁控制电路。

4. 多机顺序联锁控制 装有多台电动机的生产机械，有时要求按一定的顺序起动电动机，有的还要求按顺序停机，这就要采用顺序联锁控制。

图 10-15 所示为多机顺序联锁控制电路。要求液压泵电动机 M_1 先起动，使润滑系统有足够的润滑油以后，方能起动主轴电动机 M_2。按下 SB_1，KM_1 线圈通电自锁，KM_1 主触头闭合，液压泵电机 M_1 起动。这时通过 KM_1 自锁触点，为 KM_2 线圈通电作准备，这样，按下 SB_2，主轴电动机 M_2 方能起动，如果在 M_1 未起动时按下 SB_2，主轴电动机 M_2 也不能起动。

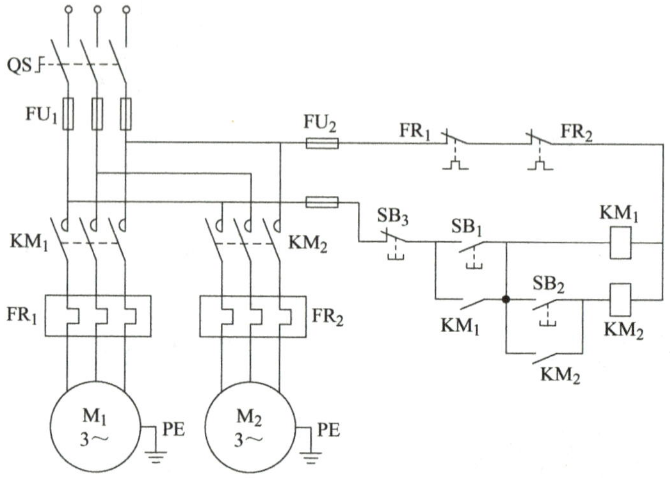

图 10-15 多机顺序联锁控制电路

电路中的熔断器 FU_1、FU_2 起短路保护作用；而过载保护由热继电器 FR_1 和 FR_2 担任，因为两个热继电器的动断触头是串联的，所以任何一台电动机发生过载而引起热继电器动作，都会使 M_1、M_2 停止运转。

5. 多处控制 在万能铣床、龙门刨床上，为了便于调整操作和加工，要求在不同地点都能实现同一操作控制。这时只要把起动按钮动合触头并联，停止按钮动断触头串联，便可实现多地点控制。

图 10-16 所示为多地点控制电路。

6. 时间控制 图 10-17 所示为三相笼型异步电动机星形-三角形换接减压起动控制电路。其工作过程如下：先合上电源开关 QS，按下起动按钮 SB_2，接触器 KM_1、KM_2 线圈得电，其主触头同时闭合，电动机定子绕组作星形联结减压起动。KM_1 的动合辅助触头闭合自锁，KM_2 的动断辅助触头断开，与接触器 KM_3 实

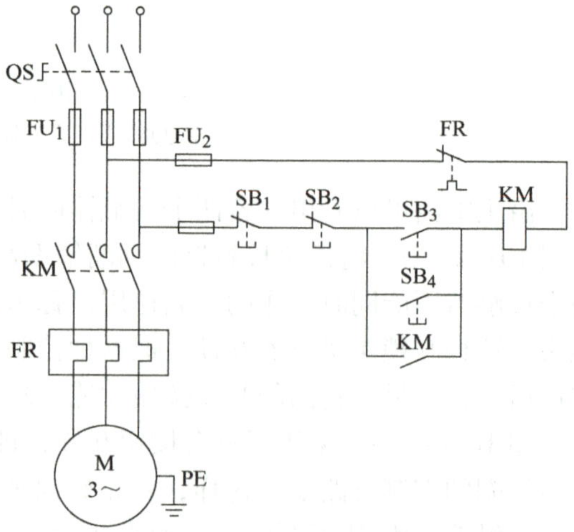

图 10-16 多地点控制电路

现互锁。由于时间继电器 KT 的线圈与 KM_1 同时得电，所以，经过预先整定好的时间（Y联结起动时间），通电延时断开的动断触头断开，使 KM_2 线圈失电，主触头断开，而延时闭合的动合触头闭合，使 KM_3 线圈通电自锁，其主触头 KM_3 闭合将电动机定子绕组联结成△全压正常运行。

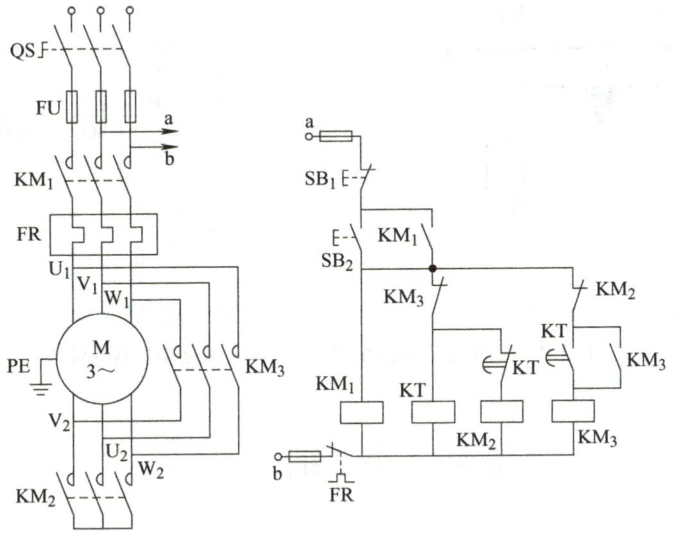

图 10-17　三相笼型异步电动机星形-三角形换接减压起动控制电路

7. 行程（位置）控制　图 10-18 所示为工作台自动往复运动示意图和控制电路。其主电路与电动机的正、反转控制电路相同，工作原理如下：按下 SB_1，KM_1 线圈通电，KM_1 常开触头闭合，电动机驱动工作台向左运动，直到撞块推动 SQ_1 的推杆，SQ_1 常闭触头打开，KM_1 断电，KM_1 常闭触头闭合。接着，SQ_1 常开触头闭合，KM_2 通电，KM_2 常闭触头断开，常开触头闭合，电动机反转，带动工作台向右运动，直到撞块推动 SQ_2 的推杆，SQ_2 常闭触头先打开，KM_2 断电，KM_2 常闭触头闭合，接着 SQ_2 常开触头闭合，KM_1 线圈通电，电动机又开始正转。如此循环下去，工作台则自动往复运动。随时按下 SB 即可使工作台在任意位置停下。

电动机反转起动的情况读者可自行分析。

调整行程开关 SQ_1、SQ_2 的位置或挡块的位置，可改变工作台的行程。

行程开关除用于控制电动机的正、反转外，还可以实现工作台的终端保护、自动循环、制动和变速等。

练习与思考

10-2-1　为何采用规范的三相异步电动机起动和停车控制系统（包括主电路和控制电路），而不简单地用刀开关控制起动和停车？

10-2-2　在电动机的基本控制电路中，均要有短路、失电压、过载三种保护措施，它们都是通过什么电器元件实现的？

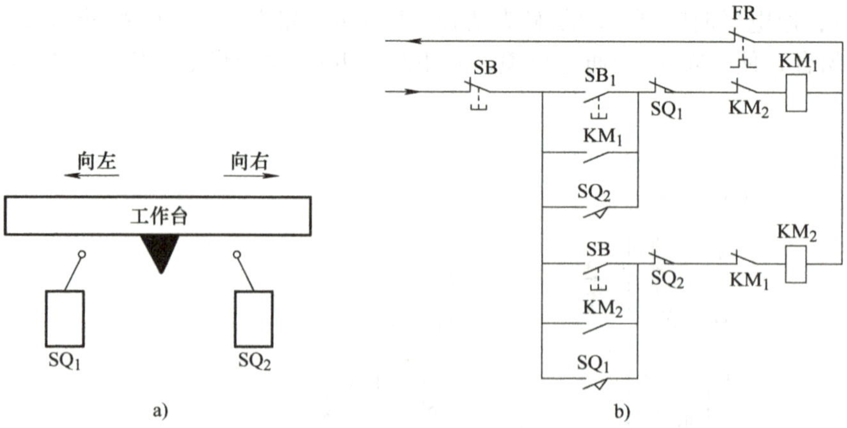

图 10-18 工作台自动往复运动示意图和控制电路

a）工作台往复运动示意图 b）工作台往复运动控制线路

小 结

1. 熟悉常用控制电器的结构、原理、功能、电路图形与文字符号，以便灵活运用。

2. 对控制系统的分析问题，先由主电路（控制目标）分析出控制要求；再由控制电路的起动按钮入手分析其控制过程；分析控制过程时应以执行元件——继电器、接触器的工作状态为核心。

3. 对控制系统的设计问题，要先搞清控制要求（工艺要求）；再设计主电路，主电路应考虑常规的短路、过载、零电压与欠电压等保护措施；然后设计控制电路；最后应保证在出现常规事故和任意操作的情况下，系统不会损坏。

4. 绘制（设计）电气控制原理图应遵循以下原则：

1）主电路用粗实线绘出，常画于左方（或上方）；控制电路用细实线画于右方（或下方）。

2）所有电器都按规定的图形符号绘制，同一电器的不同部件分开来画，但应标同一文字符号。

3）控制电路基本上按动作的先后顺序自上而下（或自左而右）平行绘制。

4）触点按未受外力、线圈未通电时的原始状态画出。

5. 建议学习本章内容时，以三相异步电动机的起停控制系统、正反转控制系统和Y-△换接控制系统为重点，掌握电气控制系统的分析与设计的思路与方法，达到举一反三的目的。

习 题

10-1 什么是自锁控制？起自锁作用的主要电器元件是什么？

10-2 什么是互锁（联锁）？它的主要作用是什么？

10-3 多地点控制电路的接线原则是什么？

10-4　点动控制和连续运转在线路上的主要区别是什么?

10-5　试画出既能实现对电动机正、反转连续运行，又能实现正、反转点动控制的电路。

10-6　有两台电动机 M_1 和 M_2，试绘出起动时 M_1 先起动，而停止时 M_2 先停止的顺序的控制电路。用接触器 KM_1、KM_2 分别控制 M_1 和 M_2（只画控制电路）。

10-7　画出题 10-6 的主电路。

10-8　某生产机械由一台 Y132M-4 型三相异步电动机拖动，电动机的功率为 7.5kW，额定电流是 15.4A，用熔断器作短路保护，熔丝的额定电流应选多大?

10-9　某机床主轴由一台三相笼型异步电动机带动，而润滑泵由另一台三相笼型异步电动机拖动。要求：1）主轴电动机能正、反转；2）主轴电动机必须在液压泵电动机起动后才能起动；3）电路应具有短路、失电压和过载保护。试画出其控制电路原理图。

10-10　某提升货物的卷扬机，由三相异步电动机拖动，要求提升到位后，自动停止上升，延时 1min 后自动下降，降至原位后又能自动停机。起动、停机控制要求能在上、下两处操作，试设计控制电路的原理图。

10-11　图 10-19 所示电路为某控制电路的一部分，其中，时间继电器 KT（断电延时型）的动作时间整定为 7s，SQ 为行程开关。试说明按下起动按钮 SB_1 后，接触器 KM_1 何时通电动作？何时断电恢复常态？

10-12　图 10-20 所示为一个不完整的起重电动机升降点动控制电路。该电路应具有短路、过载和限位保护功能，且升降到位时能自动停车并有灯光显示。请将电路填补完整，并说明 SQ 的功能。

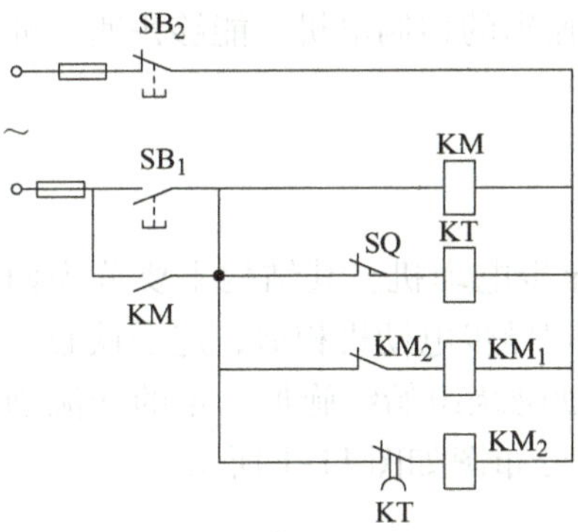

图 10-19　题 10-11 图

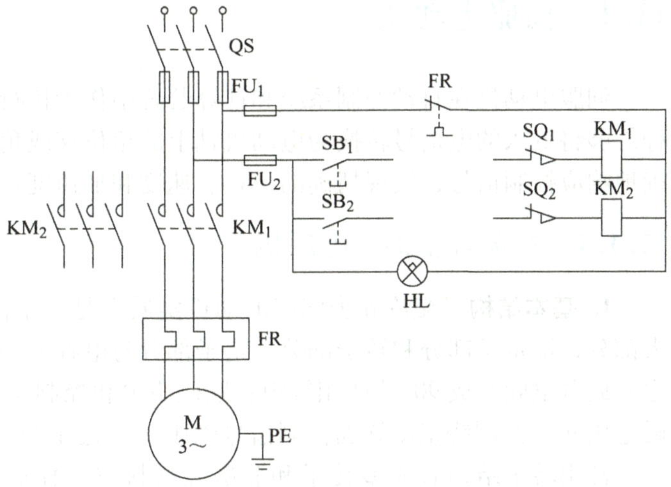

图 10-20　题 10-12 图

*第11章　常用控制电动机

电动机的种类很多，按工作电源的不同可分为直流电动机和交流电动机，其中交流电动机还分为单相电动机和三相电动机；按用途可分为驱动用电动机和控制用电动机。

控制电动机的基本原理与一般旋转电动机相同，都是依据电与磁的相互转换和相互作用的规律工作的，但在结构、性能和用途方面却有很大差异。控制电动机的主要任务是转换和传送控制信号，其种类很多，有直流伺服电动机、自整角机和步进电动机，还有交流伺服电动机、交流测速发电机、旋转变压器等，并且随着自动控制系统和计算装置的不断发展，新原理、新技术和新材料的不断开发，近年来又出现了各种新型控制电动机。

本章仅讨论伺服电动机、步进电动机和直流电动机。

11.1　伺服电动机

伺服电动机在自动控制系统和计算装置中作为执行元件，故又称为执行电动机。它是一种能够将输入的电信号转换为电动机轴上的角位移或角速度输出的控制电机，能够快速、准确地响应控制信号，实现精确的位置、速度和加速度控制。

11.1.1　交流异步伺服电动机

1. 基本结构　交流异步伺服电动机实质上是一个两相异步电动机。其结构主要分为两大部分，即定子部分和转子部分。定子部分与电容分相式单相异步电动机相似，定子铁心中也安放着空间互成90°的两相绕组：励磁绕组和控制绕组。励磁绕组始终施加一定的交流励磁电压 u_f，控制绕组则施加控制信号电压 u_c。定子两相绕组分布图如图 11-1 所示。

常用转子结构有笼型转子和非磁性材料空心杯形转子。笼型转子与三相异步电动机的转子无太大区别，只是笼型转子用高阻率的黄铜、铸铝等做成，且直径较小，其结构如图 11-2和图 11-3 所示。转子是由转轴、转子铁心和转子绕组等组成，转子铁心由硅钢片叠成，每片冲成带齿和槽的形状，如图 11-4 所示，然后片与片叠压起来套在轴上。铁心的每一槽中放一根导条——转子绕组，两端用短路环固定并连接起来，如图 11-3 所示。

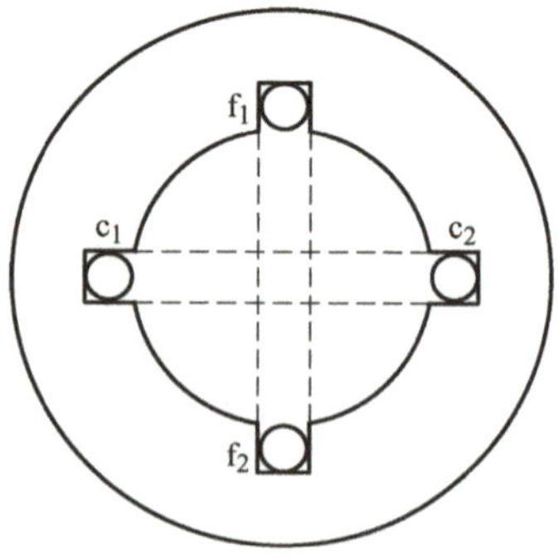

图 11-1　定子两相绕组分布图

非磁性材料空心杯形转子交流伺服电动机的结构如图 11-5所示。图中外定子与笼型转子伺服电动机的定子完全相同，而内定子是由环形硅钢片叠成，它相当于笼型转子的铁心，其作用是为了减小磁路的磁阻。转子由非磁性材料铝或铜做成薄壁空心杯形，放在内外定子之间，杯子底部固定于转轴上。杯壁薄而轻，厚度一般在 0.3mm 左右，因而转动惯量小，动作快速灵敏。

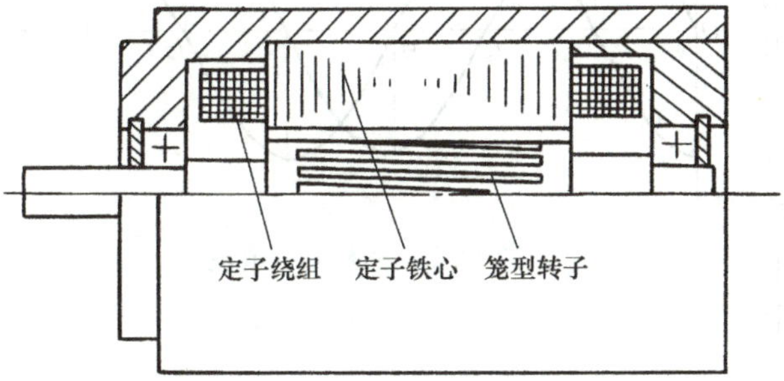

图 11-2　笼型转子交流伺服电动机

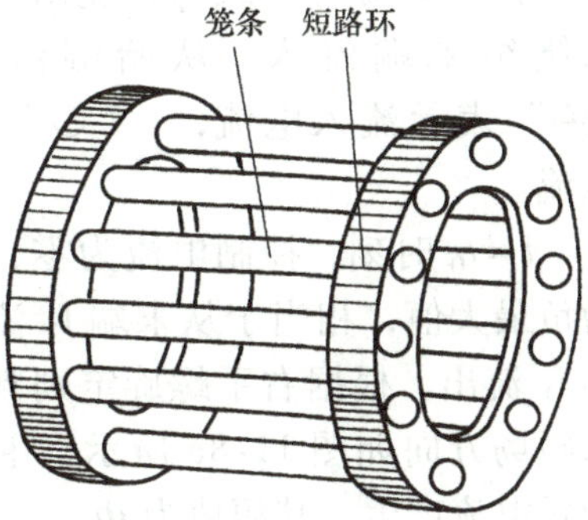

图 11-3　笼型转子导体

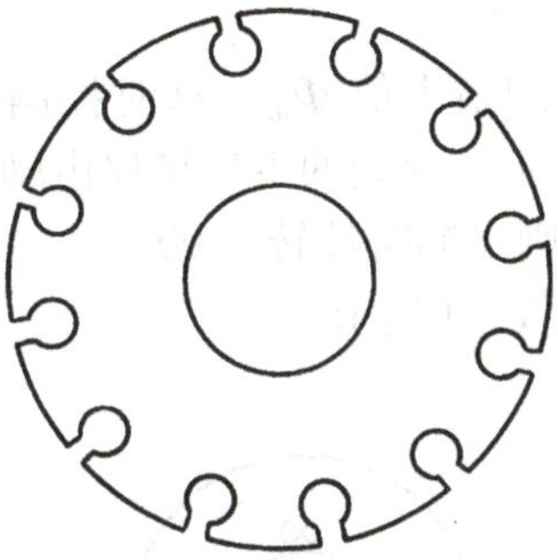

图 11-4　转子铁心冲片

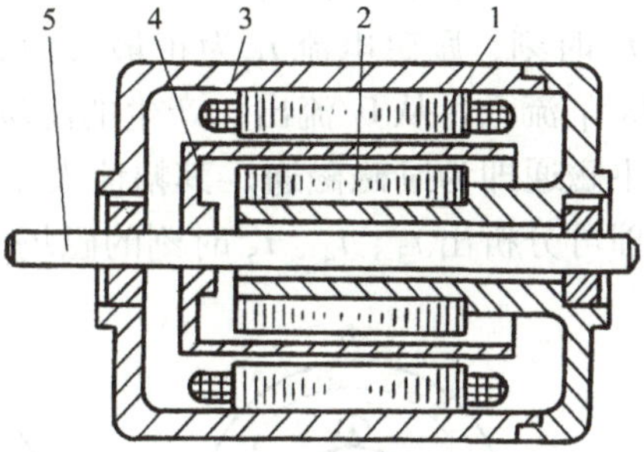

图 11-5　非磁性材料空心杯形转子交流伺服电动机结构

1—外定子　2—内定子　3—定子绕组

4—杯形转子　5—转轴

虽然杯形转子与笼型转子形状不同，但实际上，杯形转子可以看作是笼型导条数目非常多、条与条紧靠在一起的笼型转子，这样，杯形转子就成了笼型转子的一种特殊形式。从在电动机中所起的作用看，二者并无实质的差别，所以在分析工作原理时，只以笼型转子为例。

2. 工作原理　交流伺服电动机的电气原理图如图 11-6 所示。

为分析方便，假设控制绕组 c 与励磁绕组 f 的匝数相等，分别施加大小相等、相位相差 90°的电压 u_c 和 u_f，则产生大小相等、相位相差 90°的电流 i_c 和 i_f，其数学表达式分别为

$$i_c = I_{cm}\sin\omega t$$

$$i_f = I_{fm}\sin(\omega t - 90°)$$

$$I_{cm} = I_{fm} = I_m$$

其波形图如图 11-7 所示。两相绕组中分别通入这样的电流，就会在定子中产生一个旋转磁场。下面分析不同时间电动机内部所

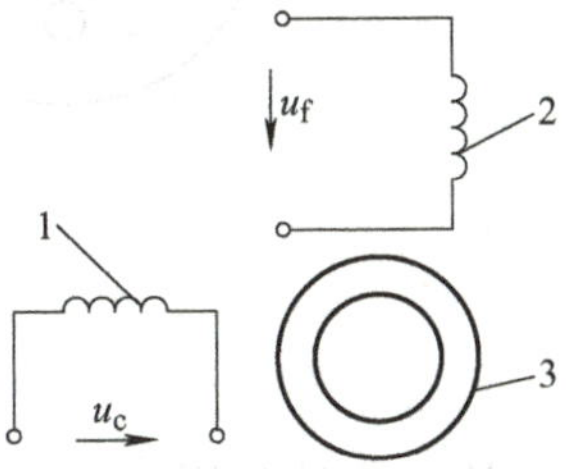

图 11-6　交流伺服电动机电气原理图

1—控制绕组　2—励磁绕组

3—笼型转子

形成的磁场。

假定正值电流从绕组始端 c_1（或 f_1）流入，从末端 c_2（或 f_2）流出，负值电流从绕组末端流入，从始端流出，并用"⊕"表示流入电流，"⊙"表示流出电流。

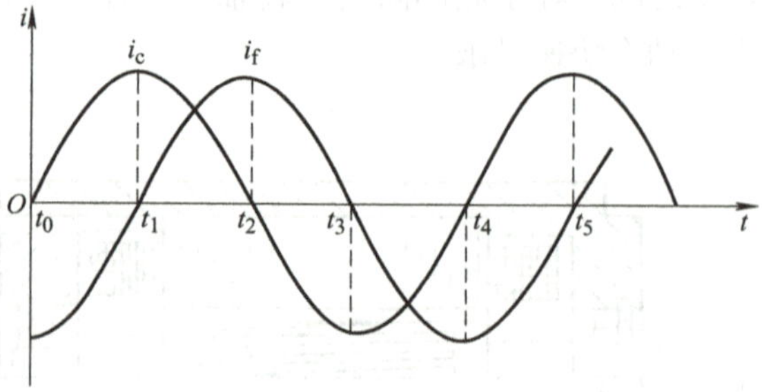

图 11-7 两相对称电流

$t=t_0$ 时刻，控制电流为零，励磁电流为负最大值，相当于从末端 f_2 流入，从始端 f_1 流出，根据右手螺旋定则判断，产生的磁场方向如图 11-8a 所示，主磁场仅由励磁电流产生，其幅值为 Φ_m。

$t=t_1$ 时刻，控制电流为正最大值，励磁电流为零，控制电流从始端 c_1 流入，从末端 c_2 流出，产生的磁场方向如图 11-8b 所示。此刻的主磁场仅由控制电流产生，合成磁通幅值仍等于 Φ_m，而方向则顺时针转了 90°。

$t=t_2$ 时刻，励磁电流 i_f 为正最大值，产生的磁通也达到最大值 Φ_m，这时控制电流为零。i_f 从 f_1 流入，从 f_2 流出，产生的磁场方向如图 11-8c 所示。此刻的主磁场仅由励磁电流产生，主磁通即为励磁磁通，其幅值大小仍等于 Φ_m，方向则又顺时针转了 90°。

同理可分析出 t_3、t_4、t_5 时刻的磁场方向，如图 11-8d、e、f 所示。

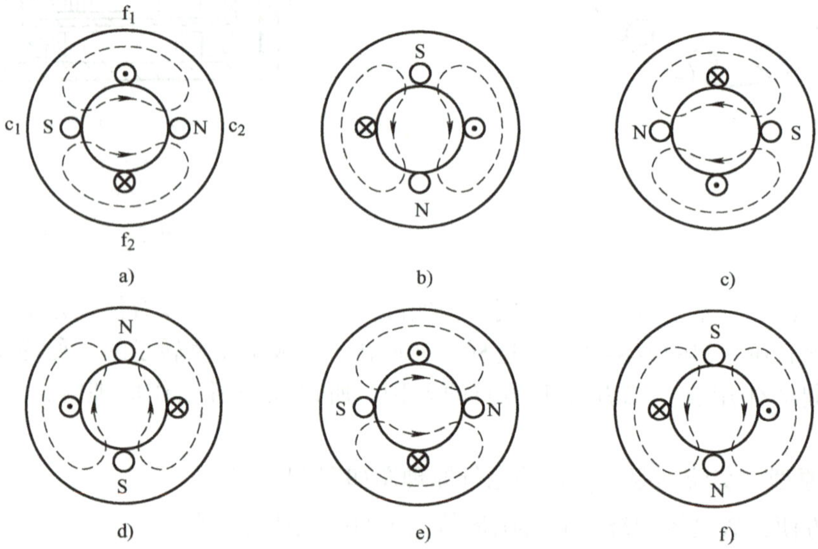

图 11-8 两相绕组产生的圆形旋转磁场

a) $t=t_0$ b) $t=t_1$ c) $t=t_2$ d) $t=t_3$ e) $t=t_4$ f) $t=t_5$

从上面的分析可以看出，当两相对称电流通入两相对称绕组时，在电动机内就会产生一个旋转磁场。实际上，由励磁电流和控制电流所激励的磁通也具有与电流相同的变化规律，如图 11-9a 所示，两个正弦磁通幅值相同，即 $\Phi_{cm}=\Phi_{fm}=\Phi_m$。由于两个绕组的空间位置，决定了 Φ_c 总是在水平方向，而 Φ_f 总是在垂直方向。在研究任一时刻的合成磁场时，可以

把 Φ_f、Φ_c 看成是一个空间向量，向量长短和方向代表该磁通在这一时刻的大小和方向，且规定 Φ_c 为正时方向向右，为负时方向向左；Φ_f 为正时方向向下，为负时方向向上。这样合成的磁通在任一瞬时幅值相等，Φ_f 与 Φ_c 变化一个周期，即 i_f 与 i_c 变化一个周期，合成磁通在空间转了一圈，其轨迹是一个以 Φ_m 为半径的圆，如图 11-9b 所示，其频率与 i_c 或 i_f 相同。

因此，当两相对称交流电流通入两相对称绕组时，在电动机内会产生圆形旋转磁场，简称圆磁场。这与普通三相异步电动机在对称状态下运行时的情况一样，圆磁场在转子上将产生与磁场旋转方向一致的电磁转矩，使转子运转起来。

如果控制电压 u_c 反相，则两相绕组中两相电流的相序随之改变，转子的转向也就改变了。

如果控制电压和励磁电压的大小均随控制信号的减小而减小，并始终保持两者的相位差为 90°，则电动机仍处于对称运行状态，合成磁场仍为圆磁场，但磁通的幅值变小了，相应的电磁转矩也随之减小。在负载一定的情况下，转子的转速必然下降。可见，控制信号电压 u_c 可以控制电动机的转速 n。在负载一定时，控制电压 u_c 越高，转速也越高；在控制电压一定时，负载增加，转速下降。图 11-10 所示为交流伺服电动机的机械特性曲线。

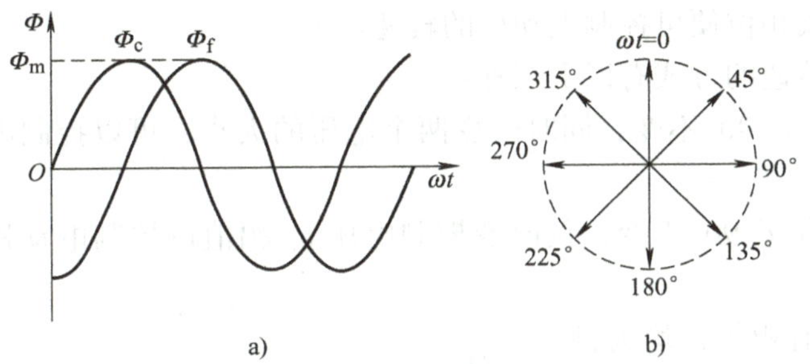

图 11-9 圆磁场
a）磁通波形 b）合成磁通

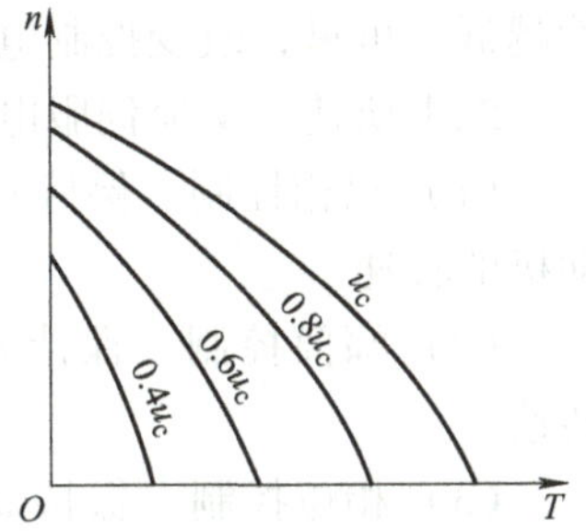

图 11-10 交流伺服电动机的机械特性曲线

以上分析的是交流伺服电动机处于对称状态的情况，即 u_c 与 u_f 幅值相同，相位差为 90°。

当 u_f 等于额定值，u_c 小于额定值，相位差仍保持 90°；或 u_c 与 u_f 幅值相同，相位差小于 90°，这两种情况均使电动机处于不对称状态。这两种情况下的 Φ_f 与 Φ_c 的波形及合成磁通分别如图 11-11a、b 所示。可以看出，合成磁通末端的轨迹为一椭圆，称为椭圆形旋转磁场，简称椭圆磁场。

椭圆磁场也可以分解为两个转速相同、转向相反，但幅值不等的圆磁场，如图 11-12 所示。其中，Φ_1 的幅值大，与原椭圆磁场转向相同，称为正向圆磁场；Φ_2

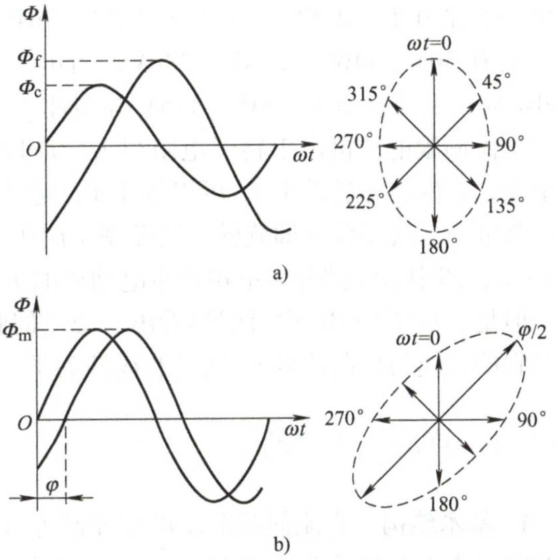

图 11-11 椭圆形旋转磁场

的幅值小，与原椭圆磁场转向相反，称为反向圆磁场。电动机的工作状态越不对称，反向圆磁场的幅值就越接近正向圆磁场。当电动机处于单相供电状态时，Φ_1 与 Φ_2 幅值相等；当电动机处于对称工作状态时，反相圆磁场 Φ_2 幅值为零，只有正向圆磁场。

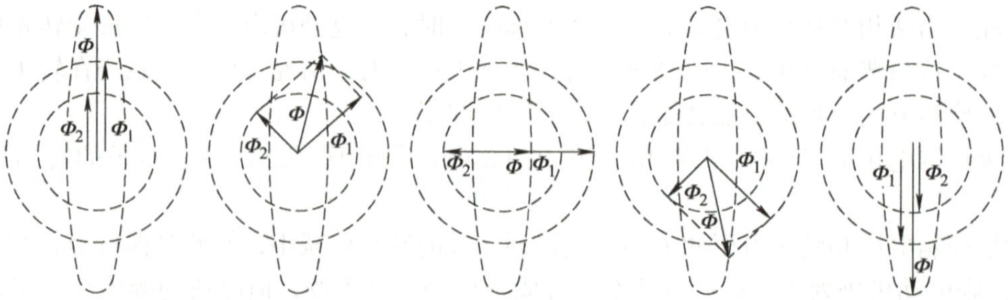

图 11-12 椭圆磁场的分解

交流伺服电动机在不对称状态下运行时的总电磁转矩 T 等于正向和反向两个圆磁场分别产生的电磁转矩 T_1 和 T_2 之差。电动机的工作状态越不对称，总电磁转矩 T 就越小，转速就越低。可见，改变控制电压的数值或相位便可控制电动机的转速。

综上所述，交流伺服电动机控制转速的方式有以下三种：

（1）双相控制　保持 u_c 与 u_f 相位差 90°不变，同时改变两个电压的大小，可以控制电动机的转速。

（2）幅值控制　保持 u_c 与 u_f 相位差 90°不变，仅改变控制电压 u_c 幅值以控制电动机转速。

（3）相位控制　保持 u_c 与 u_f 幅值相等，均为额定值不变，通过改变二者的相位差来改变电动机的转速。

3. 交流伺服电动机特性　交流伺服电动机的输出功率一般是 0.1～100W。当电源频率为 50Hz 时，电压一般有 36V、110V、220V、380V；当电源频率为 400Hz 时，电压有 20V、36V、115V 等多种。

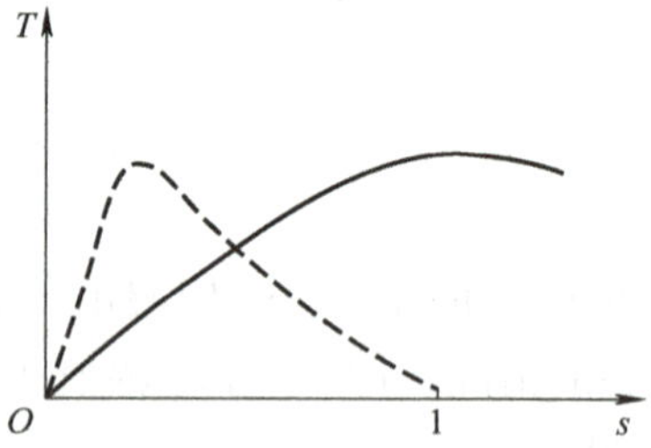

图 11-13 交流伺服电动机 T-s 曲线

交流伺服电动机由于转子电阻很大，所以起动转矩很大，它的临界转差率 s_m 可以等于 1，定子一旦施加控制电压，转子就立即旋转。转差率 s 在 0～1 的范围内，电动机均能稳定运行，如图 11-13 所示，图中虚线部分为单相异步电动机的 T-s 曲线。在控制电压消失后，电动机能立即停转。但是，从图 11-10 中可明显看出，交流伺服电动机的转速与转矩间具有非线性关系，也就是它的转速与控制信号 u_c 间是非线性关系。

11.1.2 直流伺服电动机

1. 基本结构　直流伺服电动机按控制方式可分为电枢控制和磁极控制两种。信号电压加在电枢绕组两端称为电枢控制，如永磁式、他励式（励磁电压恒定）均属于电枢控制。

信号电压加在励磁绕组两端称为磁极控制。直流伺服电动机的基本结构与普通直流电动机并无本质区别，也是由定子和转子两部分组成。图 11-14 所示为直流伺服电动机的外形构造侧视图。图 11-15a、b 所示分别为他励式和永磁式直流伺服电动机的剖面图。图 11-16a 所示为电枢的结构图，图 11-16b 所示为端盖的结构图。

（1）定子部分的构造

机壳：它的作用一方面是用来固定主磁极、电刷、端盖及绕组出线端子；另一方面，它也是电动机磁路的一部分，为了保证良好的导磁性能，机壳通常用薄钢做成，外形为圆桶形，如图 11-14 所示。

主磁极：主磁极固定在机壳上。他励式直流伺服电动机的主磁极由主磁极铁心、极掌和励磁绕组构成；永磁式电动机的主磁极由永久磁铁构成。这一部分必须保证电动机空气隙中磁感应强度按设计要求合理分布，如图 11-15 所示。

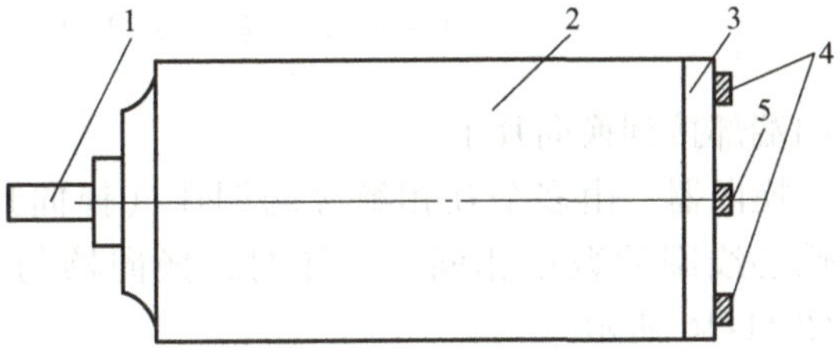

图 11-14　直流伺服电动机的外形构造侧视图

1—转轴　2—机壳　3—端盖　4—电枢绕组出线端　5—励磁绕组出线端

电刷装置与端盖：电刷装置通常是两个固定在端盖上的簧片，其作用是通过电刷与换向器的滑动接触，使电枢电路与外电路相连接，如图 11-16b 所示。端盖的作用是固定电刷装置，即电枢绕组出线端子；对于他励式电动机，也是固定主磁极励磁绕组出线端的装置。另外，端盖负责将电动机封闭起来，同时为了保持良好散热，通常只需在端盖上加装通风孔。

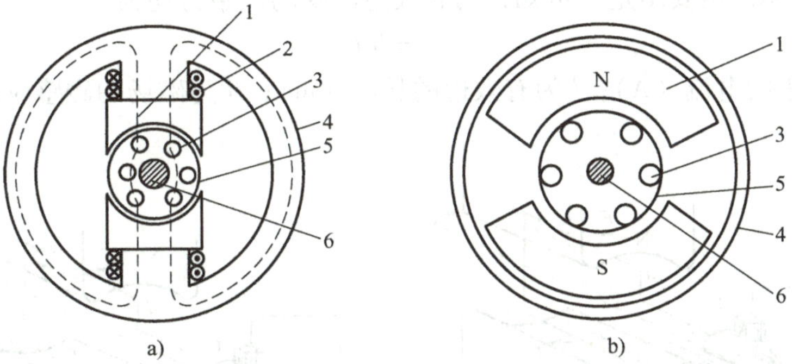

图 11-15　直流伺服电动机的剖面图

a）他励式　b）永磁式

1—磁极　2—励磁绕组　3—电枢绕组　4—机壳　5—电枢铁心　6—转轴

（2）转子部分的构造

电枢铁心：它的作用是安放电枢绕组，同时也是电动机磁路的一部分，通常用硅钢片叠成。电枢铁心冲片是外环带齿槽的圆环，如图 11-17 所示。

电枢绕组：它的作用是为控制信号电压提供电流通路并获得感应电动势，从而获得起动转矩。绕组一般用漆包线绕成，均匀分布在电枢铁心的槽内，并按一定的规则联结起来，线

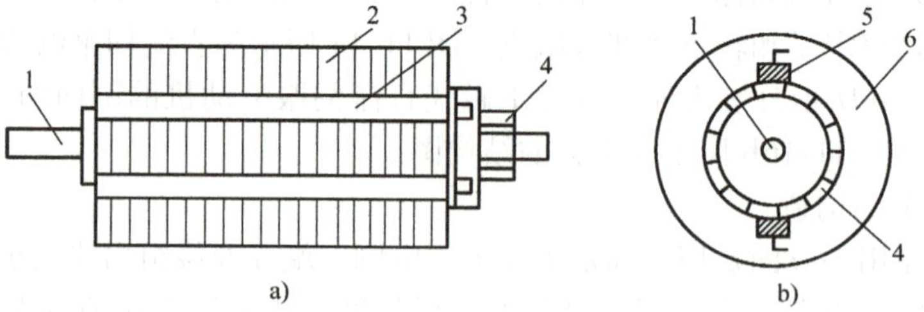

图 11-16 电枢与端盖的结构示意图

a）电枢 b）端盖

1—轴 2—电枢铁心 3—槽 4—换向器 5—电刷 6—端盖

圈的端部接到换向片上。

换向器：由多个互相绝缘的铜片（换向片）组成，铜片数量与铁心线圈的数量相同。工作时，换向器与电刷保持滑动接触，如图 11-16 所示。

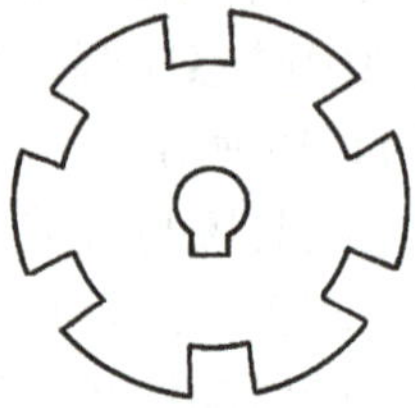

图 11-17 电枢铁心冲片

2. 工作原理 图 11-18 所示为直流伺服电动机的原理图。图中 N 和 S 是一对固定不变的磁极，用以产生电动机的主磁场。两磁极间放置一线圈 *abcd*（即电枢绕组），线圈两端分别接到两个彼此绝缘的半圆形铜环（换向器）上，线圈连同换向器可以绕中心轴旋转。换向器上压有两个固定不动的电刷 *A* 与 *B*，*AB* 之间外加直流电压，*A* 接电源正极，*B* 接电源负极，则线圈中便有电流流过。当线圈处于图 11-18a 所示的位置时，有效边（与磁力线垂直的边）*ab* 处于 N 极，*cd* 处于 S 极，两边中的电流方向分别为 $a \to b$、$c \to d$。由安培定律可知，两有效边所受的电磁力均为

$$F = BlI$$

式中，I 为导线中的电流（A）；l 为有效边的长度（m）；B 为磁场的磁感应强度（T）。

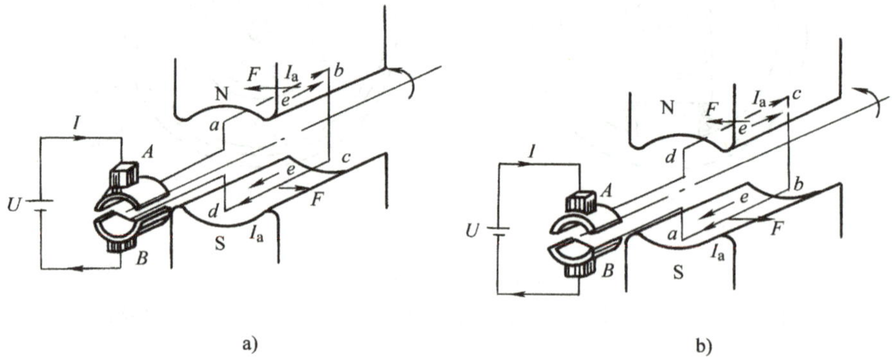

图 11-18 直流伺服电动机的原理图

根据左手定则可知，两个 F 的方向相反，形成电磁转矩，驱使线圈逆时针方向旋转。当线圈转过 180°，处于图 11-18b 所示的位置时，*cd* 边处于 N 极，*ab* 边处于 S 极，而此时流过有效边的电流与原来相反，分别变为 $d \to c$、$b \to a$。对于位置固定不变的磁极来说，每一

极面下有效边中的电流方向始终保持不变，这样，每一极面下有效边的受力方向也不变，因此电磁转矩方向亦不变。这个转矩驱使线圈一直按逆时针方向旋转。

另一方面，当线圈转动时，两有效边 ab 和 cd 切割磁力线，因而产生感应电动势 e。由右手定则可知，其方向与线圈中的电流方向相反，因此称其为反电动势，在电路中起限制电流的作用，它影响电动机从电源吸取电流的大小。

以上叙述的是直流伺服电动机将电能转换为机械能的工作原理。实际上，电动机的线圈是放置在电枢铁心槽中的，分布均匀，称为电枢绕组，相当于有多个如图 11-18 所示的线圈分布在不同的方位上，且每一线圈不是一匝，而是多匝。这些线圈的有效边均在磁场中受到电磁力，形成同一方向的电磁转矩，驱使线圈连同电枢铁心和转轴一同旋转。这时，电动机可带动轴上负载运转。

3. 直流伺服电动机的特性

（1）电磁转矩 T　当电枢绕组中流过电流时，一根导体所受电磁力为 $F=BlI$。电动机总的电磁转矩 T 正比于每一根导体所受的电磁力 F。主磁极的磁通 Φ 正比于磁感应强度 B。导体中的电流 I 与从电刷流入或流出的电流 I_a 成正比。因此，直流伺服电动机的电磁转矩 T 可表示为

$$T=K_T\Phi I_a$$

式中，K_T 是与电动机结构有关的常数；Φ 是主磁极磁通（Wb）；I_a 是电枢电流（A）。

从上式可以看出，改变 I_a 或 Φ 中的任一个量，均可达到控制电动机转速与转向的目的。对于电枢控制的直流伺服电动机，Φ 是常数。此时，电磁转矩 T 的大小和方向只与电枢电流 I_a 的大小和方向有关。显然，改变控制信号（亦即改变 I_a）的大小和方向，即可改变电动机的转速和转向。同理，对于磁极控制的直流伺服电动机，改变信号电压的大小和方向，相当于改变磁通 Φ 的大小和方向，同样可以控制电动机的转速与转向。

（2）电枢反电动势 E　电动机旋转时绕组切割磁力线必然产生感应电动势 E。此电动势方向与电流方向相反，因此又称之为反电动势。反电动势与磁极磁通 Φ 及转速 n 成正比，可表示为

$$E=K_e\Phi n$$

（3）机械特性与调节特性　由直流伺服电动机的工作原理，可列出电枢控制的电枢回路电压平衡方程式为

$$U=E+I_aR_a$$

与上述电磁转矩 T 和反电动势 E 方程联立得到电枢控制的直流伺服电动机的机械特性方程为

$$n=U/(K_e\Phi)-R_a/(K_eK_T\Phi^2T)$$

对于电枢控制的直流伺服电动机，磁极的磁通 Φ 是常数。K_e 和 K_T 均是与电动机有关的常数。R_a 是电枢绕组的内阻，也是常数。这样，当电枢电压 U 一定时，直流伺服电动机的机械特性是一条直线，如图 11-19 所示。改变电枢电压 U，机械特性曲线平行移动。这表明，当电枢电压一定时，电动机转速与电磁转矩间具有良好的线性关系。

机械特性的下降斜率代表机械特性的软硬程度。斜率大，机械特性就软；反之，斜率小，机械特性就硬。一般来说，直流伺服电动机的机械特性属于硬特性。

当电动机的负载转矩不变（电磁转矩 T 也不变）时，稳态转速 n 随控制电压 U 变化的

关系称为直流伺服电动机的调节特性。实际上，它也是一条直线，且不过原点，如图 11-20 所示。当控制信号电压（电枢电压）$U > U_0$ 时，电动机开始起动，其中电压 U_0 称为某一负载时的死区电压，它是由电动机的总阻矩引起的。对于不同的负载，死区电压是不同的，但调节特性的斜率是不变的。从调节特性可以看出，对于固定负载的直流伺服电动机，其控制电压和转速间具有较为理想的线性关系，因此在工程上，电枢控制方式应用比较多。

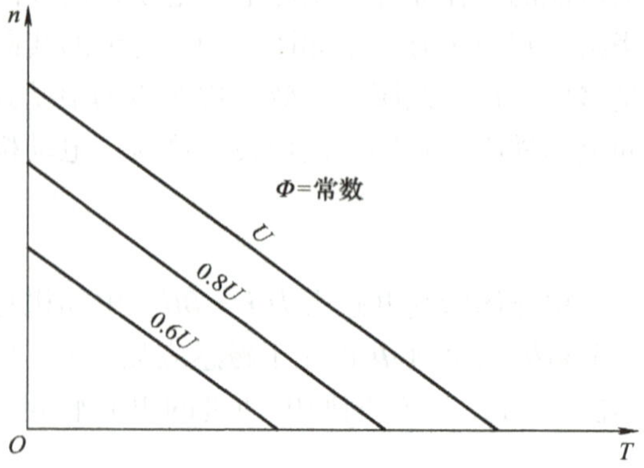

图 11-19 直流伺服电动机的机械特性

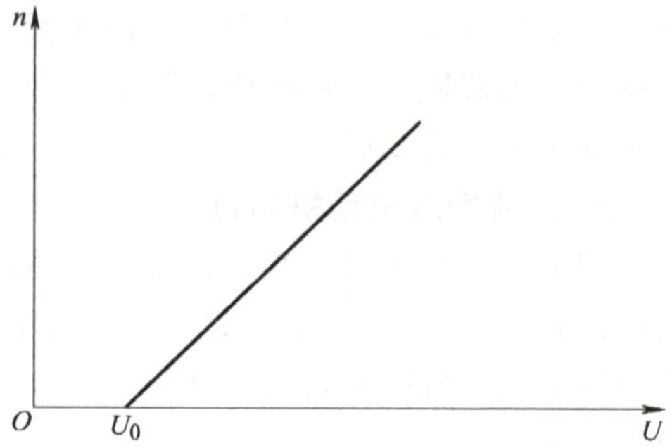

图 11-20 直流伺服电动机的调节特性

11.1.3 应用举例

1. 电子自动平衡电位差计 图 11-21 所示为交流伺服电动机用于电子自动平衡电位差计的原理图。

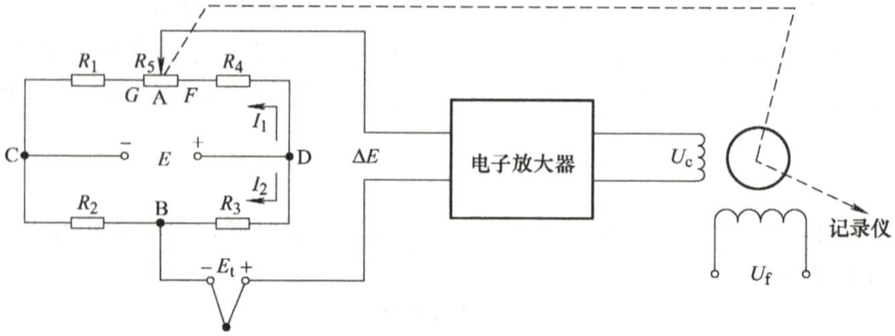

图 11-21 电子自动平衡电位差计的原理图

电子自动平衡电位差计由测量桥路、检测部分、电子放大器、伺服电动机、平衡机构及指示、记录等几个基本部分构成。其测量原理是电压平衡法。图中电桥的 4 个桥臂分别由电阻 R_1、R_2、R_3、R_4 及滑线电阻 R_5 组成，它实际上是一个测量温度的仪器。热电偶将温度信号变成电压（直流）信号 E_t，加在电桥的 AB 端，电桥的 CD 端加直流电源电压 E，这样就有电流 I_1、I_2 分别流过桥臂，由于被测信号 E_t 比较小，流过各桥臂的电流将始终不变。当信号 E_t 为零时，电路参数的选择会使滑线变阻器的滑动触点停在中间点 A 的位置上，即 A、B 两点电位相等，送入电子放大器的偏差信号 $\Delta E = 0$。

电子放大器的作用是将微弱的直流偏差信号首先调制成交流信号，然后将此信号进行隔离放大，最后获得一个可以足够推动交流伺服电动机的信号。

当被测点温度升高时，热电偶信号 E_t 增大，放大器输入端接收的不再是零偏差信号，而是 $\Delta E = E_t$。放大器将此信号放大，驱使电动机带动变阻器滑动端向右滑动，使 A 点电位升高，电桥重新达到平衡，偏差信号 ΔE 再一次变为零，电动机停转，滑动端稳定。同时，伺服电动机也带动记录仪完成记录。

当 E_t 减小时，放大器接收另一方向的偏差信号，经放大后，将使电动机反转，带动变阻器滑动端向左滑动，使 A 点电位回落，电桥再一次达到平衡。总之，只要有偏差信号存在，放大器就会有输出，根据偏差信号的极性，推动伺服电动机正转或反转，以使电桥达到新的平衡。被测温度与变阻器滑动端具有一一对应关系，这就是电子自动平衡电位差计测量温度的原理。

显然，一个未知的电压信号 E_x，或其他可以转换成电压信号的量（如温度、压力等）均可用电子自动平衡电位差计测量。

2. 电火花加工装置 图 11-22 所示为直流伺服电动机用于电火花加工装置中以维持最佳火花间隙的电路示意图。图中可变电阻 R_1 的两部分和电阻 R_2 以及加工工件与加工电极之间的火花间隙构成电桥的 4 个桥臂。电桥的 CD 端接直流电源 E，AB 端接直流伺服电动机的电枢绕组。电动机通过减速器控制加工电极的位置。加工击穿电压可通过 R_2 来调节。如果电极间隙内不打火花，则火花间隙电阻无穷大，电桥处于不平衡状态，将有电流自电源正极经 R_2 流经伺服电动机电枢绕组，再经 R_1 下部分流回电源负极。因此直流伺服电动机起动，通过减速器带动加工电极向加工工件靠近，同时，脉冲发生器电容 C 充电。当火花间隙的距离和两端电压达到一定数值时，间隙被击穿，电容 C 放电，工件被电火花加工。此时，火花间隙的电阻突然下降，电枢电流反向，由 C→A→B→D，电动机反转，带动加工电极迅速离开加工工件。之后，再重复上述循环。

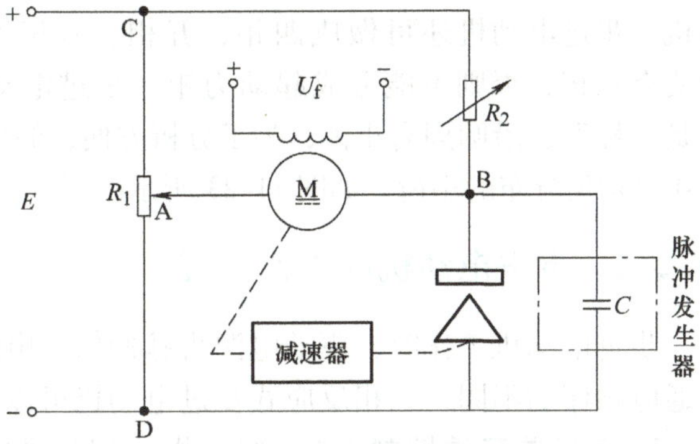

图 11-22 电火花加工装置以维持最佳火花间隙的电路示意图

以上是伺服电动机应用的两个实例。作为执行元件，伺服电动机在各类自控系统及计算装置中的应用不胜枚举，例如，雷达天线的自动跟踪系统，导弹、飞机、舰船的自动导航系统，水位、温度的自动调节系统等，都离不开伺服电动机。

练习与思考

11-1-1 简述交流伺服电动机的工作原理。

11-1-2 如何改变交流伺服电动机的转向与转速？通常采用哪些方法？

11-1-3 交流伺服电动机有哪些优缺点？

11-1-4 直流伺服电动机控制转速的方法有哪几种？控制方法有什么不同？

11-1-5 直流伺服电动机实际空载转速是否等于理想空载转速？为什么？

11-1-6 怎样改变直流伺服电动机的旋转方向?

11-1-7 比较交、直流伺服电动机的优缺点。

11.2 步进电动机

步进电动机也称脉冲电动机，是一种将输入脉冲信号转换成输出轴的角位移或直线位移的执行元件。这种电动机每输入一个脉冲信号，电动机就转动一定的角度或前进一步，因此输出轴转过的总角度是与输入脉冲数成正比的，而输出轴的转速则是与脉冲频率成正比的。

11.2.1 步进电动机的结构

步进电动机的种类繁多，按励磁方式可分为反应式、永磁式和感应式三种。其中反应式步进电动机具有惯性小、响应快、结构简单等特点，应用比较普遍，因此本节只介绍反应式步进电动机。

图 11-23 所示为三相反应式步进电动机的结构示意图，定子和转子都用硅钢片叠成。定子上有均匀分布的6个磁极，磁极上绕有控制（励磁）绕组，相对的两个极上的绕组串联起来组成一相，6个磁极共有三相绕组，每相绕组接法如图 11-23 所示。显然，这是一个三相电动机。步进电动机还可做成四相、五相、六相等，但至少要有三相，否则不能形成起动力矩。步进电动机的转子是一柱形，沿圆周有小齿，为了分析方便，假定转子上有4个均匀分布的小齿，如图 11-23 所示。

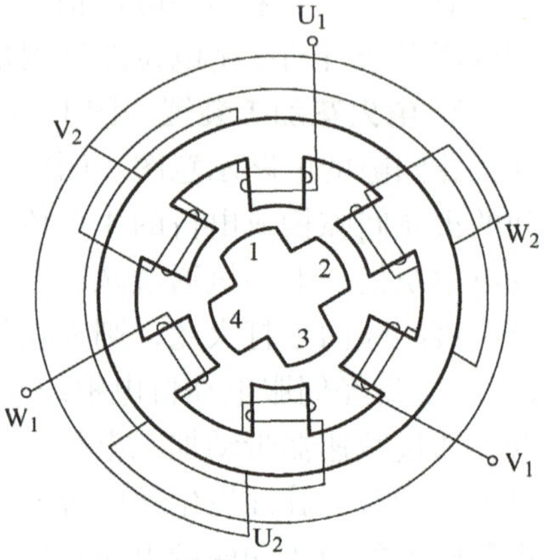

图 11-23 三相反应式步进电动机结构示意图

11.2.2 步进电动机的工作原理

步进电动机工作时，驱动电源将脉冲信号电压按一定顺序轮流加到定子三相绕组上，按其通电顺序的不同，三相反应式步进电动机可以有单三拍、六拍和双三拍三种工作方式。

1. 三相单三拍控制 “三相”指三相步进电动机；“单”指每次只给一相绕组通电，“三拍”指通电三次完成一个通电循环。

图 11-24 所示为三相单三拍控制步进电动机的工作原理图。当U相绕组单独通入电脉冲时，由于磁力线总是力图从磁阻最小的路径通过，即要建立以 U_1U_2 为轴线的磁场，因此在反应转矩的作用下（见图 11-24a），使转子齿1、3和定子磁极 U_1U_2 对齐。U相脉冲结束后，V相通入脉冲，又会建立以 V_1V_2 为轴线的磁场（见图 11-24b），靠近V相的转子齿2、4将转到与 V_1V_2 极对齐的位置，这样转子顺时针转过30°角。而当V相脉冲结束，W相通入脉冲后，靠近W相的转子齿1、3将转到与 W_1W_2 极对齐的位置（见图 11-24c），转子又顺时针转了30°角。如果按照U→V→W→U…的顺序通电，则转子按顺时针方向一步一步转动，每步转过30°，这个角度称为步距角。电动机的转速取决于脉冲的频率，频率越高，转速越高。如果通电顺序改为U→W→V→U…，则电动机反转。

2. 三相六拍控制 这种控制方式中的通电顺序按U→UV→V→VW→W→WU→U…进

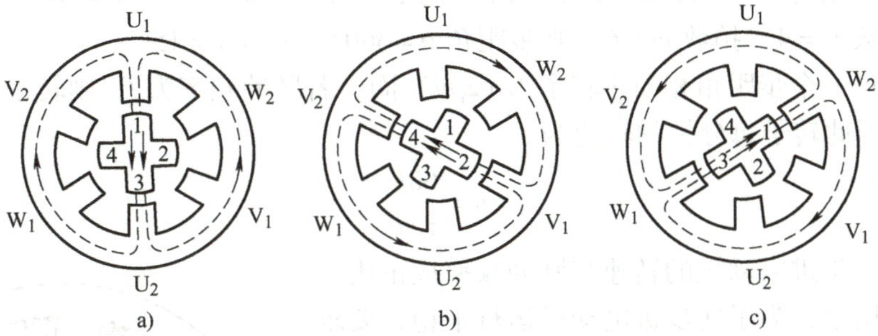

图 11-24 三相单三拍控制步进电动机的工作原理图

a) U 相通电 b) V 相通电 c) W 相通电

行，即一开始 U 相绕组通电，而后是 U、V 两相同时通电，然后是 V 相通电，接着是 V、W 两相同时通电…。当 U 相单独通电时，转子将转到图 11-24a 所示的位置；当 U、V 两相同时通电时，转子将转到图 11-25a 所示的位置。以后情况以此类推，每转换一次，步进电动机顺时针旋转 15°，即步距角为 15°。若通电顺序反过来，变为 U→UW→W→WV→V→VU→U…，则电动机反转。在这种控制方式下，定子三相绕组经 6 次转换完成一个循环，故称为六拍控制。这种控制方式因转换时始终保持有一相通电，故工作比较稳定。

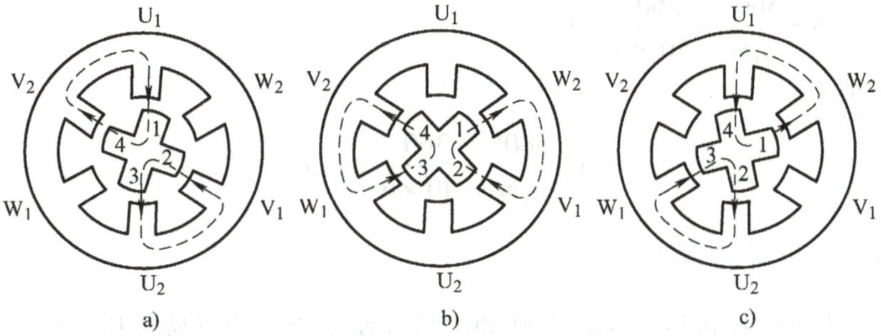

图 11-25 三相六拍控制步进电动机的工作原理图

a) U 和 V 相通电 b) V 和 W 相通电 c) W 和 U 相通电

3. 三相双三拍控制 双三拍控制方式是每次有两相绕组同时通电，即按照 UV→VW→WU→UV…的顺序通电，其步距角仍然是 30°。若通电顺序反过来，则步进电动机反转。

首先，当 UV 两相同时通电时，由于 UV 两相的磁极对转子齿都有吸引力，所以转子将转到图 11-25a 所示的位置；而当 U 相绕组断电，VW 两相绕组同时通电时，同理，转子将转到图 11-25b 所示的位置；当 WU 两相同时通电时，转子将转到图 11-25c 所示的位置。

由于双三拍控制时，每次都有两相绕组通电，在转换中始终有一相保持通电，因此工作比较平稳。

由以上讨论可以看到，无论采用何种方式控制，步距角 θ 与转子齿数 z_r 和拍数 m 之间都存在如下关系：

$$\theta = \frac{360°}{z_r m}$$

如三相单三拍控制时，$z_r=4$，$m=3$（拍），则步距角 $\theta=360°/(4\times3)=30°$。而三相六拍控制时，转子齿数 $z_r=4$，拍数 $m=6$，则步距角 $\theta=360°/(4\times6)=15°$。

转子每经过一个步距角相当于转了 $1/(z_r m)$ 圈，若脉冲频率为 f，则转子每秒钟就转了 $f/(z_r m)$ 圈，因此转子每分钟的转速为

$$n=\frac{60f}{z_r m}$$

由此可见，步进电动机的转速与脉冲频率成正比。

在实际应用中，为了使步进电动机运行平稳，要求步距角越小越好，通常为 3°或 1.5°。减小步距角的途径有两个，一是增加相数（即增加拍数）；二是增加转子齿数。由于增加相数会使驱动电源复杂化，所以较好的办法还是增加转子的齿数。图 11-26 所示为步进电动机的典型结构图。图中转子的齿数 $z_r=40$，定子每一极上也开了 5 个齿。当 U 相绕组通电时，U 相磁极下的定、转子齿应全部对齐，而 V、W 相上的定、转子齿依次错开 1/3 个齿距角，这样在 U 相断电而其他相通电时，转子才能继续转动。当采用单三拍运行时

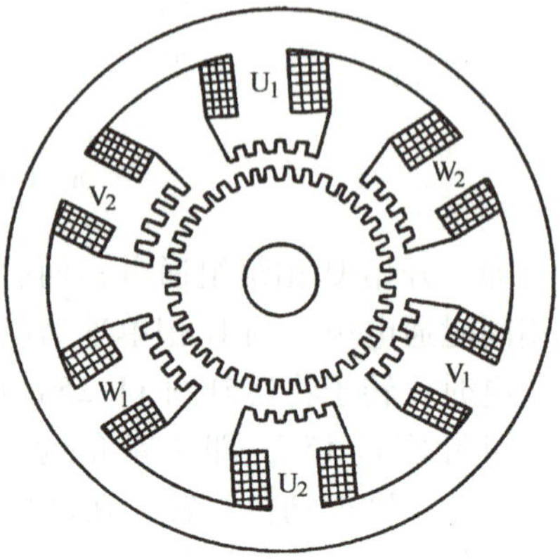

图 11-26 步进电动机的典型结构图

$$\theta=\frac{360°}{z_r m}=\frac{360°}{40\times3}=3°$$

当采用六拍运行时

$$\theta=\frac{360°}{z_r m}=\frac{360°}{40\times6}=1.5°$$

11.2.3 步进电动机应用实例

如前所述，步进电动机可直接将电脉冲信号变换成相应的机械位移，符合数字控制系统的要求。并且它的主要特点是能够实现精确位移、精确定位和无积累误差。因此，步进电动机的应用越来越广泛。

石英手表中的步进电动机：第三代石英电子手表是用石英振荡器、CMOS 电路和特微型步进电动机（体积约为 $2mm^2\times5mm$ 或 $2mm^2\times3mm$）来代替传统机械手表的发条、游丝和擒纵机构等高精度零部件。其不仅走时精度大大提高，每日时差不到 1s，而且制造简单、成品率高、使用方便、寿命长。

石英手表的结构框图如图 11-27 所示。其工作原理是石英振子产生高稳定的频率信号，频率为 32768Hz，经 CMOS 固体电路组成的 15 个二分频的分频电路和功率放大器将信号放大，以每秒一个脉冲推动微型步进电动机轴旋转 180°，由电动机轴经轮系转动带动秒针、分针和时针进行计时。

石英手表的精确度完全由高稳定度的石英振子所决定。石英振子是一个极小的薄圆形带叉头状的振荡器，当施加电压后，其振频为 32768Hz。为了获得长期的稳定振荡及避免外界干扰，一般均将石英振子封装在圆柱形的真空管内。由于体积限制，石英手表的电源只能使用小容量的纽扣电池。而一个纽扣电池的使用时间指标一般为一年以上，国外有些厂家将指

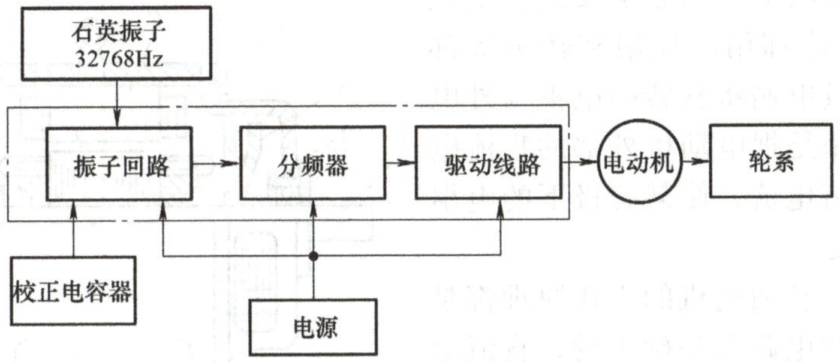

图 11-27　石英手表的结构框图

标定为三年。

对于步进电动机而言，驱动的脉冲频率越低，则所消耗的能量越小。同时，由于手表是以秒为计时单位的，因此往往分频到 1s 一个脉冲信号，这说明功放管最大允许通电时间为 1s，而实际通电时间是由脉冲信号的脉冲宽度决定的，1s 仅是脉冲信号的周期。脉冲宽度依表的不同有三种规格：3.4ms、5.8ms 或 7.8ms。可见，功放管的通电时间仅为千分之几秒，也就是说，电动机在千分之几秒内，以一定的电流进行励磁，则电动机产生一个冲击力矩，带动手表轮系转动。由于齿轮系基本上是一个惯性负载，当冲击力矩起动惯性轮系后，脉冲电流随即消失，而轮系依靠惯性继续转动到下一个脉冲的起动位置。脉宽的选择首先应保证电动机和齿轮系不会产生振荡，其次应注意节能。

石英手表的机械传动系统是当电动机轴转过 180°时，秒针走 1s，即 $360°/60=6°$，则从电机轴到秒针的传动比为 $180°/6°=30$，通常分为 2 级传动；而秒针到分针的传动比为 60，则电动机到分针的传动比为 $30\times60=1800$；分针到时针的传动比为 60，则电动机到时针的传动比为 $30\times60\times60=108000$。

练习与思考

11-2-1　如何控制步进电动机的输出角位移或线位移量、转速或线速度？

11-2-2　步进电动机技术数据中标的步距角有时有两个数，如步距角 1.5°/3°，试问这是什么意思？

11.3　直流电动机

由于直流电动机具有较大的起动转矩和良好的调速性能，因此，对于需要较大起动转矩和对调速要求较高的生产机械，如大型起重机械、矿井提升设备、电气机车和龙门刨床、轧钢机、造纸机等仍大量采用直流电动机拖动。但直流电动机结构复杂、价格昂贵、可靠性较差、维修较难。随着电力电子元器件的发展，交流调速理论的完善和交流调速器性能的进一步提高，促进直流电动机向无刷和电子控制方向发展。本节简述直流电动机的结构、工作原理和分类，以及他励直流电动机的机械特性、调速方法和实际应用中的一些相关问题。

1. 结构　直流电动机由定子和转子两大部分组成，图 11-28 所示为其结构示意图。

定子主要包括机座、主磁极与换向极（磁极铁心上绕有励磁绕组）、电刷装置、端盖和接线盒等部件。

转子主要包括电枢（铁心上安放有电枢绕组）、换向器、冷却用的风扇和转轴等部件。由换向器通过电刷将旋转的电枢与外电路相连接，其作用是把电动机外部的直流电流变成内部的交流电流，使某磁极下的电枢导体电流方向不变。

2. 工作原理 任何电机的工作原理都是建立在电磁感应和电磁力基础上的，直流电动机也一样，其转动原理已在中学物理中阐明。对于直流电动机，由于磁场是静止的，所以要使转子沿某一方向转动，就要保持每一磁极下电枢导体的受力方向不变，这就必须通过设置换向器、电刷装置，并保证每一磁极下电枢导体电流方向不变来实现。

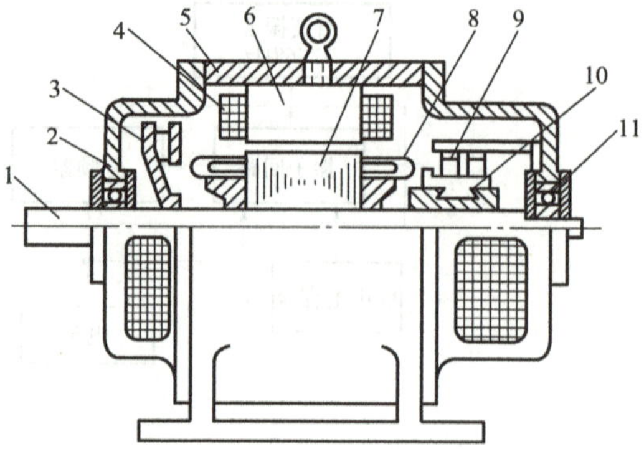

图 11-28 直流电动机的结构示意图

1—轴 2—端盖 3—风扇 4—励磁绕组 5—机座 6—磁极 7—电枢 8—电枢绕组 9—电刷 10—换向器 11—轴承

直流电动机的工作原理与 11.1.2 小节中直流伺服电动机相同，这里就不再重复了。

3. 分类 按励磁方式不同，直流电动机可分为他励直流电动机、并励直流电动机、串励直流电动机和复励直流电动机，分别如图 11-29a、b、c、d 所示。

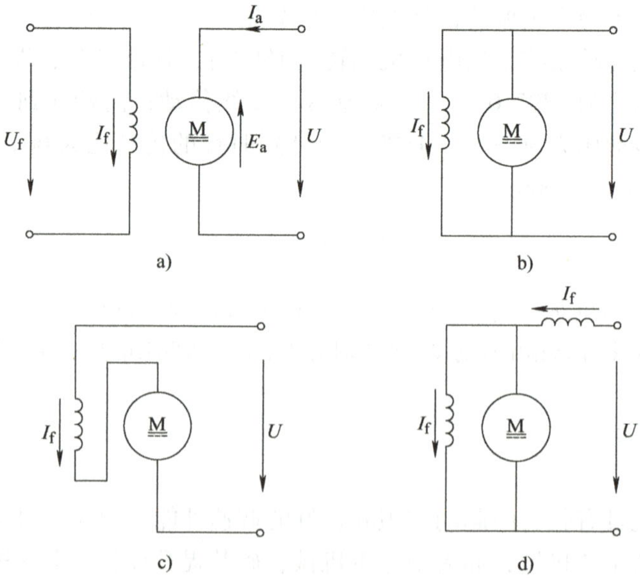

图 11-29 直流电动机的分类

a）他励 b）并励 c）串励 d）复励

4. 他励直流电动机的机械特性 他励直流电动机的机械特性方程为（参见 11.1.2 节）

$$n=\frac{U-R_aI_a}{K_e\Phi}=\frac{U}{K_e\Phi}-\frac{R_a}{K_eK_T\Phi^2}T$$

当 U、Φ 不变时

$$n = n_0 - bT = n_0 - \Delta n$$

式中

$$n_0 = \frac{U}{K_e\Phi}$$

称为他励直流电动机的理想空载转速，而 $b = R_a/(K_eK_T\Phi^2)$ 是一个很小的常数。由此可见，他励直流电动机的机械特性是一条 n 随 T 的增大而略有下降的直线，如图 11-30 所示，它属于硬特性。

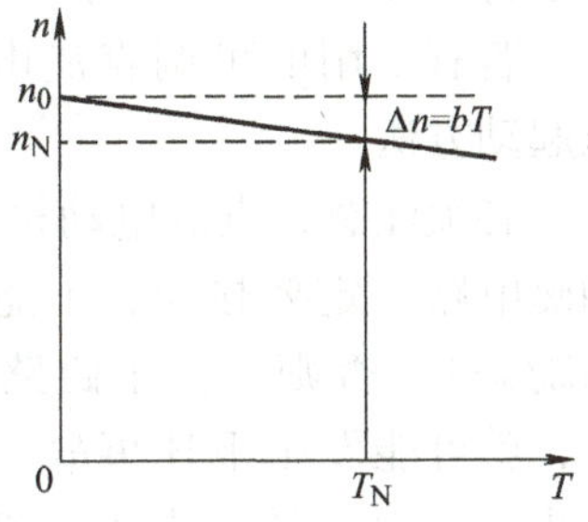

图 11-30　他励直流电动机的机械特性

并励直流电动机的机械特性与他励直流电动机相同。

例 11-1　已知一台他励电动机的技术数据如下：额定功率 $P_N = 5.5\text{kW}$，电枢的额定电压 $U_N = 110\text{V}$，额定电流 $I_{aN} = 59\text{A}$，额定转速 $n_N = 1500\text{r/min}$，电枢电阻 $R_a = 0.2\Omega$。试粗略画出这台电动机的机械特性。

解　他励直流电动机的机械特性是一条略为向下倾斜的直线，可根据理想空载运行点（$n = n_0$，$T = 0$）和额定负载运行点（$n = n_N$，$T = T_N$）画出。

根据 $n = \dfrac{E_a}{K_e\Phi} = \dfrac{U - R_aI_a}{K_e\Phi}$　　$n = \dfrac{U - R_aI_a}{K_e\Phi} = \dfrac{U}{K_e\Phi} - \dfrac{R_a}{K_eK_T\Phi^2}T$

得

$$\frac{n_0}{n_N} = \frac{U_N}{U_N - R_aI_{aN}}$$

代入数据得

$$n_0 = \frac{U_N}{U_N - R_aI_{aN}}n_N = \frac{110 \times 1500}{110 - 0.2 \times 59}\text{r/min} = 1680\text{r/min}$$

对应 n_N 的额定输出转矩为

$$T_N = 9550\frac{P_N}{n_N} = 9550 \times \frac{5.5}{1500}\text{N} \cdot \text{m} = 35\text{N} \cdot \text{m}$$

忽略机械摩擦和铁损，可认为额定运行状态下的电磁转矩近似等于额定输出转矩，这样便可绘出这台电动机的机械特性曲线，如图 11-31 所示。

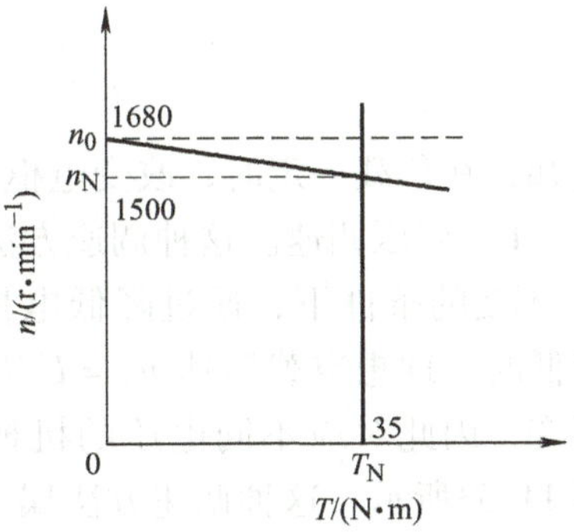

图 11-31　例 11-1 图

5. 他励直流电动机的起动、反转和调速　在使用直流电动机时，一定要先接通励磁回路，起动时要满励磁，工作过程中也不允许断开励磁回路。

（1）起动　直流电动机不允许在额定电压 U_N 下直接起动。因为当电枢接通电源起动瞬间，$n = 0$，$E_e = K_e\Phi n = 0$，所以起动电流为

$$I_{st} = \frac{U - E_e}{R_a} = \frac{U}{R_a}$$

由于 R_a 很小，所以在额定电压下直接起动时，I_{st} 很大，一般可达额定电流的 10～20 倍，这是电枢绕组尤其是换向器所承受不了的。同时，过大的起动转矩会产生很大的机械冲击，易造成转动机构的损坏。

通常，直流电动机的起动电流不应超过额定电流的1.5～2.5倍。可以通过增加电枢电路电阻或降低电枢两端电压来实现限流。

采用电枢串联电阻起动时，起动电阻可用下式计算：

$$R_{st}=\frac{U}{I_{st}}-R_a=\frac{U}{(1.5\sim2.5)I_N}-R_a$$

随着转速的上升，应逐渐减小起动电阻，待起动过程结束时将 R_{st} 全部短接，电动机进入正常运行，如图11-32所示。

若有专用的可调直流电源，则可采用减压起动方法。

必须注意，直流电动机在起动或工作时，励磁电路一定要接通，不能断开（起动时要满励磁）。否则，由于磁路中只有很小的剩磁，就可能发生下述事故：①如果电动机是静止的，由于转矩太小（$T=K_T\Phi I_a$），它将不能起动，这时反电动势为零，电枢电流很大，电枢绕组有被烧坏的危险；②如果电动机在有载运行时断开励磁电路，反电动势立即减小而使电枢电流增大，同时由于所产生的转矩不能满足负载的需要，电动机必将减速而停转，更加促使电枢电流增大，以致烧毁电枢绕组和换向器；③如果电动机空载运行，它的转速可能上升到很高的值（这种事故称为"飞车"），使电动机遭受严重的机械损伤，而且电枢电流过大会将绕组烧坏。

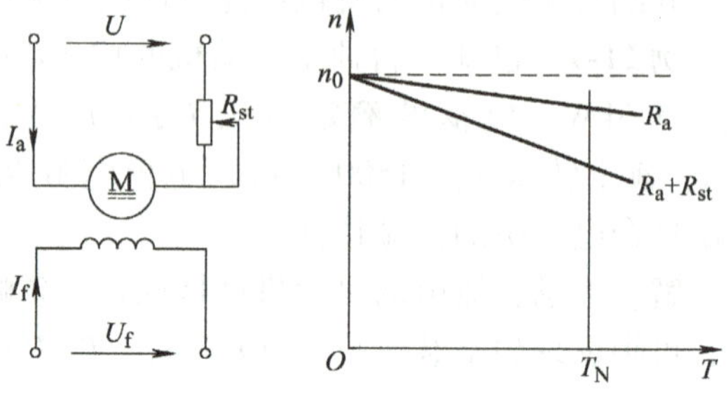

图11-32 电枢串联电阻起动

（2）反转 直流电动机的转动方向，由电枢导体中电流的方向和电枢表面磁场的方向决定。因此，只需改变电枢电流的方向或磁场的方向，便可以改变电动机的转向。通常采用改变电枢电流 I_a 方向的方法。

（3）调速 由机械特性方程式

$$n=\frac{U}{K_e\Phi}-\frac{R_a}{K_eK_T\Phi^2}T$$

可知，在负载一定时，改变电枢电压、电枢电路电阻和磁通 Φ 都可以达到调速的目的。

1）调压调速。这种调速方法是在 Φ 不变，电枢电阻 R_a 不变的条件下，通过降低电枢端电压 U 来实现的。U 降低时，理想空载转速 $n_0=U/(K_e\Phi)$ 下降，但 $\Delta n=bT$ 不变，因此对应不同电压的机械特性是一组平行线，如图11-33所示。这种调速方法属于恒转矩调速，它只需降压而使转速 n 往下调节。

调压调速的优点是机械特性硬度不变、调速范围大、可实现无级调速，但需用电压可调的直流电源。目前已普遍采用晶闸管可控整流电源来实现。

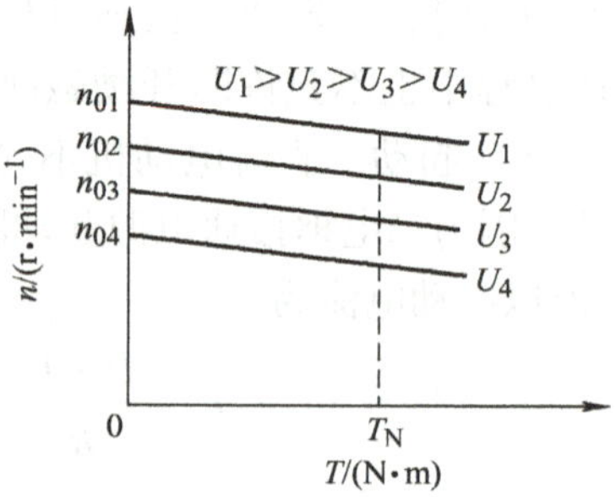

图11-33 改变电枢电压的机械特性

例11-2 一台他励直流电动机，其铭牌数据为：$U_N=$

110V，$I_{aN}=23.67A$，$I_{fN}=1.33A$，$n_N=1500r/min$，并已知 $R_a=0.4\Omega$。若负载转矩 $T_L=0.85T_N$，采用降低电枢电压调速，试求当电枢电压降低10%时，电动机的转速。

解 在额定状态时

$$K_e\Phi=\frac{E_a}{n_N}=\frac{U_N-I_{aN}R_a}{n_N}=\frac{110-23.67\times0.4}{1500}=0.06702$$

当电枢电压降低10%时

$$U_a=(1-0.1)U_{aN}=0.9\times110V=99V$$

因为 Φ_N 不变，所以 $I_a\propto T_L$。

当 $T_L=0.85T_N$ 时，$I_a=0.85I_{aN}$，所以

$$n=\frac{U_a-0.85I_{aN}R_a}{K_e\Phi}=\frac{99-0.85\times23.67\times0.4}{0.06702}r/min=1357r/min$$

2）调磁调速。这种调速方法是在 U、R_a 不变时，通过增大 R_f，使 I_f 减小，从而减弱 Φ 来实现的。原理图如图11-34a所示。由 n-T 关系式可知，Φ 减小时，理想空载转速 n_0 将增大，且转速降 Δn 也增大，特性曲线变陡、变软，如图11-34b所示。因为电动机额定运行时，磁路已接近饱和，所以通常只允许减弱磁通使转速 n 往上调节。

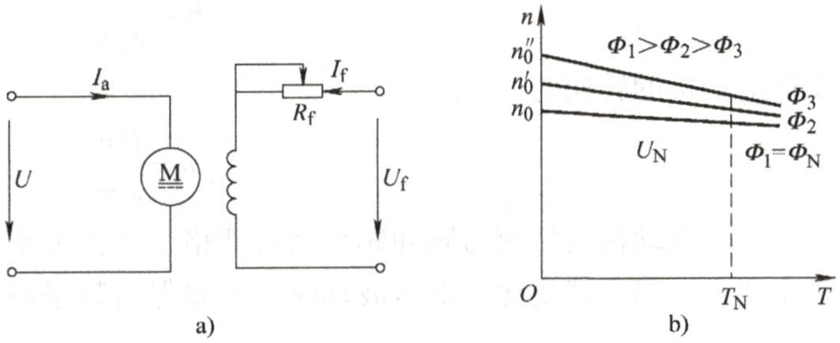

图11-34 改变磁通调速

a）原理图 b）机械特性

由 $T=K_T\Phi I_a$ 可知，若负载转矩 T_L 不变，则 Φ 减小时，I_a 增大，但不能超过额定电流，即 Φ 不能无限制地减小。所以这种调速方法只适用于转矩与转速约成反比而输出功率基本不变（即恒功率调速）的场合，如金属切削机床。

这种调速方法的优点是调速经济、平滑，属于无级调速，控制方便。

例11-3 如果在额定负载情况下，例11-2中的电动机采取电枢串联电阻的方法调速，当串联电阻 $R_c=0.6\Omega$ 时，求稳定转速。

解 由例11-2结果可知，该电机 $K_e\Phi_N=0.06702$。

因为在额定负载下运行，所以

$$I_{aN}=23.67A$$

不变。当在电枢电路中串入 R_c 时，稳定转速为

$$n=\frac{U_N-(R_a+R_c)I_{aN}}{K_e\Phi_N}=\frac{110-(0.4+0.6)\times23.67}{0.06702}r/min=1288r/min$$

小 结

控制电动机是自控装置及数控系统中执行检测和解算的元件，是具有特殊用途的小型电动机。

交流伺服电动机控制转速的方式有三种，即双相控制、幅值控制和相位控制，一般常用的是幅值控制。直流伺服电动机有信号电压控制和磁场控制两种方式，通常采用信号电压控制方式。

交流伺服电动机结构简单、运行可靠、维护简便，但它的机械特性与调节特性均为非线性，且损耗大、效率低。而直流伺服电动机相对体积小、重量轻、效率高、最大的优点是它的机械特性与调节特性均为理想直线，且起动转矩较大、调速范围宽，但结构较复杂。

步进电动机是将电脉冲信号变换为相应的角位移或直线位移，位移量与脉冲数成正比，而转速与脉冲频率成正比，还能按照控制脉冲的要求，迅速起动、反转、制动和无级调速，步距精度高。

反应式步进电动机按励磁绕组通入脉冲的方式可分为单三拍、双三拍和六拍控制方式。步距角与转子齿数及运行拍数有关，其关系式为

$$\theta = \frac{360°}{z_r m}$$

步进电动机的转速为

$$n = \frac{60f}{z_r m}$$

步进电动机的转速与脉冲频率间有严格的正比关系，因此调速非常方便，只需改变电源频率即可。当负载变化、电压波动时，只要保持频率不变，电动机速度就不变。

习　题

11-1　某直流伺服电动机，电枢控制，当控制电压不变，而负载转矩减半时，电动机的转速将如何变化？若负载转矩连续变化，转速是否也是连续变化的？为什么？

11-2　有一永磁式直流伺服电动机，带某一固定负载，现测得死区电压 $U_0 = 1.2\text{V}$，且当控制电压为 24V 时，转速 $n = 3000\text{r/min}$，试计算当控制电压为 36V 时，转速 n 为多少？

11-3　应用习题 11-2 的计算结果，能否用简捷的方法快速得出当控制电压分别为 12V、48V 时所对应的电动机转速？

11-4　一台三相反应式步进电动机，转子齿数为 50，试求在各种运行方式时的步距角。

11-5　一台三相反应式步进电动机的步距角为 1.5°，若脉冲频率为 3000Hz，试问转速是多少？

11-6　一台五相反应式步进电动机，其步距角为 1.5°/0.75°，试问该电动机的转子齿数为多少？

11-7　他励直流电动机在下述情况下的转速、电枢电流和电动势有无变化？如何变化？

1）主磁通和电枢电压不变，负载转矩减小；2）主磁通和负载转矩不变，电枢电压降低；3）电枢电压和负载转矩不变，励磁电流变小；4）电枢电压、主磁通和负载转矩不变，电枢电路中串入适当的电阻 R。

11-8　他励直流电动机有几种调速方法？比较它们的调速性能。

11-9　一台他励直流电动机，励磁绕组另用恒压电源供电。已知额定电枢电压 $U_N = 220\text{V}$，额定电枢电流 $I_{aN} = 53\text{A}$，额定转速 $n_N = 1100\text{r/min}$，电枢电阻 $R_a = 0.328\Omega$，用可调电源供电，电源内阻为 0.1Ω，试求：1）在额定负载下，达到 1000r/min 的转速时，电源电压应调至多大？2）如果电源电压可以连续调节，起动时最大电流限制在 $2I_{aN}$，问起动开始允许施加的电枢电压为多少？

附　录

附录 A　电气原理图中常用新旧电气图形及符号对照表

名称	新标准		旧标准	
	图形符号	文字符号	图形符号	文字符号
一般三极电源开关	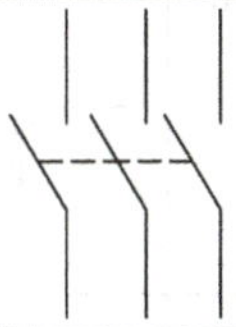	QS	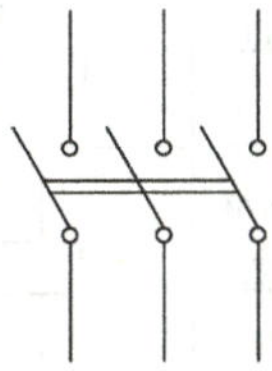	K
组合开关	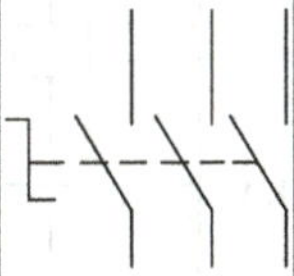	SA		HK
断路器	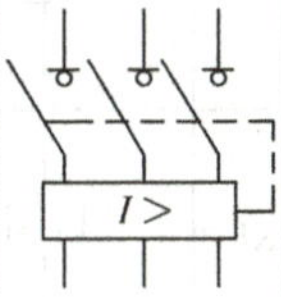	QF	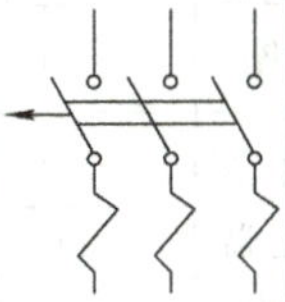	UZ
限位开关　常开触点			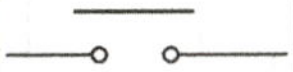	
限位开关　常闭触点		SQ	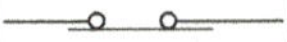	XK
限位开关　复合触点	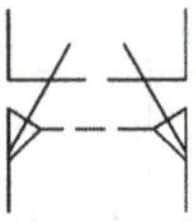		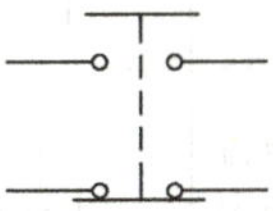	
熔断器		FU		RD
旋转开关		SA	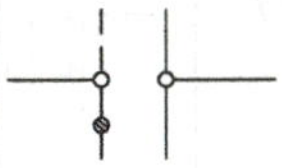	K

名称	新标准		旧标准	
	图形符号	文字符号	图形符号	文字符号
按钮　起动	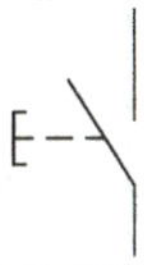		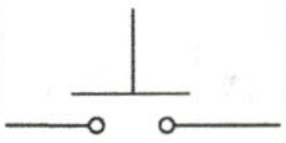	QA
按钮　停止	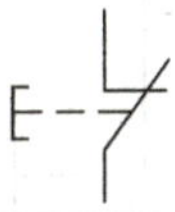	SB	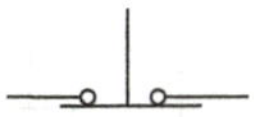	TA
按钮　急停	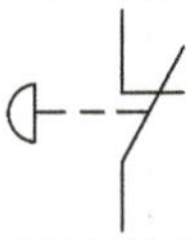		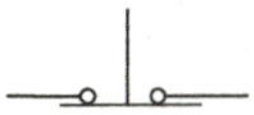	TA
按钮　旋钮开关		SA		K
按钮　复合	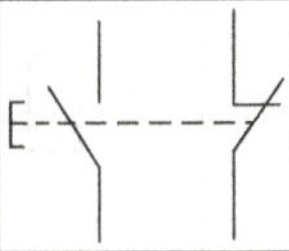	SB	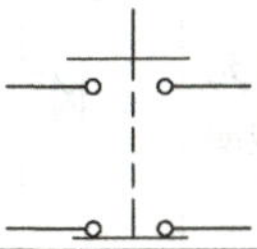	AN
接触器　线圈	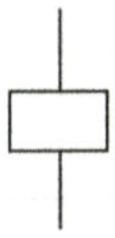		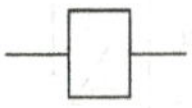	
接触器　主触点		KM	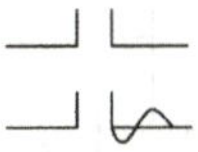	C
接触器　常开辅助触点				
接触器　常闭辅助触点				

（续）

名称		新标准 图形符号	新标准 文字符号	旧标准 图形符号	旧标准 文字符号
速度继电器	常开触点	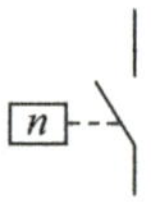	KA	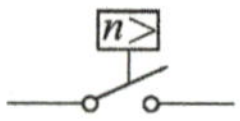	SDJ
	常闭触点	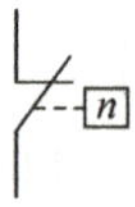			
压力继电器		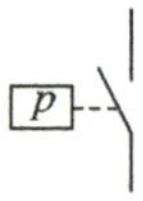		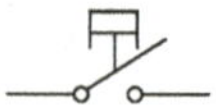	YJ
时间继电器	线圈	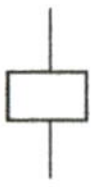	KT	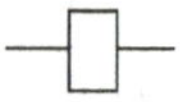	SJ
	断电延时线圈	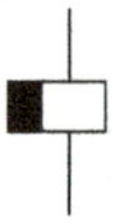		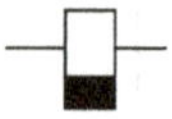	
	通电延时线圈	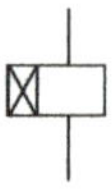		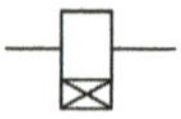	
	常开延时闭合触点	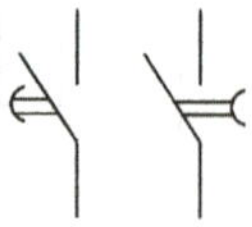			
	常闭延时打开触点	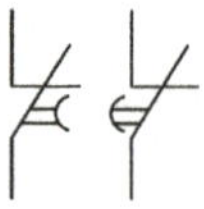			
	常闭延时闭合触点	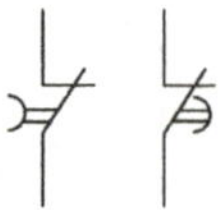			
时间继电器	常开延时打开触点	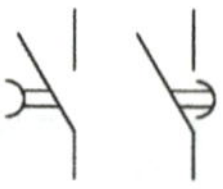	KT		SJ
热继电器	热元件	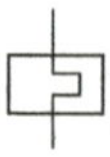	FR	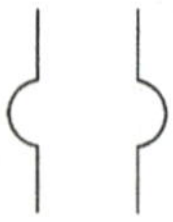	RJ
	常闭触点				
继电器	中间继电器线圈	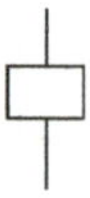	KA	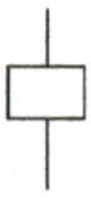	ZJ
	欠电压继电器线圈				QYJ
	过电流继电器线圈	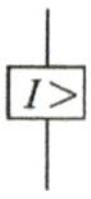	KI		GLJ
	常开触点		相应继电器符号		相应继电器符号
	常闭触点			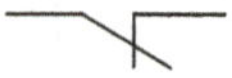	
	欠电流继电器线圈		KI	与新标准相同	QLJ
转换开关		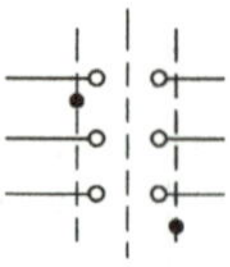	SA	与新标准相同	HK

（续）

名称	新标准		旧标准	
	图形符号	文字符号	图形符号	文字符号
制动电磁铁	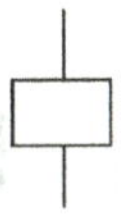	YB	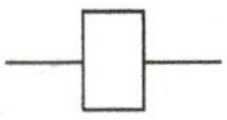	DT
电磁离合器	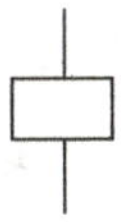	YC	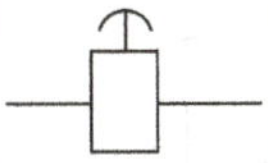	CH
电位器	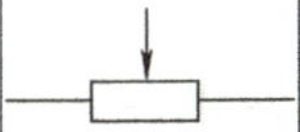	RP	与新标准相同	W
桥式整流装置	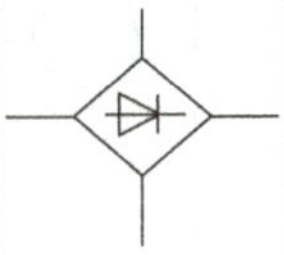	VC	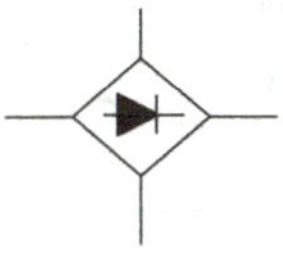	ZL
照明灯	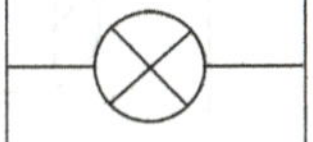	EL	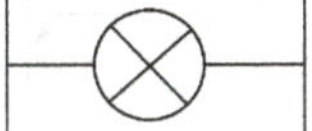	ZD
信号灯	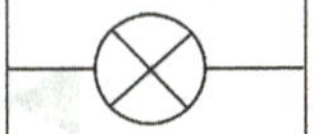	HL		XD
电阻器	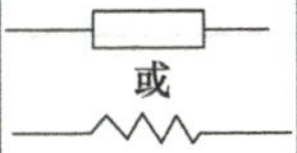	R		R
电抗器		L		DK
电铃		HA		DL
蜂鸣器				FM
接插器		X	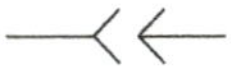	CZ

名称	新标准		旧标准	
	图形符号	文字符号	图形符号	文字符号
电磁铁	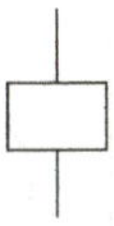	YA	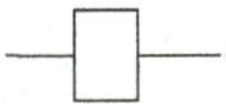	DT
电磁吸盘	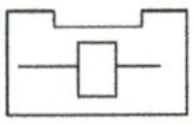	YH	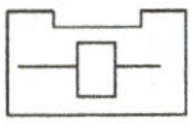	DX
换向绕组	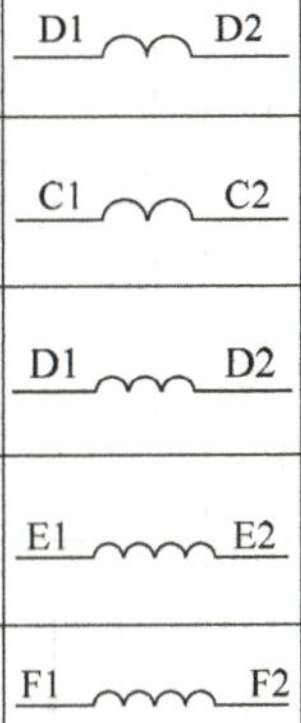		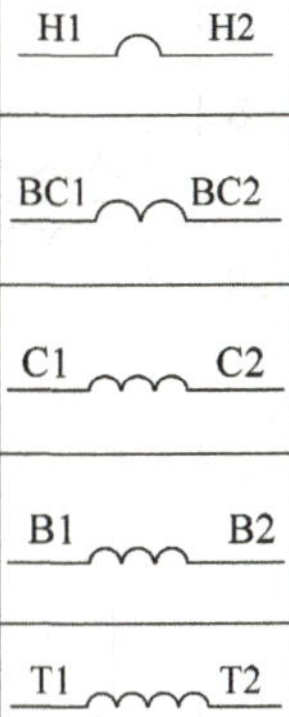	HQ
补偿绕组				BCQ
串励绕组				CQ
并励绕组				BQ
他励绕组				TQ
串励直流电动机	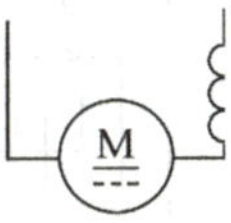	M	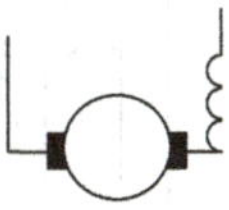	ZD
并励直流电动机	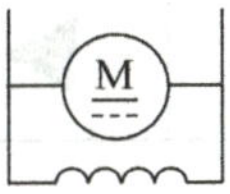		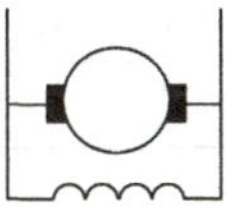	
他励直流电动机	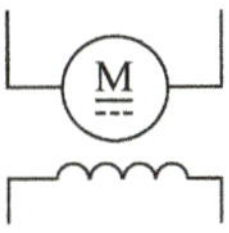		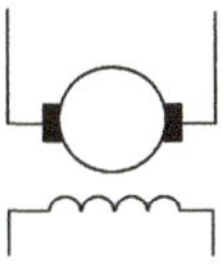	
复励直流电动机	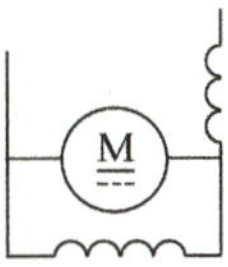		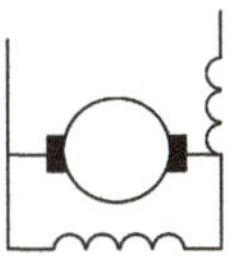	
直流发电机		G		ZF
三相笼型异步电动机		M		D

（续）

名称	新标准		旧标准	
	图形符号	文字符号	图形符号	文字符号
三相绕线转子异步电动机	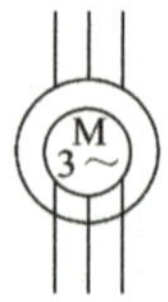	M	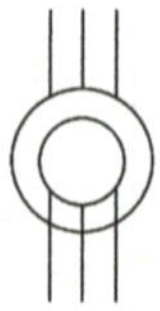	D
单相变压器	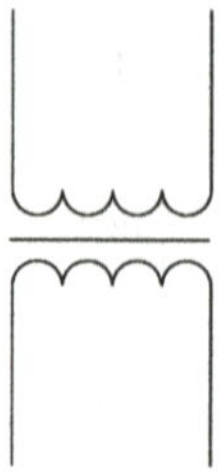	T	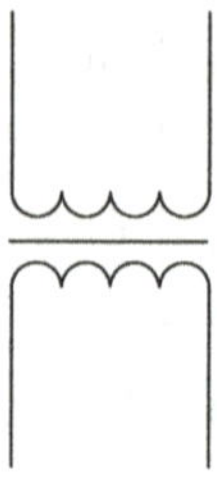	B
整流变压器		T		ZLB
照明变压器		T		ZB
控制电路电源用变压器		TC		B
三相自耦变压器	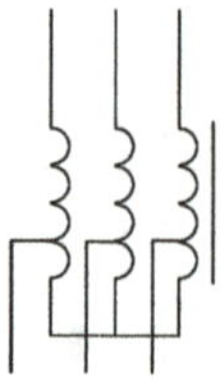	T	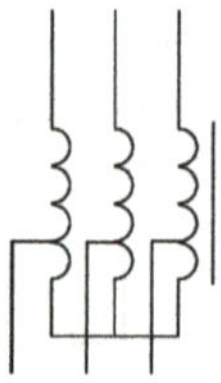	ZOB
半导体二极管	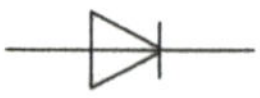	V	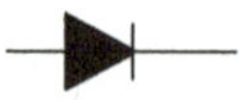	D

名称	新标准		旧标准	
	图形符号	文字符号	图形符号	文字符号
稳压管	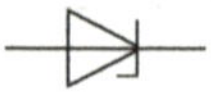	VS		D_2
PNP 型三极管	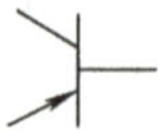	VS	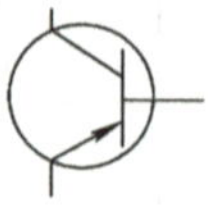	T
NPN 型三极管	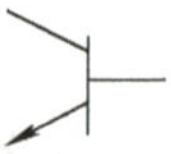	VS	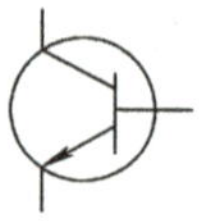	T
N 型单结晶体管	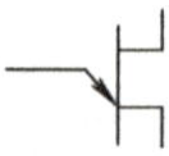	VS	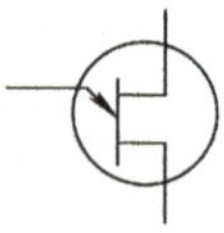	T
晶闸管（普通）	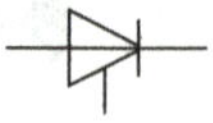		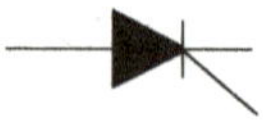	SCR

附录 B　本书中英文名词对照

A

AC（Alternating Current）　交流
AC circuit analysis　交流电路分析
active element　有源元件
active power　有功功率
active two-terminal network　有源二端网
AC motor　交流电动机
AC synchronous motor　交流同步电动机
admittance　导纳
air-core transformer　空心变压器
alternator　交流发电动机
ammeter　电流表
Ampere（Amp）　安培
Ampere's circuital law　安培环路定律
amplitude　幅值
angular frequency　角频率
apparent power　视在功率
auto-transformer　自耦变压器
average power　平均功率
average　平均值

B

B，symbol for magnetic flux density　B，磁通密度的符号
balanced three-phase sources　对称三相电源
balanced load　对称负载
balanced circuit（system）　对称电路/系统
battery　电池
branch　支路
branch current method　支路电流法

C

C，symbol for capacitance　C，电容符号
calculus　微积分
capacitor　电容器
capacitive reactance　容抗
cell　电池
charge　电荷
circuit　电路

closed circuit 闭合电路
closed surface 闭合面
complete response 全响应
complex impedance 复阻抗
complex number 复数
complex number arithmetic 复数运算
complex plane 复平面
complex conjugate 共轭复数
conductance 电导
conductivity 电导率
conductor 导体
coil 线圈
core loss 铁损
current 电流
current controlled current source（CCCS） 电流控制的电流源
current controlled voltage source（CCVS） 电流控制的电压源
current division 分流
current source 电流源
current transformer 电流互感器
cycle 周期

D

DC（Direct Current） 直流
dielectric 绝缘体
doubly fed induction generator 双馈感应发电机

E

eddy current 涡流
eddy current loss 涡流损耗
effective value 有效值
efficiency 效率
electric charge 电荷
electrical circuit 电路
electric field 电场
electric motor 电动机
electric power 电功率
electrolytic capacitor 电解电容
electromagnetic field 电磁场
electromagnetic induction 电磁感应
electromotive force 电动势
electronic design automation 电子设计自动化（EDA）
equivalent circuit 等效电路

equivalent resistance 等效电阻
excitation 激励
exciting current 励磁电流

F

Faraday's law 法拉第电磁感应定律
ferromagnetic substance 铁磁物质
field winding 励磁绕组
final (steady state) current 稳态电流
final (steady state) voltage 稳态电压
first-order circuit 一阶电路
first-order differential equation 一阶微分方程
flux 磁通
flux density 磁感应强度（磁通密度）
flux lines, lines of force 磁力线
flux linkage 磁链
flux-sweeping effect 磁通移动效应
forward 正转
forced response 强制响应
Fourier analysis 傅里叶分析
Fourier series 傅里叶级数
frequency 频率
full load 满载
fundamental 基波
fundamental frequency 基波频率
fuse 熔体、熔断器

G

general solution 通解
generator 发电机
ground 地
grid 电网

H

harmonic 谐波
Henry 亨利
Hertz 赫兹
homogeneous differential equation 齐次微分方程
hybrid stepper motor 混合式步进电动机
hysteresis 磁滞
hysteresis loop 磁滞回线

I

ideal current source　　理想电流源
ideal transformer　　理想变压器
ideal voltage source　　理想电压源
imaginary part　　虚部
impedance　　阻抗
impedance angle　　阻抗角
impedance matching　　阻抗匹配
impedance triangle　　阻抗三角形
inductance（Inductor）　　电感
inductive　　感性
inductive reactance　　感抗
induction generator　　感应发电机，异步电动机
inductive reactance　　感抗
inductor filter　　电感滤波器
initial condition　　初始条件
initial phase　　初相位
input/excitation　　输入/激励
input resistance　　输入电阻
instantaneous power　　瞬时功率
instantaneous value　　瞬时值
iron coil　　铁心线圈
iron core　　铁心
isolation transformer　　隔离变压器

J

Joule's Law　　焦耳定律

K

Kirchhoff's Current Law（KCL）　　基尔霍夫电流定律
Kirchhoff's Voltage Law（KVL）　　基尔霍夫电压定律

L

law of switch　　换路定理
lead　　超前
leakage flux　　漏磁通
leakage inductance　　漏感
line current　　线电流
line voltage　　线电压
load　　负载
loop　　回路

M

magnetic circuit　磁路
magnetic field　磁场
magnetism　磁性
magnetizing current　磁化电流
magnetization curves（B-H curves）　磁化曲线
magnetizing force　磁场强度
magnetomotive force（MMF）　磁动势
magnitude　幅值
maximum power transfer theorem　最大功率传输原理
mechanical characteristic　机械特性
mesh current analysis　网孔电流分析
method of branch current　支路电流法
milliamp　毫安
Millman's Theorem　弥尔曼定理
mmf drop　磁压降
model/manufactory　型号/厂家
motor　电动机
multimeter　万用表
mutual inductance　互感

N

network　网络
network analysis　网络分析
network theorem　网络定理
neutral line　中性线
node/loop　节点/回路
node voltage method　节点电压法
no load　空载
nonlinear circuit　非线性电路
nonsinusoidal waveform　非正弦波形
nonsinusoidal periodic excitation　周期性非正弦激励
normally closed contact　常闭触点
normally open contact　常开触点
Norton's Theorem　诺顿定理

O

Ohm's Law　欧姆定律
ohmmeter　欧姆表
open circuit　开路
open-circuit voltage　开路电压

output 输出端
overload 过载
overload protection 过载保护

P

parallel connection 并联
parallel analysis 并联分析
parallel resonance 并联谐振
particular solution 特解
path 路径
peak 峰值
peak-to-peak 峰-峰值
percent slip 转差率
period 周期
periodic waveform 周期性波形
permanent magnet stepper motor 永磁步进电动机
permeability 磁导率
permeance 磁导
phase 相位
phase current 相电流
phase difference 相位差
phase line (“hot” line) 相线（火线）
phase rotation 相位旋转
phase sequence 相序
phase shift 相移
phase current 相电流
phase voltage 相电压
phasor 相量
phasor diagram 相量图
polar form 极坐标形式
polarity 极性
positive/abc sequence 正序
potential difference 电位差
potential transformer 电压互感器
power 功率
power circuit 主电路
power factor 功率因数
power triangle 功率三角形
press button (PB) 按钮
primary coil 一次线圈
primary winding 一次绕组
programmable logic controller PLC（可编程序控制器）

R

reactance 电抗
reactor 电抗器
reactive power 无功功率
real number 实数
reference direction 参考方向
relay 继电器
reluctance 磁阻
residual magnetism 剩磁
resistance 电阻
resonance 谐振
response 响应
reverse 反转
RMS (Root-Mean-Square) 有效值
rotating magnetic field 旋转磁场
rotor 转子

S

secondary coil 二次线圈
secondary winding 二次绕组
series resonance 串联谐振
series-parallel analysis 串并联分析
serve motor 伺服电动机
shaded-pole motor 罩极式单相异步电动机
short circuit 短路
shunt 分流
single-phase 单相
single-phase asynchronous motor 单相异步电动机
sinusoidal ac circuit 正弦交流电路
slip 转差
source transformation 电源变换
speed-control system 调速系统
split-phase motor 分相式单相异步电动机
square wave 方波
squirrel-cage 笼型
star connection, Y-connection 星形联结
start-stop control 起动-停止控制
stator 定子
steady state 稳态
stepper motor 步进电动机
superposition theorem 叠加定理

susceptance 电纳
synchronous motor 同步电动机

T

thermal overload relay 热继电器
Thevenin's Theorem 戴维南定理
three-phase 三相
three-factor method 三要素法
three-phase asynchronous motor 三相异步电动机
three-phase four-wire system 三相四线制
three-phase power 三相功率
three-phase source/ circuit 三相电源/ 电路
thyristor 晶闸管
time constant 时间常数
time relay 时间继电器
torque 转矩
transformer 变压器
transformer ratio 变压比
transient process 暂态过程
transient state 暂态
travel switch 行程开关
triangle wave 三角波
triangular connection, △-connection 三角形联结

V

variable capacitor 可变电容
Volt 伏特
voltage 电压
voltage controlled voltage source (VCVS) 电压控制的电压源
voltage controlled current source (VCCS) 电压控制的电流源
voltage divider 分压器
voltage drop 电压降
voltmeter 伏特计，电压表
voltage regulation 电压调整率
voltage source 电压源
volt-ampere characteristic curve 伏安特性曲线

W

Watt 瓦特
wattmeter 瓦特表（功率计）
Weber 韦伯
Wheatstone bridge 惠斯通电桥

wire-wound　线绕式

Y

Y configuration　Y 结构

Z

zero potential　零电位
zero-input response　零输入响应
zero-state response　零状态响应

参考文献

[1] 秦曾煌. 电工学［M］. 8版. 北京：高等教育出版社，2023.
[2] 秦曾煌. 电工学简明教程学习辅导与习题解答［M］. 北京：高等教育出版社，2004.
[3] 王卫. 电工学：上册 电工技术［M］. 2版. 北京：机械工业出版社，2008.
[4] 史仪凯. 电工技术［M］. 2版. 北京：科学出版社，2008.
[5] 高有华，袁宏. 电工技术试题题型精选汇编［M］. 3版. 北京：机械工业出版社，2016.
[6] 申永山，高有华. 现代电工电子技术［M］. 2版. 北京：机械工业出版社，2015.
[7] 袁宏，李忠波. 电子设计与仿真技术［M］. 2版. 北京：机械工业出版社，2010.
[8] 唐庆玉. 电工技术与电子技术：上册［M］. 北京：清华大学出版社，2007.
[9] 唐介. 电工学（少学时）学习辅导与习题解答［M］. 3版. 北京：高等教育出版社，2009.
[10] 郑雪梅. 电工学：双语版［M］. 北京：清华大学出版社，2013.
[11] JOHNSON R E. Introduction to Electric Circuits［M］. 5th ed. Hoboken：John Wiley and Sons，2001.
[12] 周新云. 电工技术［M］. 北京：科学出版社，2005.